Wörle/Rumpf

**Ingenieur-Mathematik**
Band II

# Ingenieur-Mathematik

in Beispielen

Band II

Analytische Geometrie
Differentialrechnung

von

Dr. **Helmut Wörle** und **Hans-Joachim Rumpf**
Professoren an der Fachhochschule München

2. verbesserte Auflage

310 vollständig durchgerechnete
Beispiele mit 252 Bildern

R. Oldenbourg Verlag München Wien 1983

**CIP-Kurztitelaufnahme der Deutschen Bibliothek**

**Wörle, Helmut:**
Ingenieur-Mathematik in Beispielen / von Helmut
Wörle u. Hans-Joachim Rumpf. - München ; Wien :
Oldenbourg
NE: Rumpf, Hans-Joachim:

Bd. 2. Analytische Geometrie, Differentialrechnung.
-2., verb. Aufl. - 1983.
ISBN 3-486-20472-6

© 1983 R. Oldenbourg Verlag GmbH, München

Das Werk ist urheberrechtlich geschützt. Die dadurch begründeten Rechte, insbesondere die der Übersetzung, des Nachdrucks, der Funksendung, der Wiedergabe auf photomechanischem oder ähnlichem Wege sowie der Speicherung und Auswertung in Datenverarbeitungsanlagen, bleiben auch bei auszugsweiser Verwertung vorbehalten. Werden mit schriftlicher Einwilligung des Verlages einzelne Vervielfältigungsstücke für gewerbliche Zwecke hergestellt, ist an den Verlag die nach § 54 Abs. 2 Urh. G. zu zahlende Vergütung zu entrichten, über deren Höhe der Verlag auskunft gibt.

Druck: Verlagsdruckerei Rieder, Schrobenhausen
Bindearbeiten: R. Oldenbourg Graphische Betriebe GmbH, München

**ISBN 3-486-20472-6**

# INHALT

**VORWORT** .................................... 6

1. **ANALYTISCHE GEOMETRIE** .................... 7
   1.1 Gerade und Ebene ......................... 7
   1.2 Kreis und Kugel .......................... 33
   1.3 Kegelschnitte in Parallellage im $R_2$ ... 57
   1.4 Kegelschnitte in beliebiger Lage im $R_2$ ... 88

2. **DIFFERENTIALRECHNUNG** ..................... 104
   2.1 Explizite algebraische Funktionen ........ 104
   2.2 Explizite transzendente Funktionen ....... 154
   2.3 Implizit definierte Funktionen ........... 205
   2.4 Funktionen in Parameterdarstellung ....... 234
   2.5 Unendliche Reihen ........................ 266

3. **ANHANG** ................................... 290
   3.1 Mathematische Zeichen .................... 290
   3.2 Sachverzeichnis .......................... 295

# VORWORT ZUR ZWEITEN AUFLAGE

Unsere Bemühungen, die mathematische Ausbildung an Fachhochschulen durch die Bereitstellung praxisnaher Beispiele aus dem Gebiet der Technik zu unterstützen, scheinen erfolgreich gewesen zu sein. Die breit angelegte und vollständige rechnerische Durchführung sämtlicher Aufgaben und die auf die Belange eines Ingenieurs, für den die Mathematik überwiegend eine Hilfswissenschaft ist, zugeschnittene Darstellungsweise, sind zu unserer Freude gut aufgenommen worden. Von unseren Kollegen wird die Verwendung der insgesamt drei Bände als Entlastung von zeitraubender Rechenarbeit in den Vorlesungen geschätzt, von den Studierenden als wertvolle Prüfungsvorbereitung anerkannt.

Aus diesen Gründen konnten wir uns bei der Bearbeitung der zweiten Auflage dieses Bandes II der "Ingenieurmathematik in Beispielen", wie schon bei der von Band I, auf geringfügige Änderungen und Verbesserungen beschränken. Diese resultieren zu einem großen Teil aus uns zugegangenen Bemerkungen, für die wir auch in Zukunft sehr dankbar sind.

München, im Frühjahr 1983                           H. Wörle, H. Rumpf

# 1. ANALYTISCHE GEOMETRIE

## 1.1 Gerade und Ebene

1. Gegeben sind in einem kartesischen Koordinatensystem die drei Punkte $P_1\left(1; -\frac{3}{2}\right)$, $P_2(3;3)$ und $P_3\left(-\frac{5}{2}; \frac{3}{2}\right)$ als Eckpunkte eines Dreiecks. Wie groß sind der Umfang U und der Flächeninhalt A des Dreiecks bei Koordinatenangaben in cm?

Mit Verwendung der Formel

$$d = |\overrightarrow{P_1 P_2}| = \left|\begin{pmatrix} x_2 - x_1 \\ y_2 - y_1 \end{pmatrix}\right| =$$

$$= \sqrt{(x_2 - x_1)^2 + (y_2 - y_1)^2}$$

für die Entfernung zweier Punkte $P_1(x_1;y_1)$ und $P_2(x_2;y_2)$ berechnet sich der Umfang

$U = \overline{P_1 P_2} + \overline{P_2 P_3} + \overline{P_3 P_1}$ zu

$$\frac{U}{cm} = \sqrt{(3-1)^2 + \left(3+\frac{3}{2}\right)^2} + \sqrt{\left(-\frac{5}{2}-3\right)^2 + \left(\frac{3}{2}-3\right)^2} +$$

$$+ \sqrt{\left(1+\frac{5}{2}\right)^2 + \left(-\frac{3}{2}-\frac{3}{2}\right)^2} =$$

$$= \frac{1}{2}\sqrt{97} + \frac{1}{2}\sqrt{130} + \frac{1}{2}\sqrt{85} \approx 15{,}24.$$

Der Flächeninhalt kann aus $A = \frac{1}{2} \cdot \begin{vmatrix} x_1 & x_2 & x_3 \\ y_1 & y_2 & y_3 \\ 1 & 1 & 1 \end{vmatrix}$ mit Hilfe der Regel von

SARRUS erhalten werden:

$$\frac{A}{cm^2} = \frac{1}{2} \cdot \begin{vmatrix} 1 & 3 & -\frac{5}{2} \\ -\frac{3}{2} & 3 & \frac{3}{2} \\ 1 & 1 & 1 \end{vmatrix} = \frac{1}{2}\left(3 + \frac{9}{2} + \frac{15}{4} + \frac{15}{2} - \frac{3}{2} + \frac{9}{2}\right) =$$

$$= \frac{87}{8} = 10{,}875, \text{ d. h. } A = 10{,}875 \text{ cm}^2.$$

---

**2.** Die Ecken eines Dreiecks ABC sind durch die dimensionierten Ortsvektoren*) $\vec{r}_A = \begin{pmatrix} 6 \\ 9 \\ 7 \end{pmatrix}$ cm, $\vec{r}_B = \begin{pmatrix} -5 \\ 2 \\ 9 \end{pmatrix}$ cm und $\vec{r}_C = \begin{pmatrix} -2 \\ -4 \\ 3 \end{pmatrix}$ cm gegeben. Man berechne Umfang U und Flächeninhalt A dieses Dreiecks.

Der Umfang $U = \overrightarrow{AB} + \overrightarrow{BC} + \overrightarrow{CA}$ ist wegen $\overrightarrow{AB} = \vec{r}_B - \vec{r}_A$, $\overrightarrow{BC} = \vec{r}_C - \vec{r}_B$ und $\overrightarrow{CA} = \vec{r}_A - \vec{r}_C$ in der Form

$$U = |\vec{r}_B - \vec{r}_A| + |\vec{r}_C - \vec{r}_B| + |\vec{r}_A - \vec{r}_C|$$

darstellbar. Für die gegebenen Werte wird

$$\frac{U}{cm} = \left|\begin{pmatrix} -5 \\ 2 \\ 9 \end{pmatrix} - \begin{pmatrix} 6 \\ 9 \\ 7 \end{pmatrix}\right| + \left|\begin{pmatrix} -2 \\ -4 \\ 3 \end{pmatrix} - \begin{pmatrix} -5 \\ 2 \\ 9 \end{pmatrix}\right| +$$

$$+ \left|\begin{pmatrix} 6 \\ 9 \\ 7 \end{pmatrix} - \begin{pmatrix} -2 \\ -4 \\ 3 \end{pmatrix}\right| = \left|\begin{pmatrix} -11 \\ -7 \\ 2 \end{pmatrix}\right| + \left|\begin{pmatrix} 3 \\ -6 \\ -6 \end{pmatrix}\right| +$$

$$+ \left|\begin{pmatrix} 8 \\ 13 \\ 4 \end{pmatrix}\right| = \sqrt{121 + 49 + 4} + \sqrt{9 + 36 + 36} +$$

$$+ \sqrt{64 + 169 + 16} = \sqrt{174} + \sqrt{81} + \sqrt{249} \approx 37{,}97.$$

Zur Ermittlung des Flächeninhaltes A kann eines der **vektoriellen Produkte** $A = \frac{1}{2} \cdot |\overrightarrow{AB} \times \overrightarrow{AC}| = \frac{1}{2} \cdot |\overrightarrow{BC} \times \overrightarrow{BA}| = \frac{1}{2} \cdot |\overrightarrow{CA} \times \overrightarrow{CB}|$ herangezogen werden.

---

*) Wenn nicht anders vermerkt, beziehen sich die Koordinatenangaben immer auf ein kartesisches Koordinatensystem, d.h. auf ein Rechtssystem mit orthogonalen Achsen und gleichen Längeneinheiten auf diesen. Unter Koordinaten und Vektoren werden immer Maßzahlen verstanden; mit Einheiten multiplizierte Koordinaten (Größen) werden als dimensioniert bezeichnet.

Bei Verwendung von $A = \frac{1}{2}|\vec{AB} \times \vec{AC}| = \frac{1}{2}|(\vec{r}_B - \vec{r}_A) \times (\vec{r}_C - \vec{r}_A)| =$

$= \frac{1}{2} \cdot \left| \begin{pmatrix} -11 \\ -7 \\ 2 \end{pmatrix} \times \begin{pmatrix} -8 \\ -13 \\ -4 \end{pmatrix} \right|$ cm² ergibt sich mit $\vec{i}, \vec{j}, \vec{k}$ als Einheitsvektoren in den Richtungen der positiven X, Y, Z Achsen

$\dfrac{A}{cm^2} = \dfrac{1}{2} \cdot \left| \begin{matrix} \vec{i} & -11 & -8 \\ \vec{j} & -7 & -13 \\ \vec{k} & 2 & -4 \end{matrix} \right| =$

$= \frac{1}{2} \cdot |28\vec{i} + 143\vec{k} - 16\vec{j} - 56\vec{k} + 26\vec{i} - 44\vec{j}| =$

$= \frac{1}{2} \cdot |54\vec{i} - 60\vec{j} + 87\vec{k}| = \frac{1}{2} \cdot \sqrt{54^2 + 60^2 + 87^2} \approx 59{,}34.$

---

**3.** Wo muß der Punkt P auf der X-Achse liegen, damit er von den beiden Punkten A(-2,5; -0,5) und B(-0,5; 3,5) gleichweit entfernt ist?

Mit P(x;0) führt die Forderung $\overline{AP} = \overline{BP}$ über $|\vec{AP}| = |\vec{BP}|$ oder

$\left| \begin{pmatrix} x + 2{,}5 \\ 0{,}5 \end{pmatrix} \right| = \left| \begin{pmatrix} x + 0{,}5 \\ -3{,}5 \end{pmatrix} \right|$ auf die Gleichung

$\sqrt{(x + 2{,}5)^2 + 0{,}5^2} = \sqrt{(x + 0{,}5)^2 + (-3{,}5)^2}$

in der Grundmenge $\mathbb{R}$.

Durch Quadrieren ergibt sich

$5x + 6{,}25 + 0{,}25 = x + 0{,}25 + 12{,}25$

und daraus die gesuchte Abszisse von P zu x = 1,5.

---

**4.** Man ermittle die Koordinaten x und y desjenigen Punktes M, dessen Abstände von den Punkten $A\left(-1; \frac{3}{2}\right)$, $B\left(3; -\frac{1}{2}\right)$ und $C\left(\frac{7}{2}; 3\right)$ gleich groß sind.

Es muß gelten $\overline{AM} = \overline{BM} = \overline{CM}$, also $|\vec{AM}| = |\vec{BM}| = |\vec{CM}|$, was mit M(x;y) auf $\left|\begin{pmatrix} x+1 \\ y-1{,}5 \end{pmatrix}\right| = \left|\begin{pmatrix} x-3 \\ y+0{,}5 \end{pmatrix}\right| = \left|\begin{pmatrix} x-3{,}5 \\ y-3 \end{pmatrix}\right|$ oder

$\sqrt{(x+1)^2 + \left(y - \frac{3}{2}\right)^2} = \sqrt{(x-3)^2 + \left(y + \frac{1}{2}\right)^2} =$

$= \sqrt{\left(x - \frac{7}{2}\right)^2 + (y-3)^2}$ führt.

Von den damit festgelegten drei Gleichungen sind nur jeweils zwei voneinander unabhängig und man erhält nach Quadrieren von beispielsweise $\overline{AM} = \overline{BM}$ und $\overline{AM} = \overline{CM}$

$$(x + 1)^2 + \left(y - \frac{3}{2}\right)^2 = (x - 3)^2 + \left(y + \frac{1}{2}\right)^2 \text{ und}$$

$$(x + 1)^2 + \left(y - \frac{3}{2}\right)^2 = \left(x - \frac{7}{2}\right)^2 + (y - 3)^2,$$

was sich auf das lineare Gleichungssystem
$8x - 4y = 6$
$9x + 3y = 18$ vereinfachen läßt.

Dessen Lösungsmenge in der Grundmenge $\mathbb{R}^2$ ist
$$L = \left\{ (x;y) \mid (x;y) = \left(\frac{3}{2}; \frac{3}{2}\right) \right\}, \text{ woraus } M\left(\frac{3}{2}; \frac{3}{2}\right) \text{ folgt.}$$

---

5. Die Strecke mit den Endpunkten $P_1(-5; 2,5)$ und $P_2(2; -1,5)$ ist in 5 gleiche Teile zu zerlegen.

Liegt ein Punkt P auf einer durch die Punkte $P_1$ und $P_2$ festgelegten Geraden, so ist das Teilungsverhältnis $\lambda$, in welchem P die gerichtete Strecke $\overrightarrow{P_1P_2}$ teilt, durch $\overrightarrow{P_1P} = \lambda \cdot \overrightarrow{PP_2}$ definiert. Sind der Reihe nach $\vec{r}_{P_1}$, $\vec{r}_{P_2}$ und $\vec{r}_P$ die Ortsvektoren von $P_1$, $P_2$ und P, so ist

$$\vec{r}_P = \frac{\vec{r}_{P_1} + \lambda \cdot \vec{r}_{P_2}}{1 + \lambda} \quad \text{mit } \lambda \neq -1.$$

Für den Teilungspunkt A in der Abbildung ist $\lambda = \frac{1}{4}$, womit man

$$\vec{r}_A = \frac{\binom{-5}{2,5} + \frac{1}{4} \cdot \binom{2}{-1,5}}{1 + \frac{1}{4}} = \binom{-3,6}{1,7}, \text{ also } A(-3,6; 1,7) \text{ erhält.}$$

In gleicher Weise findet man mit $\lambda = \frac{2}{3}$, $\lambda = \frac{3}{2}$ und $\lambda = 4$ der Reihe nach

B(-2,2; 0,9), C(-0,8; 0,1) und D(0,6; -0,7).

6. Von welchem Punkt $D(x_D; y_D; z_D)$ wird die durch $P_1(3; -4; 1)$ und $P_2(1,5; -1; 2)$ festgelegte Strecke $\overline{P_1P_2}$ in Verbindung mit dem Punkt $C\left(2; -2; \dfrac{5}{3}\right)$ harmonisch geteilt?

Mit $\overrightarrow{P_1C} = \lambda_C \cdot \overrightarrow{CP_2}$ muß im Falle harmonischer Teilung $\overrightarrow{P_1D} = \lambda_D \cdot \overrightarrow{DP_2}$ und $\lambda_D = -\lambda_C$ sein.

Die gegebenen speziellen Werte führen über

$$\begin{pmatrix} -1 \\ 2 \\ \dfrac{2}{3} \end{pmatrix} = \lambda_C \cdot \begin{pmatrix} -0,5 \\ 1 \\ \dfrac{1}{3} \end{pmatrix} \text{ auf}$$

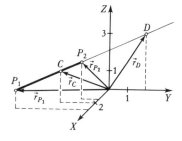

$\lambda_C = 2 = -\lambda_D$.

Dadurch erhält man

$$\vec{r}_D = \frac{\vec{r}_{P_1} + \lambda_D \cdot \vec{r}_{P_2}}{1 + \lambda_D} = \frac{\begin{pmatrix} 3 \\ -4 \\ 1 \end{pmatrix} - 2 \cdot \begin{pmatrix} 1,5 \\ -1 \\ 2 \end{pmatrix}}{1 - 2} =$$

$$= \begin{pmatrix} -3 \\ 4 \\ -1 \end{pmatrix} + \begin{pmatrix} 3 \\ -2 \\ 4 \end{pmatrix} = \begin{pmatrix} 0 \\ 2 \\ 3 \end{pmatrix} \text{ oder } D(0; 2; 3).$$

---

7. Man ermittle die dimensionierten Koordinaten des Schwerpunktes S und die Längen der Schwerlinien des Dreiecks mit den Eckpunkten $A(4; 1)$ cm, $B(2; 5)$ cm, $C(-1; 2)$ cm.

Aus $\vec{r}_S = \dfrac{\vec{r}_A + \vec{r}_B + \vec{r}_C}{3} =$

$= \dfrac{\begin{pmatrix} 4 \\ 1 \end{pmatrix} + \begin{pmatrix} 2 \\ 5 \end{pmatrix} + \begin{pmatrix} -1 \\ 2 \end{pmatrix}}{3} \text{ cm} = \dfrac{1}{3}\begin{pmatrix} 5 \\ 8 \end{pmatrix} \text{ cm}$

folgt $x_S = \dfrac{5}{3}$ cm  $y_S = \dfrac{8}{3}$ cm.

Sind A', B', C' der Reihe nach die nicht in die Ecken fallenden Endpunkte der Schwerlinien $\overline{AA'}$, $\overline{BB'}$, $\overline{CC'}$, so ist

$$\vec{AA'} = \frac{3}{2}\vec{AS} = \frac{3}{2}\cdot\begin{pmatrix}-\frac{7}{3}\\[2pt]\frac{5}{3}\end{pmatrix}\text{ cm} = \begin{pmatrix}-3,5\\2,5\end{pmatrix}\text{ cm}, \quad \vec{BB'} = \frac{3}{2}\vec{BS} = \begin{pmatrix}-0,5\\-3,5\end{pmatrix}\text{ cm},$$

$$\vec{CC'} = \frac{3}{2}\vec{CS} = \begin{pmatrix}4\\1\end{pmatrix}\text{ cm.}$$

Damit findet man

$$\overline{AA'} = |\vec{AA'}| = \frac{1}{2}\cdot\sqrt{74}\text{ cm} \approx 4{,}30\text{ cm}, \quad \overline{BB'} = \frac{5}{2}\cdot\sqrt{2}\text{ cm} \approx 3{,}54\text{ cm und}$$

$$\overline{CC'} = \sqrt{17}\text{ cm} \approx 4{,}12\text{ cm}.$$

---

**8.** Von einem Dreieck sind bekannt die Ecken A(-3; 1; 3) und B(1; -2; 1) sowie der Schwerpunkt $S\left(\frac{1}{2}; \frac{3}{2}; 1\right)$. Wo liegt die dritte Ecke C?

Es gilt $\vec{r}_S = \dfrac{\vec{r}_A + \vec{r}_B + \vec{r}_C}{3}$, woraus bei Einsetzen der gegebenen Zahlenwerte über

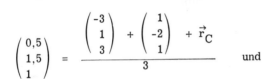

$$\vec{r}_C = \begin{pmatrix}1,5\\4,5\\3\end{pmatrix} - \begin{pmatrix}-3\\1\\3\end{pmatrix} - \begin{pmatrix}1\\-2\\1\end{pmatrix} = \begin{pmatrix}3,5\\5,5\\-1\end{pmatrix} \quad \text{schließlich C(3,5; 5,5; -1)}$$

gefunden wird.

---

**9.** Wie lauten die Gleichungen der Geraden, die jeweils durch zwei Ecken des Dreiecks ABC mit A(-2; -1), B(3; 2), C(-2; 6) verlaufen?

Die Gleichung einer Geraden durch die Punkte $P_1(x_1; y_1)$ und $P_2(x_2; y_2)$ mit $x_1 \neq x_2$ kann aus der Formel

$$\frac{y - y_1}{x - x_1} = \frac{y_2 - y_1}{x_2 - x_1} \quad \text{entwickelt werden, die nach Beseitigung der Nenner}$$

auch für $x = x_1$ und $x_2 = x_1$ gilt;

$\dfrac{y_2 - y_1}{x_2 - x_1}$ ist für $x_2 \neq x_1$ die Steigung von $P_1P_2$.

So ergibt sich die Gleichung der Geraden durch A und B über $\dfrac{y + 1}{x + 2} =$

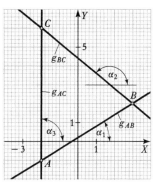

$= \dfrac{2 + 1}{3 + 2} = \dfrac{3}{5}$ zu $g_{AB} \equiv 3x - 5y + 1 = 0$ oder $y = \dfrac{3}{5}x + \dfrac{1}{5}$.

$m_{AB} = \dfrac{3}{5} = \tan \alpha_1$ liefert den üblicherweise auf $0 \leqslant \alpha_1 < 180°$ beschränkten Steigungswinkel $\alpha_1 \approx 30{,}96°$.

Die Gerade durch B und C hat die Gleichung $\dfrac{y - 2}{x - 3} = \dfrac{6 - 2}{-2 - 3} = -\dfrac{4}{5}$ oder $g_{BC} \equiv 4x + 5y - 22 = 0$; ihr Steigungswinkel $\alpha_2$ berechnet sich aus $\tan \alpha_2 = -0{,}8$ zu $\alpha_2 \approx 180° - 38{,}66° = 141{,}34°$.

Aus $(y - y_1) \cdot (x_2 - x_1) = (x - x_1) \cdot (y_2 - y_1)$ folgt für die Gerade durch A und C die Gleichung $0 = (x + 2) \cdot 7$ oder $g_{AC} \equiv x + 2 = 0$. Es liegt eine Parallele zur X-Achse mit dem Steigungswinkel $\alpha_3 = 90°$ vor.

---

10. Durch den Punkt A $\left(-\dfrac{1}{2}; 2\right)$ sind die Parallele $g_1$ und die Senkrechte $g_2$ zur Geraden $g \equiv 2x - 3y - 6 = 0$ zu ziehen. Wie lauten ihre Gleichungen?

Die Gleichung der Geraden $g_1$ hat wegen der geforderten Parallelität mit g die Form $2x - 3y - c = 0$. Zur Ermittlung von c dient die Tatsache, daß die Koordinaten von A diese Gleichung erfüllen müssen:

$2 \cdot \left(-\dfrac{1}{2}\right) - 3 \cdot 2 - c = 0.$

Mit dem hieraus gefundenen Wert

$c = -7$ wird $g_1 \equiv 2x - 3y + 7 = 0$.

Wegen der Orthogonalität der gesuchten Geraden $g_2$ bezüglich g mit

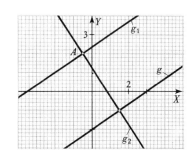

der Steigung $m = \frac{2}{3}$, ist deren Steigung $m_2 = -\frac{1}{m} = -\frac{3}{2}$.

Damit folgt $\dfrac{y - y_A}{x - x_A} = \dfrac{y - 2}{x + \frac{1}{2}} = -\dfrac{3}{2}$ und daraus $g_2 \equiv 6x + 4y - 5 = 0$.

---

**11.** Gegeben sind die Punkte A(0,5; 2,5), B(0; -3,5), C(6,5; -0,5) und D(8;5) als Eckpunkte eines Vierecks. Unter welchem spitzen Winkel σ und in welchem Punkt M schneiden sich die beiden Diagonalen?

Gleichung der Geraden AC:

$$\frac{y - 2{,}5}{x - 0{,}5} = \frac{-0{,}5 - 2{,}5}{6{,}5 - 0{,}5} = -\frac{1}{2} = m_{AC};$$

Gleichung der Geraden BD:

$$\frac{y + 3{,}5}{x} = \frac{5 + 3{,}5}{8} = \frac{17}{16} = m_{BD}.$$

Der Schnittwinkel σ kann damit aus der für $1 + m_{AC} \cdot m_{BD} \neq 0$ gültigen Formel

$$\tan \sigma = \frac{m_{BD} - m_{AC}}{1 + m_{AC} \cdot m_{BD}} = \frac{\frac{17}{16} + \frac{1}{2}}{1 - \frac{1}{2} \cdot \frac{17}{16}} = \frac{10}{3} \approx 3{,}33333$$

zu $\sigma \approx 73{,}30°$ berechnet werden.

Die Koordinaten des Diagonalenschnittpunktes M sind das gemeinsame Wertepaar der beiden Geradengleichungen

$g_{AC} \equiv 2x + 4y - 11 = 0$

und

$g_{BD} \equiv 17x - 16y - 56 = 0$. Man findet $x_M = 4$, $y_M = \frac{3}{4}$.

---

**12.** Eine Gerade $g_1$ ist festgelegt durch den Punkt A(-2; -5; 6) und den Richtungsvektor $\vec{u}_1 = \begin{pmatrix} 2 \\ 3 \\ -1 \end{pmatrix}$. In welchem Punkt P und unter welchem spitzen Winkel σ wird $g_1$ von der Geraden $g_2$ durch B(8; 2; 0) und C(0; 6; 6) geschnitten?

Mit der Parameterdarstellung $\vec{r} = \vec{r}_A + \vec{u}_1 \cdot t$ für eine Gerade durch den Punkt A und dem Richtungsvektor $\vec{u}_1$ findet man für $g_1$ die Gleichung

$$\vec{r} = \begin{pmatrix} -2 \\ -5 \\ 6 \end{pmatrix} + \begin{pmatrix} 2 \\ 3 \\ -1 \end{pmatrix} \cdot t \wedge t \in \mathbb{R} \text{ als Parameter.}$$

Die Gleichung von $g_2$ durch die Punkte B und C mit den Ortsvektoren $\vec{r}_B$ und $\vec{r}_C$ folgt unter Verwendung von $\vec{r} = \vec{r}_B + \vec{u}_2 \cdot s$ mit $\vec{u}_2 = \vec{r}_C - \vec{r}_B$ zu

$$\vec{r} = \begin{pmatrix} 8 \\ 2 \\ 0 \end{pmatrix} + \begin{pmatrix} -8 \\ 4 \\ 6 \end{pmatrix} \cdot s \wedge s \in \mathbb{R} \text{ als Parameter.}$$

Falls ein Schnittpunkt P der beiden Geraden existiert, müssen die zugeordneten Parameterwerte $t = t_P$ und $s = s_P$ die **Vektorgleichung**

$$\begin{pmatrix} -2 \\ -5 \\ 6 \end{pmatrix} + \begin{pmatrix} 2 \\ 3 \\ -1 \end{pmatrix} \cdot t = \begin{pmatrix} 8 \\ 2 \\ 0 \end{pmatrix} + \begin{pmatrix} -8 \\ 4 \\ 6 \end{pmatrix} \cdot s \text{ erfüllen.}$$

Diese ist gleichwertig mit dem System

$-2 + 2t = 8 - 8s$
$-5 + 3t = 2 + 4s$
$6 - t = 6s$  oder

$t + 4s = 5$
$3t - 4s = 7$
$t + 6s = 6$

von drei linearen Gleichungen
für die skalaren Komponenten.
Aus den beiden ersten Gleichungen

folgt $t_P = 3$ und $s_P = \dfrac{1}{2}$. Da für

diese Lösungsmenge auch die dritte
Gleichung erfüllt ist, schneiden sich die beiden Geraden.

Es ergibt sich aus $\vec{r} = \vec{r}_A + \vec{u}_1 \cdot t$ durch Einsetzen

$$\vec{r}_P = \begin{pmatrix} -2 \\ -5 \\ 6 \end{pmatrix} + \begin{pmatrix} 2 \\ 3 \\ -1 \end{pmatrix} \cdot 3 = \begin{pmatrix} 4 \\ 4 \\ 3 \end{pmatrix} \text{ oder } P(4;4;3).$$

Zur Ermittlung des spitzen Schnittwinkels $\sigma$ der beiden Geraden $g_1$ und $g_2$ mit den Richtungsvektoren $\vec{u}_1$ und $\vec{u}_2$ kann die Formel

$$\cos \sigma = \frac{|\vec{u}_1 \cdot \vec{u}_2|}{|\vec{u}_1| \cdot |\vec{u}_2|} \quad \text{mit}$$

$\vec{u}_1 \cdot \vec{u}_2 = u_{1x} \cdot u_{2x} + u_{1y} \cdot u_{2y} + u_{1z} \cdot u_{2z}$ als Skalarprodukt und

$|\vec{u}_1| = \sqrt{u_{1x}^2 + u_{1y}^2 + u_{1z}^2}$ sowie $|\vec{u}_2| = \sqrt{u_{2x}^2 + u_{2y}^2 + u_{2z}^2}$ als Beträgen von $\vec{u}_1$ und $\vec{u}_2$ herangezogen werden.

Es ergibt sich $\cos \sigma = \dfrac{\left| \begin{pmatrix} 2 \\ 3 \\ -1 \end{pmatrix} \cdot \begin{pmatrix} -8 \\ 4 \\ 6 \end{pmatrix} \right|}{\sqrt{14} \cdot \sqrt{116}} \approx 0{,}24815$, was einem Winkel $\sigma \approx 75{,}63^\circ$ entspricht.

---

13. Durch die Endpunkte der drei Vektoren $\vec{r}_A = \begin{pmatrix} 1 \\ 4 \\ 5 \end{pmatrix}$, $\vec{r}_B = \begin{pmatrix} 3{,}5 \\ 2{,}5 \\ 4 \end{pmatrix}$

und $\vec{r}_C = \begin{pmatrix} 5 \\ 5 \\ 3 \end{pmatrix}$ wird ein Dreieck ABC aufgespannt. Wie lauten die Gleichungen derjenigen Geraden $g_{AD}$ und $g_{CD}$ durch A und C, deren Schnittpunkt D das Dreieck zum Parallelogramm ergänzt? Wo liegt der Punkt D?

Die gesuchten Geraden sind parallel zu den Dreiecksseiten $\overline{BC}$ bzw. $\overline{BA}$. Ihre Gleichungen sind daher

$g_{AD} \equiv \vec{r} - \vec{r}_A - (\vec{r}_C - \vec{r}_B) \cdot t = \vec{r} - \begin{pmatrix} 1 \\ 4 \\ 5 \end{pmatrix} - \begin{pmatrix} 1{,}5 \\ 2{,}5 \\ -1 \end{pmatrix} \cdot t = 0$

und

$g_{CD} \equiv \vec{r} - \vec{r}_C - (\vec{r}_A - \vec{r}_B) \cdot t = \vec{r} - \begin{pmatrix} 5 \\ 5 \\ 3 \end{pmatrix} - \begin{pmatrix} -2{,}5 \\ 1{,}5 \\ 1 \end{pmatrix} \cdot s = 0$.

Gleichsetzen führt auf die drei Koordinatengleichungen

$-4 + 1{,}5\,t = -2{,}5\,s$
$-1 + 2{,}5\,t = 1{,}5\,s$
$2 - t = s$.

Die ersten beiden z. B. liefern
$t_D = 1$, $s_D = 1$.

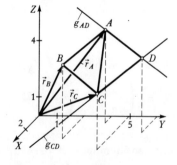

Da diese Parameterwerte auch die dritte Gleichung erfüllen, schneiden sich $g_{AD}$ und $g_{CD}$ im Punkt D(2,5; 6,5; 4).

Der Punkt D kann ohne Verwendung der Geradengleichung auch unmittelbar etwa aus $\vec{r}_D = \vec{r}_C + \overrightarrow{BA} = \begin{pmatrix} 5 \\ 5 \\ 3 \end{pmatrix} + \begin{pmatrix} -2,5 \\ 1,5 \\ 1 \end{pmatrix} = \begin{pmatrix} 2,5 \\ 6,5 \\ 4 \end{pmatrix}$ gefunden werden.

---

**14.** Gegeben sind die beiden sich im Punkt S schneidenden Geraden

$$g \equiv \vec{r} - \begin{pmatrix} 6 \\ 3 \\ 1 \end{pmatrix} - \begin{pmatrix} -4 \\ 2 \\ 4 \end{pmatrix} \cdot t = 0 \wedge t \in \mathbb{R} \text{ und } g_1 \equiv \vec{r} - \begin{pmatrix} 6 \\ 3 \\ 1 \end{pmatrix} - \begin{pmatrix} -4 \\ -3 \\ 2 \end{pmatrix} \cdot s_1 \wedge$$

$\wedge\ s_1 \in \mathbb{R}$ als Parameter. Welche Gleichung hat diejenige Gerade $g_2$, die in bezug auf g zu $g_1$ symmetrisch liegt?

Denkt man sich die Richtungsvektoren $\vec{u}, \vec{u}_1, \vec{u}_2$ von g, $g_1$, $g_2$ in S angreifend, besteht gemäß der Abbildung die Vektorbeziehung

$$\vec{u}_2 = \vec{u}_1 + \overrightarrow{BC} = \vec{u}_1 + 2\overrightarrow{BA} = \vec{u}_1 + 2(\overrightarrow{SA} - \vec{u}_1) = 2\overrightarrow{SA} - \vec{u}_1,$$

woraus wegen $\overrightarrow{SA} = (\vec{u}^0 \vec{u}_1)\vec{u}^0$

$$\vec{u}_2 = 2(\vec{u}^0 \vec{u}_1)\vec{u}^0 - \vec{u}_1 \text{ folgt.}$$

Für die gegebenen speziellen Werte findet man

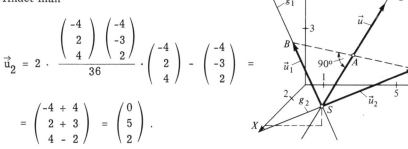

$$\vec{u}_2 = 2 \cdot \frac{\begin{pmatrix} -4 \\ 2 \\ 4 \end{pmatrix} \begin{pmatrix} -4 \\ -3 \\ 2 \end{pmatrix}}{36} \cdot \begin{pmatrix} -4 \\ 2 \\ 4 \end{pmatrix} - \begin{pmatrix} -4 \\ -3 \\ 2 \end{pmatrix} =$$

$$= \begin{pmatrix} -4 + 4 \\ 2 + 3 \\ 4 - 2 \end{pmatrix} = \begin{pmatrix} 0 \\ 5 \\ 2 \end{pmatrix}.$$

Damit ergibt sich die Gleichung der gesuchten Spiegelgeraden $g_2$ zu

$$\vec{r} = \begin{pmatrix} 6 \\ 3 \\ 1 \end{pmatrix} + \begin{pmatrix} 0 \\ 5 \\ 2 \end{pmatrix} \cdot s_2 \wedge s_2 \in \mathbb{R} \text{ als Parameter.}$$

---

**15.** Welche Maßzahlen $e_A^*$ und $e_B^*$ haben die gerichteten Abstände der Punkte A(5; -4) und B(1; 2,5) von der Geraden $g \equiv \dfrac{x}{3} - \dfrac{y}{4} - 1 = 0$?

Die HESSEsche Normalform einer Geraden $g \equiv ax + by + c = 0$ ist
$\dfrac{ax + by + c}{\pm \sqrt{a^2 + b^2}} = 0$, wobei für $c \neq 0$ von den beiden Vorzeichen der Wurzel
dasjenige zu nehmen ist, für welches das konstante Glied negativ wird.
Setzt man in die linke Seite der HESSEschen Normalform die
Koordinaten eines Punktes ein, so ergibt sich die Maßzahl seines
gerichteten Abstandes vor der Geraden.

Bei der vorliegenden Aufgabe führt dies über

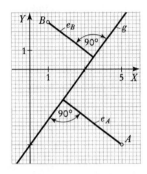

$\dfrac{4x - 3y - 12}{+\sqrt{4^2 + 3^2}} = 0$ auf

$e_A^* = \dfrac{4 \cdot 5 + 3 \cdot 4 - 12}{5} = 4,$

$e_B^* = \dfrac{4 \cdot 1 - 3 \cdot 2{,}5 - 12}{5} = -3{,}1.$

---

**16.** Durch den Punkt $A(7{,}5;\ -1)$ cm ist eine Gerade $g$ zu legen, die auf dem Richtungsvektor $\vec{n} = \begin{pmatrix} 2 \\ 3 \end{pmatrix}$ cm senkrecht steht. Wie lautet ihre Gleichung und welchen Abstand $e_B$ hat der Punkt $B(7;\ 4)$ cm von $g$?

Für alle Punkte P mit den Ortsvektoren $\vec{r}$ der gesuchten Geraden $g$ gilt die Orthogonalitätsbeziehung $\vec{n} \cdot (\vec{r} - \vec{r}_A) = 0$. Somit lautet ihre Gleichung

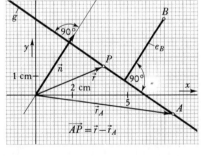

$\begin{pmatrix} 2 \\ 3 \end{pmatrix} \cdot \left[ \vec{r} - \begin{pmatrix} 7{,}5 \\ -1 \end{pmatrix} \text{cm} \right] =$

$= \begin{pmatrix} 2 \\ 3 \end{pmatrix} \vec{r} - 12 \text{ cm} = 0.$

Durch Einsetzen von $\vec{r} = \vec{r}_B$ in die linke Seite der zugehörigen HESSEschen

Normalform $\dfrac{\begin{pmatrix} 2 \\ 3 \end{pmatrix} \vec{r} - 12 \text{ cm}}{+\sqrt{2^2 + 3^2}} = 0$

findet man $e_B = \dfrac{1}{\sqrt{13}} \left[ \begin{pmatrix} 2 \\ 3 \end{pmatrix} \cdot \begin{pmatrix} 7 \\ 4 \end{pmatrix} - 12 \right] \text{cm} = \dfrac{14}{\sqrt{13}} \text{cm} \approx 3{,}88 \text{ cm}.$

## 1.1 Gerade und Ebene

**17.** Man bestimme die Gleichungen der Parallelen zur Geraden $g \equiv 2x - y + 2 = 0$, deren Abstände die Maßzahlen $\sqrt{5}$ haben.

Aus der HESSEschen Normalform
$$\frac{2x - y + 2}{-\sqrt{5}} = 0$$ der gegebenen Geraden erkennt man $e^* = \frac{2}{\sqrt{5}}$ als Maßzahl ihres Abstandes vom Nullpunkt.

Für die Konstante c der gesuchten Parallelen mit der Gleichung $2x - y + c = 0$ müssen daher die Bedingungen $\frac{c}{\sqrt{5}} - \frac{2}{\sqrt{5}} = \pm\sqrt{5}$ erfüllt sein.

Dies liefert $c_1 = 7$ und $c_2 = -3$, und damit die Gleichungen
$g_1 \equiv 2x - y + 7 = 0$ und
$g_2 \equiv 2x - y - 3 = 0$.

---

**18.** Welche Gleichungen haben die Winkelhalbierenden $w_{1;2}$ in bezug auf die Geraden

$g_1 \equiv \begin{pmatrix} 33 \\ 56 \end{pmatrix} \vec{r} - 211 = 0$

und

$g_2 \equiv \begin{pmatrix} 63 \\ -16 \end{pmatrix} \vec{r} - 157 = 0$?

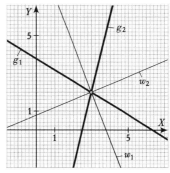

Es gilt

$$w_{1;2} \equiv \frac{\begin{pmatrix} 33 \\ 56 \end{pmatrix} \vec{r} - 211}{+\sqrt{33^2 + 56^2}} \pm \frac{\begin{pmatrix} 63 \\ -16 \end{pmatrix} \vec{r} - 157}{+\sqrt{63^2 + 16^2}} = 0,$$

oder nach Multiplikation mit 65

$$\begin{pmatrix} 33 \\ 56 \end{pmatrix} \vec{r} - 211 \pm \left[ \begin{pmatrix} 63 \\ -16 \end{pmatrix} \vec{r} - 157 \right] = 0.$$

Die Gleichungen der Winkelhalbierenden sind somit

$$w_1 \equiv \begin{pmatrix} 12 \\ 5 \end{pmatrix} \vec{r} - 46 = 0 \quad \text{und} \quad w_2 \equiv \begin{pmatrix} 5 \\ -12 \end{pmatrix} \vec{r} + 9 = 0.$$

---

**19.** Es soll nachgewiesen werden, daß sich die drei Geraden
$g_1 \equiv x - y + 10 = 0$, $g_2 \equiv x + 3y - 18 = 0$ und $g_3 \equiv 2x - y + 13 = 0$
in einem Punkt schneiden.

Die drei Geraden besitzen voneinander verschiedene Steigungen, weshalb keine zu einer der beiden anderen Geraden parallel sein oder mit ihnen zusammenfallen kann. Die Geradengleichungen sind jedoch linear abhängig, da die hierfür notwendige und hinreichende Bedingung, das Verschwinden der Determinante

$$D = \begin{vmatrix} 1 & -1 & 10 \\ 1 & 3 & -18 \\ 2 & -1 & 13 \end{vmatrix} \text{ wegen}$$

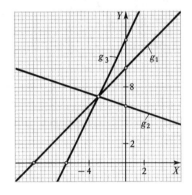

$D = 39 + 36 - 10 - 60 - 18 + 13 = 0$

erfüllt ist.

Die drei Geraden haben deshalb genau einen Punkt gemeinsam.

---

**20.** Wie lautet die Gleichung derjenigen Geraden g, die durch den Schnittpunkt S von $g_1 \equiv x - 2y + 1 = 0$ und $g_2 \equiv x + y - 5 = 0$, sowie durch den Punkt P(2; 0) verläuft?

Mit Ausnahme von $g_2$ wird die Gesamtheit aller Geraden durch den Schnittpunkt von $g_1$ und $g_2$ durch $g_1 + \mu g_2 \equiv$
$\equiv x - 2y + 1 + \mu (x + y - 5) = 0$ mit
$\mu \in \mathbb{R}$ dargestellt. Für die gesuchte spezielle Gerade g des Büschels
durch P muß $2 + 1 + \mu \cdot (2 - 5) = 0$
erfüllt sein, woraus $\mu = 1$ folgt.

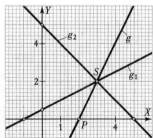

Die Gerade g hat demnach die Gleichung $2x - y - 4 = 0$.

*1.1 Gerade und Ebene*

21. Durch den Schnittpunkt der Geraden $g_1 \equiv \begin{pmatrix} 6 \\ 2 \end{pmatrix} \vec{r} - 17$ und $g_2 \equiv$
$\equiv \begin{pmatrix} 2 \\ -10 \end{pmatrix} \vec{r} + 21 = 0$ ist eine Gerade g zu legen, die auf $g_3 \equiv \begin{pmatrix} 2 \\ 3 \end{pmatrix} \vec{r} +$
$+ 4 = 0$ senkrecht steht.

Zur Lösung der gestellten Aufgabe sucht man den Parameterwert $\mu$ des
Geradenbüschels $g_1 + \mu g_2 = \begin{pmatrix} 6 \\ 2 \end{pmatrix} \vec{r} - 17 + \mu \cdot \left[ \begin{pmatrix} 2 \\ -10 \end{pmatrix} \vec{r} + 21 \right] = 0$

so zu bestimmen, daß

$\begin{pmatrix} 2 \\ 3 \end{pmatrix} \cdot \left[ \begin{pmatrix} 6 \\ 2 \end{pmatrix} + \mu \begin{pmatrix} 2 \\ -10 \end{pmatrix} \right] = 0.$

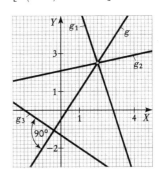

Mit der Lösung $\mu = \dfrac{9}{13}$ ergibt sich
die Gleichung der gesuchten Geraden
zu $g \equiv \begin{pmatrix} 3 \\ -2 \end{pmatrix} \vec{r} - 1 = 0$.

Hätte sich $\mu$ nicht bestimmen lassen, wäre $g \equiv g_2$ gewesen.

---

22. Ein Punkt P bewegt sich mit konstanter Geschwindigkeit längs einer Geraden so, daß er zur Zeit $t_1 = 1$ s den Punkt A(4; -1; 2) cm und für $t_2 = 5$ s den Punkt B(-4; 5; 4) cm durchläuft. Wie lautet seine Bewegungsgleichung in Abhängigkeit von der Zeit t?

Nach der Parameterdarstellung $\vec{r} = \vec{r}_0 + \vec{u} \cdot t$ einer Geraden g mit dem Richtungsvektor $\vec{u}$ durch den Punkt $P_0$ gilt für $t_1 = 1$ s

$\vec{r}_A = \vec{r}_0 + \vec{u} \cdot 1\,s$ ... 1)

und für $t_2 = 5$ s

$\vec{r}_B = \vec{r}_0 + \vec{u} \cdot 5\,s$ ... 2)

2) - 1) $\vec{r}_B - \vec{r}_A = \vec{u} \cdot 4\,s$

oder

$\vec{u} = \dfrac{1}{4} (\vec{r}_B - \vec{r}_A) \cdot \dfrac{1}{s}$.

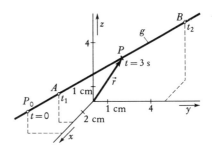

Aus 1) $\vec{r}_0 = \vec{r}_A - \vec{u} \cdot 1\,s =$

$= \dfrac{1}{4} (5\,\vec{r}_A - \vec{r}_B)$.

Damit folgt

$$\vec{r} = \frac{1}{4}(5\vec{r}_A - \vec{r}_B) + \frac{1}{4}(\vec{r}_B - \vec{r}_A)\cdot\frac{t}{s} =$$

$$= \frac{1}{4}\left[5\cdot\begin{pmatrix}4\\-1\\2\end{pmatrix} - \begin{pmatrix}-4\\5\\4\end{pmatrix}\right]\text{cm} + \frac{1}{4}\left[\begin{pmatrix}-4\\5\\4\end{pmatrix} - \begin{pmatrix}4\\-1\\2\end{pmatrix}\right]\cdot t\,\frac{\text{cm}}{\text{s}} =$$

$$= \begin{pmatrix}6\\-2,5\\1,5\end{pmatrix}\text{cm} + \begin{pmatrix}-2\\1,5\\0,5\end{pmatrix}\cdot t\,\frac{\text{cm}}{\text{s}}.$$

---

**23.** Welcher Gleichung genügt ein Lichtstrahl, der in der Zeichenebene über den Punkt $A\left(5;\frac{9}{2}\right)$ einfällt und in $B\left(3;\frac{3}{2}\right)$ an der Parallelen zur X-Achse reflektiert wird?

Da die Parallele zur Y-Achse durch B Symmetrielinie in bezug auf einfallenden und reflektierten Strahl mit den Steigungen $m_e = \frac{3}{2}$ und $m_r = -m_e$ ist, wird der Strahlenverlauf durch die Gleichungen

$$\frac{y - \frac{3}{2}}{x - 3} = +\frac{3}{2} \quad \text{für } x > 3 \text{ und}$$

$$\frac{y - \frac{3}{2}}{x - 3} = -\frac{3}{2} \quad \text{für } x < 3 \text{ oder}$$

kürzer durch $y = \frac{3}{2} + \frac{3}{2}|x - 3|$

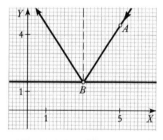

dargestellt, was offensichtlich auch für $x = 3$ gilt.

---

**24.** Man bestimme den geometrischen Ort aller Punkte P(x; y) für den die Differenz der Quadrate der Entfernungen von den Punkten A(-3; 0) und B(3; 0) die Maßzahl 15 hat.

Die geometrische Forderung

$$\overline{AP}^2 - \overline{BP}^2 = \pm 15$$

kann vektoriell in der Form

$$[\vec{r} - \overrightarrow{OA}]^2 - [\vec{r} - \overrightarrow{OB}]^2 = \pm 15$$

geschrieben werden. Dies läßt sich über

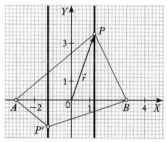

$$\left[\vec{r} - \begin{pmatrix} -3 \\ 0 \end{pmatrix}\right]^2 - \left[\vec{r} - \begin{pmatrix} 3 \\ 0 \end{pmatrix}\right]^2 = \pm 15$$

auf $\begin{pmatrix} 1 \\ 0 \end{pmatrix} \vec{r} = \pm \frac{5}{4}$

vereinfachen, womit der geometrische Ort als das **Parallenpaar** zur Y-Achse in den gerichteten Abständen mit den Maßzahlen ± 1,25 erkannt wird.

---

**25.** Die beiden Eckpunkte A(6; 0; 0) und B(1; 5; 1) eines Dreiecks ABC seien fest, während sich die dritte Ecke C auf der Geraden $g \equiv \vec{r} - \begin{pmatrix} 2 \\ 1 \\ 5 \end{pmatrix} - \begin{pmatrix} 1 \\ 2 \\ -2 \end{pmatrix} \cdot t = 0$ bewegt.

Welche Gleichung hat die hierbei vom Schwerpunkt S des Dreiecks durchlaufene Kurve?

Es gilt $\vec{r}_S = \frac{1}{3}[\vec{r}_A + \vec{r}_B + \vec{r}_C]$

mit $\vec{r}_C = \begin{pmatrix} 2 \\ 1 \\ 5 \end{pmatrix} + \begin{pmatrix} 1 \\ 2 \\ -2 \end{pmatrix} \cdot t$,

was auf die Gleichung

$$\vec{r}_S = \begin{pmatrix} 3 \\ 2 \\ 2 \end{pmatrix} + \frac{1}{3} \cdot \begin{pmatrix} 1 \\ 2 \\ 2 \end{pmatrix} \cdot t$$

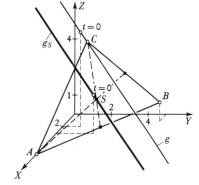

einer zu g parallelen Geraden $g_S$ führt.

---

**26.** Einem Dreieck $P_1P_2P_3$ sollen Rechtecke einbeschrieben werden, deren eine Seite $\overline{AB}$ ind $\overline{P_1P_2}$ liegt und deren andere Ecken C und D sich auf den Dreieckseiten $\overline{P_2P_3}$ und $\overline{P_1P_3}$ befinden.

Welches ist der geometrische Ort aller Diagonalschnittpunkte S dieser Rechtecke, wenn $P_1(-3; 0)$, $P_2(3; 0)$ und $P_3(2; 5)$ gegeben sind,

Die Gleichung der Geraden durch die Eckpunkte $P_1$ und $P_3$ ergibt sich über

$$\frac{y}{x+3} = \frac{5}{2+3} = 1 \text{ zu } y = x + 3,$$

die der Geraden durch $P_2$ und $P_3$ über

$$\frac{y}{x-3} = \frac{5}{2-3} = -5 \text{ zu } y = -5x + 15.$$

Diese beiden Geraden werden von der Parallelen zur X-Achse mit der Gleichung $y = t$ wobei $t \in \mathbb{R} \land 0 < t < 5$, in den Eckpunkten $C\left(-\frac{t}{5} + 3; t\right)$ und $D(t-3; t)$ geschnitten. In Verbindung mit $A(t-3; 0)$ errechnen sich

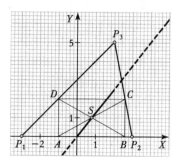

$$x_S = \frac{x_A + x_C}{2} = \frac{2}{5}t \text{ und } y_S = \frac{y_A + y_C}{2} = \frac{t}{2},$$ wobei die Koordinaten von S der Beschränkung $0 < x_S < 2$, $0 < y_S < 2{,}5$ unterliegen. Die Elimination von $t$ erbringt $x_S = \frac{4 y_S}{5}$, also $y = \frac{5}{4}x \land 0 < x < 2$ als Gleichung der den gesuchten geometrischen Ort bildenden Strecke.

---

**27.** Welche Gleichungen haben die senkrechten Projektionen (Risse) der Geraden

$$g \equiv \vec{r} - \begin{pmatrix} 4 \\ 2 \\ 3 \end{pmatrix} - \begin{pmatrix} -2 \\ 3 \\ 2 \end{pmatrix} \cdot t = 0$$

auf die Koordinatenebenen? Wo liegen die Durchstoßpunkte (Spurpunkte) von g mit den Koordinatenebenen?

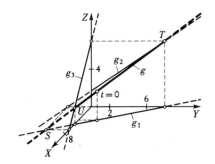

Die Gleichung der Risse $g_1$, $g_2$ und $g_3$ in den XY-, YZ- und ZX-Koordinatenebenen ergeben sich durch Nullsetzen der jeweiligen dritten Komponenten in der Geradengleichung.

Man erhält

$$g_1 \equiv \vec{r} - \begin{pmatrix} 4 \\ 2 \end{pmatrix} - \begin{pmatrix} -2 \\ 3 \end{pmatrix} \cdot t = 0$$

$$g_2 \equiv \vec{r} - \begin{pmatrix} 2 \\ 3 \end{pmatrix} - \begin{pmatrix} 3 \\ 2 \end{pmatrix} \cdot t = 0$$

$$g_3 \equiv \vec{r} - \begin{pmatrix} 4 \\ 3 \end{pmatrix} - \begin{pmatrix} -2 \\ 2 \end{pmatrix} \cdot t = 0.$$

*1.1 Gerade und Ebene*

Zur Ermittlung der Spurpunkte S, T und U der Geraden g mit den XY-, YZ- und ZX-Koordinatenebenen setzt man diejenigen Parameterwerte t, für welche die jeweilige dritte Komponente des Ortsvektors $\vec{r}$ verschwindet, in g = 0 ein.

Es ergibt sich aus

$0 = 3 + 2t$ mit $t = -\frac{3}{2}$

$$\vec{r}_S = \begin{pmatrix} 4 \\ 2 \\ 3 \end{pmatrix} + \begin{pmatrix} -2 \\ 3 \\ 2 \end{pmatrix} \cdot \left(-\frac{3}{2}\right) = \begin{pmatrix} 7 \\ -\frac{5}{2} \\ 0 \end{pmatrix},$$

$0 = 4 - 2t$ mit $t = 2$

$$\vec{r}_T = \begin{pmatrix} 4 \\ 2 \\ 3 \end{pmatrix} + \begin{pmatrix} -2 \\ 3 \\ 2 \end{pmatrix} \cdot 2 = \begin{pmatrix} 0 \\ 8 \\ 7 \end{pmatrix},$$

$0 = 2 + 3t$ mit $t = -\frac{2}{3}$

$$\vec{r}_U = \begin{pmatrix} 4 \\ 2 \\ 3 \end{pmatrix} + \begin{pmatrix} -2 \\ 3 \\ 2 \end{pmatrix} \cdot \left(-\frac{2}{3}\right) = \begin{pmatrix} \frac{16}{3} \\ 0 \\ \frac{5}{3} \end{pmatrix}.$$

---

28. Man bestimme die Gleichung der Ebene E durch den Punkt P(3; 2; 5) die von den in P angreifenden Vektoren $\vec{u}_1 = \begin{pmatrix} 4,5 \\ -3 \\ 0 \end{pmatrix}$ und $\vec{u}_2 = \begin{pmatrix} 4,5 \\ 3 \\ -7,5 \end{pmatrix}$ aufgespannt wird. Welche Gleichungen haben die Spuren dieser Ebene?

Nach der Punkt-Richtungsgleichung $\vec{r} = \vec{r}_P + \vec{u}_1 \cdot t_1 + \vec{u}_2 \cdot t_2$ mit $t_1$ und $t_2$ als Parametern wird

$$E \equiv \vec{r} - \begin{pmatrix} 3 \\ 2 \\ 5 \end{pmatrix} - \begin{pmatrix} 4,5 \\ -3 \\ 0 \end{pmatrix} \cdot t_1 - \begin{pmatrix} 4,5 \\ 3 \\ -7,5 \end{pmatrix} \cdot t_2 = 0.$$

Die Elimination von $t_1$ und $t_2$ aus den dazu gleichwertigen Gleichungen

$x = 3 + 4,5 t_1 + 4,5 t_2$

$y = 2 - 3t_1 + 3t_2$

$z = 5 \quad\quad - 7{,}5 t_2$

führt auf die **allgemeine Gleichung** dieser Ebene in der Form

$E \equiv 10x + 15y + 12z - 120 = 0.$

Setzt man hierin der Reihe nach $z = 0$, $x = 0$ und $y = 0$, so ergeben sich die Gleichungen der Spuren

des Grundrisses in der XY-Ebene zu $2x + 3y - 24 = 0$,
des Aufrisses in der YZ-Ebene zu $5y + 4z - 40 = 0$
und des Seitenrisses in der XZ-Ebene zu $5x + 6z - 60 = 0.$

---

**29.** In welchem Punkt S schneidet die Gerade

$$g \equiv \vec{r} - \begin{pmatrix} -2 \\ 3 \\ 0 \end{pmatrix} - \begin{pmatrix} 3 \\ -2 \\ 2 \end{pmatrix} \cdot t = 0$$

die Ebene E durch die drei Punkte $P_1(-4; -3; -1)$, $P_2(6; 4; 1)$, $P_3(-2; 4; 4)$?

Die Gleichung $\vec{r} = \vec{r}_1 + (\vec{r}_2 - \vec{r}_1) \cdot s_1 + (\vec{r}_3 - \vec{r}_1) \cdot s_2 = 0$ einer Ebene E durch drei Punkte mit den Ortsvektoren $\vec{r}_1$, $\vec{r}_2$ und $\vec{r}_3$ wird für die gegebenen Zahlenwerte

$$\vec{r} = \begin{pmatrix} -4 \\ -3 \\ -1 \end{pmatrix} + \begin{pmatrix} 10 \\ 7 \\ 2 \end{pmatrix} \cdot s_1 + \begin{pmatrix} 2 \\ 7 \\ 5 \end{pmatrix} \cdot s_2.$$

In Verbindung mit $g = 0$ berechnen sich die dem Schnittpunkt S zugehörigen Parameterwerte $s_1$, $s_2$ und $t$ als gemeinsames Lösungstripel des Gleichungssystems

$$\begin{pmatrix} -2 \\ 3 \\ 0 \end{pmatrix} + \begin{pmatrix} 3 \\ -2 \\ 2 \end{pmatrix} \cdot t = \begin{pmatrix} -4 \\ -3 \\ -1 \end{pmatrix} +$$

$$+ \begin{pmatrix} 10 \\ 7 \\ 2 \end{pmatrix} \cdot s_1 + \begin{pmatrix} 2 \\ 7 \\ 5 \end{pmatrix} \cdot s_2.$$

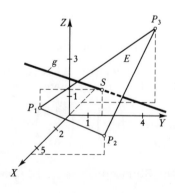

Man findet aus
$$10s_1 + 2s_2 - 3t = 2$$
$$7s_1 + 7s_2 + 2t = 6 \qquad s_1 = \frac{1}{3}, \quad s_2 = \frac{1}{3}, \quad t = \frac{2}{3}$$
$$2s_1 + 5s_2 - 2t = 1$$

und mit Hilfe der Geradengleichung

$$\vec{r}_S = \begin{pmatrix} -2 \\ 3 \\ 0 \end{pmatrix} + \begin{pmatrix} 3 \\ -2 \\ 2 \end{pmatrix} \cdot \frac{2}{3} = \begin{pmatrix} 0 \\ \frac{5}{3} \\ \frac{4}{3} \end{pmatrix} \quad \text{oder} \quad S\left(0; \frac{5}{3}; \frac{4}{3}\right).$$

---

**30.** Wie groß ist die Maßzahl e* des gerichteten Abstandes e des Punktes P(6; -5; 10) von der Ebene

$$E \equiv \vec{r} - \begin{pmatrix} 3 \\ 6 \\ 3 \end{pmatrix} - \begin{pmatrix} 0,5 \\ -2 \\ -1,5 \end{pmatrix} \cdot t_1 - \begin{pmatrix} 1 \\ 2 \\ 0 \end{pmatrix} \cdot t_2 = 0?$$

Die Maßzahl e* des Abstandes $e = \overline{SP}$ kann durch Einsetzen der Koordinaten des Punktes P in die linke Seite der HESSEschen N o r m a l f o r m $\vec{n}^0 \cdot \vec{r} - \delta = 0$ gefunden werden. Hierbei ist $\vec{n}^0$ ein Einheitsvektor der Ebenennormalen, für den die Maßzahl des Abstandes der Ebene vom Nullpunkt $\delta \geq 0$ ist.

Da jede Ebenennormale auf den Richtungsvektoren $\vec{u}_1 = \begin{pmatrix} 0,5 \\ -2 \\ -1,5 \end{pmatrix}$ und $\vec{u}_2 = \begin{pmatrix} 1 \\ 2 \\ 0 \end{pmatrix}$ von E senkrecht steht, läßt sich ein Normalenvektor $\vec{n}$ mit Hilfe des V e k t o r p r o d u k t e s

$$\vec{n} = \vec{u}_1 \times \vec{u}_2 = \begin{vmatrix} \vec{i} & 0,5 & 1 \\ \vec{j} & -2 & 2 \\ \vec{k} & -1,5 & 0 \end{vmatrix} =$$

$$= 3\vec{i} - 1,5\vec{j} + 3\vec{k} = \begin{pmatrix} 3 \\ -1,5 \\ 3 \end{pmatrix}$$

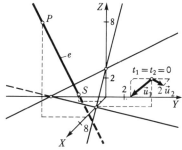

bestimmen.

Skalare Multiplikation von E = 0 mit $\vec{n}$ ergibt

$$\begin{pmatrix} 3 \\ -1,5 \\ 3 \end{pmatrix} \vec{r} - \begin{pmatrix} 3 \\ -1,5 \\ 3 \end{pmatrix} \begin{pmatrix} 3 \\ 6 \\ 3 \end{pmatrix} = 0 \quad \text{oder} \quad \begin{pmatrix} 2 \\ -1 \\ 2 \end{pmatrix} \vec{r} - 6 = 0, \text{ woraus}$$

nach Division mit $+|\vec{n}| = 3$ die Normalform

$\frac{1}{3}\begin{pmatrix} 2 \\ -1 \\ 2 \end{pmatrix} \vec{r} - 2 = 0$  erhalten wird.

Daraus folgt $e^* = \frac{1}{3}\begin{pmatrix} 2 \\ -1 \\ 2 \end{pmatrix} \cdot \begin{pmatrix} 6 \\ -5 \\ 10 \end{pmatrix} - 2 = \frac{31}{3}$.

---

**31.** Eine Ebene E ist festgelegt durch die Gleichungen $s \equiv 4x + 5y - 20 = 0$ und $u \equiv 3x + 5z - 15 = 0$ ihrer Spuren in der XY- und ZX-Ebene. Es ist die Gleichung der zu E parallelen Ebene E' durch den Punkt P(3; 2; 2) aufzustellen.

Die Achsenabschnitte der Spuren auf X-, Y- und Z-Achse sind $a = 5$, $b = 4$ und $c = 3$, womit nach der Achsenabschnittsform $\frac{x}{a} + \frac{y}{b} + \frac{z}{c} = 1$ einer Ebenengleichung $E \equiv \frac{x}{5} + \frac{y}{4} + \frac{z}{3} - 1 = 0$, oder in vektorieller Schreibweise nach Multiplikation mit 60, $E \equiv \begin{pmatrix} 12 \\ 15 \\ 20 \end{pmatrix} \vec{r} - 60 = 0$ erhalten wird.

Aus der Gleichung

$E \equiv \begin{pmatrix} 12 \\ 15 \\ 20 \end{pmatrix} \vec{r} - c = 0$

der Gesamtheit aller Parallelebenen zu E findet man die Konstante c für die durch den Punkt P verlaufende Ebene aus

$\begin{pmatrix} 12 \\ 15 \\ 20 \end{pmatrix} \cdot \begin{pmatrix} 3 \\ 2 \\ 2 \end{pmatrix} - c = 0$  zu $c = 106$.

Somit ist $E' \equiv \begin{pmatrix} 12 \\ 15 \\ 20 \end{pmatrix} \vec{r} - 106 = 0$.

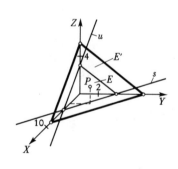

---

**32.** Unter welchem spitzen Winkel σ und in welchem Punkt S schneidet die Gerade

$g \equiv \vec{r} - \begin{pmatrix} 1 \\ -3 \\ -2 \end{pmatrix} - \begin{pmatrix} -1 \\ \frac{5}{3} \\ 1 \end{pmatrix} \cdot t = 0$  die Ebene $E \equiv \begin{pmatrix} -1 \\ 2 \\ 2 \end{pmatrix} \vec{r} - 8 = 0$?

## 1.1 Gerade und Ebene

Der Schnittwinkel σ, definiert als der spitze Winkel, den g und die senkrechte Projektion g' von g auf E miteinander bilden, folgt wegen

$$\sigma = 90° - \alpha$$

mit α als spitzem Winkel zwischen g und dem Normalenvektor $\vec{n}$ von E

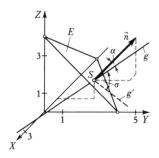

aus $\cos\alpha = \sin\sigma = \dfrac{\left|\begin{pmatrix}-1\\2\\2\end{pmatrix}\cdot\begin{pmatrix}-1\\ \frac{5}{3}\\ 1\end{pmatrix}\right|}{\sqrt{9}\cdot\sqrt{\frac{43}{9}}} =$

$= \dfrac{19}{3\cdot\sqrt{43}}$ zu $\sigma \approx 74{,}98°$.

Schnittpunkt S von g mit E:

$$\begin{pmatrix}-1\\2\\2\end{pmatrix}\cdot\begin{pmatrix}1\\-3\\-2\end{pmatrix} + \begin{pmatrix}-1\\2\\2\end{pmatrix}\cdot\begin{pmatrix}-1\\ \frac{5}{3}\\ 1\end{pmatrix}\cdot t - 8 = 0, \quad t = 3, \quad \vec{r}_S = \begin{pmatrix}-2\\2\\1\end{pmatrix}.$$

---

**33.** Gegeben sind die beiden Ebenen $E_1 \equiv \vec{r} - \begin{pmatrix}-6\\-2\\3\end{pmatrix} - \begin{pmatrix}1\\1\\0\end{pmatrix}\cdot t_1 -$

$-\begin{pmatrix}0\\8\\3\end{pmatrix}\cdot t_2 = 0$ und $E_2 \equiv \vec{r} - \begin{pmatrix}-6\\8\\3\end{pmatrix} - \begin{pmatrix}0\\-2\\3\end{pmatrix}\cdot s_1 - \begin{pmatrix}3\\-2\\0\end{pmatrix}\cdot s_2 = 0$.

Man bestimme die Schnittgerade g und den spitzen Schnittwinkel σ.

Durch Gleichsetzen von $E_1 = 0$ und $E_2 = 0$ folgt aus

$$\begin{pmatrix}-6\\-2\\3\end{pmatrix} + \begin{pmatrix}1\\1\\0\end{pmatrix}\cdot t_1 + \begin{pmatrix}0\\8\\3\end{pmatrix}\cdot t_2 =$$

$$= \begin{pmatrix}-6\\8\\3\end{pmatrix} + \begin{pmatrix}0\\-2\\3\end{pmatrix}\cdot s_1 + \begin{pmatrix}3\\-2\\0\end{pmatrix}\cdot s_2$$

das inhomogene lineare Gleichungssystem von 3 Gleichungen mit 4 Unbekannten

$$3s_2 - t_1 = 0$$
$$2s_1 + 2s_2 + t_1 + 8t_2 = 10$$
$$3s_1 \quad\quad\quad - 3t_2 = 0.$$

Verwendet man etwa $s_1$ als frei wählbare Unbekannte, so ergibt sich für den ebenfalls zu $E_2$ gehörenden Parameter $s_2 = -2s_1 + 2$. Damit folgt bei Einsetzen in $E_2$ eine Parameterdarstellung der Schnittgeraden g zu

$$g \equiv \vec{r} - \begin{pmatrix} -6 \\ 8 \\ 3 \end{pmatrix} - \begin{pmatrix} 0 \\ -2 \\ 3 \end{pmatrix} \cdot s_1 - \begin{pmatrix} 3 \\ -2 \\ 0 \end{pmatrix} \cdot (-2s_1 + 2) =$$

$$= \vec{r} - \begin{pmatrix} 0 \\ 4 \\ 3 \end{pmatrix} - \begin{pmatrix} -6 \\ 2 \\ 3 \end{pmatrix} \cdot s_1 = 0.$$

Der Schnittwinkel zweier Ebenen $E_1$ und $E_2$ kann als der Winkel bestimmt werden, den die zugeordneten Ebenennormalen $\vec{n}_1$ und $\vec{n}_2$ miteinander bilden. Es ergibt sich in vorliegendem Beispiel mit

$$\vec{n}_1 = \begin{vmatrix} \vec{i} & 1 & 0 \\ \vec{j} & 1 & 8 \\ \vec{k} & 0 & 3 \end{vmatrix} = \begin{pmatrix} 3 \\ -3 \\ 8 \end{pmatrix} \text{ und}$$

$$\vec{n}_2 = \begin{vmatrix} \vec{i} & 0 & 3 \\ \vec{j} & -2 & -2 \\ \vec{k} & 3 & 0 \end{vmatrix} = \begin{pmatrix} 6 \\ 9 \\ 6 \end{pmatrix} \text{ über}$$

$$\cos \sigma = \frac{\begin{pmatrix} 3 \\ -3 \\ 8 \end{pmatrix} \cdot \begin{pmatrix} 6 \\ 9 \\ 6 \end{pmatrix}}{\sqrt{82} \cdot \sqrt{153}} = \frac{13}{\sqrt{82} \cdot \sqrt{17}}$$

der spitze Schnittwinkel $\sigma \approx 69{,}62°$.

---

**34.** Welchen Abstand d hat der Punkt P(2; -3; 5) cm von der Geraden

$$g \equiv \vec{r} - \begin{pmatrix} 4 \\ 4 \\ 2 \end{pmatrix} \text{ cm} - \begin{pmatrix} -4 \\ -1 \\ 2 \end{pmatrix} \cdot t ?$$

Der gesuchte Abstand d ist die Länge des Lotes $\overline{PS}$ von P auf die Gerade g. S kann hierbei als Schnittpunkt der Normalebene E zu g durch P mit g ermittelt werden.

Da ein Normalenvektor von E mit dem Richtungsvektor von g zusammenfällt, ist

$$E \equiv \begin{pmatrix} -4 \\ -1 \\ 2 \end{pmatrix} \left[ \vec{r} - \begin{pmatrix} 2 \\ -3 \\ 5 \end{pmatrix} \text{cm} \right] =$$

$$= \begin{pmatrix} -4 \\ -1 \\ 2 \end{pmatrix} \vec{r} - 5 \text{ cm} = 0.$$

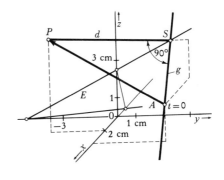

Schnittpunkt S :

$$\begin{pmatrix} -4 \\ -1 \\ 2 \end{pmatrix} \left[ \begin{pmatrix} 4 \\ 4 \\ 2 \end{pmatrix} \text{cm} + \begin{pmatrix} -4 \\ -1 \\ 2 \end{pmatrix} \cdot t \right] - 5 \text{ cm} = 0,$$

$$t = 1 \text{ cm}, \quad \vec{r}_S = \begin{pmatrix} 0 \\ 3 \\ 4 \end{pmatrix} \text{cm}.$$

Abstand $d = \overline{PS} = |\vec{r}_S - \vec{r}_P| = \left| \begin{pmatrix} -2 \\ 6 \\ -1 \end{pmatrix} \right|$ cm $\approx 6{,}40$ cm.

Bei Verwendung eines beliebigen Punktes auf der Geraden g, etwa des Punktes A für t = 0, kann der dem Schnittpunkt S zugeordnete Vektor $\vec{r}_S$ ohne Ermittlung der Normalebene E durch Projektion von $\overrightarrow{AP}$ auf g gefunden werden. Es ergibt sich

$$\vec{r}_S = \overrightarrow{OA} + (\overrightarrow{AP} \cdot \overrightarrow{AS}^0) \cdot \overrightarrow{AS}^0 = \begin{pmatrix} 4 \\ 4 \\ 2 \end{pmatrix} \text{cm} + \left[ \begin{pmatrix} -2 \\ -7 \\ 3 \end{pmatrix} \cdot \begin{pmatrix} -4 \\ -1 \\ 2 \end{pmatrix} \right] \cdot \begin{pmatrix} -4 \\ -1 \\ 2 \end{pmatrix} \cdot \frac{1}{21} \text{ cm} =$$

$$= \begin{pmatrix} 0 \\ 3 \\ 4 \end{pmatrix} \text{cm}.$$

---

35. Gegeben sind zwei windschiefe Geraden durch ihre Gleichungen

$$g_1 \equiv \vec{r} - \begin{pmatrix} 14 \\ -4 \\ 0 \end{pmatrix} - \begin{pmatrix} -2 \\ 0 \\ 1 \end{pmatrix} \cdot t_1 = 0 \quad \text{und} \quad g_2 \equiv \vec{r} - \begin{pmatrix} -15 \\ 0 \\ -4 \end{pmatrix} - \begin{pmatrix} 2 \\ 1 \\ 0 \end{pmatrix} \cdot t_2 = 0.$$

Wie groß ist die Maßzahl d* des Abstandes d der Geraden und wo liegen die Fußpunkte $F_1$ und $F_2$ des gemeinsamen Lotes?

Bei Verwendung der sich für $t_1 = 0$ und $t_2 = 0$ ergebenden Punkte $P_1(14;\ -4;\ 0)$ und $P_2(-15;\ 0;\ -4)$ der Geraden $g_1$ und $g_2$ gilt gemäß der Abbildung die Vektorbeziehung

$$\overrightarrow{OP_1} + \overrightarrow{P_1F_1} + \overrightarrow{F_1F_2} = \overrightarrow{OP_2} + \overrightarrow{P_2F_2}.$$

Hieraus folgt mit den Richtungsvektoren

$$\vec{u}_1 = \begin{pmatrix} -2 \\ 0 \\ 1 \end{pmatrix} \text{ und } \vec{u}_2 = \begin{pmatrix} 2 \\ 1 \\ 0 \end{pmatrix}$$

von $g_1$ und $g_2$ sowie

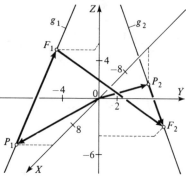

$$\vec{u}_1 \times \vec{u}_2 = \begin{vmatrix} \vec{i} & -2 & 1 \\ \vec{j} & 0 & 1 \\ \vec{k} & 1 & 0 \end{vmatrix} = -\vec{i} + 2\vec{j} - 2\vec{k} \text{ als einem}$$

Richtungsvektor des gemeinsamen Lotes beider Geraden die Zahlenwertgleichung

$$\begin{pmatrix} 14 \\ -4 \\ 0 \end{pmatrix} + p \cdot \begin{pmatrix} -2 \\ 0 \\ 1 \end{pmatrix} + q \cdot \begin{pmatrix} -1 \\ 2 \\ -2 \end{pmatrix} = \begin{pmatrix} -15 \\ 0 \\ -4 \end{pmatrix} + r \cdot \begin{pmatrix} 2 \\ 1 \\ 0 \end{pmatrix}.$$

Die Faktoren p, q, r ergeben sich als Lösung des linearen Gleichungssystems

$$14 - 2p - q = -15 + 2r$$
$$-4 + 2q = r$$
$$p - 2q = -4$$

zu $p = 6$, $q = 5$ und $r = 6$.

Damit erhält man die Maßzahl $d^*$ des gesuchten Abstandes d zu

$$d^* = |\overrightarrow{F_1F_2}| = 5 \cdot \left| \begin{pmatrix} -1 \\ 2 \\ -2 \end{pmatrix} \right| = 15 \text{ und über } \overrightarrow{OF_1} = \begin{pmatrix} 14 \\ -4 \\ 0 \end{pmatrix} + 6 \cdot \begin{pmatrix} -2 \\ 0 \\ 1 \end{pmatrix} =$$

$$= \begin{pmatrix} 2 \\ -4 \\ 6 \end{pmatrix} \text{ sowie } \overrightarrow{OF_2} = \begin{pmatrix} -15 \\ 0 \\ -4 \end{pmatrix} + 6 \cdot \begin{pmatrix} 2 \\ 1 \\ 0 \end{pmatrix} = \begin{pmatrix} -3 \\ 6 \\ -4 \end{pmatrix} \text{ die gesuchten}$$

Fußpunkte $F_1(2;\ -4;\ 6)$ und $F_2(-3;\ 6;\ -4)$.

# 1.2 Kreis und Kugel

**36.** Welche Gleichung hat ein Kreis vom Radius $\rho = 2{,}5$, dessen Mittelpunkt M die Koordinaten $x_M = h = -1{,}5$, $y_M = k = 2$ besitzt? *)

Aus der Kreisgleichung $(x - h)^2 + (y - k)^2 = \rho^2$ erhält man unmittelbar

$$\left(x + \frac{3}{2}\right)^2 + (y - 2)^2 = \frac{25}{4}.$$

Bei vektorieller Darstellung ergibt sich
aus $(\vec{r} - \vec{r}_M) = \rho^2$ mit $\vec{r}_M = \begin{pmatrix} -1{,}5 \\ 2 \end{pmatrix}$ die

Gleichung $\left[\vec{r} - \begin{pmatrix} -1{,}5 \\ 2 \end{pmatrix}\right]^2 = \frac{25}{4}.$

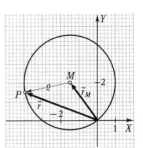

Da im vorliegenden Fall der Kreis durch
den Nullpunkt verläuft, ist $|\vec{r}_M| = \rho$ und

die Kreisgleichung vereinfacht sich auf $\vec{r}^2 - 2\vec{r} \cdot \vec{r}_M = \vec{r}^2 - \begin{pmatrix} -3 \\ 4 \end{pmatrix} \cdot \vec{r} = 0.$

---

**37.** Man bringe die Gleichung $x^2 - 4x + y^2 + 6y - 7 = 0$ auf die Normalform.

Durch zweimalige quadratische Ergänzung
wird

$(x^2 - 4x + 4) + (y^2 + 6y + 9) = 7 + 4 + 9$

oder

$(x - 2)^2 + (y + 3)^2 = 20$

erhalten.

Es liegt somit ein Kreis vom Radius
$\rho = \sqrt{20} \approx 4{,}47$ und dem Mittelpunkt $M(2;\ -3)$ vor.

---

**38.** Es sind der Mittelpunkt M und der Radius $\rho$ des Kreises $K \equiv \vec{r}^2 +$
$+ \begin{pmatrix} 4 \\ 6 \end{pmatrix} \vec{r} - 12 = 0$ zu bestimmen.

---

*) Unter Radius $\rho$ wird hier und bei allen folgenden Beispielen, falls nicht anders vermerkt, die Maßzahl der zugehörigen Strecke verstanden.

Quadratische Ergänzung führt über

$$\vec{r}^2 + \begin{pmatrix} 4 \\ 6 \end{pmatrix} \vec{r} + \begin{pmatrix} 2 \\ 3 \end{pmatrix}^2 - 12 - 4 - 9 = 0$$

auf $\left[ \vec{r} - \begin{pmatrix} -2 \\ -3 \end{pmatrix} \right]^2 - 25 = 0$, woraus der Ortsvektor des Mittelpunktes

M zu $\vec{r}_M = \begin{pmatrix} -2 \\ -3 \end{pmatrix}$ und der Radius zu $\rho = 5$ erkannt wird.

---

**39.** Wie lautet die Gleichung eines Kreises, der durch die Punkte A(4; 1) B(0; 3) sowie den Nullpunkt verläuft?

Die gegebenen Koordinaten müssen die **allgemeine Kreisgleichung** $x^2 + y^2 + Ax + By + C = 0$ mit A, B, C $\in \mathbb{R}$ erfüllen.

Es bestehen deshalb für die Koeffizienten A, B, C die drei Bestimmungsgleichungen

A| $16 + 1 + 4A + B + C = 0$

B| $0 + 9 + 0 + 3B + C = 0$

0| $0 + 0 + 0 + 0 + C = 0$, woraus mit C = 0

zunächst B = -3 und damit A = $-\frac{7}{2}$ erhalten wird.

Das Ergebnis $x^2 + y^2 - \frac{7}{2}x - 3y = 0$ läßt sich noch auf die **Normalform**

$$\left( x - \frac{7}{4} \right)^2 + \left( y - \frac{3}{2} \right)^2 = \frac{85}{16}$$ bringen.

---

**40.** Unter welchen spitzen Winkeln schneidet die Gerade $g \equiv 6x + 2y - 23 = 0$ den Kreis $K \equiv \left( x - \frac{3}{2} \right)^2 + (y - 2)^2 - 5 = 0$?

Die Koordinaten der **Schnittpunkte** A und B können der Lösungsmenge des aus Geraden- und Kreisgleichung bestehenden Gleichungssystem entnommen werden. Einsetzen von

$y = \frac{23}{2} - 3x$ in $x^2 - 3x + y^2 - 4y + \frac{5}{4} = 0$

führt über

$2x^2 - 12x + \frac{35}{2} = 0$ auf

$(x; y) \in \{ (3,5; 1); (2,5; 4) \}$,

also A(3,5; 1) und B(2,5; 4).

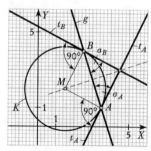

Die von den Tangenten in A und B und der Schnittgeraden g eingeschlossenen spitzen Winkel $\sigma_A$ und $\sigma_B$ werden als **Schnittwinkel** von Gerade und Kreis definiert; sie sind aus Symmetriegründen gleich groß.

Mit $m_A = -\dfrac{x_A - \frac{3}{2}}{y_A - 2} = 2$ als Steigung der Kreistangente in A und $m_g = -3$ als Geradensteigung wird

$$\tan \sigma_A = \left| \frac{m_g - m_{tA}}{1 + m_{tA} \cdot m_g} \right| = \frac{-3 - 2}{1 - 2 \cdot 3} = 1, \text{ d.h. } \sigma_A = \sigma_B = 45°.$$

---

**41.** In den Schnittpunkten der Gerade $g \equiv \vec{r} + \begin{pmatrix} 3 \\ 9 \end{pmatrix} - \begin{pmatrix} 0,5 \\ 2,5 \end{pmatrix} \cdot t = 0$ mit dem Kreis $K \equiv \left[\vec{r} + \begin{pmatrix} 4 \\ 1 \end{pmatrix}\right]^2 - 13 = 0$ sind die Tangenten gelegt. Wie lauten deren Gleichungen und unter welchen spitzen Winkeln schneidet die Gerade den Kreis?

Die den Schnittpunkten $S_1$ und $S_2$ zugehörigen Parameterwerte ergeben sich als Lösungen der durch Einsetzen von $\vec{r} = -\begin{pmatrix} 3 \\ 9 \end{pmatrix} + \begin{pmatrix} 0,5 \\ 2,5 \end{pmatrix} \cdot t$ in $K = 0$ entstehenden Gleichung. Man erhält über

$$\left[-\begin{pmatrix} 3 \\ 9 \end{pmatrix} + \begin{pmatrix} 0,5 \\ 2,5 \end{pmatrix} \cdot t + \begin{pmatrix} 4 \\ 1 \end{pmatrix}\right]^2 - 13 = \left[\begin{pmatrix} 1 \\ -8 \end{pmatrix} + \begin{pmatrix} 0,5 \\ 2,5 \end{pmatrix} \cdot t\right]^2 - 13 =$$

$= 1 + 64 + (1 - 40) \cdot t + (0,25 + 6,25) t^2 - 13 = 0$ die quadratische Gleichung $t^2 - 6t + 8 = 0$ mit den Lösungen $t_1 = 2$ und $t_2 = 4$. Damit findet man

$$\vec{r}_{S_1} = -\begin{pmatrix} 3 \\ 9 \end{pmatrix} + \begin{pmatrix} 0,5 \\ 2,5 \end{pmatrix} \cdot 2 = \begin{pmatrix} -2 \\ -4 \end{pmatrix} \text{ und}$$

$$\vec{r}_{S_2} = -\begin{pmatrix} 3 \\ 9 \end{pmatrix} + \begin{pmatrix} 0,5 \\ 2,5 \end{pmatrix} \cdot 4 = \begin{pmatrix} -1 \\ 1 \end{pmatrix}.$$

Die Gleichungen der Tangenten folgen aus

$$t \equiv (\vec{r} - \vec{r}_M)(\vec{r}_S - \vec{r}_M) - \rho^2 = 0$$

in $S_1$ zu

$$t_1 \equiv \begin{pmatrix} 2 \\ -3 \end{pmatrix} \left[\vec{r} - \begin{pmatrix} -4 \\ -1 \end{pmatrix}\right] - 13 = \begin{pmatrix} 2 \\ -3 \end{pmatrix} \vec{r} - 8 = 0$$

und $S_2$ zu

$$t_2 \equiv \begin{pmatrix} 3 \\ 2 \end{pmatrix} \left[ \vec{r} - \begin{pmatrix} -4 \\ -1 \end{pmatrix} \right] - 13 = \begin{pmatrix} 3 \\ 2 \end{pmatrix} \vec{r} + 1 = 0.$$

Mit $\vec{u} = \begin{pmatrix} 0,5 \\ 2,5 \end{pmatrix}$ als Richtungsvektor der Geraden g und $\vec{n}_1 = \begin{pmatrix} 2 \\ -3 \end{pmatrix}$ als Normalvektor der Tangente $t_1$ berechnet sich der Schnittwinkel $\sigma_1$ der Geraden mit dem Kreis aus

$$\sin \sigma_1 = \cos(90^\circ - \sigma_1) = \frac{|\vec{u} \cdot \vec{n}_1|}{|\vec{u}| \cdot |\vec{n}_1|} = \frac{\left| \begin{pmatrix} 0,5 \\ 2,5 \end{pmatrix} \cdot \begin{pmatrix} 2 \\ -3 \end{pmatrix} \right|}{\sqrt{6,5} \cdot \sqrt{13}} = \frac{1}{\sqrt{2}}$$

zu $\sigma_1 = 45^\circ$. Aus Symmetriegründen ist $\sigma_2 = \sigma_1$.

---

**42.** An den Kreis $K \equiv 4x^2 - 20x + 4y^2 - 4y + 1 = 0$ sind in den Punkten A und B mit den Abszissen $x_A = x_B = 0,5$ die Tangenten zu legen.

Die Ordinaten der Berührpunkte berechnen sich durch Einsetzen der Abszissen in die Kreisgleichung aus

$4y^2 - 4y - 8 = 0$ zu

$y_A = -1, \quad y_B = 2.$

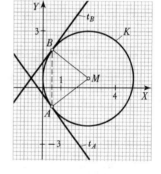

Zur Bestimmung der Tangentengleichungen nach der Formel

$$(x - h)(x_0 - h) + (y - k)(y_0 - k) = \rho^2,$$

wobei h und k die Mittelpunktskoordinaten eines Kreises vom Radius $\rho$ und $x_0$, $y_0$ Abszisse und Ordinate des Berührpunktes bedeuten, wird zweckmäßig zunächst die gegebene Kreisgleichung

auf ihre Normalform $\left( x - \frac{5}{2} \right)^2 + \left( y - \frac{1}{2} \right)^2 = \frac{25}{4}$ gebracht.

Damit folgt

$$t_A \equiv \left( x - \frac{5}{2} \right) \left( \frac{1}{2} - \frac{5}{2} \right) + \left( y - \frac{1}{2} \right) \left( -1 - \frac{1}{2} \right) - \frac{25}{4} = 0$$

oder $t_A \equiv 4x + 3y + 1 = 0$

## 1.2 Kreis und Kugel

und $t_B \equiv \left(x - \dfrac{5}{2}\right)\left(\dfrac{1}{2} - \dfrac{5}{2}\right) + \left(y - \dfrac{1}{2}\right)\left(2 - \dfrac{1}{2}\right) - \dfrac{25}{4} = 0$

oder $t_B \equiv 4x - 3y + 4 = 0$.

---

**43.** Wie groß ist die Maßzahl d.* des kürzesten Abstandes d zwischen dem Kreis $K \equiv 4x^2 + 24x + 4y^2 + 23 = 0$ und der Geraden $g \equiv 3x + 2y - 6 = 0$?

Der gesuchte Abstand d kann angegeben werden als Differenz der Entfernung des Kreismittelpunktes M von der Geraden g und dem Radius $\overline{MA}$.

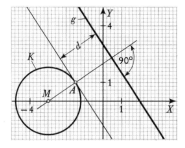

Aus der Normalform

$(x + 3)^2 + y^2 = \dfrac{13}{4}$

der vorgelegten Kreisgleichung erkennt man als Mittelpunktskoordinaten $x_M = -3$, $y_M = 0$ und als Radius $\overline{MA} = \dfrac{1}{2}\sqrt{13}$. In Verbindung mit der HESSEschen Normalform

$\dfrac{3x + 2y - 6}{\sqrt{13}} = 0$ der Geradengleichung errechnet sich dann

$d.^* = \left|\dfrac{3\cdot(-3) + 2\cdot 0 - 6}{\sqrt{13}}\right| - \dfrac{1}{2}\sqrt{13} = \dfrac{17}{2\sqrt{13}} \approx 2{,}36.$

---

**44.** Es ist die Gleichung des zu $K \equiv 4\vec{r}^2 - \begin{pmatrix} 8 \\ 12 \end{pmatrix}\vec{r} - 19 = 0$ konzentrischen Kreises $K_1$ aufzustellen, der die Y-Achse berührt.

Zur Ermittlung des gemeinsamen Mittelpunktes M beider Kreise ist zunächst die Normalform von $K \equiv 0$ zu bilden:

$\left[\vec{r} - \begin{pmatrix} 1 \\ 1{,}5 \end{pmatrix}\right]^2 = 8.$

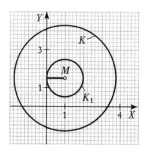

Da der Radius von $K_1$ gleich der Abszisse von M sein muß, ergibt sich unmittelbar

$K_1 \equiv \left[\vec{r} - \begin{pmatrix} 1 \\ 1{,}5 \end{pmatrix}\right]^2 - 1 = 0.$

**45.** Gegeben sind die orthogonalen Geraden $g_1 \equiv 8x + 6y - 75 = 0$ und $g_2 \equiv 3x - 4y = 0$, sowie der Kreis $K \equiv (x - 2)^2 + \left(y - \dfrac{3}{2}\right)^2 - \dfrac{25}{4} = 0$.

Wie lauten die Gleichungen der beiden Kreise $K_1$ und $K_2$ mit Mittelpunkten auf $g_2$, die sowohl den Kreis K als auch die Gerade $g_1$ berühren?

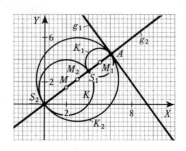

Da der Mittelpunkt M von K auf $g_2$ liegt und außerdem $g_2 \perp g_1$ ist, halbieren die Mittelpunkte $M_1$ und $M_2$ der gesuchten Kreise die Strecken $\overline{AS_1}$ bzw. $\overline{AS_2}$ gemäß der Abbildung.

Schnittpunkte $S_1$ und $S_2$ von K mit $g_2$:

$(x - 2)^2 + \left(\dfrac{3}{4}x - \dfrac{3}{2}\right)^2 - \dfrac{25}{4} = 0, \quad 25x^2 - 100x = 0,$

$x_1 = 4, \quad x_2 = 0; \quad y_1 = 3, \quad y_2 = 0.$

Schnittpunkt A von $g_1$ mit $g_2$:

$8x + 6 \cdot \dfrac{3x}{4} - 75 = 0; \quad x_A = 6, \quad y_A = \dfrac{9}{2}.$

Mit $x_{M_1} = \dfrac{x_1 + x_A}{2} = \dfrac{4 + 6}{2} = 5,$

$y_{M_1} = \dfrac{y_1 + y_A}{2} = \dfrac{3 + \dfrac{9}{2}}{2} = \dfrac{15}{4}$ und $\overline{M_1 A} = \sqrt{1^2 + \left(\dfrac{3}{4}\right)^2} = \dfrac{5}{4}$

wird $K_1 \equiv (x - 5)^2 + \left(y - \dfrac{15}{4}\right)^2 - \dfrac{25}{16} = 0.$

In gleicher Weise findet man $K_2 \equiv (x - 3)^2 + \left(y - \dfrac{9}{4}\right)^2 - \dfrac{225}{16} = 0.$

---

**46.** Gesucht sind diejenigen Kreise K' und K'' vom Radius $r = \sqrt{5}$ mit Mittelpunkten auf der Geraden $g \equiv x + 3y - 22 = 0$, welche den Kreis $K \equiv x^2 - 2x + y^2 - 4y - 15 = 0$ berühren.

Die Mittelpunkte der gesuchten Kreise ergeben sich als Schnittpunkte der Geraden g mit den zum Kreis $K \equiv (x - 1)^2 + (y - 2)^2 - 20 = 0$ konzentrischen Kreisen $K_1$ und $K_2$ mit den Radien $\sqrt{20} \pm \sqrt{5}$.

Man erhält für

$$K_1 \equiv (x - 1)^2 + (y - 2)^2 - (\sqrt{20} + \sqrt{5})^2 = 0$$

durch Einsetzen von $x = 22 - 3y$ über $(21 - 3y)^2 + (y - 2)^2 = 45$

die quadratische Gleichung

$$y^2 - 13y + 40 = 0$$

mit den Lösungen

$y_1 = 8$ und $y_2 = 5$.

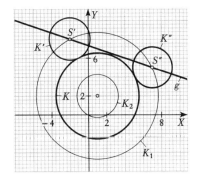

In Verbindung mit den zugeordneten Abszissen $x_1 = -2$ und $x_2 = 7$ der Schnittpunkte S' und S'' bestimmen sich die beiden außen berührenden Kreise zu

$$K' \equiv (x + 2)^2 + (y - 8)^2 - 5 = 0$$

und

$$K'' \equiv (x - 7)^2 + (y - 5)^2 - 5 = 0.$$

Kreise vom Radius $\sqrt{5}$ mit Mittelpunkten auf g, die den gegebenen Kreis K von innen berühren, sind nicht vorhanden, da $K_2$ von g nicht geschnitten wird. Das Fehlen von Schnittpunkten beider Kurven zeigt sich algebraisch im Auftreten konjugiert komplexer Lösungen der aus der Zusammenstellung von $(x - 1)^2 + (y - 2)^2 = 5$ und $x + 3y - 22 = 0$ resultierenden quadratischen Gleichung $y^2 - 13y + 44 = 0$.

Diese hat in der Grundmenge $\mathbb{C}$ die Lösungen

$$y_{1;2} = \frac{13 \pm \sqrt{-7}}{2} = \frac{13 \pm i\sqrt{7}}{2}.$$

---

**47.** Ein Lichtstrahl fällt in der Zeichenebene gemäß der Abbildung durch den Punkt P(6; -4) auf die im Grundriß dargestellte Kreiszylinderfläche Z. Wie lautet die Gleichung des in Q reflektierten Strahls, wenn der Schnittkreisbogen der Gleichung $y = \sqrt{100 - x^2}$ mit $0 \leq x \leq 10$ genügt?

Bezeichnet man mit $m_2$ die Steigung der in den austretenden Strahl fallenden Geraden $g_2$ durch Q(6; 8), so ist wegen $m_g = \frac{4}{3}$ für das Einfallslot der

Austrittswinkel $\varepsilon$ durch $\tan \varepsilon = \dfrac{3}{4}$ erfaßbar, und es besteht die Beziehung

$$\frac{3}{4} = \frac{m_g - m_2}{1 + m_g \cdot m_2} = \frac{\frac{4}{3} - m_2}{1 + \frac{4}{3} m_2}.$$

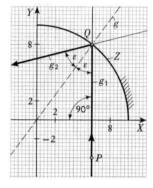

Mit der hieraus errechneten Steigung $m_2 = \dfrac{7}{24}$ erhält man die Gleichung der Geraden durch Q zu

$$g_2 \equiv \frac{y - 8}{x - 6} - \frac{7}{24} = 0 \quad \text{oder} \quad g_2 \equiv 7x - 24y + 150 = 0.$$

Die Gleichung des reflektierten Strahls ist demnach

$$y = \frac{7x + 150}{24} \quad \text{mit} \quad x \leqslant 6.$$

---

**48.** Man stelle die Gleichungen der Tangenten vom Punkt $Q(6; 1)$ an den Kreis $K \equiv x^2 - x + y^2 - 4y - 2 = 0$ auf.

Es wird zunächst die Gleichung der Polare s in bezug auf den Pol $Q(x_1; y_1)$ durch die Berührpunkte $S_1$ und $S_2$ nach der Formel

$$(x - h)(x_1 - h) + (y - k)(y_1 - k) - r^2 = 0$$

ermittelt, wobei h, k die Mittelpunktskoordinaten des Kreises vom Radius r sind. Wegen

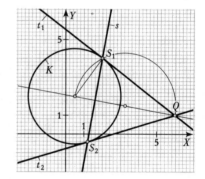

$$K \equiv \left(x - \frac{1}{2}\right)^2 + (y - 2)^2 - \frac{25}{4} = 0$$

wird

$$s \equiv \left(x - \frac{1}{2}\right)\left(6 - \frac{1}{2}\right) + (y - 2)(1 - 2) - \frac{25}{4} = 0 \quad \text{oder}$$

$$s \equiv 11x - 2y - 14 = 0.$$

Die Koordinaten der Schnittpunkte $S_1(x_1; y_1)$ und $S_2(x_2; y_2)$ können durch Einsetzen von $y = \dfrac{11x - 14}{2}$ in $K = 0$ wie folgt berechnet werden:

$4x^2 - 4x + (11x - 14)^2 - 8(11x - 14) - 8 = 0$,

$5x^2 - 16x + 12 = 0$,

$x_{1;2} = \dfrac{8 \pm 2}{5}$ ; $y_{1;2} = \dfrac{9 \pm 11}{5}$ .

Zu diesem Ergebnis kann man auch ohne Verwendung des Begriffes der Polaren kommen:

Ist $S(x_S; y_S)$ Berührpunkt einer der gesuchten Tangenten an den Kreis, so lautet deren Gleichung

$t_S \equiv \left(x - \dfrac{1}{2}\right)\left(x_S - \dfrac{1}{2}\right) + (y - 2)(y_S - 2) - \dfrac{25}{4} = 0.$

Da Q auf $t_S$ und S auf K liegt, müssen die Koordinaten von Q der Gleichung $t_S = 0$ und die Koordinaten von S der Gleichung $K = 0$ genügen. Dies ergibt

$\left(6 - \dfrac{1}{2}\right)\left(x_S - \dfrac{1}{2}\right) + (1 - 2)(y_S - 2) = \dfrac{25}{4}$

und

$\left(x_S - \dfrac{1}{2}\right)^2 + (y_S - 2)^2 = \dfrac{25}{4}$

als Gleichungssystem für die Unbekannten $x_S$ und $y_S$, woraus

$(x_S; y_S) \in \left\{(2; 4); \left(\dfrac{6}{5}; -\dfrac{2}{5}\right)\right\}$ folgt.

Damit erhält man die Tangenten durch Q an K entweder als Tangenten in den beiden Berührpunkten $S_1(2; 4)$ und $S_2\left(\dfrac{6}{5}; -\dfrac{2}{5}\right)$ oder als Gerade durch $S_1$ bzw. $S_2$ und Q:

$t_1 \equiv \left(x - \dfrac{1}{2}\right)\left(2 - \dfrac{1}{2}\right) + (y - 2)(4 - 2) - \dfrac{25}{4} = 0$ oder

$t_1 \equiv 3x + 4y - 22 = 0$;

$t_2 \equiv \dfrac{y - 1}{x - 6} - \dfrac{-\dfrac{2}{5} - 1}{\dfrac{6}{5} - 6} = 0$ oder

$t_2 \equiv 7x - 24y - 18 = 0.$

**49.** An den Kreis $K \equiv (x - 2)^2 + (y - 3)^2 - 32 = 0$ sind die Tangenten $t_1$ und $t_2$ mit dem Steigungswinkel $\alpha = 45°$ zu legen.

Da der Kreisdurchmesser in den Berührpunkten auf den gesuchten Tangenten senkrecht steht, ergeben sich $S_1$ und $S_2$ als Schnittpunkte des Kreises K und der Geraden durch M mit der Steigung $m = -1$.

Aus $\dfrac{y - 3}{x - 2} = -1$ folgt $y = 5 - x$, was nach Einsetzen in $K = 0$ auf $(x - 2)^2 = 16$ oder $x_{1;2} = 2 \pm 4$ und $y_{1;2} = 3 \mp 4$ führt.

Hiermit berechnen sich die Gleichungen der Tangenten zu

$t_1 \equiv x - y - 7 = 0$ und $t_2 \equiv x - y + 9 = 0$.

Ein anderer Lösungsweg verwendet die sog. D i s k r i m i n a n t e n - m e t h o d e.

Bei dieser wird $c \in \mathbb{R}$ in der Gleichung $y = x \cdot \tan 45° + c = x + c$ aller Geraden mit dem Steigungswinkel $45°$ so bestimmt, daß die beiden Schnittpunkte S und S' mit dem Kreis zusammenfallen. Dazu ist notwendig und hinreichend das Verschwinden der bei Lösung der quadratischen Gleichung

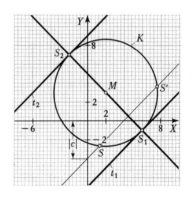

$(x - 2)^2 + (x + c - 3)^2 - 32 = 0$

auftretende Diskriminante

$D = (c - 5)^2 - 2(c^2 - 6c - 19)$.

$D = 0$ führt über $-c^2 + 2c + 63 = 0$ auf

$c_1 = -7$ und $c_2 = 9$, also wiederum

$t_1 \equiv x - y - 7 = 0$ und $t_2 \equiv x - y + 9 = 0$.

---

**50.** Gegeben sind das abgebildete rechtwinklige Kreuzschleifengetriebe und nachgeschaltete schwingende Kurbelschleife mit der Kurbel $a = \overline{AB} = 5$ cm, sowie den Koppellängen $b = \overline{BC} = 10$ cm und $c = \overline{CD} = 12$ cm. Der Abstand von Kurbelzapfenmitte A zur Schwingenzapfenmitte E ist $\overline{AE} = d = 7$ cm.

Welchen geometrischen Ort beschreibt der Punkt D, wenn die Kurbel a eine Umdrehung ausführt und wie groß ist der Schwingwinkel $\psi$ für $\varphi = 135°$? Für welche Kurbelstellungen $\varphi$ wird der Schwingwinkel maximal und minimal? Man bestimme ferner die größte Schwingwinkeldifferenz $\psi_{max} - \psi_{min}$.

Die Lage des Punktes D in Abhängigkeit vom Kurbelwinkel $\varphi$ ist bei Wahl des Koordinatensystems gemäß der Abbildung durch die **Parameterdarstellung** $x_D = a\cos\varphi - b$, $y_D = a\sin\varphi - c$ erfaßbar. Hieraus erhält man für die gegebenen Abmessungen bei $\varphi = 135°$

$$x_{D_{135°}} = \left(-\frac{5}{2}\sqrt{2} - 10\right) \text{cm} \approx$$

$$\approx -13,54 \text{ cm},$$

$$y_{D_{135°}} = \left(\frac{5}{2}\sqrt{2} - 12\right) \text{cm} \approx$$

$$\approx -8,46 \text{ cm}.$$

Die Elimination von $\varphi$ kann über

$$(x_D + b)^2 + (y_D + c)^2 =$$
$$= a^2\cos^2\varphi + a^2\sin^2\varphi$$

geschehen. Der gesuchte geometrische Ort ist somit ein zum Kurbelkreis kongruenter Kreis K um M mit der Gleichung

$$(x + 10 \text{ cm})^2 + (y + 12 \text{ cm})^2 = 25 \text{ cm}^2.$$

Zur Ermittlung des Schwingwinkels $\psi_{135°}$ für $\varphi = 135°$ sei die Beziehung

$$\tan(\psi_{135°} - 90°) = \left(\frac{y_D - y_E}{x_D - x_E}\right)_{\varphi = 135°} = \frac{5 - 3\sqrt{2}}{7} \approx 0{,}1082$$

herangezogen, welche $\psi_{135°} \approx 96{,}18°$ ergibt.

Maximale und minimale Schwingwinkelstellungen fallen zusammen mit den Tangenten $t_1$ und $t_2$ von E an den Kreis K. In Verbindung mit der **Polare** $s \equiv 2x + y + 27 \text{ cm} = 0$ erhält man über deren **Schnittpunkte** $S_1(-10; -7)$ cm und $S_2(-6; -15)$ cm mit dem Kreis die Tangenten $t_1 \equiv y + 7 \text{ cm} = 0$ und $t_2 \equiv 4x - 3y - 21 \text{ cm} = 0$.

Da $\overline{AB}$ in jeder Getriebestellung parallel $\overline{MD}$ ist, steht in diesen Umkehrlagen $\overline{AB}$ jeweils senkrecht auf den Tangenten $t_1$ und $t_2$. Die zugehörigen Antriebswinkel $\varphi_1$ und $\varphi_2$ ergeben sich daher aus den Steigungen $m_1 = 0$

und $m_2 = \frac{4}{3}$ dieser Tangenten über $\tan \varphi_1 = \infty$ und $\tan \varphi_2 = -\frac{3}{4}$ zu $\varphi_1 =$
= 90° und $\varphi_2 \approx 360° - 36{,}87° = 323{,}13°$.

Die größte Schwingwinkeldifferenz folgt aus

$$\tan(\psi_{max} - \psi_{min}) = \tan(\sphericalangle\, t_1, t_2) = \frac{m_2 - m_1}{1 + m_1 m_2} = \frac{4}{3} \quad \text{zu}$$

$\psi_{max} - \psi_{min} \approx 53{,}13°$.

---

**51.** Unter welchem spitzen Winkel schneiden sich die beiden Kreise

$K_1 \equiv \vec{r}^2 + \begin{pmatrix} -4 \\ 0 \end{pmatrix} \vec{r} - 21 = 0$ und $K_2 \equiv \vec{r}^2 + \begin{pmatrix} 8 \\ -6 \end{pmatrix} \vec{r} + 15 = 0$?

Zur Ermittlung der Schnittpunkte $S_1$ und $S_2$ beider Kreise wird zunächst durch Subtraktion der beiden Kreisgleichungen die **Chordale**

$CH \equiv K_2 - K_1 \equiv \begin{pmatrix} 12 \\ -6 \end{pmatrix} \vec{r} + 36 = 0$

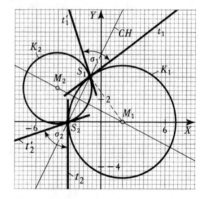

aufgestellt. Einsetzen der vereinfachten Chordalengleichung $y = 2x + 6$ etwa in $K_1 \equiv x^2 + y^2 - 4x - 21 = 0$ liefert die Schnittpunktsabszissen als reelle Lösungen der quadratischen Gleichung $x^2 + 4x + 3 = 0$ und damit $S_1(-1; 4)$, $S_2(-3; 0)$.

Die von den Tangenten oder Normalen beider Kreise in $S_1$ und $S_2$ eingeschlossenen spitzen Winkel $\sigma_1$ und $\sigma_2$, werden als **Schnittwinkel** beider Kreise definiert; sie sind aus Symmetriegründen gleich groß.
Mit den Kreismittelpunkten $M_1(2; 0)$ und $M_2(-4; 3)$ wird

$\overrightarrow{M_1 S_1} = \begin{pmatrix} -3 \\ 4 \end{pmatrix}$ und $\overrightarrow{M_2 S_2} = \begin{pmatrix} 3 \\ 1 \end{pmatrix}$. Damit ergeben sich aus

$\cos \sigma_1 = \dfrac{\left| \begin{pmatrix} -3 \\ 4 \end{pmatrix} \cdot \begin{pmatrix} 3 \\ 1 \end{pmatrix} \right|}{\left| \begin{pmatrix} -3 \\ 4 \end{pmatrix} \right| \cdot \left| \begin{pmatrix} 3 \\ 1 \end{pmatrix} \right|} = \dfrac{1}{\sqrt{10}} \approx 0{,}3162$

die Schnittwinkel $\sigma_1 = \sigma_2 \approx 71{,}57°$.

**52.** Gegeben sind die Kreise $K_1 \equiv \left(x - \dfrac{7}{2}\right)^2 + \left(y + \dfrac{1}{2}\right)^2 - 4 = 0$

und $K_2 \equiv \left(x - \dfrac{7}{2}\sqrt{7}\right)^2 + \left(y + \dfrac{1}{2}\sqrt{7}\right)^2 - 49 = 0$.

Man stelle die Gleichungen der beiden Kreise $K_3$ und $K_4$ vom Radius 3 auf, die $K_1$ und $K_2$ jeweils von außen berühren.

Die Mittelpunkte $M_3$ und $M_4$ der gesuchten Kreise $K_3$ und $K_4$ sind die Schnittpunkte der zu $K_1$ und $K_2$ konzentrischen Kreise mit den Radien

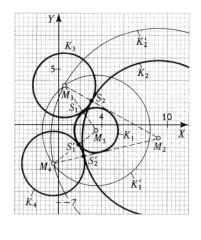

$r'_1 = 2 + 3 = 5$ und $r'_2 = 7 + 3 = 10$.

Rechnungsgang:

$K'_1 \equiv \left(x - \dfrac{7}{2}\right)^2 + \left(y + \dfrac{1}{2}\right)^2 - 25 = 0$,

$K'_2 \equiv \left(x - \dfrac{7}{2}\sqrt{7}\right)^2 +$

$+ \left(y + \dfrac{1}{2}\sqrt{7}\right)^2 - 100 = 0$.

Die Chordale von $K'_1$ und $K'_2$ hat die Gleichung $y = 7x$. Einsetzen in $K'_1 = 0$ liefert über $\left(x - \dfrac{7}{2}\right)^2 + \left(7x + \dfrac{1}{2}\right)^2 - 25 = 0$ die quadratische Gleichung $50x^2 - \dfrac{25}{2} = 0$ mit den Lösungen $x_{1;2} = \pm \dfrac{1}{2}$. Aus $y = 7x$ errechnen sich die zugeordneten Ordinaten $y_{1;2} = \pm \dfrac{7}{2}$.

Damit lassen sich die Gleichungen der geforderten Kreise aufstellen. Man erhält

$K_3 \equiv \left(x - \dfrac{1}{2}\right)^2 + \left(y - \dfrac{7}{2}\right)^2 - 9 = 0$ mit den Berührpunkten $S_1$ und $S_2$,

sowie $K_4 \equiv \left(x + \dfrac{1}{2}\right)^2 + \left(y + \dfrac{7}{2}\right)^2 - 9 = 0$, der $K_1$ in $S'_1$ und $K_2$ in $S'_2$ berührt.

**53.** Welche Gleichung hat derjenige Kreis $K_2$, der den Kreis $K_1 \equiv \vec{r}^2 -$

$- \begin{pmatrix} 4 \\ 6 \end{pmatrix} \vec{r} - 12 = 0$ in P(-1; 7) senkrecht schneidet und dessen Mittelpunkt

$M_2$ auf der Geraden $g \equiv \begin{pmatrix} 7 \\ -1 \end{pmatrix} \vec{r} - 36 = 0$ liegt?

Anhand der Normalform

$$\left[\vec{r} - \begin{pmatrix} 2 \\ 3 \end{pmatrix}\right]^2 - 25 = 0$$

des Kreises $K_1$ wird die Tangente in P zu

$$\left[\begin{pmatrix} -1 \\ 7 \end{pmatrix} - \begin{pmatrix} 2 \\ 3 \end{pmatrix}\right]\left[\vec{r} - \begin{pmatrix} 2 \\ 3 \end{pmatrix}\right] - 25 = 0$$

oder

$$t \equiv \begin{pmatrix} 3 \\ -4 \end{pmatrix} \vec{r} + 31 = 0$$

erhalten. Der Mittelpunkt $M_2$ von $K_2$ liegt wegen des vorgeschriebenen Schnittwinkels von 90° auf dieser Tangente, weshalb sich die Koordinaten von $M_2$ als Lösungsmenge von $7x - y - 36 = 0$ und $3x - 4y + 31 = 0$ zu $x = 7$ und $y = 13$ ergeben. Mit $\overline{M_2 P} = 10$ ist demnach

$$K_2 \equiv \left[\vec{r} - \begin{pmatrix} 7 \\ 13 \end{pmatrix}\right]^2 - 100 = 0.$$

---

**54.** Gegeben sind die beiden Kreise $K_1 \equiv x^2 + y^2 - 25 = 0$ und $K_2 \equiv$
$\equiv x^2 - 10x + y^2 - 20y + 25 = 0$. Gesucht ist die Gleichung des Kreises K durch P(-1; 0), der beide Kreise senkrecht schneidet.

Da die Chordale CH zweier Kreise der geometrische Ort aller Punkte ist, von denen die Tangentenabschnitte an diese Kreise jeweils gleiche Längen haben, liegt hierauf der Mittelpunkt M des gesuchten Kreises K. Es müssen somit die Koordinaten x und y von M der Gleichung

$$CH \equiv K_1 - K_2 \equiv 10x + 20y - 50 = 0$$

oder $x + 2y - 5 = 0$ genügen.

Durch Gleichsetzen der Entfernungen

$$\overline{MP} = \overline{MS} = \sqrt{\overline{MM_2}^2 - \overline{M_2 S}^2},$$

mit $\overline{MP}^*$ als Radius von K, wird die zweite Beziehung

$$\sqrt{(x+1)^2 + y^2} =$$
$$= \sqrt{(x-5)^2 + (y-10)^2 - 100}$$

gewonnen.

Einsetzen von $x = 5 - 2y$ erbringt über $(6 - 2y)^2 + y^2 = 4y^2 + (y-10)^2 - 100$ die Lösung $y = 9$. Mit dem zugehörigen Abszissenwert $x = -13$ folgt

$$r = \overline{MP} = \sqrt{12^2 + 9^2} = 15,$$

und man erhält

$$K \equiv (x+13)^2 + (y-9)^2 - 225 = 0.$$

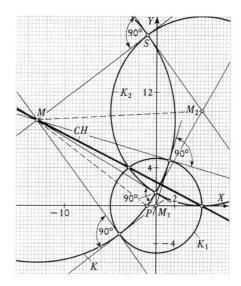

---

**55.** Durch die Schnittpunkte der beiden Kreise

$$K_1 \equiv \vec{r}^2 + \begin{pmatrix} 0 \\ -10 \end{pmatrix} \vec{r} + 15 = 0$$

und

$$K_2 \equiv \vec{r}^2 + \begin{pmatrix} 8 \\ 6 \end{pmatrix} \vec{r} - 25 = 0$$

ist ein Kreis K zu legen, der außerdem durch den Punkt P (1; -4) verläuft.

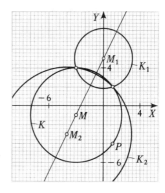

Mit $K_1 + \mu K_2 = 0$ und dem Parameter $\mu \in \mathbb{R}$ ist ein **Kreisbüschel** gegeben, dem - abgesehen von $K_2$ - alle Kreise durch die Schnittpunkte von $K_1$ und $K_2$ angehören. Hier ist speziell $\mu$ so zu bestimmen, daß der betreffende Büschelkreis auch durch P geht. Man erhält aus

$$\begin{pmatrix} 1 \\ -4 \end{pmatrix}^2 + \begin{pmatrix} 0 \\ -10 \end{pmatrix}\begin{pmatrix} 1 \\ -4 \end{pmatrix} + 15 + \mu\left[\begin{pmatrix} 1 \\ -4 \end{pmatrix}^2 + \begin{pmatrix} 8 \\ 6 \end{pmatrix}\begin{pmatrix} 1 \\ -4 \end{pmatrix} - 25\right] = 0$$

$\mu = 3$, und damit

$$K \equiv \vec{r}^2 + \begin{pmatrix} 0 \\ -10 \end{pmatrix} \vec{r} + 15 + 3\vec{r}^2 + \begin{pmatrix} 24 \\ 18 \end{pmatrix} \vec{r} - 75 = 0,$$

oder nach einfacher Umformung

$$K \equiv \left[\vec{r} - \begin{pmatrix} -3 \\ -1 \end{pmatrix}\right]^2 - 25 = 0.$$

---

**56.** Wie lautet die Gleichung des zum Kreisbüschel $K_1 + \mu K_2 \equiv (x - 2)^2 +$ $+ y^2 - 10 + \mu [(x + 4)^2 + y^2 - 4] = 0 \ \wedge \ \mu \in \mathbb{R}$ orthogonalen Büschels?
Die Mittelpunkte des gesuchten Büschels liegen auf der C h o r d a l e n CH des gegebenen Büschels, die sich für $\mu = -1$ zu $x = -\frac{3}{2}$ ergibt. Der Radius eines O r t h o g o n a l k r e i s e s  mit Mittelpunkt $M\left(-\frac{3}{2}; k\right)$ auf der Chordale kann z. B. in bezug auf $K_2$ ermittelt werden. Gemäß der Abbildung ist $\rho^2 = \overline{PM}^{*2} = \overline{M_2M}^{*2} - \overline{M_2P}^{*2} = k^2 + \left(-\frac{3}{2} + 4\right)^2 - 4 =$
$= k^2 + \frac{9}{4}$. Die Gleichung des orthogonalen Büschels ist daher $\left(x + \frac{3}{2}\right)^2 +$
$+ (y - k)^2 = k^2 + \frac{9}{4}$; es liegt ein e l l i p t i s c h e s  B ü s c h e l vor, bei dem sich alle Kreise in den Punkten A(-3; 0) und B(0; 0) schneiden.

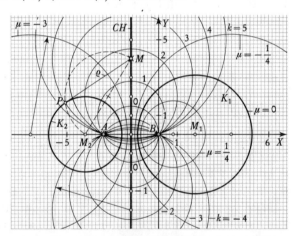

Das gegebene Büschel ist h y p e r b o l i s c h *). Zur Berechnung seiner G r u n d p u n k t e wird nach den beiden N u l l k r e i s e n des Büschels gefragt. Hierzu bringt man

---

*) Die Unterscheidung in elliptische und hyperbolische Kreisbüschel erfolgt nach F. Klein unter Bezugnahme auf deren Nullkreise. Verschiedentlich wird auch, bezogen auf die Grundpunkte eines Büschels, die umgekehrte Festlegung getroffen.

$$K_1 + \mu K_2 \equiv x^2(1 + \mu) + 4x(2\mu - 1) + y^2(1 + \mu) + 12\mu - 6 = 0$$

auf die Normalform

$$\left[x + \frac{2(2\mu - 1)}{1 + \mu}\right]^2 + y^2 = \frac{2(2\mu - 1)(\mu - 5)}{(1 + \mu)^2} \quad \text{mit} \quad \mu \neq -1,$$

woraus diejenigen Parameterwerte, für welche die Kreisradien verschwinden, unmittelbar als $\mu_1 = \frac{1}{2}$ und $\mu_2 = 5$ abgelesen werden. Die Nullkreise haben somit die Gleichungen

$$x^2 + y^2 = 0 \quad \text{und} \quad (x + 3)^2 + y^2 = 0;$$

sie fallen mit den Schnittpunkten A und B des elliptischen Büschels zusammen.

---

**57.** Man ermittle die Gleichungen der gemeinsamen Tangenten an die beiden Kreise $K_1 \equiv x^2 + y^2 - \frac{153}{16} = 0$ und $K_2 \equiv \left(x - \frac{17}{2}\right)^2 + y^2 - \frac{17}{16} = 0$.

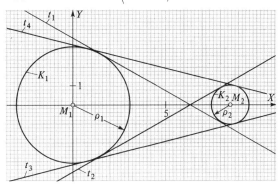

Ist $\vec{n}^o \vec{r} - \delta = 0$ mit $\delta > 0$ und $\vec{n}^o = \begin{pmatrix} \alpha \\ \beta \end{pmatrix} \wedge \alpha^2 + \beta^2 = 1$ die Gleichung irgendeiner der gemeinsamen Tangenten in HESSEscher Normalform, so ergibt sich nach Einsetzen der Koordinaten der Kreismittelpunkte $M_1(0; 0)$ und $M_2\left(\frac{17}{2}; 0\right)$ unter Verwendung der Radien $\rho_1 = \frac{3}{4}\sqrt{17}$ und $\rho_2 = \frac{1}{4}\sqrt{17}$ das Gleichungssystem

$$\left|\vec{n}^o \begin{pmatrix} 0 \\ 0 \end{pmatrix} - \delta\right| = \frac{3}{4}\sqrt{17},$$

$$\left|\vec{n}^o \begin{pmatrix} \frac{17}{2} \\ 0 \end{pmatrix} - \delta\right| = \frac{1}{4}\sqrt{17}.$$

Die erste Gleichung liefert $\delta = \frac{3}{4}\sqrt{17}$, wodurch die zweite Gleichung in $\left|\frac{17}{2}\alpha - \frac{3}{4}\sqrt{17}\right| = \frac{1}{4}\sqrt{17}$ übergeht und durch $\alpha_1 = \frac{2}{\sqrt{17}}$, $\alpha_2 = \frac{1}{\sqrt{17}}$ erfüllt wird. Über $\alpha^2$ und $\beta^2 = 1$ erhält man so für $\vec{n}^0$ die 4 Vektoren
$$\frac{1}{\sqrt{17}} \cdot \binom{2}{\pm\sqrt{13}}, \quad \frac{1}{\sqrt{17}} \cdot \binom{1}{\pm 4}$$ und damit $t_1 \equiv 8x + 4\sqrt{13}y - 51 = 0$,
$t_2 \equiv 8x - 4\sqrt{13}y - 51 = 0$ als Gleichungen der inneren Tangenten und
$t_3 \equiv 4x + 16y - 51 = 0$, $t_4 \equiv 4x - 16y - 51 = 0$ als Gleichungen der äußeren Tangenten.

---

**58.** Ein Punkt P bewege sich in einer Ebene so, daß die Summe der Quadrate der Maßzahlen seiner Abstände von den festen Punkten A(-6; 0) und B (6; 0) immer gleich dem vierfachen Quadrat der Maßzahl seines Abstandes $\overline{OP}$ vom Nullpunkt ist. Wie lautet die Gleichung der von P beschriebenen Kurve?

Aus $\overline{AP}^2 + \overline{BP}^2 = 4\,\overline{OP}^2$ folgt

mit $\overrightarrow{OP} = \vec{r}$

$(\vec{r} - \overrightarrow{OA})^2 + (\vec{r} - \overrightarrow{OB})^2 = 4\vec{r}^2$

oder $\left[\vec{r} - \binom{-6}{0}\right]^2 + \left[\vec{r} - \binom{6}{0}\right]^2 = 4\vec{r}^2$.

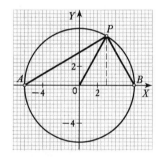

Der gesuchte geometrische Ort ist somit ein Kreis mit der Gleichung $\vec{r}^2 - 36 = 0$.

---

**59.** In einem Dreieck ABC mit der Seite $\overline{AB}$ der Maßzahl $\overline{AB}^* = 5$ soll stets $\sin\beta = 2\sin\alpha$ sein. Wo kann die Ecke C liegen?

Bei Wahl des Koordinatensystems gemäß der Abbildung wird mit x und y als Koordinaten von C wegen $\sin\alpha = \dfrac{y}{\sqrt{x^2 + y^2}}$ und $\sin\beta = \dfrac{y}{\sqrt{(5-x)^2 + y^2}}$

der Forderung durch

$$\frac{1}{4} = \frac{(5-x)^2 + y^2}{x^2 + y^2}$$

genügt. Die Ausrechnung ergibt den Kreis

$$K \equiv \left(x - \frac{20}{3}\right)^2 + y^2 - \frac{100}{9} = 0$$

als gesuchten geometrischen Ort.

Hierin sind jedoch die Punkte mit den Koordinaten $\left(\frac{10}{3}; 0\right)$ und $(10; 0)$ auszuschließen, da dort das Dreieck entartet. Für negative y ändert sich der Umlaufsinn des Dreiecks.

---

**60.** Die Strecke $\overline{AB} = a$ sei mit ihren Endpunkten A und B längs der Achsen eines rechtwinkligen Koordinatensystems verschiebbar. Welche Kurve durchläuft der Schwerpunkt S der Dreiecksfläche OAB?

Mit $O(0; 0)$, $A(p; 0)$,

$B(0; \pm \sqrt{a^2 - p^2})$ und $0 < |p| < a$

gilt für die Schwerpunktskoordinaten

$$x = \frac{0 + p + 0}{3} \quad \text{und}$$

$$y = \frac{0 + 0 \pm \sqrt{a^2 - p^2}}{3}.$$

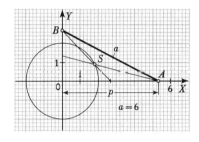

Die Elimination des Parameters p erbringt die Kreisgleichung $x^2 + y^2 = \left(\frac{a}{3}\right)^2$. Die Punkte dieses Kreises bilden die gesuchte Ortskurve, wenn man die Schnittpunkte mit den Koordinatenachsen ausnimmt, denen entartete Dreiecke entsprechen.

---

**61.** Welchen geometrischen Ort beschreibt der Schwerpunkt S des Dreiecks ABC, wenn $A(-1; 0)$ und $B(4; 0)$ fest liegen und sich die Ecke C auf dem Kreis

$$K \equiv \left[\vec{r} - \begin{pmatrix} 2 \\ 0 \end{pmatrix}\right]^2 - 16 = 0 \text{ bewegt?}$$

Werden mit $\vec{r}_C$ und $\vec{r}_S$ die Ortsvektoren des Eckpunktes C und des Schwerpunktes S bezeichnet, dann gilt

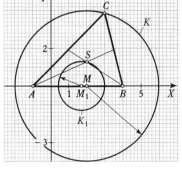

$$\vec{r}_S = \frac{1}{3}\left[\begin{pmatrix} -1 \\ 0 \end{pmatrix} + \begin{pmatrix} 4 \\ 0 \end{pmatrix} + \vec{r}_C\right] \quad \text{oder} \quad \vec{r}_C = 3\vec{r}_S - \begin{pmatrix} 3 \\ 0 \end{pmatrix}.$$

Einsetzen in K = 0 erbringt $\left[3\vec{r}_S - \begin{pmatrix}3\\0\end{pmatrix} - \begin{pmatrix}2\\0\end{pmatrix}\right]^2 - 16 = 0$ oder

$K_1 \equiv \left[\vec{r}_S - \begin{pmatrix}5/3\\0\end{pmatrix}\right]^2 - \frac{16}{9} = 0$ als Gleichung des gesuchten geometrischen Ortes, wobei jedoch die Schnittpunkte mit der X-Achse ausgeschlossen werden müssen, da bei ihrer Entstehung A, B und C in einer Geraden liegen würden.

---

**62.** Von einem Punkt $P_0$ außerhalb eines Kreises K vom Radius $\rho$ sind Sekanten an diesen Kreis gezogen. Welches ist der geometrische Ort der Mittelpunkte $\overline{M}$ aller dadurch entstehenden Kreissehnen $\overline{S_1 S_2}$?

Das Koordinatensystem sei so gewählt, daß sich der Kreis K in Mittelpunktslage befindet. Dann lautet seine Gleichung $K \equiv \vec{r}^2 - \rho^2 = 0$ und es kann die Gesamtheit aller Geraden durch $P_0(x_0; y_0)$ in der Form

$$\vec{r} = \begin{pmatrix}x_0\\y_0\end{pmatrix} + \vec{u} \cdot t$$ mit $\vec{u}$ als Richtungsvektor angegeben werden.

Sind $t_1$, $t_2$ die den Schnittpunkten $S_1$, $S_2$ zugeordneten Parameterwerte, so ist $\overline{M}$ der Parameterwert $\frac{t_1 + t_2}{2}$ zugeordnet, wobei sich $t_1$ und $t_2$ als Lösungen der Gleichung $\left[\begin{pmatrix}x_0\\y_0\end{pmatrix} + \vec{u}\cdot t\right]^2 - \rho^2 = 0$ oder $\vec{u}^2 \cdot t^2 + 2\begin{pmatrix}x_0\\y_0\end{pmatrix}\cdot \vec{u}\cdot t + \begin{pmatrix}x_0\\y_0\end{pmatrix}^2 - \rho^2 = 0$ ergeben. Nach dem Koeffizientensatz von Viëta gilt dann $t_1 + t_2 = -\frac{2}{\vec{u}^2}\cdot \vec{u}\cdot\begin{pmatrix}x_0\\y_0\end{pmatrix}$, also $\frac{t_1+t_2}{2} = -\frac{\vec{u}^0}{|\vec{u}|}\cdot\begin{pmatrix}x_0\\y_0\end{pmatrix}$, woraus $\vec{r}_{\overline{M}} = \begin{pmatrix}x_0\\y_0\end{pmatrix} - \vec{u}^0\cdot\left[\vec{u}^0\cdot\begin{pmatrix}x_0\\y_0\end{pmatrix}\right]$ folgt. Bei Umformung dieses Ergebnisses in

$$\begin{pmatrix}x_0\\y_0\end{pmatrix} - \vec{r}_{\overline{M}} = \overrightarrow{\overline{M}P_0} = \vec{u}^0\cdot\left[\vec{u}^0\cdot\begin{pmatrix}x_0\\y_0\end{pmatrix}\right]$$

erkennt man, daß der Vektor $\overrightarrow{\overline{M}P_0}$ stets die senkrechte Projektion des Vektors $\overrightarrow{MP_0}$ auf die Sekante ist. Die Punkte $\overline{M}$ liegen daher auf dem **Thaleskreis** mit Durchmesser $\overline{MP_0}$ und Mittelpunkt $M_1\left(\frac{x_0}{2}; \frac{y_0}{2}\right)$. Dieser Kreis $K_1$

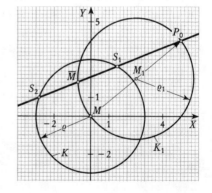

mit der Gleichung

$$K_1 \equiv \left[\vec{r} - \begin{pmatrix} \frac{x_0}{2} \\ \frac{y_0}{2} \end{pmatrix}\right]^2 - \frac{1}{4}\begin{pmatrix} x_0 \\ y_0 \end{pmatrix}^2 = 0$$

ist in der Abbildung für $x_0 = 5$, $y_0 = 4$ und $\rho_1 = 3$ gezeichnet. Der geometrischen Forderung genügt hierbei aber nur das innerhalb von K liegende Bogenstück.

---

**63.** Eine Stange $\overline{OP}$ ist in ihrem einen Endpunkt O drehbar gelagert und wird in T an einer Kreisscheibe vom Radius r, die längs einer Geraden durch O in der Zeichenebene abrollt, tangential geführt. Man gebe die Lage des anderen Endpunktes P der Stange in Abhängigkeit von der Bewegung der Kreisscheibe an.

Wird ein rechtwinkliges Koordinatensystem gemäß der Abbildung eingeführt, dann gilt innerhalb des Bewegungsbereiches mit $\overline{OP} = l$ für Abszisse $x_P$ und Ordinate $y_P$ von P

$$x_P = l\cos\alpha = l \cdot \frac{1 - \tan^2\frac{\alpha}{2}}{1 + \tan^2\frac{\alpha}{2}}$$

und

$$y_P = l\sin\alpha = l \cdot \frac{2\tan\frac{\alpha}{2}}{1 + \tan^2\frac{\alpha}{2}}.$$

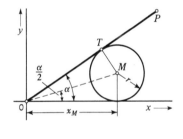

Bezeichnet $x_M$ die auf $0 \leqslant x_M \leqslant 1$ beschränkte Abszisse des Kreismittelpunktes M, so folgt über $r = x_M \cdot \tan\frac{\alpha}{2}$ hieraus

$$x_P = l\frac{x_M^2 - r^2}{x_M^2 + r^2} \quad \text{und} \quad y_P = \frac{2rlx_M}{x_M^2 + r^2}.$$

---

**64.** Welche Gleichung hat eine Kugel mit Mittelpunkt $M(4; -2; 1)$ und Radius $\rho = 3$?

Unter Verwendung der Gleichung $K \equiv (\vec{r} - \vec{r}_M)^2 - \rho^2 = 0$ einer Kugel, deren Mittelpunkt M durch den Ortsvektor $\vec{r}_M$ festgelegt ist, erhält man

$$K \equiv \left[\vec{r} - \begin{pmatrix} 4 \\ -2 \\ 1 \end{pmatrix}\right]^2 - 9 = 0.$$

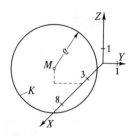

Die Darstellung in kartesischen Koordinaten lautet

$$K \equiv (x-4)^2 + (y+2)^2 + (z-1)^2 - 9 = 0.\ *)$$

---

**65.** Es ist die Gleichung $x^2 + y^2 + z^2 - 5x - 3y + 2z - \dfrac{1}{2} = 0$ auf die Normalform zu bringen.

Durch quadratische Ergänzung wird

$$\left(x - \frac{5}{2}\right)^2 + \left(y - \frac{3}{2}\right)^2 + (z+1)^2 - 10 = 0,$$

oder in vektorieller Darstellung

$$\left[\vec{r} - \begin{pmatrix} 2,5 \\ 1,5 \\ -1 \end{pmatrix}\right]^2 - 10 = 0$$

erhalten.

Es handelt sich somit um eine Kugel K vom Radius $\rho = \sqrt{10}$ mit Mittelpunkt $M\left(\dfrac{5}{2};\dfrac{3}{2};-1\right)$.

---

**66.** Wie lautet die Gleichung der Kugel, die durch die Punkte $P_1(4;\ 4;\ -7)$, $P_2(0;\ -2;\ -7)$, $P_3(2;\ 3;\ 2)$ und $P_4(4;\ 1;\ 2)$ verläuft?

Die Ortsvektoren der gegebenen Punkte müssen die allgemeine Kugelgleichung $\vec{r}^2 + \vec{a}\vec{r} + b = 0$ erfüllen, was für den Vektor $\vec{a}$ und den Skalar $b$ auf die vier Bestimmungsgleichungen

$$\begin{pmatrix} 4 \\ 4 \\ -7 \end{pmatrix}^2 + \begin{pmatrix} 4 \\ 4 \\ -7 \end{pmatrix}\vec{a} + b = 0 \quad \ldots 1)$$

$$\begin{pmatrix} 0 \\ -2 \\ -7 \end{pmatrix}^2 + \begin{pmatrix} 0 \\ -2 \\ -7 \end{pmatrix}\vec{a} + b = 0 \quad \ldots 2)$$

---

*) Bei dieser und den folgenden Aufgaben sind in den Bildern die Kugeln nur durch ihre Großkreise im Aufriß (YZ-Ebene) angedeutet.

$$\begin{pmatrix}2\\3\\2\end{pmatrix}^2 + \begin{pmatrix}2\\3\\2\end{pmatrix}\vec{a} + b = 0 \quad \ldots 3)$$

$$\begin{pmatrix}4\\1\\2\end{pmatrix}^2 + \begin{pmatrix}4\\1\\2\end{pmatrix}\vec{a} + b = 0 \quad \ldots 4)$$

führt.

Die Ermittlung der skalaren Komponenten $a_x$, $a_y$, $a_z$ des Vektors $\vec{a}$ und der Konstanten b kann wie folgt geschehen:

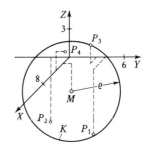

1) - 2)   $28 + \begin{pmatrix}4\\6\\0\end{pmatrix}\vec{a} = 0$

1) - 3)   $64 + \begin{pmatrix}2\\1\\-9\end{pmatrix}\vec{a} = 0$

1) - 4)   $60 + \begin{pmatrix}0\\3\\-9\end{pmatrix}\vec{a} = 0$

oder  $14 + 2a_x + 3a_y = 0$

$64 + 2a_x + a_y - 9a_z = 0$

$20 \qquad + a_y - 3a_z = 0.$

Mit der Lösung $a_x = -4$, $a_y = -2$, $a_z = 6$ dieses linearen Gleichungssystems und $b = -15$ erhält man

$\vec{r}^2 + \begin{pmatrix}-4\\-2\\6\end{pmatrix}\vec{r} - 15 = 0$, was sich noch auf die Form

$K \equiv \left[\vec{r} - \begin{pmatrix}2\\1\\-3\end{pmatrix}\right]^2 - 29 = 0 \quad$ bringen läßt.

Die Kugel hat den Mittelpunkt M(2; 1; -3) und den Radius $\rho = \sqrt{29}$.

---

67. In welchen Punkten durchstößt die Gerade $g \equiv \vec{r} - \begin{pmatrix}-8\\1\\5\end{pmatrix} - \begin{pmatrix}7\\-1\\-2\end{pmatrix}\cdot t = 0$

die Kugel $K \equiv \left[\vec{r} - \begin{pmatrix}2\\-2\\1\end{pmatrix}\right]^2 - 17 = 0$?

Zur Bestimmung der, den Schnittpunkten $S_1$ und $S_2$ zugehörigen Parameterwerte t setzt man $\vec{r} = \begin{pmatrix} -8 \\ 1 \\ 5 \end{pmatrix} + \begin{pmatrix} 7 \\ -1 \\ -2 \end{pmatrix} \cdot t$ in K = 0 ein.

Die in t quadratische Gleichung

$$\left[ \begin{pmatrix} -10 \\ 3 \\ 4 \end{pmatrix} + \begin{pmatrix} 7 \\ -1 \\ -2 \end{pmatrix} \cdot t \right]^2 - 17 = 0$$

läßt sich auf $t^2 - 3t + 2 = 0$ vereinfachen und hat die Lösungen $t_1 = 1$, $t_2 = 2$.

Damit findet man

$\vec{r}_{S_1} = \begin{pmatrix} -1 \\ 0 \\ 3 \end{pmatrix}$ und $\vec{r}_{S_2} = \begin{pmatrix} 6 \\ -1 \\ 1 \end{pmatrix}$.

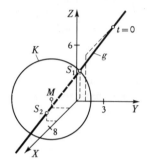

---

**68.** An die Kugel $K \equiv \left[ \vec{r} - \begin{pmatrix} 0 \\ -1 \\ 7 \\ -\frac{2}{3} \end{pmatrix} \right]^2 - 22 = 0$ ist im Punkt $P_0 \left( 2; 2; \frac{2}{3} \right)$ die Tangentialebene zu legen.

Nach der Formel $T \equiv (\vec{r}_0 - \vec{r}_M)(\vec{r} - \vec{r}_M) - \rho^2 = 0$ für die Gleichung der Tangentialebene in $P_0$ an eine Kugel vom Radius $\rho$ und Mittelpunkt M wird

$$\left[ \begin{pmatrix} 2 \\ 2 \\ \frac{2}{3} \end{pmatrix} - \begin{pmatrix} 0 \\ -1 \\ 7 \\ -\frac{2}{3} \end{pmatrix} \right] \cdot \left[ \vec{r} - \begin{pmatrix} 0 \\ -1 \\ 7 \\ -\frac{2}{3} \end{pmatrix} \right] - 22 = 0$$

oder $T \equiv \begin{pmatrix} 2 \\ 3 \\ 3 \end{pmatrix} \cdot \vec{r} - 12 = 0$ erhalten.

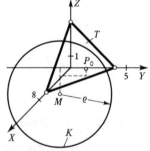

---

**69.** Wie lautet die Gleichung der zur Kugel $K \equiv \left[ \vec{r} - \begin{pmatrix} 2 \\ 3 \\ -3 \end{pmatrix} \right]^2 - 16 = 0$

konzentrischen Kugel $K_1$, die die Ebene $E \equiv \begin{pmatrix} 1 \\ -2 \\ 2 \end{pmatrix} \vec{r} - 8 = 0$ berührt?

Wo liegt der Berührpunkt P?

Der Radius der gesuchten Kugel ist gleich dem Abstand $\overline{MP}$ ihres Mittelpunktes M von der Ebene. Bei Verwendung der HESSEschen N o r m a l -

form $\frac{1}{3} \cdot \begin{pmatrix} 1 \\ -2 \\ 2 \end{pmatrix} \vec{r} - \frac{8}{3} = 0$ der gegebenen

Ebenengleichung mit $\vec{n}^o = \frac{1}{3} \cdot \begin{pmatrix} 1 \\ -2 \\ 2 \end{pmatrix}$ als

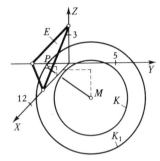

Einheitsvektor ergibt sich unmittelbar

$e^* = \frac{1}{3} \cdot \begin{pmatrix} 1 \\ -2 \\ 2 \end{pmatrix} \cdot \begin{pmatrix} 2 \\ 3 \\ -3 \end{pmatrix} - \frac{8}{3} = -6$

als gerichteter Abstand der Ebene E von M. Über $\overline{MP}^* = |e^*| = 6$

erhält man $K_1 \equiv \left[\vec{r} - \begin{pmatrix} 2 \\ 3 \\ -3 \end{pmatrix}\right]^2 - 36 = 0$ mit dem Radius $r_1 = 6$.

Wegen $e^* < 0$ liegt M in der negativen Halbebene von E und es sind deshalb $\overline{MP}$ und $\vec{n}^o$ gleich orientiert. Somit ist $\vec{r}_P = \vec{r}_M + r_1 \cdot \vec{n}^o =$

$= \begin{pmatrix} 2 \\ 3 \\ -3 \end{pmatrix} + 6 \cdot \frac{1}{3} \cdot \begin{pmatrix} 1 \\ -2 \\ 2 \end{pmatrix} = \begin{pmatrix} 4 \\ -1 \\ 1 \end{pmatrix}$ und damit P(4; -1; 1).

## 1.3 Kegelschnitte in Parallellage im $R_2$

**70.** Es ist die Gleichung einer Ellipse mit dem Mittelpunkt M(-2; 1) und den Halbachsen a = 3, b = 2 parallel zur X- bzw. Y-Richtung anzugeben [*)].

Nach der Formel $\frac{(x - h)^2}{a^2} + \frac{(y - k)^2}{b^2} - 1 = 0$ für die G l e i c h u n g

---

[*)] Unter Halbachse, linearer und numerischer Exzentrizität sowie Halbparameter werden hier und bei allen folgenden Beispielen, falls nicht anders vermerkt, die Maßzahlen der zugehörigen Strecken verstanden.

einer Ellipse in Parallellage mit den Mittelpunktskoordinaten x = h und y = k, sowie den Halbachsen a und b, die parallel der Abszissen- bzw. Ordinatenachse sind, folgt unmittelbar

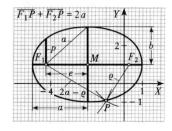

$$\frac{(x+2)^2}{9} + \frac{(y-1)^2}{4} - 1 = 0.$$

Es sind ferner wegen a > b die **lineare Exzentrizität**

$$e = \sqrt{a^2 - b^2} = \sqrt{5}$$

als Maßzahl der halben Entfernung der Brennpunkte $F_1$ und $F_2$, die **numerische Exzentrizität** $\frac{e}{a} = \frac{1}{3}\sqrt{5}$ und der **Halbparameter**

$$p = \frac{b^2}{a} = \frac{4}{3}.$$

---

**71.** Die Brennpunkte einer Ellipse seien $F_1(2; -3)$ und $F_2(2; 1)$, ihre kleine Halbachse sei a = 3. Wie lautet die Gleichung des Kegelschnitts?

Es handelt sich um eine Ellipse, deren Brennpunkte auf einer Parallelen zur Y-Achse liegen. Die **lineare Exzentrizität** ist e = 2, die große Halbachse $b = \sqrt{e^2 + a^2} = \sqrt{13}$. Mit den Mittelpunktskoordinaten h = 2 und k = -1 wird die **Normalgleichung**

$$\frac{(x-2)^2}{9} + \frac{(y+1)^2}{13} - 1 = 0.$$

Die **numerische Exzentrizität** ist

$$\varepsilon = \frac{e}{b} = \frac{2}{\sqrt{13}},$$

der **Halbparameter**

$$p = \frac{a^2}{b} = \frac{9}{\sqrt{13}}.$$

Die Radien der **Krümmungskreise** in den Scheiteln $S_1$ und $S_2$ sind

$$\rho_1 = \frac{a^2}{b} = p = \frac{9}{\sqrt{13}} \quad \text{und} \quad \rho_2 = \frac{b^2}{a} = \frac{13}{3}.$$

Eine Konstruktion der Mittelpunkte der Krümmungskreise mit den Radien $\rho_1$ und $\rho_2$ in Scheiteln der Ellipse ist in der Abbildung ausgeführt.

---

**72.** Von einer Hyperbel in achsenparalleler Lage sind bekannt die Gleichungen der beiden Asymptoten $y = 2 \pm \frac{4}{5}(x - 3)$ und die reelle Halbachse $a = 1$ in der X-Richtung. Man gebe die Gleichung der Hyperbel an.

Aus der Asymptotengleichung $y = k \pm \frac{b}{a}(x - h)$ der Hyperbel $\frac{(x - h)^2}{a^2} - \frac{(y - k)^2}{b^2} - 1 = 0$ mit der reellen Achse $2a$ parallel zur X-Achse erkennt man die Koordinaten des Mittelpunktes M zu $x_M = h = 3$, $y_M = k = 2$ sowie $\frac{b}{a} = \frac{4}{5}$, womit wegen $a = 1$ auch die imaginäre Halbachse $b = \frac{4}{5}$ gefunden ist.

Die gesuchte Hyperbelgleichung lautet daher

$$\frac{(x - 3)^2}{1} - \frac{(y - 2)^2}{\frac{16}{25}} = 1.$$

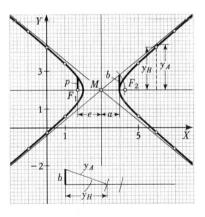

Es berechnen sich ferner die lineare Exzentrizität

$$e = \sqrt{a^2 + b^2} = \frac{1}{5}\sqrt{41},$$

die numerische Exzentrizität

$$\varepsilon = \frac{e}{a} = \frac{1}{5}\sqrt{41} \quad \text{und der Halbparameter}$$

$$p = \frac{b^2}{a} = \frac{16}{25}.$$

In der Abbildung ist eine Konstruktion der Hyperbelordinaten $y_H$ aus den zugehörigen Asymptotenordinaten $y_A$ eingetragen.

---

**73.** Eine Hyperbel in Mittelpunktslage habe die in die Y-Achse fallende reelle Halbachse $b = 2$ und verlaufe durch den Punkt P(3;4). Gesucht ist die Gleichung der Hyperbel.

Die unbekannte **imaginäre Halbachse** a kann durch Einsetzen der gegebenen Werte in die Gleichung $\frac{x^2}{a^2} - \frac{y^2}{b^2} + 1 = 0$ einer derart gelegenen Hyperbel gewonnen werden. Aus $\frac{9}{a^2} - \frac{16}{2^2} + 1 = 0$ findet man $a = \sqrt{3}$.

Als **Asymptoten** besitzt diese Hyperbel mit der Gleichung $\frac{x^2}{3} - \frac{y^2}{4} + 1 = 0$ das **Geradenpaar**

$$y = \pm \frac{b}{a} x = \pm \frac{2}{\sqrt{3}} x.$$

Man erhält weiterhin

$$e = \sqrt{a^2 + b^2} = \sqrt{7},$$

$$\varepsilon = \frac{e}{b} = \frac{1}{2}\sqrt{7}, \text{ sowie } p = \frac{a^2}{b} = \frac{3}{2}.$$

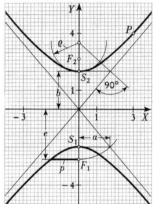

Der **Radius** $\rho$ des **Krümmungskreises** in den Scheiteln $S_1$ und $S_2$ hat den Wert $\rho = p = \frac{3}{2}$.

Eine Konstruktion des Mittelpunktes des Krümmungskreises für einen Scheitel der Hyperbel ist in der Abbildung angegeben.

---

**74.** Man stelle die Gleichungen derjenigen Parabeln in Scheitellage auf, die durch den Punkt Q(9; -6) verlaufen.

Als Gleichungsformen der gesuchten Parabeln mit Scheitel im Ursprung und Symmetrielinie in einer der Koordinatenachsen kommen hier $P_1 \equiv y^2 - 2p_1 x = 0$ und $P_2 \equiv x^2 - 2p_2 y = 0$ in Frage, aus denen die speziellen Werte der **Halbparameter** $p_1$ und $p_2$ durch Einsetzen der Koordinaten von P erhalten werden.

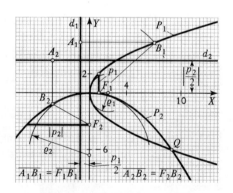

Es ergibt sich aus $36 = 18 p_1$ die Gleichung $P_1 \equiv y^2 - 4x = 0$ einer zur X-Achse symmetrischen Parabel mit Öffnung in deren positiven Richtung.

Aus $81 = -12 p_2$ folgt $P_2 \equiv x^2 + \frac{27}{2} y = 0$; dies ist eine in Richtung der negativen Y-Achse geöffnete und zu ihr symmetrische Parabel. Die Brennpunkte $F_1$ und $F_2$ liegen auf der + X- bzw. - Y-Achse in den Abständen $\frac{p_1}{2} = 1$ bzw. $\left|\frac{p_2}{2}\right| = \frac{27}{8}$ vom Nullpunkt; die zugehörigen Leitlinien $d_1$ und $d_2$ schneiden die -X- bzw. +Y-Achse in den gleichen Entfernungen $\frac{p_1}{2}$ bzw. $\left|\frac{p_2}{2}\right|$ vom Ursprung. Als Radien der Krümmungskreise in den zusammenfallenden beiden Scheiteln findet man $\rho_1 = p_1$ und $\rho_2 = |p_2|$.

---

**75.** Wie lautet die Gleichung desjenigen Kegelschnitts in Parallellage, der durch die Punkte $P_1\left(6; \frac{24}{5}\right)$, $P_2\left(7; \frac{21}{5}\right)$, $P_3\left(3; \frac{27}{5}\right)$ und den Nullpunkt verläuft?

Es muß für die Koordinaten der gegebenen Punkte die **allgemeine Gleichung**

$$Ax^2 + By^2 + Cx + Dy + E = 0$$

erfüllt sein. Damit liegt ein System von 4 **homogenen linearen Gleichungen** für die 5 Unbekannten A, B, C, D, E vor:

$P_1|\ 36 A + \frac{576}{25} B + 6 C + \frac{24}{5} D + E = 0,$

$P_2|\ 49 A + \frac{441}{25} B + 7 C + \frac{21}{5} D + E = 0,$

$P_3|\ 9 A + \frac{729}{25} B + 3 C + \frac{27}{5} D + E = 0,$

$P_4|\ \qquad\qquad\qquad\qquad\qquad\qquad E = 0.$

Die Auflösung mit $A = t$ als **freier Veränderlichen** ergibt die Lösungsmenge

$$\mathbb{L} = \left\{ (A; B; C; D; E) \mid (A; B; C; D; E) = \left(t; \frac{25}{9}t; -6t; -\frac{40}{3}t; 0\right) \land t \in \mathbb{R} \right\}.$$

Da es nur auf das Verhältnis A : B : C : D : E der Koeffizienten ankommt, kann z.B. t = 1 gewählt werden, was auf die Ellipse

$$E \equiv x^2 + \frac{25}{9} y^2 - 6x - \frac{40}{3} y = 0$$

führt, deren Gleichung sich nach zweimaliger quadratischer Ergänzung auf die **Normalform**

$$E \equiv \frac{(x - 3)^2}{25} + \frac{\left(y - \frac{12}{5}\right)^2}{9} - 1 = 0$$

bringen läßt.

Die Kurve hat den Mittelpunkt $M\left(3; \frac{12}{5}\right)$, ihre Halbachsen a = 5 und b = 3 verlaufen parallel zur X- bzw. Y-Achse.

---

**76.** Es sollen die Gleichungen derjenigen Parabeln mit zu den Koordinatenachsen parallelen Symmetrielinien angegeben werden, auf denen die Punkte $P_1(0; -2,5)$, $P_2(1; 0)$ und $P_3(2; 1,5)$ liegen.

Die **allgemeine Parabelgleichung** für diese Lage ist durch $Ax^2 + By^2 + Cx + Dy + E = 0$ gegeben, wobei entweder $A \neq 0 \wedge B = 0 \wedge D \neq 0$ oder aber $A = 0 \wedge B \neq 0 \wedge C \neq 0$ zu fordern ist.

Im ersten Falle, also der Gleichungsform $Ax^2 + Cx + Dy + E = 0$, kann $A \neq 0$ beliebig, z.B. $A = 1$ gewählt werden, weil nur das Koeffizientenverhältnis A : C : D : E wesentlich ist. Einsetzen der Koordinaten der drei gegebenen Punkte ergibt das lineare Gleichungssystem

$P_1 |\quad -2,5D + E = 0,$

$P_2 |\quad 1 + C + E = 0,$

$P_3 |\quad 4 + 2C + 1,5D + E = 0$

mit der Lösungsmenge

$\mathbb{L}' = \{\,(C;D;E)\ |\ (C;D;E) = (-6; 2; 5)\,\}.$

Die zugehörige Parabelgleichung

$P' \equiv x^2 - 6x + 2y + 5 = 0$

kann noch auf die Form $(x - 3)^2 = -2(y - 2)$

gebracht werden, woraus der Scheitel zu S'(3; 2) erkannt wird.

In gleicher Weise ergibt sich für A = 0 und B = 1 aus

$By^2 + Cx + Dy + E = 0$

die Lösungsmenge $\mathbb{L}" = \left\{ (C;D;E) \mid (C;D;E) = \left( -15; \frac{17}{2}; 15 \right) \right\}$.

Die entsprechende Parabel $P" \equiv y^2 - 15x + \frac{17}{2}y + 15 = 0$ mit Symmetrielinie parallel zur X-Achse und dem Scheitel $S" \left( -\frac{49}{240}; -\frac{17}{4} \right)$ ist in der Abbildung strichliert gezeichnet.

---

77. Von einer Parabel mit Brennpunkt F im Nullpunkt ist die Leitlinie oder Direktrix d durch die Gleichung x = 2 gegeben.

Welche Gleichung hat die Parabel?

Wegen

$\overline{BF} = |p| = 2$

hat der Scheitel S die Koordinaten

$x_S = 1$,  $y_S = 0$.

Damit erhält man aus

$(y - k)^2 = 2p(x - h)$

unmittelbar

$y^2 = -4(x - 1)$.

---

78. Es ist die Gleichung einer Ellipse E in Mittelpunktslage anzugeben, von der die Gleichungen $y = \mp 3$ der Leitlinien $d_1$ und $d_2$ und die lineare Exzentrizität e = 2 bekannt sind.

Zur Aufstellung der Mittelpunktsgleichung
$\frac{x^2}{a^2} + \frac{y^2}{b^2} = 1$ müssen die Halbachsen a und b berechnet werden. Diese bestimmen sich aus
$\frac{b^2}{e} = 3$ für die Maßzahl des Abstandes der Leitlinien von der X-Achse und
$e = 2 = \sqrt{b^2 - a^2}$ für die lineare Exzentrizität zu $b = \sqrt{6}$ und $a = \sqrt{2}$. Die

Gleichung der Ellipse ist daher $E \equiv \frac{x^2}{2} + \frac{y^2}{6} - 1 = 0$;  $\frac{\overline{P_2F_2}}{\overline{P_2A_2}} = \frac{\overline{P_1F_1}}{\overline{P_1A_1}} = \varepsilon = \sqrt{\frac{2}{3}}$

ihre numerische Exzentrizität beträgt

$$\varepsilon = \frac{e}{b} = \sqrt{\frac{2}{3}}.$$

---

**79.** Unter welchen spitzen Winkeln $\sigma_1$ und $\sigma_2$ schneidet die Gerade $g \equiv x + 3y - 2 = 0$ die Hyperbel $H \equiv 4x^2 - 16x - 9y^2 - 36y - 164 = 0$?

Die Koordinaten der Schnittpunkte $S_1$ und $S_2$ ergeben sich als die Elemente der Lösungsmenge $\mathbb{L}$ des Gleichungssystems $g = 0$ und $H = 0$. Einsetzen von $x = 2 - 3y$ in $H = 0$ liefert über die quadratische Gleichung $3y^2 - 4y - 20 = 0$ die Elemente $\left(x_1 = -8;\ y_1 = \frac{10}{3}\right)$ und $(x_2 = 8;\ y_2 = -2)$ von $\mathbb{L}$.

Aus der Normalform $H \equiv \frac{(x-2)^2}{36} - \frac{(y+2)^2}{16} - 1 = 0$ der gegebenen Hyperbelgleichung erkennt man $a = 6$ als reelle und $b = 4$ als imaginäre Halbachse, sowie den Mittelpunkt $M(2;-2)$.

Die Steigung der Tangente im Berührpunkt $P_0(x_0;\ y_0)$ folgt aus

$$m_t = \frac{b^2}{a^2} \cdot \frac{x_0 - h}{y_0 - k} \quad \text{für } y_0 \neq k.$$

Man findet hiermit für $S_1$ die Steigung

$$m_{t_1} = \frac{16}{36} \cdot \frac{-8 - 2}{\frac{10}{3} + 2} = -\frac{5}{6},$$

während für $S_2$, dem rechten Scheitel der Hyperbel, die Formel wegen $y_0 = k$ unbrauchbar ist.

Mit der Steigung $\tan \alpha = m_g = -\frac{1}{3}$ der Geraden $g$ wird dann im Schnittpunkt $S_1$ $\tan \sigma_1 = \left|\frac{m_g - m_{t_1}}{1 + m_{t_1} \cdot m_g}\right| = \left|\frac{-\frac{1}{3} + \frac{5}{6}}{1 + \frac{5}{6} \cdot \frac{1}{3}}\right| = \frac{9}{23}$ und damit

$\sigma_1 \approx 21{,}37°$.

Der Winkel $\sigma_2$, in dem sich die in $S_2$ zur Y-Achse parallele Hyperbeltangente und die Gerade $g$ schneiden, folgt aus

$\sigma_2 = \alpha - 90°$ mit $\alpha \approx 161{,}57°$ zu $\sigma_2 \approx 71{,}57°$.

80. An die Ellipse $E \equiv x^2 - 2x + 4y^2 + 24y + 12 = 0$ ist im Punkt $P_0(4; -1)$ die Tangente zu legen.

Gemäß der Tangentenformel $\dfrac{(x-h)(x_0-h)}{a^2} + \dfrac{(y-k)(y_0-k)}{b^2} = 1$

für die Ellipse mit der Gleichung $\dfrac{(x-h)^2}{a^2} + \dfrac{(y-k)^2}{b^2} = 1$ wird durch Vergleich mit

$$\dfrac{(x-1)^2}{25} + \dfrac{4(y+3)^2}{25} = 1$$

die Gleichung der Tangente zu

$$\dfrac{(x-1)(4-1)}{25} + \dfrac{4(y+3)(-1+3)}{25} = 1 \quad \text{oder}$$

$t \equiv 3x + 8y - 4 = 0$ erhalten.

---

81. Man stelle die Gleichung der Normale n in bezug auf die **gleichseitige Hyperbel** $H \equiv x^2 - y^2 - 5 = 0$ in ihrem Kurvenpunkt $P_0(-3; 2)$ auf.

Die Steigung der Normale n im Punkt $P_0(x_0; y_0)$ der Hyperbel $H \equiv \dfrac{(x-h)^2}{a^2} - \dfrac{(y-k)^2}{b^2} \mp 1 = 0$ ergibt sich aus $m_n = -\dfrac{a^2}{b^2} \cdot \dfrac{y_0 - k}{x_0 - h}$

für $x_0 \neq h$, was hier speziell auf $m_n = -\dfrac{5}{5} \cdot \dfrac{2-0}{-3-0} = \dfrac{2}{3}$ führt. Damit folgt aus $\dfrac{y - y_0}{x - x_0} = m_n$ die gesuchte Gleichung der Normalen über $\dfrac{y-2}{x+3} = \dfrac{2}{3}$

zu $n \equiv 2x - 3y + 12 = 0$.

---

82. Welche Gleichungen haben die Tangente t und die Normale n der Parabel $P \equiv y^2 - 4y - 2x - 2 = 0$ im Kurvenpunkt $P_0(5; 6)$?

Mit $m_t = \dfrac{p}{y_0 - k}$ für $y_0 \neq k$

als Tangentensteigung der Parabel

$P \equiv (y-k)^2 - 2p(x-h) = 0$

im Kurvenpunkt $P_0(x_0; y_0)$ wird
über $(y - 2)^2 - 2(x + 3) = 0$
die Steigung

$$m_t = \frac{1}{6 - 2} = \frac{1}{4}$$ erhalten.

Dies liefert

$$\frac{y - 6}{x - 5} = \frac{1}{4}$$ oder

$t \equiv x - 4y + 19 = 0$ und

$$\frac{y - 6}{x - 5} = -4$$ oder $n \equiv 4x + y - 26 = 0$.

Aus der Tangentengleichung $(y - k) \cdot (y_0 - k) = p \cdot (x + x_0 - 2h)$ folgt für $y = k$ die Beziehung $\frac{x + x_0}{2} = h$. Die Projektion $\overline{TP_0'} = 2c$ des Tangentenabschnittes $\overline{TP_0}$ auf die Symmetrielinie wird somit vom Scheitel S der Parabel halbiert.

---

**83.** Wie lautet die Gleichung der zur Geraden $g \equiv y - 2x + 2 = 0$ parallelen Tangente an die Parabel $P \equiv (x - 1)^2 + 4(y - 2) = 0$?

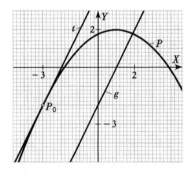

Wegen $m_t = \frac{x_0 - h}{p}$ als Tangentensteigung in $P_0(x_0; y_0)$ für eine Parabel der Form $(x - h)^2 = 2p(y - k)$ gilt für das spezielle Beispiel
$2 = \frac{x_0 - 1}{-2}$, woraus die Abszisse
$x_0 = -3$ des Berührpunktes folgt. Mit
dem aus der Parabelgleichung entnommenen Ordinatenwert $y_0 = -2$ kann die Gleichung der gesuchten Tangente aus der Formel $(x - h) \cdot (x_0 - h) - p(y + y_0 - 2k) = 0$ zu $t \equiv 2x - y + 4 = 0$ berechnet werden.

---

**84.** Welche Tangenten an die Ellipse $E \equiv x^2 + 9y^2 - 4 = 0$ sind parallel zur Geraden $g \equiv 4x - 9y + 4 = 0$?

Mit $m_t = -\dfrac{b^2}{a^2} \cdot \dfrac{x_0}{y_0}$ für $y_0 \neq 0$ als Steigung der Tangente t im Berührpunkt $P_0(x_0; y_0)$ der Ellipse $E \equiv \dfrac{x^2}{a^2} + \dfrac{y^2}{b^2} - 1 = 0$ besteht für $(x_0; y_0)$

das Gleichungssystem $\dfrac{4}{9} = -\dfrac{\frac{4}{9}}{4} \cdot \dfrac{x_0}{y_0}$ und

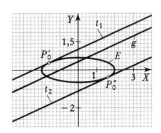

$x_0^2 + 9 y_0^2 - 4 = 0$.

Dieses besitzt die Lösungsmenge

$\mathbb{L} = \left\{ \left( -\dfrac{8}{5}; \dfrac{2}{5} \right); \left( \dfrac{8}{5}; -\dfrac{2}{5} \right) \right\}$.

Die Gleichungen der beiden Tangenten $t_1$ und $t_2$ in den Berührpunkten $P_0'$ und $P_0''$ lauten daher

$t_{1;2} \equiv \dfrac{x \cdot x_0}{a^2} + \dfrac{y \cdot y_0}{b^2} - 1 = \mp \dfrac{8}{5 \cdot 4} x \pm \dfrac{2 \cdot 9}{5 \cdot 4} y - 1 = 0$

oder $t_{1;2} \equiv 4x - 9y \pm 10 = 0$. (Vgl. Nr. 97)

---

**85.** Es sind die Gleichungen derjenigen Tangenten $t'$ und $t''$ an die Parabel mit der Gleichung $P \equiv y^2 - 6x = 0$ aufzustellen, die mit der Geraden $g \equiv 3x - 2y + 10 = 0$ den spitzen Winkel $\sigma = 45°$ einschließen.

Mit $m_g = \dfrac{3}{2}$ und $m_t$ als Steigung irgendeiner der gesuchten Tangenten gilt dann

$\tan \sigma = \left| \dfrac{m_g - m_t}{1 + m_g \cdot m_t} \right|$ oder

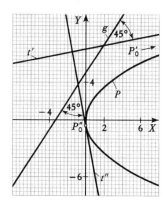

$1 = \left| \dfrac{\frac{3}{2} - m_t}{1 + \frac{3}{2} m_t} \right|$, was über

$\dfrac{3}{2} - m_t = \pm \left( 1 + \dfrac{3}{2} m_t \right)$ auf

$m_{t'} = \dfrac{1}{5}$ und $m_{t''} = -5$ führt.

Aus $m_t = \dfrac{p}{y_0} = \dfrac{3}{y_0}$ für $y_0 \neq 0$

als Steigung der Tangente t im Punkte $P_0(x_0; y_0)$ der Parabel $P \equiv y^2 - 2px = 0$ errechnet sich dann

$y_0' = 15$ und $y_0'' = -\dfrac{3}{5}$.

Die zugehörigen Abszissen sind

$x_0' = \dfrac{75}{2}$ und $x_0'' = \dfrac{3}{50}$.

Damit bestimmen sich die Tangentengleichungen gemäß $yy_0 - p(x + x_0) = 0$ zu $t' \equiv 2x - 10y + 75 = 0$ und $t'' \equiv 50x + 10y + 3 = 0$.

---

86. Man bestimme die Gleichung der Hyperbel in Mittelpunktslage und reeller Achse in der X-Richtung, die durch den Punkt $P_0(10; 3)$ verläuft und in diesem Punkt die Gerade $g \equiv 5x - 6y - 32 = 0$ als Tangente besitzt.

Da die Koordinaten von $P_0$ die Hyperbelgleichung $\dfrac{x^2}{a^2} - \dfrac{y^2}{b^2} = 1$ befriedigen müssen, besteht für a und b die Beziehung $\dfrac{100}{a^2} - \dfrac{9}{b^2} = 1$. Eine zweite Gleichung liefert die, dieser Hyperbelgleichung für $y \neq 0$ zugeordnete Tangentenbedingung $m = \dfrac{b^2}{a^2} \cdot \dfrac{x_0}{y_0}$ mit $m = \dfrac{5}{6}$ als Steigung von g und $x_0$, $y_0$ als Koordinaten von $P_0$. Einsetzen von $a^2 = 4b^2$ liefert $b = 4$ und damit $a = 8$.

Die Hyperbel hat demnach die Gleichung $\dfrac{x^2}{64} - \dfrac{y^2}{16} = 1$.

---

87. Gegeben sind die beiden Geraden $g_1 \equiv 3x + 8y - 25 = 0$ und $g_2 \equiv 4x - 6y - 25 = 0$. Wie lautet die Gleichung $\dfrac{x^2}{a^2} + \dfrac{y^2}{b^2} = 1$ der Ellipse in Mittelpunktslage, an welche $g_1$ und $g_2$ Tangenten sind?

Der Vergleich der entsprechenden Koeffizienten von x und y der gegebenen Geradengleichungen $\dfrac{3}{25} \cdot x + \dfrac{8}{25} \cdot y = 1$ und $\dfrac{4}{25} \cdot x - \dfrac{6}{25} \cdot y = 1$ mit der Tangentengleichung $\frac{x_o}{a^2} \cdot x + \frac{y_o}{b^2} \cdot y = 1$ liefert für die Koordinaten der Berührpunkte $P'_o(x'_o; y'_o)$ und $P''_o(x''_o; y''_o)$ die Beziehung $\frac{3}{25} = \frac{x'_o}{a^2}$, $\frac{8}{25} = \frac{y'_o}{b^2}$ sowie $\frac{4}{25} = \frac{x''_o}{a^2}$, $-\frac{6}{25} = \frac{y''_o}{b^2}$.

Da anderseits aber $P'_o$ und $P''_o$ auf der Ellipse liegen, müssen
$\frac{{x'_o}^2}{a^2} + \frac{{y'_o}^2}{b^2} = 1$ und $\frac{{x''_o}^2}{a^2} + \frac{{y''_o}^2}{b^2} = 1$ gelten.

Durch Elimination von $x'_o$, $y'_o$ und $x''_o$, $y''_o$ ergeben sich für a und b die zwei Bestimmungsgleichungen $\frac{9}{625} a^2 + \frac{64}{625} b^2 = 1$ und $\frac{16}{625} a^2 + \frac{36}{625} b^2 = 1$, aus denen $b^2 = \frac{25}{4}$ und $a^2 = 25$ erhalten wird.

Somit lautet die Gleichung der Ellipse $\frac{x^2}{25} + \frac{4 y^2}{25} = 1$.

---

**88.** Vom Punkt $Q_1\left(-\frac{6}{5}; \frac{4}{5}\right)$ sind die Tangenten an die Ellipse $E \equiv 5 x^2 + 20 y^2 - 16 x - 24 y = 0$ zu legen.

In Verbindung mit der Normalform $E \equiv \frac{\left(x - \frac{8}{5}\right)^2}{4} + \left(y - \frac{3}{5}\right)^2 - 1 = 0$
der gegebenen Ellipse wird die Gleichung der Polare s in bezug auf den Pol $Q_1(x_1; y_1)$ nach der Formel
$\frac{(x - h)(x_1 - h)}{a^2} + \frac{(y - k)(y_1 - k)}{b^2} = 1$

zu $s \equiv 7 x - 2 y = 0$ erhalten.

Die Schnittpunkte $P'_o$ und $P''_o$ von $s = 0$ mit $E = 0$ sind die gesuchten Berührpunkte und ergeben sich mit $y = \frac{7}{2} x$ aus $5 x^2 + 245 x^2 - 16 x - 84 x = 0$.

Man findet $P'_o(0; 0)$ und $P''_o\left(\frac{2}{5}; \frac{7}{5}\right)$.

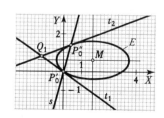

Die Gleichungen der beiden Tangenten $t_1$ und $t_2$ berechnen sich schließlich

aus $\dfrac{(x-h)(x_0-h)}{a^2} + \dfrac{(y-k)(y_0-k)}{b^2} - 1 = 0$ als $t_1 \equiv 2x + 3y = 0$

und $t_2 \equiv 3x - 8y + 10 = 0$.

---

**89.** Vom Punkt $Q_1(6; 12)$ ist das Lot auf die Parabel $P \equiv y^2 - 2x = 0$ zu fällen.

Mit $m_t = \dfrac{1}{y_0}$ und $y_0 \neq 0$ als Steigung der

Tangente $t$ in $P_0(x_0; y_0)$ folgt

$\dfrac{y - y_0}{x - x_0} = -y_0$ als Gleichung der

Normale in $P_0$. Da $Q_1$ auf dieser Normale und $P_0$ auf der Parabel $P$ liegen muß, ergibt sich für $(x_0; y_0)$ das Gleichungssystem

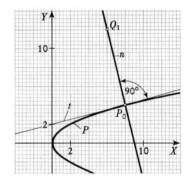

$\dfrac{12 - y_0}{6 - x_0} = -y_0$ , $y_0^2 - 2x_0 = 0$.

Die Elimination von $x_0$ mit Hilfe der zweiten Gleichung führt auf die algebraische Gleichung dritten Grades $y_0^3 - 10y_0 - 24 = 0$, welche $y_0 = 4$ als einzige reelle Lösung besitzt. Damit ist $L = \{(x_0; y_0) | (x_0; y_0) = (8; 4)\}$ die Lösungsmenge des Systems in der Grundmenge $\mathbb{R}^2$.

Einsetzen in die Normalengleichung $\dfrac{y - y_0}{x - x_0} = -y_0$ liefert $n \equiv 4x + y - 36 = 0$ als die Gleichung des gesuchten Lotes durch $Q_1$ auf die Parabel $P$.

---

**90.** Es ist die Gleichung einer Parabel mit zur Y-Achse paralleler Symmetrielinie anzugeben, die im Nullpunkt die Steigung $m = \dfrac{2}{3}$ hat und außerdem durch den Punkt $P_0\left(2; \dfrac{8}{3}\right)$ verläuft.

Die gesuchte Parabel muß der Gleichung $(x - h)^2 = 2p(y - k)$ genügen, wobei $h$ und $k$ die Scheitelkoordinaten sind. Die Steigung der Tangente im Berührpunkt $P_0'$ mit der Abszisse $x_0'$ ist $m = \dfrac{x_0' - h}{p}$.

Somit besteht für (h; p; k) das Gleichungssystem

$O \mid h^2 = -2pk$  ... 1)

$P_o \mid (2-h)^2 = 2p\left(\dfrac{8}{3} - k\right)$ ... 2)

$m = \dfrac{2}{3} = \dfrac{-h}{p}$ ... 3).

Hieraus folgt

1) in 2)  $4 - 4h = \dfrac{16}{3}p$ ... 4)

3) in 4)  $4 - 4h = -8h$

und damit

$h = -1, \quad 2p = 3, \quad k = -\dfrac{1}{3},$

was die Parabelgleichung $P \equiv (x+1)^2 - 3\left(y + \dfrac{1}{3}\right) = 0$ liefert.

---

**91.** Man bestimme die Gleichung derjenigen Ellipse in Parallellage und großer Achse parallel zur X-Richtung, die den Kreis

$K \equiv (x - 4{,}5)^2 + (y - 2{,}5)^2 - 2{,}25 = 0$

als Krümmungskreis in einem Hauptscheitel hat und außerdem die Y-Achse als Tangente besitzt.

Die Koordinaten des Ellipsenmittelpunktes M sind

$x_M = \dfrac{0 + (4{,}5 + 1{,}5)}{2} = 3$ und

$y_M = 2{,}5$

Hieraus folgt $a = 3$, was mit

$\rho = 1{,}5 = \dfrac{b^2}{a} = \dfrac{b^2}{3}$ auf $b = \dfrac{3}{2}\sqrt{2}$ führt.

Die gesuchte Ellipse hat daher die Gleichung

$E \equiv \dfrac{(x-3)^2}{9} + \dfrac{(y-2{,}5)^2}{4{,}5} - 1 = 0.$

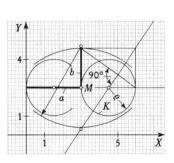

---

**92.** Ein Punkt P bewegt sich auf einem der Äste einer Hyperbel mit den Brennpunkten $F_1$ und $F_2$ und hat in einem bestimmten Augenblick von dem diesem Ast zugeordneten Brennpunkt, etwa $F_2$, den Abstand $r_1 = 30$ cm.

Im weiteren Verlauf der Bewegung dreht sich die zugehörige Leitstrecke durch $P_1$ um $F_2$ im Gegensinn des Uhrzeigers so, daß nach jeweils $30°$ die zugehörigen Längen $r_2 = 50$ cm und $r_3 = 150$ cm sind. Wie lautet die Gleichung der Hyperbel in Polarkoordinaten? Welche Normalgleichung hat die Hyperbel in einem rechtwinkligen Koordinatensystem, wenn $\overline{F_1F_2}$ in die X-Achse fällt und der Hyperbelmittelpunkt im Ursprung liegt?

Ist S der Scheitel des gewählten Hyperbelastes und $F_2$ der Pol eines Polarkoordinatensystems mit einem zu $\overrightarrow{F_2S}$ gleichorientierten Grundstrahl g, so gelten mit der Polarform

$$r = \frac{p}{1 + \varepsilon \cos \varphi} \quad \text{die Lagenzuordnungen}$$

$$30 \text{ cm} = \frac{p}{1 + \varepsilon \cos \varphi_1} \quad \dots \text{ 1)}$$

$$50 \text{ cm} = \frac{p}{1 + \varepsilon \cos(\varphi_1 + 30°)} \quad \dots \text{ 2)}$$

$$150 \text{ cm} = \frac{p}{1 + \varepsilon \cos(\varphi_1 + 60°)} \quad \dots \text{ 3)},$$

wobei $\varphi_1$ als der Winkel bezeichnet ist, den der Radiusvektor von der Länge $r_1$ mit dem Grundstrahl g einschließt und $\varepsilon > 1$ die numerische Exzentrizität der Hyperbel bedeutet.

Es berechnet sich

1) : 2) $\quad \dfrac{3}{5} = \dfrac{1 + \varepsilon \cos(\varphi_1 + 30°)}{1 + \varepsilon \cos \varphi_1} \quad$ oder $\quad \varepsilon = \dfrac{2}{3 \cos \varphi_1 - 5 \cos(\varphi_1 + 30°)}$

1) : 3) $\quad \dfrac{1}{5} = \dfrac{1 + \varepsilon \cos(\varphi_1 + 60°)}{1 + \varepsilon \cos \varphi_1} \quad$ oder $\quad \varepsilon = \dfrac{4}{\cos \varphi_1 - 5 \cos(\varphi_1 + 60°)}$ ,

was durch Gleichsetzen die goniometrische Gleichung
$\cos \varphi_1 = 2 \cos(\varphi_1 + 30°) - \cos(\varphi_1 + 60°)$ ergibt.

Deren Auswertung liefert über

$$\cos \varphi_1 = \sqrt{3} \cos \varphi_1 - \sin \varphi_1 - \frac{1}{2} \cos \varphi_1 + \frac{1}{2} \sqrt{3} \sin \varphi_1 ,$$

$\tan \varphi_1 = \sqrt{3}$, woraus mit $\varphi_1 = 60°$, $\varepsilon = \dfrac{4}{3}$ und $p = 50$ cm erhalten wird.

Die weitere Lösung $\varphi_1 = 240°$ in $0° \leq \varphi_1 < 360°$ führt auf den unbrauchbaren Wert $\varepsilon = -\dfrac{4}{3} < 0$.

Die gesuchte Gleichung in Polarkoordinaten ist somit $r = \dfrac{50 \text{ cm}}{1 + \dfrac{4}{3} \cos \varphi}$ .

Zur Darstellung in rechtwinkligen Koordinaten können die Beziehungen

$p = \dfrac{b^2}{a}$ und $\varepsilon = \dfrac{e}{a} = \dfrac{1}{a} \cdot \sqrt{a^2 + b^2}$ herangezogen werden.

Einsetzen von $b^2 = p \cdot a$ in $\varepsilon = \sqrt{1 + \dfrac{b^2}{a^2}}$ ergibt über $\varepsilon^2 = 1 + \dfrac{p}{a}$

die beiden Halbachsen zu $a = \dfrac{p}{\varepsilon^2 - 1}$ und $b = \dfrac{p}{\sqrt{\varepsilon^2 - 1}}$.

Für die gegebenen speziellen Zahlenwerte erhält man

$$H \equiv \dfrac{x^2}{\left(\dfrac{450}{7} \text{ cm}\right)^2} - \dfrac{y^2}{\left(\dfrac{150}{\sqrt{7}} \text{ cm}\right)^2} - 1 = 0.$$

---

93. Zwei Gerade $g_1$ und $g_2$ drehen sich gemäß der Abbildung mit den konstanten Winkelgeschwindigkeiten $\vec{\omega}$ und $-2\vec{\omega}$ um die beiden festen Punkte $M_1$ und $M_2$. Welche Kurve beschreibt der Schnittpunkt der beiden Geraden, wenn zur Zeit $t = 0$ der Drehwinkel $\alpha = 0°$ ist?

Bei dem gewählten Koordinatensystem genügt $\omega t = \alpha$ die Gerade $g_1$ durch $M_1$ der Gleichung $y = x \cdot \tan \alpha$ für $\alpha \neq (2k + 1) \cdot \dfrac{\pi}{2}$ und die Gerade $g_2$ durch $M_2$ der Gleichung $y = (c - x) \cdot \tan(2\alpha)$ für $\alpha \neq (2k + 1) \cdot \dfrac{\pi}{4}$ in Abhängigkeit von $\alpha$, wobei $k \in \mathbb{Z}$ und $\overline{M_1 M_2} = c$ sind.

Unter diesen Beschränkungen für $\alpha$ haben $g_1$ und $g_2$ genau einen Punkt gemeinsam, falls voneinander verschiedene Steigungen vorliegen, also $\tan \alpha \neq -\tan(2\alpha)$ ist. Über $\tan \alpha \neq -\dfrac{2 \tan \alpha}{1 - \tan^2 \alpha}$ oder $\tan \alpha \cdot (\tan^2 \alpha - 3) \neq 0$ folgen hieraus die Bedingungen $\alpha \neq k\pi$ und $\alpha \neq \pm \dfrac{\pi}{3} + k\pi$.

Für $\alpha = k\pi$ fallen $g_1$ und $g_2$ in die X-Achse, die demnach Bestandteil der gesuchten Ortskurve ist. Für $\alpha = \pm \dfrac{\pi}{3} + k\pi$ ist $g_1$ parallel zu $g_2$.

Sieht man von den bisher ausgeschlossenen $\alpha$ Werten vorerst ab und beschränkt sich weiterhin auf $x \neq 0$, so kann die Elimination von $\alpha$ wie folgt geschehen:

$$y = (c - x) \cdot \frac{2 \tan\alpha}{1 - \tan^2\alpha} =$$

$$= 2(c - x) \cdot \frac{\frac{y}{x}}{1 - \frac{y^2}{x^2}} =$$

$$= 2(c - x) \cdot \frac{xy}{x^2 - y^2} \quad ;$$

$$[x^2 - y^2 - 2(c - x) \cdot x] \cdot y = 0;$$

$$\left[\left(x - \frac{c}{3}\right)^2 - \frac{y^2}{3} - \frac{c^2}{9}\right] \cdot y = 0.$$

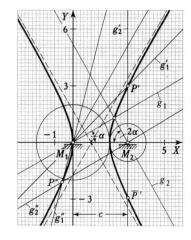

Da die X-Achse bereits als Teilmenge der Ortskurve erkannt wurde, kann $y = 0$ an dieser Stelle übergangen werden. Es verbleibt
$$\left(x - \frac{c}{3}\right)^2 - \frac{y^2}{3} = \frac{c^2}{9}$$ als Gleichung einer Hyperbel.

Die Beschränkung $x \neq 0$ darf jetzt aufgehoben werden, nachdem der für $x = 0$ erhältliche Hyperbelscheitel $M_1(0; 0)$ Bestandteil der X-Achse ist. $M_1$ ergibt sich nochmals für die zunächst ausgeschlossenen Winkel $\alpha = (2k + 1) \cdot \frac{\pi}{2}$ und schließlich liefert $\alpha = (2k + 1) \cdot \frac{\pi}{4}$ die Hyperbelpunkte $P'(c; c)$ und $\overline{P}'(c; -c)$.

Der gesuchte geometrische Ort besteht deshalb aus sämtlichen Hyperbelpunkten und zusätzlich den von den Hyperbelscheiteln verschiedenen Punkten der X-Achse.

In der für $c = 3$ gezeichneten Abbildung ist ein weiterer Punkt $P''$ als Schnitt von $g_1''$ und $g_2''$ für $\alpha = 75°$ eingetragen.

---

**94.** Eine Stange s ist in zwei Punkten A und B im Abstand $\overline{AB} = d$ längs zweier aufeinander senkrechter, sich in O schneidenden Geraden $g_1$ und $g_2$ geführt.

Wie bewegt sich ein Punkt P auf dieser Stange, wenn er von A um $\frac{d}{n}$ entfernt ist? Man gebe ferner seinen Abstand a von O in Abhängigkeit vom Neigungswinkel $\alpha$ der Stange gegenüber einer der beiden Führungen an.

Für die Koordinaten x und y von P gilt bei Wahl des Koordinatensystems wie in der Abbildung die **Parameterdarstellung**

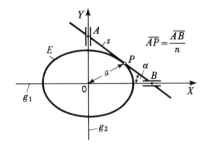

$$x = \frac{d}{n} \cos \alpha,$$

$$y = \left(d - \frac{d}{n}\right) \sin \alpha,$$

woraus wegen $\cos^2 \alpha + \sin^2 \alpha = 1$ als geometrischer Ort die Ellipse E mit der Gleichung

$$E \equiv \frac{x^2}{\left(\frac{d}{n}\right)^2} + \frac{y^2}{\left[\frac{d}{n}(n-1)\right]^2} - 1 = 0$$

gefunden wird. Der Abstand a berechnet sich zu

$$a = \sqrt{x^2 + y^2} = \sqrt{\left(\frac{d}{n}\right)^2 \cos^2\alpha + \left(\frac{d}{n}\right)^2 (n-1)^2 \sin^2\alpha} =$$

$$= \frac{d}{n} \sqrt{1 + n(n-2) \sin^2 \alpha}.$$

---

**95.** Es ist nachzuweisen, daß sämtliche vom Brennpunkt F einer Parabel ausgehenden Lichtstrahlen an deren Innenseite als Parallelstrahlen zur Symmetrielinie der Parabel reflektiert werden.

Wird ein Koordinatensystem gemäß der Abbildung eingeführt, so liegt die Parabel $P \equiv y^2 - 2px = 0$ mit $p > 0$ vor. Die Normale im Reflexionspunkt $P_0(x_0; y_0)$ besitzt die Steigung $m_n = -\dfrac{y_0}{p}$, ein Normalenvektor ist daher $\vec{n} = \begin{pmatrix} -p \\ y_0 \end{pmatrix}$.

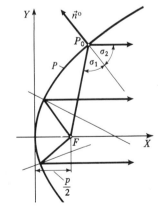

Mit dem Einfallswinkel $\sigma_1$ als spitzem Winkel zwischen $\vec{n}$ und $\vec{FP_0}$, sowie $y_0^2 = 2px$ errechnet sich

$$\cos \sigma_1 = \frac{|\vec{FP_0} \cdot \vec{n}|}{|\vec{FP_0}| \cdot |\vec{n}|} = \frac{\left| \begin{pmatrix} x_0 - \frac{p}{2} \\ y_0 \end{pmatrix} \cdot \begin{pmatrix} -p \\ y_0 \end{pmatrix} \right|}{\sqrt{\left(x_0 - \frac{p}{2}\right)^2 + y_0^2} \cdot \sqrt{p^2 + y_0^2}} =$$

$$= \frac{\left| -px_0 + \frac{p^2}{2} + 2px_0 \right|}{\left| x_0 + \frac{p}{2} \right| \cdot \sqrt{p^2 + 2px_0}} = \frac{p \cdot \left| x_0 + \frac{p}{2} \right|}{\left| x_0 + \frac{p}{2} \right| \cdot \sqrt{p^2 + 2px_0}} =$$

$$= \frac{p}{\sqrt{p^2 + 2px_0}}.$$

Ein zur Symmetrielinie der Parabel gleichlaufender Vektor ist $\begin{pmatrix} 1 \\ 0 \end{pmatrix}$. Der geforderte Nachweis ist erbracht, wenn sich zeigen läßt, daß der von diesem mit $\vec{n}$ eingeschlossene spitze Winkel $\bar{\sigma}_2$ der Beziehung $\bar{\sigma}_2 = \sigma_1$ genügt und daher $\begin{pmatrix} 1 \\ 0 \end{pmatrix}$ mit dem über den Ausfallswinkel $\sigma_2 = \sigma_1$ erhaltenen reflektierten Strahl gleichgerichtet ist.

Tatsächlich ist

$$\cos \bar{\sigma}_2 = \frac{\left| \begin{pmatrix} 1 \\ 0 \end{pmatrix} \cdot \begin{pmatrix} -p \\ y_0 \end{pmatrix} \right|}{\left| \begin{pmatrix} -p \\ y_0 \end{pmatrix} \right|} = \frac{p}{\sqrt{p^2 + y_0^2}} = \frac{p}{\sqrt{p^2 + 2px_0}} = \cos \sigma_1.$$

**96.** Eine Stahlkugel K trifft nach Durchfallen der Höhe h eine um den Winkel $\alpha$ gemäß der Zeichnung gegen die Horizontale geneigte Ebene E in $P_1$ und wird dort vollständig elastisch zurückgeworfen. In welchem Abstand d von der Aufschlagstelle berührt die Kugel die Ebene in $P_2$ zum zweiten Mal?

Die Abprallgeschwindigkeit $\vec{v}$ mit $|\vec{v}| = \sqrt{2gh}$, wobei g den skalaren Wert der Erdbeschleunigung bedeutet, kann in die beiden vektoriellen Komponenten $\vec{v}_x$ und $\vec{v}_y$ in bezug auf das gewählte Koordinatensystem zerlegt werden. Dann genügt für $0 < \alpha < 90^\circ$ der weitere Bewegungsverlauf der Parameterdarstellung

$$x = v_x \cdot t = \sqrt{2gh} \cdot \cos(90^\circ - 2\alpha) \cdot t$$

$$y = v_y \cdot t = \sqrt{2gh} \cdot \sin(90^\circ - 2\alpha) \cdot t - \frac{1}{2} g t^2,$$

wobei $v_x$ und $v_y$ die skalaren Komponenten von $\vec{v}$ sind.

Elimination der Zeit $t = \dfrac{x}{\sqrt{2gh} \cdot \sin(2\alpha)}$ führt auf die **Parabel** mit der Gleichung

$$y = x \cdot \cot(2\alpha) - \dfrac{x^2}{4h\sin^2(2\alpha)} \quad \text{oder}$$

$$[x - h\sin(4\alpha)]^2 = -4h\sin^2(2\alpha) \cdot [y - h\cos^2(2\alpha)].$$

Die Schnittpunktskoordinaten $x_2$ und $y_2$ von $P_2$ berechnen sich in Verbindung mit

$$y = x \cdot \tan(180° - \alpha) = -x\tan\alpha$$

aus

$$-x \cdot \tan\alpha = x \cdot \cot(2\alpha) - \dfrac{x^2}{4h\sin^2(2\alpha)},$$

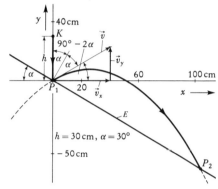

neben $x_1 = 0$ von $P_1$, zu

$$x_2 = 4h\sin^2(2\alpha) \cdot [\cot(2\alpha) + \tan\alpha] =$$

$$= 4h\sin^2(2\alpha) \cdot \left[\dfrac{\cot^2\alpha - 1}{2\cot\alpha} + \tan\alpha\right] = 4h\sin^2(2\alpha) \cdot \dfrac{1 + \tan^2\alpha}{2\tan\alpha} =$$

$$= 4h\sin(2\alpha) \quad \text{und}$$

$$y_2 = -x \cdot \tan\alpha = -8h\sin^2\alpha.$$

Es ist somit der Abstand $d = \overline{P_1P_2} = \sqrt{x_2^2 + y_2^2} = 8h\sin\alpha$ der beiden Aufschlagpunkte unabhängig von der Erdbeschleunigung $\vec{g}$.

---

**97.** Es sind an die Hyperbel $H \equiv \dfrac{x^2}{6} - \dfrac{y^2}{2} - 1 = 0$ die Tangenten $t_1$ und $t_2$ mit der Steigung $m = \tan\gamma = 3$ zu legen.

Will man nicht wie in Nr. 84 verfahren, so bestimmt man hierzu als erstes den zur Geraden $g_0 \equiv y - 3x = 0$ durch den Hyperbelmittelpunkt M verlaufenden **konjugierten Durchmesser** mit der Gleichung

$$y = \dfrac{b^2}{a^2} \cot\gamma \cdot x = \dfrac{1}{9}x.$$

Dieser Durchmesser halbiert sämtliche Hyperbelsehnen, die von den Parallelen zu $g_0$ ausgeschnitten werden. Er schneidet die Hyperbel in den Berührpunkten $S_1$ und $S_2$ der Tangenten $t_1$ und $t_2$.

Nach Berechnung der Schnittpunktskoordinaten aus

$$\frac{x^2}{6} - \frac{x^2}{2 \cdot 81} - 1 = 0 \quad \text{zu}$$

$$x_{1;2} = \pm \frac{9}{\sqrt{13}} \quad \text{und}$$

$$y_{1;2} = \pm \frac{1}{\sqrt{13}}$$

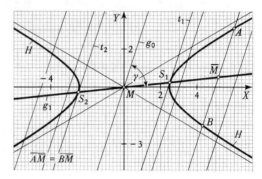

sind noch die Gleichungen der Tangenten in $S_1$ und $S_2$ aufzustellen. Man erhält

$$t_{1;2} \equiv 3x - y \mp 2\sqrt{13} = 0.$$

---

**98.** Durch den Punkt $P_0\left(1; \frac{3}{2}\right)$ innerhalb der Ellipse $E \equiv \frac{x^2}{4} + \frac{y^2}{9} - 1 = 0$ ist eine Sehne zu legen, die durch $P_0$ halbiert wird.

Die gesuchte Sehne ist parallel zu dem zur Geraden $g_1$ durch O und $P_0$ konjugierten Durchmesser $g_2$ der Ellipse.

Steigung von $g_1$: $\quad m_1 = \frac{3}{2}$;

Steigung von $g_2$:

$$m_2 = -\frac{b^2}{a^2} \cdot \frac{1}{m_1} = -\frac{9}{4} \cdot \frac{2}{3} = -\frac{3}{2};$$

Gleichung der die Sehne enthaltenden Sekante s durch $P_0$:

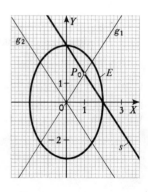

$$\frac{y - \frac{3}{2}}{x - 1} = -\frac{3}{2} \quad \text{oder}$$

$$3x + 2y - 6 = 0.$$

**99.** Wie lautet die Gleichung der Schar paralleler Geraden, deren von der Parabel $P \equiv (y - 1)^2 - 4(x - 2) = 0$ ausgeschnittenen Sehnen durch die Gerade $g \equiv y - 2 = 0$ halbiert werden?

Für die gesuchten Geraden ist die gegebene Parallele g zur Symmetrieachse $g' \equiv y - 1 = 0$ der Parabel **konjugierter Durchmesser**.

Nach der Formel

$y = k + p \cot \gamma$

in bezug auf die Parabelgleichung $(y - k)^2 = 2p(x - h)$ wird die Steigung $\tan \gamma$ der gesuchten Parallelen aus

$2 = 1 + 2 \cot \gamma$ zu $\tan \gamma = 2$

erkannt.

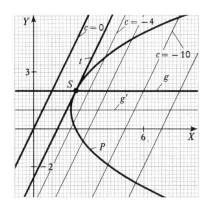

Damit folgt die Gleichung der **Geradenschar** zu $y = 2x + c$. Da nur Gerade der Schar zugelassen sind, die P schneiden und die Tangente t im Schnittpunkt $S(2{,}25;\ 2)$ von g und P die Gleichung $y = 2x - 2{,}5$ besitzt, unterliegt c der Beschränkung $c < -2{,}5$.

---

**100.** In welchen Punkten der Hyperbel $H \equiv 24x^2 - y^2 - 150 = 0$ stehen die beiden Brennstrahlen aufeinander senkrecht?

Die gesuchten Punkte sind die Schnittpunkte der gegebenen Hyperbel mit dem Kreis um ihren Mittelpunkt vom Radius $e = \sqrt{a^2 + b^2} = \frac{25}{2}$ (**Thaleskreis**). Einsetzen von $y^2 = \frac{625}{4} - x^2$ in $H = 0$ ergibt die Abszissen $x = \pm \frac{7}{2}$, womit die Ordinaten zu $y = \pm 12$ folgen.

Die **Brennstrahlen** $\overline{F_1P}$ und $\overline{F_2P}$, wobei $F_1$ und $F_2$ die **Brennpunkte** der Hyperbel sind, stehen demnach in den vier Hyperbelpunkten

$P_1\left(\frac{7}{2};\ 12\right)$, $P_2\left(-\frac{7}{2};\ 12\right)$, $P_3\left(-\frac{7}{2};\ -12\right)$ und $P_4\left(\frac{7}{2};\ -12\right)$ aufeinander senkrecht.

**101.** Unter welchen spitzen Winkeln schneiden sich die Hyperbel

$H \equiv \dfrac{x^2}{9} - \dfrac{y^2}{3} - 1 = 0$    und die Parabel    $P \equiv y^2 + 3(x - 9) = 0$ ?

Die Koordinaten der Schnittpunkte ergeben sich als die gemeinsamen Wertepaare beider Gleichungen zu

$x_{1;2} = 6$,  $y_{1;2} = \pm 3$  und

$x_{3;4} = -15$,  $y_{3;4} = \pm 6\sqrt{2}$.

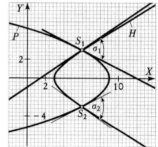

Es betragen im Schnittpunkt $S_1(6;3)$ die Steigung der Hyperbeltangente

$m_H = \dfrac{b^2}{a^2} \cdot \dfrac{x_1}{y_1} = \dfrac{3}{9} \cdot \dfrac{6}{3} = \dfrac{2}{3}$

und die der Parabeltangente

$m_P = \dfrac{p}{y_1 - k} = \dfrac{-3}{2 \cdot 3} = -\dfrac{1}{2}$,

womit

$\tan \sigma_1 = \left| \dfrac{\dfrac{2}{3} + \dfrac{1}{2}}{1 - \dfrac{1}{2} \cdot \dfrac{2}{3}} \right| = 1,75$

erhalten wird. Daraus ergibt sich der Schnittwinkel $\sigma_1 \approx 60,26^\circ$, der aus Symmetriegründen gleich $\sigma_2$ bei $S_2(6;-3)$ ist.

In gleicher Weise berechnen sich aus $\tan \sigma_3 = \dfrac{14\sqrt{2}}{53}$ die Winkel $\sigma_3 = \sigma_4 \approx$
$\approx 20,48^\circ$ in den Schnittpunkten $S_{3;4}(-15; \pm 6\sqrt{2})$.

---

**102.** Man zeige, daß sich die beiden Parabeln

$P_1 \equiv y - \dfrac{1}{12}(9x^2 - 4) = 0$    und    $P_2 \equiv y - \dfrac{1}{2}(1 - x^2) = 0$

orthogonal schneiden.

Durch Gleichsetzen werden aus

$\dfrac{1}{12}(9x^2 - 4) = \dfrac{1}{2}(1 - x^2)$  die Abszissen  $x_{1;2} = \pm \sqrt{\dfrac{2}{3}}$

erhalten, mit denen sich die beiden Tangentensteigungen in den Schnittpunkten wegen

$$P_1 \equiv x^2 - \frac{4}{3}\left(y + \frac{1}{3}\right) = 0 \quad \text{und} \quad P_2 \equiv x^2 + 2\left(y - \frac{1}{2}\right) = 0$$

nach der Formel $m = \dfrac{x_{1;2} - h}{p}$ zu

$$m_{P_1} = \frac{\pm\sqrt{\dfrac{2}{3}}}{\dfrac{2}{3}} = \pm\sqrt{\dfrac{3}{2}} \quad \text{und} \quad m_{P_2} = \frac{\pm\sqrt{\dfrac{2}{3}}}{-1} = \mp\sqrt{\dfrac{2}{3}}$$

berechnen. Die **Orthogonalität** der Tangenten in den Schnittpunkten wird durch $m_{P_1} = -\dfrac{1}{m_{P_2}}$ bestätigt.

---

**103.** Man berechne die spitzen Winkel, unter denen sich die Ellipse $E \equiv 12x^2 + 25y^2 - 120x + 100y = 0$ und die Hyperbel $H \equiv 4x^2 - 5y^2 - 24x + 20y = 0$ schneiden.

Multiplikation der Hyperbelgleichung mit 5 und Addition zur Gleichung der Ellipse erbringt

$$32x^2 - 240x + 200y = 0,$$

und daraus

$$y = \frac{30x - 4x^2}{25}.$$

Einsetzen in $H = 0$ liefert die algebraische Gleichung 4. Grades

$$x^4 - 15x^3 + 50x^2 = 0$$

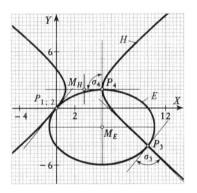

mit den Lösungen

$x_{1;2} = 0$, $x_3 = 10$ und $x_4 = 5$.

Die zugeordneten Ordinatenwerte sind $y_{1;2} = 0$, $y_3 = -4$ und $y_4 = 2$.

In Verbindung mit

$$E \equiv \frac{(x - 5)^2}{\dfrac{100}{3}} + \frac{(y + 2)^2}{16} - 1 = 0 \quad \text{und}$$

$$H \equiv \frac{(x - 3)^2}{4} - \frac{(y - 2)^2}{\dfrac{16}{5}} - 1 = 0$$

können nun die Tangentensteigungen $m_E$ und $m_H$ in den Schnittpunkten von Ellipse und Hyperbel berechnet werden.

Man erhält für die Punkte

$P_{1;2}$ (0; 0),  $m_E = -\dfrac{16 \cdot 3(-5)}{100 \cdot 2} = \dfrac{6}{5} = m_H$ ;

$P_3$ (10; -4),  $m_E = -\dfrac{12(10-5)}{25(-4+2)} = \dfrac{6}{5}$ ,

$\qquad\qquad m_H = \dfrac{16(10-3)}{5 \cdot 4(-4-2)} = -\dfrac{14}{15}$ ;

$P_4$ (5; 2),  $m_E'' = 0$,  $m_H'' = \infty$ .

Hieraus erkennt man, daß sich die Kurven im Nullpunkt berühren und in $P_4$ aufeinander senkrecht stehen. Der Schnittwinkel in $P_3$ ergibt sich aus

$$\tan \sigma_3 = \left| \dfrac{-\dfrac{14}{15} - \dfrac{6}{5}}{1 - \dfrac{6}{5} \cdot \dfrac{14}{15}} \right| = \dfrac{160}{9} = 17{,}777 \ldots \quad \text{zu} \quad \sigma_3 \approx 86{,}78^\circ.$$

---

**104.** Wie lautet die Gleichung der zur Ellipse $E \equiv \dfrac{x^2}{100} + \dfrac{y^2}{64} - 1 = 0$ konfokalen Hyperbel H, die durch den Punkt $P_0 \left(6; \dfrac{32}{5}\right)$ verläuft?

Es muß die lineare Exzentrizität $e = \sqrt{100 - 64} = 6$ der Ellipse gleich derjenigen der Hyperbel sein. Da die gesuchte Kurve außerdem noch durch den Punkt $P_0$ verlaufen soll, ergeben sich die Hyperbelhalbachsen a und b aus der Lösungsmenge des Gleichungssystems

$e^2 = 36 = a^2 + b^2$ ,

$\dfrac{36}{a^2} - \dfrac{1024}{25 b^2} = 1$ in der

Grundmenge $\mathbb{R}^{+2}$.

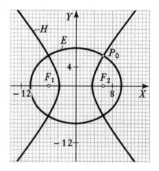

Aus $25 \cdot 36 \cdot (36 - a^2) - 1024 a^2 = 25 a^2 \cdot (36 - a^2)$

folgt über $25 \cdot (36 - a^2)^2 = 1024 a^2$

zunächst $5 \cdot (36 - a^2) = \pm 32 a$

und daraus $a = \dfrac{18}{5}$, sowie $b = \sqrt{36 - \left(\dfrac{18}{5}\right)^2} = \dfrac{24}{5}$

Damit wird

$$H \equiv \frac{25 x^2}{324} - \frac{25 y^2}{576} - 1 = 0.$$

**105.** Die Ellipse $E \equiv \frac{x^2}{a^2} + \frac{y^2}{b^2} - 1 = 0$ und die Parabel $P \equiv y^2 - 2p(x - h) = 0$ haben den Brennpunkt $F(e; 0)$ gemeinsam. In welchen Punkten schneiden sich die beiden Kurven?

Durch Gleichsetzen von

$$y^2 = \frac{b^2}{a^2}(a^2 - x^2) \quad \text{und} \quad y^2 = 2p\left(x - e + \frac{p}{2}\right)$$

ergibt sich für die Abszissen der Schnittpunkte die quadratische Gleichung

$$b^2 x^2 + 2a^2 p x + a^2(p^2 - b^2 - 2ep) = 0$$

mit den Lösungen

$$x_{1;2} = \frac{a}{b^2}[-ap \pm \sqrt{a^2 p^2 - b^2(p^2 - b^2 - 2ep)}\,],$$

was sich noch wegen $a^2 - b^2 = e^2$ auf

$$x_{1;2} = \frac{a}{b^2}[-ap \pm (ep + b^2)] \quad \text{vereinfachen läßt.}$$

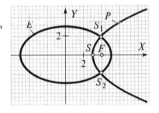

Die Ordinaten folgen über

$$y^2 = \frac{b^2}{a^2}\left[a^2 - \frac{a^2}{b^4}(a^2 p^2 \mp 2aep^2 \mp 2apb^2 + e^2 p^2 + 2epb^2 + b^4)\right] =$$

$$= \frac{p}{b^2}[-p(a \mp e)^2 \mp 2(a^2 - e^2)(a \mp e)] = \frac{p}{b^2}[-p(a \mp e)^2 + 2(a \mp e)^2(e \pm a)]$$

zu $y = \pm \frac{(a \mp e)}{b} \sqrt{p[2(e \pm a) - p]}$.

Es gibt jedoch höchstens zwei reelle Lösungen, da $p[2(e \pm a) - p] \geqslant 0$ im Falle $p > 0$ nur für das obere und im Falle $p < 0$ nur für das untere Vorzeichen erfüllt sein kann; die Schnittpunkte $S_1$ und $S_2$ sind symmetrisch bezüglich der X-Achse angeordnet.

In der Abbildung sind für die Ellipse die Halbachsen $a = 5$, $b = 3$ und für die Parabel der Halbparameter $p = 2$ gewählt. Damit wird der gemeinsame Brennpunkt $F(4; 0)$ und der Parabelscheitel $S(3;0)$. Für die Schnittpunkte findet man $S_{1;2}\left(\frac{35}{9}; \pm \frac{4}{3}\sqrt{2}\right)$.

**106.** Man bestimme die Gleichungen der gemeinsamen Tangenten der Ellipse $E \equiv \dfrac{(x+2)^2}{3} + \dfrac{y^2}{8} - 1 = 0$ und der Hyperbel $H \equiv x^2 - y^2 - 4 = 0$, sowie die zugehörigen Berührpunkte.

Ist $y = mx + q$ die Gleichung einer gemeinsamen Tangente der beiden Kegelschnitte, so müssen die durch Einsetzen von $y = mx + q$ in $E = 0$ bzw. $H = 0$ entstehenden quadratischen Gleichungen in x verschwindende Diskriminanten besitzen.

Mit $E = 0$ ergibt sich über

$$\frac{(x+2)^2}{3} + \frac{(mx+q)^2}{8} - 1 = 0$$

die quadratische Gleichung

$$(3m^2 + 8) \cdot x^2 + 2(3mq + 16) \cdot x + 8 + 3q^2 = 0$$

mit der Diskriminante

$$D_1 = 4(3mq + 16)^2 - 4(3m^2 + 8) \cdot (8 + 3q^2).$$

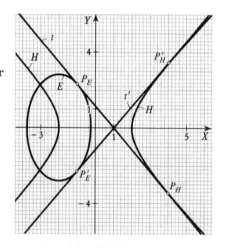

In gleicher Weise folgt aus $H = 0$ über

$$(1 - m^2) \cdot x^2 - 2mq \cdot x - 4 - q^2 = 0$$

die Diskriminante

$$D_2 = 4m^2 q^2 + 4(1 - m^2) \cdot (4 + q^2).$$

$D_1 = 0$ und $D_2 = 0$ führt auf das Gleichungssystem

$$m^2 + q^2 - 4mq = 8$$
$$8m^2 - 2q^2 = 8,$$

woraus durch Subtraktion die homogen-quadratische Gleichung

$$7m^2 + 4mq - 3q^2 = 0 \text{ folgt.}$$

Faßt man m als Unbekannte auf, so wird diese durch

$$m_{1;2} = \frac{-4q \pm \sqrt{16q^2 + 84q^2}}{14} = \frac{-4q \pm 10q}{14}, \text{ also}$$

$m_1 = \dfrac{3}{7}q$ und $m_2 = -q$ erfüllt. Einsetzen etwa in $8m^2 - 2q^2 = 8$ liefert nur für $m_2$ die reellen Werte $q_2 = \frac{2}{3} \cdot \sqrt{3}$ und $q'_2 = -\frac{2}{3} \cdot \sqrt{3}$, denen $m_2 = -\frac{2}{3} \cdot \sqrt{3}$ und $m'_2 = \frac{2}{3} \cdot \sqrt{3}$ zugeordnet sind.

Die Gleichungen der gemeinsamen Tangenten sind somit

$t \equiv 2x + \sqrt{3} \cdot y - 2 = 0$ und $t' \equiv 2x - \sqrt{3} \cdot y - 2 = 0$.

Einsetzen von $y = \pm \frac{2}{\sqrt{3}}(1 - x)$ in $E = 0$ und $H = 0$ erbringt $x_E = x'_E = -1$ und $x_H = x'_H = 4$ als die Abszissen der gesuchten Berührpunkte. Zusammen mit den sich noch aus $t = 0$ und $t' = 0$ ergebenden Ordinaten erhält man schließlich die Berührpunkte

$P_E \left(-1; \frac{4}{3}\sqrt{3}\right)$, $P'_E \left(-1; -\frac{4}{3}\sqrt{3}\right)$, $P_H (4; -2\sqrt{3})$, $P'_H (4; 2\sqrt{3})$.

---

**107.** Man bestimme den geometrischen Ort aller Punkte $Q_1$, von denen aus die Parabel $P \equiv y^2 - 2px = 0$ unter dem Winkel $\sigma$ oder $180° - \sigma$ erscheint.

Die Ordinaten $y_0$, $y'_0$ der Berührpunkte $P_0$ und $P'_0$ der Tangenten, die sich von $Q_1(x_1; y_1)$ an die Parabel legen lassen, ergeben sich aus der Lösungsmenge des durch Parabelgleichung $y^2 = 2px$ und Polarengleichung $s \equiv y \cdot y_1 - p(x + x_1) = 0$ gebildeten Gleichungssystems. Über $y^2 - 2y \cdot y_1 + 2p \cdot x_1 = 0$ kommt man auf $y_0 = y_1 + \sqrt{y_1^2 - 2px_1}$ und $y'_0 = y_1 - \sqrt{y_1^2 - 2px_1}$. Die zugeordneten Tangentensteigungen erhält man über $m_t = \frac{p}{y_0}$ und $m_{t'} = \frac{p}{y'_0}$ zu

$m_{t;t'} = \dfrac{p}{y_1 \pm \sqrt{y_1^2 - 2px_1}} =$

$= \dfrac{1}{2x_1}\left(y_1 \mp \sqrt{y_1^2 - 2px_1}\right)$,

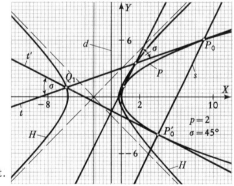

wobei die Forderung $y_0 \neq 0$, $y'_0 \neq 0$ jetzt $x_1 \neq 0$ nach sich zieht.

Wegen $|\tan \sigma| = |\tan(180° - \sigma)| = c > 0$ für $\sigma \neq 90°$ muß

$c = \left|\dfrac{m_{t'} - m_t}{1 + m_{t'} m_t}\right| = \dfrac{2\sqrt{y_1^2 - 2px_1}}{|2x_1 + p|}$ sein, was vereinfacht

$y_1^2 - c^2 \left( x_1 + \dfrac{p}{2} \right)^2 = 2px_1$ als Gleichung des gesuchten geometrischen Ortes ergibt.

Die für $x_1 = 0$ erhältlichen Punkte mit den Ordinaten $y_1 = \pm \dfrac{cp}{2}$ brauchen nicht ausgeschlossen zu werden, weil in diesem Fall eine der Parabeltangenten mit der Y-Achse zusammenfällt und die andere die Steigung $\dfrac{p}{2y_1} = \pm \dfrac{1}{c}$ besitzt, wofür die Bedingung $|\tan\sigma| = |\tan(180^\circ - \sigma)| = c$ erfüllt ist.

Die Hyperbel nimmt für $p = 2$ und $\sigma = 45^\circ$, also $\tan\sigma = 1$, die in der Abbildung gezeichnete spezielle Form der **gleichseitigen Hyperbel**

$$H \equiv \dfrac{(x_1 + 3)^2}{8} - \dfrac{y_1^2}{8} - 1 = 0 \text{ an.}$$

Wenn $\sigma = 90^\circ$, muß $m_{t'} = -\dfrac{1}{m_t}$ sein, was auf $x_1 = -\dfrac{p}{2}$, die Gleichung der **Leitlinie** d der Parabel, führt.

---

**108.** Gemäß der Abbildung beleuchtet die Punktlichtquelle $S(0; 0; h)$ eine, die XY-Ebene in $F_1(0; c)$ berührende Kugel K mit Mittelpunkt M und Radius , wobei $h, c > 0$ sein soll. Welche Kurve ergibt sich als Rand des Schlagschattens von K in der XY-Ebene?

Ist $P_0(x_0; y_0)$ ein derartiger Randpunkt, so besitzt der ihn erzeugende Lichtstrahl $\overline{SP_0}$ die Parameterdarstellung

$$\vec{r} - \begin{pmatrix} 0 \\ 0 \\ h \end{pmatrix} - \begin{pmatrix} x_0 \\ y_0 \\ -h \end{pmatrix} \cdot t = 0.$$

Durch Einsetzen von $\vec{r}$ in die Kugelgleichung

$$K \equiv \left[ \vec{r} - \begin{pmatrix} 0 \\ c \\ \rho \end{pmatrix} \right]^2 - \rho^2 = 0$$

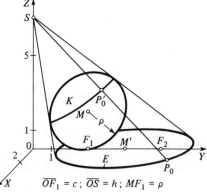

$\overline{OF_1} = c$; $\overline{OS} = h$; $\overline{MF_1} = \rho$

kommt man auf die quadratische Gleichung

$x_0^2 t^2 + (y_0 t - c)^2 + (h - ht - \rho)^2 = \rho^2$ oder

$t^2(x_0^2 + y_0^2 + h^2) - 2t(cy_0 + h^2 - h\rho) + c^2 + h^2 - 2h\rho = 0$, welcher der Parameterwert des Berührpunktes $P'_o$ von $\overrightarrow{SP_o}$ und K genügt, falls die **Diskriminante**

$$D = 4(cy_o + h^2 - h\rho)^2 - 4(x_o^2 + y_o^2 + h^2) \cdot (c^2 + h^2 - 2h\rho)$$

verschwindet. D = 0 führt nach Vereinfachen auf

$$[(h - \rho)^2 - \rho^2 + c^2] \cdot x_o^2 + h(h - 2\rho)y_o^2 - 2hc(h - \rho)y_o + h^2(c^2 - \rho^2) = 0$$

als Gleichung der gesuchten Randkurve in den laufenden Koordinaten $x_o$, $y_o$.
S muß außerhalb oder darf allenfalls auf der Kugel liegen. Läßt man die letzte Möglichkeit vorerst außer acht, so ist demnach $|\overrightarrow{SM}| > \rho$ oder gleichwertig $(h - \rho)^2 - \rho^2 + c^2 > 0$ zu fordern.

Im Falle $h > 2\rho$ kann D = 0 auf die Form

$$\frac{x_o^2}{\dfrac{h\rho^2}{h - 2\rho}} + \frac{\left[y_o - \dfrac{c(h - \rho)}{h - 2\rho}\right]^2}{\dfrac{\rho^2 \cdot [(h - \rho)^2 - \rho^2 + c^2]}{(h - 2\rho)^2}} = 1$$

gebracht und damit die Randkurve als **Ellipse** E mit dem Mittelpunkt $M'\left(0; \dfrac{c(h - \rho)}{h - 2\rho}\right)$, der in die Y-Achse fallenden großen Halbachse

$$b = \frac{\rho}{h - 2\rho} \cdot \sqrt{(h - \rho)^2 - \rho^2 + c^2} \quad \text{und der kleinen Halbachse}$$

$$a = \rho\sqrt{\frac{h}{h - 2\rho}} = \frac{\rho}{h - 2\rho} \cdot \sqrt{(h - \rho)^2 - \rho^2} \quad \text{erkannt werden.}$$

Über $e^2 = b^2 - a^2$ errechnet sich $e = \dfrac{\rho c}{h - 2\rho}$, so daß $F_1(0; c)$ und $F_2\left(0; \dfrac{ch}{h - 2\rho}\right)$ die Brennpunkte der Ellipse sind. Der Brennpunktcharakter des Berührpunktes $F_1$ erklärt sich aus der Eigenschaft von K, DANDELINsche Kugel der berührenden Lichtkegelfläche bezüglich der XY-Ebene zu sein.

Im Sonderfall c = 0 liegt ein Kreis um den Ursprung mit dem Radius $\rho\sqrt{\dfrac{h}{h - 2}}$ vor.

In der Zeichnung wurde h = 7, $\rho$ = 2 und c = 3 gewählt, womit sich $a = \dfrac{2}{3}\sqrt{21}$, $b = \dfrac{2}{3}\sqrt{30}$, e = 2 und M''(0; 5) ergibt.

Im Falle $h < 2\rho$ errechnet sich aus D = 0 formal genau dieselbe Gleichung wie für $h > 2\rho$, doch liegt jetzt eine **Hyperbel** H mit dem Mittelpunkt

$M'\left(0; \dfrac{c(h-\rho)}{h-2\rho}\right)$ vor. $b = \dfrac{\rho}{2\rho-h}\cdot\sqrt{(h-\rho)^2-\rho^2+c^2}$ ist ihre, in die Y-Achse fallende reelle Halbachse und $a = \rho\sqrt{\dfrac{h}{2\rho-h}}$ die imaginäre Halbachse. Über $e^2 = a^2 + b^2$ erhält man $e = \dfrac{\rho c}{2\rho-h}$ und damit wiederum $F_1(0; c)$ als einen der Brennpunkte. Der Hyperbelast mit dem anderen Brennpunkt $F_2\left(0; \dfrac{-ch}{2\rho-h}\right)$ wird durch die nach rückwärts verlängerten Lichtstrahlen aus der XY-Ebene geschnitten.

Im Falle $h = 2\rho$ kommt man von $D = 0$ aus auf

$$c^2 x_0^2 - 4\rho^2 c y_0 + 4\rho^2(c^2 - \rho^2) = 0 \quad \text{oder} \quad x_0^2 = \dfrac{4\rho^2}{c}\left(y_0 - \dfrac{c^2-\rho^2}{c}\right)$$

als Gleichung einer **Parabel** P mit der Y-Achse als Symmetrieachse, dem Scheitel $S'\left(0; \dfrac{c^2-\rho^2}{c}\right)$ und dem Halbparameter $p = \dfrac{2\rho^2}{c}$. Auch jetzt ist $F_1(0; c)$ Brennpunkt.

Sollte schließlich S auf der Kugel liegen, so entartet die berührende Lichtkegelfläche zur Tangentialebene in S, welche die XY-Ebene in einer Parallelen zur X-Achse als Licht-Schattengrenze schneidet.

## 1.4 Kegelschnitte in beliebiger Lage im $R_2$

**109.** Die allgemeine Kegelschnittgleichung $41 x^2 - 24 xy + 34 y^2 + 180 x - 260 y + 300 = 0$ ist auf eine Normalform zu transformieren.

Die **algebraische Gleichung 2. Grades** in den Veränderlichen x und y, $Ax^2 + Bxy + Cy^2 + Dx + Ey + F = 0$ stellt in einem kartesischen Koordinatensystem einen **eigentlichen reellen oder imaginären Kegelschnitt** dar, wenn die Determinante

$\begin{vmatrix} 2A & B & D \\ B & 2C & E \\ D & E & 2F \end{vmatrix} \neq 0$ ist; andernfalls liegt eine reelle oder imaginäre **zerfallende Kurve zweiter Ordnung** vor. Unter der Voraussetzung des Nichtverschwindens dieser Determinante handelt es sich um eine **Hyperbel**, wenn $4AC - B^2 < 0$, eine **Parabel**, wenn $4AC - B^2 = 0$, und eine **Ellipse** bzw. einen **Kreis**, wenn $4AC - B^2 > 0$ ist.

1.4 Kegelschnitte in beliebiger Lage im $R_2$

Im vorgelegten Beispiel ist der letzte Fall gegeben, da

$$\begin{vmatrix} 82 & -24 & 180 \\ -24 & 68 & -260 \\ 180 & -260 & 600 \end{vmatrix} = -25 \cdot 10^5 \neq 0 \quad \text{und}$$

$4AC - B^2 = 4 \cdot 41 \cdot 34 - 576 = 5 \cdot 10^3 > 0$ sind.

Mit Hilfe der **Transformationsgleichungen**

$x = x' \cos\alpha - y' \sin\alpha$ und $y = x' \sin\alpha + y' \cos\alpha$

ist nun ein Winkel $\alpha$ zu bestimmen, um den ein $X'Y'$-Koordinatensystem gegenüber dem ursprünglichen XY-System gedreht sein muß, damit in bezug auf ersteres der Faktor von $x'y'$ in der neuen Kegelschnittgleichung verschwindet.

Man erhält durch Einsetzen

$(41\cos^2\alpha - 24\sin\alpha\cos\alpha + 34\sin^2\alpha)x'^2 + (-14\sin\alpha\cos\alpha - 24\cos^2\alpha + 24\sin^2\alpha)x'y' + (41\sin^2\alpha + 24\sin\alpha\cos\alpha + 34\cos^2\alpha)y'^2 + (180\cos\alpha - 260\sin\alpha)x' - (180\sin\alpha + 260\cos\alpha)y' + 300 = 0$,

womit der gesuchte Drehwinkel $\alpha$ aus der **goniometrischen Gleichung** $12\sin^2\alpha - 7\sin\alpha\cos\alpha - 12\cos^2\alpha = 0$ berechnet werden kann. Über $12\tan^2\alpha - 7\tan\alpha - 12 = 0$ mit

den Lösungen $\tan\alpha_1 = \dfrac{4}{3}$ und

$\tan\alpha_2 = -\dfrac{3}{4}$ folgen, falls $\alpha_1$ im

Intervall $0 < \alpha_1 < 90°$ angenommen wird,

$\cos\alpha_1 = \dfrac{1}{\sqrt{1 + \tan^2\alpha_1}} = \dfrac{3}{5}$

und

$\sin\alpha_1 = \dfrac{\tan\alpha_1}{\sqrt{1 + \tan^2\alpha_1}} = \dfrac{4}{5}$ ;

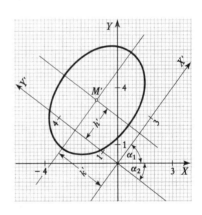

dies entspricht $\alpha_1 \approx 53{,}13°$.

Der im Intervall $0 < \alpha_2 < -90°$ liegende Winkel $\alpha_2 = \alpha_1 - 90°$ bezieht sich auf eine Drehung des neuen Systems gegenüber dem alten im Uhrzeigersinn.

Mit den gefundenen Ergebnissen wird die transformierte Ellipsengleichung

$\left(41 \cdot \dfrac{9}{25} - 24 \cdot \dfrac{4}{5} \cdot \dfrac{3}{5} + 34 \cdot \dfrac{16}{25}\right)x'^2 + \left(41 \cdot \dfrac{16}{25} + 24 \cdot \dfrac{4}{5} \cdot \dfrac{3}{5} + 34 \cdot \dfrac{9}{25}\right)y'^2 +$

$+ \left(180 \cdot \frac{3}{5} - 260 \cdot \frac{4}{5}\right) x' - \left(180 \cdot \frac{4}{5} + 260 \cdot \frac{3}{5}\right) y' + 300 = 0$, die nach Umformung auf $x'^2 + 2y'^2 - 4x' - 12y' + 12 = 0$ gebracht werden kann. Die Normalform folgt schließlich durch zweimalige quadratische Ergänzung zu $\frac{(x'-2)^2}{10} + \frac{(y'-3)^2}{5} = 1$, woraus die Koordinaten des Mittelpunktes M' als $h'' = 2$ und $k' = 3$, sowie die Halbachsen der Ellipse als $a = \sqrt{10}$ und $b = \sqrt{5}$ zu entnehmen sind.

---

**110.** Man transformiere die allgemeine Kegelschnittgleichung $Ax^2 + Bxy + Cy^2 + Dx + Ey + F \equiv (x-1) \cdot (y-1) - 1 = 0$ auf eine Normalform.

Die gegebene Gleichung $xy - x - y = 0$ stellt wegen

$\begin{vmatrix} 0 & 1 & -1 \\ 1 & 0 & -1 \\ -1 & -1 & 0 \end{vmatrix} = 2$ und $4AC - B^2 = -1 < 0$ eine **reelle** oder **imaginäre Hyperbel** dar.

Die Gleichung $A'x'^2 + B'y'^2 + C'x' + D'y' + E' = 0$ des gedrehten Kegelschnitts kann mit Verwendung der Beziehungen

$A' = A\cos^2\alpha + B\sin\alpha\cos\alpha + C\sin^2\alpha$,

$B' = A\sin^2\alpha - B\sin\alpha\cos\alpha + C\cos^2\alpha$,

$C' = D\cos\alpha + E\sin\alpha$, $D' = -D\sin\alpha + E\cos\alpha$, $E'' = F$,

unmittelbar angegeben werden, wenn zuvor ein Drehwinkel $\alpha$ aus

$$\tan\alpha = \frac{C - A \pm \sqrt{(C-A)^2 + B^2}}{B}$$ ermittelt wird.

Es berechnen sich mit

$A = 0$, $B = 1$, $C = 0$, $D = -1$,
$E = -1$ und $F = 0$, $\tan\alpha = \pm 1$
und unter Verwendung von
$\alpha = 45°$,

$\sin\alpha = \cos\alpha = \frac{1}{\sqrt{2}}$,

$A' = -B' = \frac{1}{2}$,

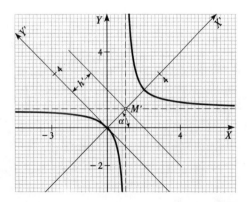

C' = $-\sqrt{2}$, D' = E' = 0.

Damit erhält man

$$\frac{x'^2}{2} - \frac{y'^2}{2} - \sqrt{2} \cdot x' = 0 \quad \text{und daraus} \quad \frac{(x' - \sqrt{2})^2}{2} - \frac{y'^2}{2} = 1.$$

Die hierdurch dargestellte **gleichseitige Hyperbel** hat die Mittelpunktskoordinaten h' = $\sqrt{2}$ und k' = 0; ihre Halbachsen sind a = b = $\sqrt{2}$.

---

**111.** Gegeben ist die allgemeine Gleichung 2. Grades $x^2 - 2xy + y^2 + 3x - 9y = 0$.

Wie lautet eine ihrer Normalformen?

Es ist $\begin{vmatrix} 2 & -2 & 3 \\ -2 & 2 & -9 \\ 3 & -9 & 0 \end{vmatrix} = -72$

und $4AC - B^2 = -4 + 4 = 0$, weshalb die gegebene Gleichung eine **reelle** oder **imaginäre Parabel** darstellt.

Mit $\tan \alpha = 1$, und daraus $\sin \alpha = \cos \alpha = \frac{1}{\sqrt{2}}$ wird

$A' = \frac{1}{2} - \frac{2}{2} + \frac{1}{2} = 0,$

$B' = \frac{1}{2} + \frac{2}{2} + \frac{1}{2} = 2,$

$C' = \frac{3}{\sqrt{2}} - \frac{9}{\sqrt{2}} =$
$= -3 \cdot \sqrt{2},$

$D' = -\frac{3}{\sqrt{2}} - \frac{9}{\sqrt{2}} =$
$= -6 \cdot \sqrt{2}, \quad E' = 0.$

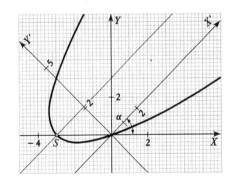

Die Gleichung der Parabel in bezug auf das um 45° gegen das XY-System im positiven Sinn gedrehte neue X' Y' -Koordinatensystem lautet daher

$2y'^2 - 3\sqrt{2} x' - 6\sqrt{2} y' = 0$ oder

$\left(y' - \frac{3}{2}\sqrt{2}\right)^2 = \frac{3}{2}\sqrt{2}\left(x' + \frac{3}{2}\sqrt{2}\right).$

Der Scheitel S hat im X'Y'-System die Koordinaten $x'_S = -\frac{3}{2}\sqrt{2}$, $y'_S =$
$= \frac{3}{2}\sqrt{2}$. Mit $x = \frac{1}{\sqrt{2}} \cdot x' - \frac{1}{\sqrt{2}} \cdot y'$ und $y = \frac{1}{\sqrt{2}} x' + \frac{1}{\sqrt{2}} \cdot y'$
ergeben sich die Scheitelkoordinaten im XY-System zu $x_S = -3$, $y_S = 0$.

---

**112.** Die algebraische Gleichung 2. Grades in zwei Veränderlichen $P(x; y) \equiv$
$\equiv 11x^2 + 24xy + 4y^2 + 84x + 88y + 160 = 0$ ist durch Einführung eines
neuen Koordinatensystems so zu transformieren, daß das gemischtquadratische Glied verschwindet.

Aus $\begin{vmatrix} 22 & 24 & 84 \\ 24 & 8 & 88 \\ 84 & 88 & 320 \end{vmatrix} = 0$ erkennt man das Vorliegen eines zerfallenden Kegelschnitts.

Mit $\tan \alpha = \frac{-7 \pm 25}{24}$ folgen bei Verwendung von $\sin \alpha = \frac{3}{5}$ und $\cos \alpha =$
$= \frac{4}{5}$, was dem Drehwinkel $\alpha \approx 36{,}87°$ entspricht, die Transformationsgleichungen $x = \frac{4}{5}x' - \frac{3}{5}y'$, $y = \frac{3}{5}x' + \frac{4}{5}y'$ und damit

$A' = 11 \cdot \frac{16}{25} + 24 \cdot \frac{3}{5} \cdot \frac{4}{5} + 4 \cdot \frac{9}{25} = 20$,

$B' = 11 \cdot \frac{9}{25} - 24 \cdot \frac{3}{5} \cdot \frac{4}{5} + 4 \cdot \frac{16}{25} = -5$,

$C' = 84 \cdot \frac{4}{5} + 88 \cdot \frac{3}{5} = 120$,

$D' = -84 \cdot \frac{3}{5} + 88 \cdot \frac{4}{5} = 20$,

$E' = 160$.

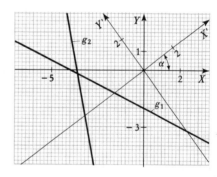

Die transformierte Gleichung

$Q(x'; y') \equiv 20x'^2 - 5y'^2 + 120x' + 20y' + 160 = 0$

kann durch quadratische Ergänzung auf die Form

$Q(x'; y') \equiv 5 \cdot [4(x' + 3)^2 - (y' - 2)^2] = 5 \cdot (2x' + y' + 4) \cdot (2x' - y' + 8) = 0$

gebracht werden, wodurch $Q(x'; y')$ als Produkt zweier Linearfaktoren dargestellt ist.

$Q(x'; y') = 0$ ist daher die Gleichung eines Geradenpaares

$g_1 \equiv 2x' + y' + 4 = 0, \quad g_2 \equiv 2x' - y' + 8 = 0.$

Die Umkehrung $x' = \frac{4}{5}x + \frac{3}{5}y, \quad y' = -\frac{3}{5}x + \frac{4}{5}y$ führt auf

$P(x; y) \equiv (x + 2y + 4) \cdot (11x + 2y + 40)$, also eine Zerlegung von $P(x; y)$ in Linearfaktoren. Die Geraden $g_1$ und $g_2$ besitzen demnach im XY-System die Gleichungen $x + 2y + 4 = 0$ und $11x + 2y + 40 = 0$.

---

**113.** In welchen Punkten und unter welchen Winkeln schneiden sich die Graphen von $H \equiv x^2 - y^2 - 9 = 0$ und $P \equiv x^2 + 2xy + y^2 - 3x + 3y = 0$?

$H = 0$ stellt eine **gleichseitige Hyperbel** in Mittelpunktslage und reeller Achse in der X-Achse dar. Der Graph von $P = 0$ verläuft durch den Nullpunkt und ist wegen

$\begin{vmatrix} 2 & 2 & -3 \\ 2 & 2 & 3 \\ -3 & 3 & 0 \end{vmatrix} = -72$ und $4AC - B^2 = 0$ eine **Parabel**.

Die gemeinsamen reellen Wertepaare von $H = 0$ und $P = 0$ können wie folgt berechnet werden:

$(x - y)(x + y) = 9 \quad \ldots 1)$

$(x + y)^2 = 3(x - y) \quad \ldots 2)$

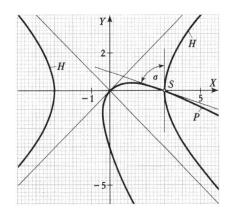

2) in 1)

$81 = 3(x - y)^3$

$x - y = 3 \quad \ldots 4);$

4) in 1)

$x + y = 3 \quad \ldots 5)$

4) + 5)

$x = 3;$

4) − 5)

$y = 0.$

Es liegt somit nur ein reeller Schnittpunkt $S(3; 0)$ beider Kurven vor. In diesem ist der Steigungswinkel der Hyperbeltangente $90°$. Mit der aus der Formel

$m_P = -\dfrac{By_0 + 2Ax_0 + D}{Bx_0 + 2Cy_0 + E} = -\dfrac{2 \cdot 0 + 2 \cdot 3 - 3}{2 \cdot 3 + 2 \cdot 0 + 3} = -\dfrac{1}{3}$

bestimmten Steigung der Parabeltangente in S folgt für den Schnittwinkel $\sigma$,
$\tan \sigma = -\dfrac{1}{m_P} = 3$ und daraus $\sigma \approx 71{,}57°$.

---

**114.** Wie groß sind die spitzen Schnittwinkel der Geraden $g \equiv x - 2y = 0$ mit der Ellipse $E \equiv 5x^2 - 9xy + 10y^2 + 4x - 6y - 24 = 0$?

Berechnung der Schnittpunkte $S_1$ und $S_2$:

$20y^2 - 18y^2 + 10y^2 + 8y - 6y - 24 = 0$,

$6y^2 + y - 12 = 0$, $\quad S_1\left(\dfrac{8}{3}; \dfrac{4}{3}\right)$, $\quad S_2\left(-3; -\dfrac{3}{2}\right)$.

Steigungen der Tangenten $t_1$ und $t_2$:

$m_{E_1} = -\dfrac{-9 \cdot \dfrac{4}{3} + 10 \cdot \dfrac{8}{3} + 4}{-9 \cdot \dfrac{8}{3} + 20 \cdot \dfrac{4}{3} - 6} = \dfrac{28}{5}$,

$m_{E_2} = -\dfrac{-9 \cdot \left(-\dfrac{3}{2}\right) + 10 \cdot (-3) + 4}{-9 \cdot (-3) + 20 \cdot \left(-\dfrac{3}{2}\right) - 6} =$

$= -\dfrac{25}{18}$. (Vgl. Nr. 113)

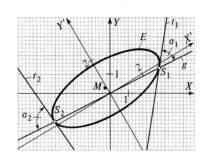

Berechnung der Schnittwinkel $\sigma_1$ und $\sigma_2$ in $S_1$ und $S_2$:

$\tan \sigma_1 = \left|\dfrac{\dfrac{28}{5} - \dfrac{1}{2}}{1 + \dfrac{14}{5}}\right| = \dfrac{51}{38}$, $\quad \sigma_1 \approx 53{,}31°$;

$\tan \sigma_2 = \left|\dfrac{-\dfrac{25}{18} - \dfrac{1}{2}}{1 - \dfrac{25}{36}}\right| = \dfrac{68}{11}$, $\quad \sigma_2 \approx 80{,}81°$.

---

**115.** An die Hyperbel mit der Gleichung $H \equiv 3x^2 + 10xy + 3y^2 - 10x - 6y - 17 = 0$ ist im Punkt $P_0\left(\dfrac{7}{2}; \dfrac{1}{2}\right)$ die Tangente zu legen.

Die Gleichung der Tangente in $P_0(x_0; y_0)$ an die durch $Ax^2 + Bxy + Cy^2 + Dx + Ey + F = 0$ dargestellte Kurve kann nach der Formel

$$t \equiv \frac{y - y_o}{x - x_o} + \frac{By_o + 2Ax_o + D}{Bx_o + 2Cy_o + E} = 0$$

bestimmt werden.

Man erhält über

$$\frac{y - \frac{1}{2}}{x - \frac{7}{2}} + \frac{10 \cdot \frac{1}{2} + 2 \cdot 3 \cdot \frac{7}{2} - 10}{10 \cdot \frac{7}{2} + 2 \cdot 3 \cdot \frac{1}{2} - 6} = 0$$

das Ergebnis $t \equiv 2x + 4y - 9 = 0$.

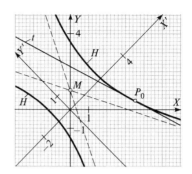

**116.** Welche Gleichungen haben die Tangenten vom Punkt $Q_1 \left(\frac{11}{8}; \frac{21}{8}\right)$ an die Parabel $P \equiv 4x^2 - 8xy + 4y^2 + 9x - 7y + 6 = 0$?

Die Gleichung der zugehörigen **Polare** kann nach

$$s \equiv (2Ax_1 + By_1 + D)x + (2Cy_1 + Bx_1 + E)y + Dx_1 + Ey_1 + 2F = 0$$

zu $\left(8 \cdot \frac{11}{8} - 8 \cdot \frac{21}{8} + 9\right)x + \left(8 \cdot \frac{21}{8} - 8 \cdot \frac{11}{8} - 7\right)y + 9 \cdot \frac{11}{8} - 7 \cdot \frac{21}{8} +$

$+ 12 = 0$ oder $s \equiv x - 3y - 6 = 0$ erhalten werden.

Durch Einsetzen von $x = 3(y + 2)$ in die vorgelegte Kegelschnittgleichung folgen aus $4y^2 + 29y + 51 = 0$ die Ordinaten der Schnittpunkte $S_1$ und $S_2$ von Parabel und Polare mit $y_1 = -3$ und $y_2 = -\frac{17}{4}$; die ihnen entsprechenden Abszissen sind $x_1 = -3$ und $x_2 = -\frac{27}{4}$.

Die gesuchten Tangenten ergeben sich nach der in der vorhergehenden Aufgabe verwendeten Formel zu

$t_1 \equiv 9x - 7y + 6 = 0$ und

$t_2 \equiv 11x - 13y + 19 = 0$.

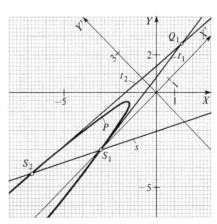

**117.** Man ermittle die Gleichung der Tangente t mit der Steigung $m = -\frac{19}{22}$ an den Kegelschnitt mit der Gleichung $144x^2 + 120xy + 25y^2 - 113x + 136y + 43 = 0$.

Wegen $m = -\frac{19}{22} = -\frac{120 \cdot y_0 + 288 x_0 - 113}{120 x_0 + 50 y_0 + 136}$ muß für die Koordinaten $x_0$, $y_0$ des Berührpunktes $P_0$ die Beziehung $12 x_0 + 5 y_0 - 15 = 0$ bestehen. Da diese Koordinaten aber auch die gegebene Kegelschnittgleichung erfüllen müssen, gilt ferner $144 x_0^2 + 120 x_0 y_0 + 25 y_0^2 - 113 x_0 + 136 y_0 + 43 = 0$. Einsetzen von $y_0 = \frac{15 - 12 x_0}{5}$ liefert die

Gleichung $144 x_0^2 + 24 x_0 (15 - 12 x_0) + (15 - 12 x_0)^2 - 113 x_0 + \frac{136}{5} \cdot (15 - 12 x_0) + 43 = 0$ mit der einzigen Lösung $x_0 = \frac{20}{13}$.

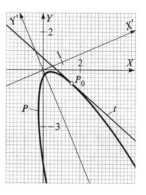

In Verbindung mit $y_0 = -\frac{9}{13}$ folgt die Gleichung der Tangente zu $t \equiv 19x + 22y - 14 = 0$.

Die vorgelegte Kurve 2. Ordnung ist eine Parabel; deshalb kann auch nur eine Tangente vorgeschriebener Steigung gelegt werden.

---

**118.** Gegeben sind die Geraden $g_1 \equiv x - 7y + 1 = 0$, $g_2 \equiv x - y + 1 = 0$, $g_3 \equiv 2x + y - 4 = 0$ und $g_4 \equiv 2x + y - 10 = 0$. Welche Gleichung hat diejenige Parabel P, die durch die Schnittpunkte $S_1$, $S_2$, $S_3$ und $S_4$ der beiden uneigentlichen Kegelschnitte $g_1 \cdot g_2 = 0$ und $g_3 \cdot g_4 = 0$ verläuft? Gibt es einen Kreis durch diese Punkte?

Im Kegelschnittbüschel

$g_1 \cdot g_2 + \mu \cdot g_3 \cdot g_4 = 0$

mit $\mu \in \mathbb{R}$

als Parameter ist $\mu$ so zu bestimmen, daß

$4AC - B^2 = 0$

wird, wobei A, B, C die Koeffizienten von $x^2$, $xy$ und $y^2$ bedeuten.

Es wird nach einfacher Umformung aus

$(x - 7y + 1)(x - y + 1) + \mu(2x + y - 4)(2x + y - 10) = 0$

die Darstellung

$(1 + 4\mu)x^2 + 4(-2 + \mu)xy + (7 + \mu)y^2 + 2(1 - 14\mu)x - 2(4 + 7\mu)y +$
$+ 1 + 40\mu = 0$

erhalten, aus welcher die Bedingung

$4AC - B^2 = 4(1 + 4\mu)(7 + \mu) - 16(-2 + \mu)^2 = 0$

entnommen wird. Mit der Lösung $\mu = \dfrac{1}{5}$ findet man die gewünschte Parabelgleichung zu

$P \equiv 9x^2 - 36xy + 36y^2 - 18x - 54y + 45 = 0.$

Bei Drehung um den Winkel $\alpha \approx 26{,}57°$ mit $\tan \alpha = \dfrac{1}{2}$, d.h. $\sin \alpha = \dfrac{1}{\sqrt{5}}$

und $\cos \alpha = \dfrac{2}{\sqrt{5}}$, geht die Gleichung in

$y'^2 - \dfrac{2}{\sqrt{5}}x' - \dfrac{2}{\sqrt{5}}y' + 1 = 0$  oder  $\left(y' - \dfrac{1}{\sqrt{5}}\right)^2 = \dfrac{2}{\sqrt{5}}\left(x' - \dfrac{2}{\sqrt{5}}\right)$

über.

Soll das Kegelschnittbüschel einen Kreis enthalten, muß durch geeignete Wahl von $\mu$ Gleichheit der Koeffizienten von $x^2$ und $y^2$, sowie Verschwinden des Koeffizienten von $xy$ erreicht werden können. Im vorliegenden Beispiel führt dies auf das Gleichungssystem

$1 + 4\mu = 7 + \mu$

$4(-2 + \mu) = 0,$

welches durch $\mu = 2$ befriedigt wird.

Hiermit ergibt sich

$9x^2 + 9y^2 - 54x - 36y + 81 = 0,$

also der Kreis $K \equiv (x - 3)^2 + (y - 2)^2 - 4 = 0.$

---

**119.** Durch die Schnittpunkte der Hyperbeln mit den Gleichungen $H_1 \equiv x^2 +$
$+ 9xy + 2y^2 - x + 8y + 6 = 0$ und $H_2 \equiv 13x^2 + 29xy + 10y^2 + 43x +$
$+ 40y + 30 = 0$ ist ein Kegelschnitt zu legen, der außerdem durch den Punkt $A(2; -2)$ verläuft.

Der Parameter $\mu \in \mathbb{R}$ des Kegelschnittbüschels ist so zu bestimmen, daß dessen Gleichung durch die Koordinaten von A erfüllt ist:

$4 + 9 \cdot (-4) + 2 \cdot 4 - 2 + 8 \cdot (-2) + 6 + \mu \cdot [13 \cdot 4 + 29 \cdot (-4) + 10 \cdot 4 + 43 \cdot 2 + 40 \cdot (-2) + 30] = 0$.

Mit dem hieraus gefundenen Wert $\mu = 3$ wird die gesuchte Kurve zweiter Ordnung zu $5x^2 + 12xy + 4y^2 + 16x + 16y + 12 = 0$ gefunden.

Wegen $\begin{vmatrix} 10 & 12 & 16 \\ 12 & 8 & 16 \\ 16 & 16 & 24 \end{vmatrix} = 0$ liegt ein

zerfallender Kegelschnitt vor, dessen Gleichung bei Zerlegung in Linearfaktoren in der Form

$g' \cdot g'' \equiv (x + 2y + 2) \cdot$

$\cdot (5x + 2y + 6) = 0$ angegeben

werden kann. (Vergl. Nr. 112)

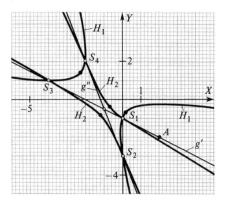

Dieses sich schneidende Geradenpaar hat mit den beiden gegebenen Hyperbeln $H_1$ und $H_2$ die Punkte $S_1(0; -1)$, $S_2(0; -3)$, $S_3(-4; 1)$ und $S_4(-2; 2)$ gemeinsam.

---

**120.** Welche zerfallenden Kegelschnitte gehören dem Büschel

$4x^2 - x + 3y - 13 + \mu(5x^2 - 6xy + 9y^2 - 25) = 0$ mit $\mu \in \mathbb{R}$

als Parameter an?

Die zugehörigen Werte von $\mu$ können als Lösungen der durch Nullsetzen der Determinante

$\begin{vmatrix} 2(4 + 5\mu) & -6\mu & -1 \\ -6\mu & 18\mu & 3 \\ -1 & 3 & -2(13 + 25\mu) \end{vmatrix}$

entstehenden algebraischen Gleichung 3. Grades ermittelt werden.

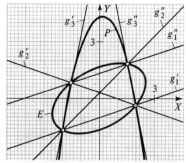

Es wird über
$$\begin{vmatrix} 2(4+5\mu) & -6\mu & -1 \\ 24(1+\mu) & 0 & 0 \\ -1 & 3 & -2(13+25\mu) \end{vmatrix} = 0,$$

$-24(1+\mu) \cdot [12\mu(13+25\mu)+3] = -72(1+\mu)(100\mu^2 + 52\mu + 1) = 0,$

woraus $\mu_1 = -1$, $\mu_2 = -\dfrac{1}{2}$ und $\mu_3 = -\dfrac{1}{50}$ folgen.

Die Gleichungen der dem Büschel angehörenden **uneigentlichen Kegelschnitte** (Geradenpaare) sind daher für

$\mu_1$: $\quad x^2 - 6xy + 9y^2 + x - 3y - 12 = 0,$

$\mu_2$: $\quad 3x^2 + 6xy - 9y^2 - 2x + 6y - 1 = 0,$

$\mu_3$: $195x^2 + 6xy - 9y^2 - 50x + 150y - 625 = 0.$

Faktorisierung dieser Gleichungen führt schließlich auf

$g_1' \cdot g_1'' \equiv (x - 3y - 3) \cdot (x - 3y + 4) = 0,$

$g_2' \cdot g_2'' \equiv (x + 3y - 1) \cdot (3x - 3y + 1) = 0,$

$g_3' \cdot g_3'' \equiv \left(5x - y + \dfrac{25}{3}\right) \cdot (39x + 9y - 75) = 0.$ (Vgl. Nr. 112)

Die **Träger** des Büschels sind die Parabel $P \equiv 4x^2 - x + 3y - 13 = 0$ und die Ellipse $E \equiv 5x^2 - 6xy + 9y^2 - 25 = 0.$

---

**121.** Wie lautet die Gleichung desjenigen Kegelschnitts, der durch die 5 Punkte $P_1(-10; 5)$, $P_2(-2; 10)$, $P_3(14; 5)$, $P_4(2; -10)$ und $P_5(-10; -10)$ gelegt werden kann?

Die Koordinaten der gegebenen Punkte müssen die **allgemeine Gleichung** $Ax^2 + Bxy + Cy^2 + Dx + Ey + F = 0$ erfüllen, weshalb für deren Koeffizienten das linear homogene Gleichungssystem

$P_1|\quad 100A - 50B + 25C - 10D + 5E + F = 0$

$P_2|\quad 4A - 20B + 100C - 2D + 10E + F = 0$

$P_3|\quad 196A + 70B + 25C + 14D + 5E + F = 0$

$P_4|\quad 4A - 20B + 100C + 2D - 10E + F = 0$

$P_5|\quad 100A + 100B + 100C - 10D - 10E + F = 0$

besteht. Im Ablauf des Lösungsverfahrens (vgl. Band I, Aufgabe 56) kann A als freie Unbekannte gewählt werden. Setzt man $A = 1$, so errechnet sich $B = -\dfrac{4}{5}$; $C = \dfrac{8}{5}$; $D = E = 0$ und $F = -180$, was auf $5x^2 - 4xy + 8y^2 - 900 = 0$ als Gleichung des verlangten Kegelschnitts führt.

Ein anderer Lösungsweg verwendet **zerfallende Kegelschnitte** des durch vier der gegebenen Punkte, etwa $P_1$, $P_2$, $P_3$, $P_4$ festgelegten **Kegelschnittbüschels**.

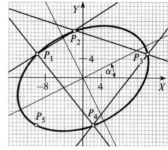

Mit den Geraden

$g_{P_1P_2} \equiv 5x - 8y + 90 = 0$

$g_{P_3P_4} \equiv 5x - 4y - 50 = 0$

$g_{P_1P_4} \equiv 5x + 4y + 30 = 0$

$g_{P_2P_3} \equiv 5x + 16y - 150 = 0$

und den beiden Geradenpaaren $g_{P_1P_2} \cdot g_{P_3P_4} = 0$ und $g_{P_1P_4} \cdot g_{P_2P_3} = 0$ als zerfallenden Kegelschnitten ergibt sich die Büschelgleichung
$(5x - 8y + 90) \cdot (5x - 4y - 50) + \mu \cdot (5x + 4y + 30) \cdot (5x + 16y - 150) = 0$
$\wedge\ \mu \in \mathbb{R}$.

Das Büschel umfaßt sämtliche, die Punkte $P_1$, $P_2$, $P_3$, $P_4$ enthaltenden Kegelschnitte mit Ausnahme des zweiten Geradenpaares. Nach Einsetzen der Koordinaten von $P_5(-10; -10)$ kann über $120 \cdot (-60) + \mu \cdot (-60) \cdot (-360) = 0$ und $\mu = \dfrac{1}{3}$ der zusätzlich noch durch $P_5$ verlaufende Kegelschnitt mit

$(25x^2 - 60xy + 32y^2 + 200x + 40y - 4500) + \dfrac{1}{3} \cdot (25x^2 + 100xy + 64y^2 - 600x - 120y - 4500) = 0$ angegeben werden, was vereinfacht wiederum $5x^2 - 4xy + 8y^2 - 900 = 0$ liefert.

Es handelt sich um eine Ellipse mit den Halbachsen $a = 15$, $b = 10$ und dem Ursprung als Mittelpunkt. Die Richtung der großen Halbachse schließt mit der X-Achse den spitzen Winkel $\alpha \approx 26{,}57^\circ$ ein.

---

122. In der Abbildung stellen die ausgezogenen gleichseitigen Hyperbeln Feldlinien und die strichlierten die Potentiallinien eines elektrostatischen Feldes dar.

Man gebe die Gleichungen der beiden durch den Punkt $P(4; 2)$ verlaufenden Kurven an.

Die Gleichung der Gesamtheit aller Feldlinien wird durch $H_1 \equiv x^2 - y^2 - c_1 = 0$ erfaßt, wobei für $c_1 > 0$ Hyperbeln mit der X-Achse als reeller Achse und für $c_1 < 0$ solche mit der Y-Achse als reeller Achse auftreten. Die Potentiallinien genügen der Gleichung $H_2 \equiv x \cdot y - c_2 = 0$; hierbei liegen die Kurvenäste für $c_2 > 0$ im 1. und 3. Quadranten, für $c_2 < 0$ im 2. und 4. Quadranten.

Durch Einsetzen der Koordinaten von P in die Gleichungen beider **Kurvenscharen** werden die Parameter $c_1$ und $c_2$ so bestimmt, daß die zugehörigen Kurven durch diesen Punkt verlaufen. Man erhält aus $16 - 4 = c_1$ und $4 \cdot 2 = c_2$ die beiden Gleichungen $x^2 - y^2 = 12$ und $x \cdot y = 8$.

Die Kurven der einen Schar schneiden alle der anderen Schar **orthogonal**. Die Steigungen der Tangenten im angenommenen Schnittpunkt $S(x_0; y_0)$ sind nämlich nach der Formel

$$m = -\frac{B y_0 + 2 A x_0 + D}{B x_0 + 2 C y_0 + E}$$

in bezug auf $H_1$ und $H_2$

$$m_1 = -\frac{2 x_0}{-2 y_0} \quad \text{bzw.} \quad m_2 = -\frac{y_0}{x_0}.$$

**123.** Ein Punkt P bewegt sich in bezug auf ein rechtwinkliges XY-Koordinatensystem in Abhängigkeit von der Zeit t gemäß den Gleichungen $x = a\cos(2t)$ und $y = b\sin(2t + 30^\circ)$ (LISSAJOUSsche Figur). Man gebe die Gleichung der Bahnkurve in rechtwinkligen Koordinaten an.

Aus $y = b\sin(2t + 30^\circ) = b\sin(2t)\cdot\cos 30^\circ + b\cos(2t)\cdot\sin 30^\circ$ folgt durch Einsetzen von $x = a\cos(2t)$

zunächst $\sin(2t) = \dfrac{2ay - bx}{ab\sqrt{3}}$;

die Elimination der Zeit wird dann

durch $\cos^2(2t) + \sin^2(2t) = \left(\dfrac{x}{a}\right)^2 +$

$+ \left(\dfrac{2ay - bx}{ab\sqrt{3}}\right)^2 = 1$ erreicht.

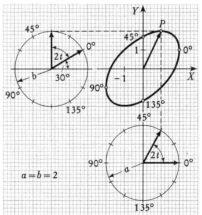

Der Punkt bewegt sich somit auf einem Kegelschnitt mit der Gleichung $4b^2x^2 - 4abxy + 4a^2y^2 - 3a^2b^2 = 0$. Dieser ist wegen

$$\begin{vmatrix} 8b^2 & -4ab & 0 \\ -4ab & 8a^2 & 0 \\ 0 & 0 & -6a^2b^2 \end{vmatrix} = -6a^2b^2(64a^2b^2 - 16a^2b^2) = -288\,a^4b^4$$

und $4AC - B^2 = 64a^2b^2 - 16a^2b^2 = 48a^2b^2 > 0$ eine Ellipse.

---

**124.** Gegeben ist die Parameterdarstellung $\vec{r} = \vec{u} \cdot \cos t + \vec{v} \cdot \sin t$ mit den nichtkollinearen Vektoren $\vec{u}, \vec{v}$ und $t \in \mathbb{R}$. Man weise unter Verwendung kartesischer Koordinaten nach, daß der zugehörige Graph eine Ellipse ist und zeige, daß $\vec{u}, \vec{v}$ den k o n j u g i e r t e n   H a l b m e s s e r n entsprechende Richtungsvektoren sind.

Multipliziert man $\vec{r} = \vec{u} \cdot \cos t + \vec{v} \cdot \sin t$ von rechts her vektoriell mit $\vec{u}$ bzw. $\vec{v}$, so erhält man

$\vec{r} \times \vec{u} = \vec{v} \times \vec{u} \cdot \sin t$

$\vec{r} \times \vec{v} = -(\vec{v} \times \vec{u}) \cdot \cos t$.

Quadrieren und Addieren beider Gleichungen führt auf

$(\vec{r} \times \vec{u})^2 + (\vec{r} \times \vec{v})^2 = (\vec{v} \times \vec{u})^2$,

was sich mit $\vec{u} = \begin{pmatrix} u_1 \\ u_2 \end{pmatrix}$ und $\vec{v} = \begin{pmatrix} v_1 \\ v_2 \end{pmatrix}$ auf die Form

$(u_2 x - u_1 y)^2 + (v_2 x - v_1 y)^2 = (v_1 u_2 - v_2 u_1)^2$ oder

$(u_2^2 + v_2^2) \cdot x^2 - 2(u_1 u_2 + v_1 v_2) \cdot xy + (u_1^2 + v_1^2) \cdot y^2 - (v_1 u_2 - v_2 u_1)^2 = 0$,

also die Gleichung einer Kurve 2. Ordnung bringen läßt.

Mit den Bezeichnungen von Nr. 109 ist hier wegen $D = E = 0$

$$\begin{vmatrix} 2A & B & D \\ B & 2C & E \\ D & E & 2F \end{vmatrix} = \begin{vmatrix} 2A & B & 0 \\ B & 2C & 0 \\ 0 & 0 & 2F \end{vmatrix} = (4AC - B^2) \cdot 2F.$$

Nun errechnet man $4AC - B^2 = 4(u_2^2 + v_2^2)(u_1^2 + v_1^2) - 4(u_1 u_2 + v_1 v_2)^2 =$

$= 4(u_1 v_2 - u_2 v_1)^2 = 4(\vec{u} \times \vec{v})^2 > 0$ und $F = -(v_1 u_2 - v_2 u_1)^2 =$

$= -(\vec{v} \times \vec{u})^2 \neq 0$.

Die Determinante ist demnach von 0 verschieden, was zusammen mit $4AC - B^2 > 0$ die Kurve 2. Ordnung als Ellipse kennzeichnet.

Sind jetzt $P_1$, $Q_1$ Ellipsenpunkte mit den Parameterwerten $\pm t_1$, so ist

$\vec{r}_{P_1} = \vec{u} \cos t_1 + \vec{v} \sin t_1$

$\vec{r}_{Q_1} = \vec{u} \cos t_1 - \vec{v} \sin t_1$

und folglich $\overrightarrow{Q_1 P_1} = \vec{r}_{P_1} - \vec{r}_{Q_1} = 2 \vec{v} \sin t_1$. Demnach verläuft die Ellipsensehne $\overline{P_1 Q_1}$ parallel zu dem mit $\vec{v}$ gleichgerichteten Ellipsendurchmesser, falls $t_1 \neq k\pi \wedge k \in \mathbb{Z}$ ist, es sich also um voneinander verschiedene Ellipsenpunkte $P_1$, $Q_1$ handelt. Der Mittelpunkt $M_1$ der Sehne $\overline{P_1 Q_1}$ ergibt sich aus $\vec{r}_{M_1} = \dfrac{\vec{r}_{P_1} + \vec{r}_{Q_1}}{2} = \vec{u} \cdot \cos t_1$, d. h. $M_1$ liegt auf dem zu $\vec{u}$ gleichgerichteten Ellipsendurchmesser, womit sich $\vec{u}$, $\vec{v}$ als den zwei, konjugierten Halbmessern der Ellipse entsprechende Richtungsvektoren erweisen.

| t | ... | $-180°$ | $-135°$ | $-90°$ | $-45°$ | $0°$ | $45°$ | $90°$ | $135°$ | $180°$ | ... |
|---|---|---|---|---|---|---|---|---|---|---|---|
| x | ... | $-4$ | $-2{,}12$ | $1$ | $3{,}54$ | $4$ | $2{,}12$ | $-1$ | $-3{,}54$ | $-4$ | ... |
| y |  | $-1$ | $-2{,}12$ | $-2$ | $-0{,}71$ | $1$ | $2{,}12$ | $2$ | $0{,}71$ | $-1$ | ... |

Für $\vec{u} = \begin{pmatrix} 4 \\ 1 \end{pmatrix}$ und $\vec{v} = \begin{pmatrix} -1 \\ 2 \end{pmatrix}$

ergibt sich die spezielle Parameterdarstellung

$x = 4 \cos t - \sin t$

$y = \cos t + 2 \sin t$

der Ellipse.

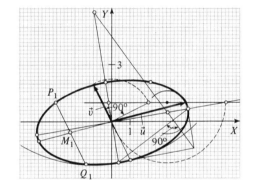

Ihre Halbachsen lassen sich aus den gegebenen konjugierten Halbmessern mittels der RYTZschen Konstruktion bestimmen. Die nachfolgende Konstruktion der Scheitelkrümmungskreise (vgl. Nr. 71) gestattet eine bequeme Zeichnung der Ellipse, deren Gleichung sich über $(x - 4y)^2 + (2x + y)^2 = 81$ zu $5x^2 - 4xy + 17y^2 - 81 = 0$ ergibt.

# 2. DIFFERENTIALRECHNUNG

## 2.1 Explizite algebraische Funktionen

**125.** Gegeben ist in der Grundmenge $\mathbb{G} = \mathbb{R}^{*)}$ die ganzrationale Funktion 3. Grades $f = \{(x; y) \mid y = 5x^3 - 7x^2 - 4x + 9 \wedge x \in \mathbb{R}\}$ oder kürzer $y = f(x) = 5x^3 - 7x^2 - 4x + 9$ mit der Definitionsmenge $\mathbb{D}_y = \mathbb{R}$.

Es sind sämtliche Ableitungen anzugeben.

$f' = \{(x; y') \mid y' = 15x^2 - 14x - 4 \wedge x \in \mathbb{R}\}$ oder kürzer

$\dfrac{dy}{dx} = y' = 15x^2 - 14x - 4$ mit der Definitionsmenge $\mathbb{D}_{y'} = \mathbb{R}$;

$f'' = \{(x; y'') \mid y'' = 30x - 14 \wedge x \in \mathbb{R}\}$, $f''' = \{(x; y''') \mid y''' = 30 \wedge x \in \mathbb{R}\}$

bzw.

$\dfrac{d^2 y}{dx^2} = y'' = 30x - 14$ mit $\mathbb{D}_{y''} = \mathbb{R}$,

$\dfrac{d^3 y}{dx^3} = y''' = 30$ mit $\mathbb{D}_{y'''} = \mathbb{R}$;

$f^{(\nu)} = \{(x; y^{(\nu)}) \mid y^{(\nu)} = 0 \wedge x \in \mathbb{R}\}$ bzw. $\dfrac{d^\nu y}{dx^\nu} = y^{(\nu)} = 0$

mit $\mathbb{D}_{y^{(\nu)}} = \mathbb{R}$ für $\nu = 4, 5, 6, \ldots$ .

---

**126.** Man bestimme in der Grundmenge $\mathbb{G} = \mathbb{R}$ die ersten drei Ableitungen der gebrochenrationalen Funktion

$g = \left\{ \left( x;\ 5 + \dfrac{2}{x} - \dfrac{4}{x^2} \right) \;\middle|\; x \in \mathbb{R} \setminus \{0\} \right\}$ oder

---

[*)] Soweit im vorliegenden Band als Grundmengen und Definitionsmengen die Menge $\mathbb{R}$ der reellen Zahlen oder, wie bei mehreren unabhängigen Veränderlichen, kartesische Produktmengen $\mathbb{R}^2, \mathbb{R}^3, \ldots$ verwendet werden, unterbleibt der Kürze halber meist ein entsprechender Hinweis. Bei den Definitionsmengen handelt es sich, wenn nicht anders vermerkt, um die maximal zulässigen Mengen.

$$y = g(x) = 5 + \frac{2}{x} - \frac{4}{x^2} \quad \text{mit der Definitionsmenge } \mathbb{D}_y = \mathbb{R}\setminus\{0\}.$$

$$\frac{dg}{dx} = \left\{\left(x; -\frac{2}{x^2} + \frac{8}{x^3}\right) \mid x \in \mathbb{R}\setminus\{0\}\right\},$$

$$\frac{d^2g}{dx^2} = \left\{\left(x; \frac{4}{x^3} - \frac{24}{x^4}\right) \mid x \in \mathbb{R}\setminus\{0\}\right\}$$

$$\frac{d^3g}{dx^3} = \left\{\left(x; -\frac{12}{x^4} + \frac{96}{x^5}\right) x \in \mathbb{R}\setminus\{0\}\right\}$$

bzw.

$$g'(x) = y' = -\frac{2}{x^2} + \frac{8}{x^3}, \quad g''(x) = y'' = \frac{4}{x^3} - \frac{24}{x^4},$$

$$g'''(x) = y''' = -\frac{12}{x^4} + \frac{96}{x^5} \quad \text{mit } \mathbb{D}_{y'} = \mathbb{D}_{y''} = \mathbb{D}_{y'''} = \mathbb{R}\setminus\{0\}.$$

Bei Verwendung der Paarmengenschreibweise für eine Funktion, etwa $g = \{x; g(x)\}$, wurden hier und werden auch im folgenden im Hinblick auf die leichtere Überschaubarkeit der Zuordnung die Ableitungsfunktionen nicht durch $g'$, $g''$, ... sondern durch die als Symbole betrachteten Differentialquotienten $\frac{dg}{dx}$, $\frac{d^2g}{dx^2}$, ... bezeichnet. Dies gilt in entsprechender Weise auch für Funktionen von mehreren Veränderlichen (s. Nr. 137, 138). Aus demselben Grund werden Definitions- und Wertemengen durch den gewählten Namen der abhängigen Veränderlichen gekennzeichnet.

---

**127.** Von der Funktion $f = g \circ h = \{(x; y) \mid y = (2 + 3x)^2\}$ mit $g = \{(z; y) \mid y = z^2\}$ und $h = \{(x; z) \mid z = 2 + 3x\}$ sind die erste und die zweite Ableitung zu ermitteln.

Nach der **Kettenregel** $f' = (g \circ h)' = (g' \circ h) \cdot h'$ für Paarmengendarstellung ergibt sich mit $g' = \{(z; \bar{y}) \mid \bar{y} = 2 \cdot z\}$ die Verkettung $g' \circ h = \{(x; \bar{y}) \mid \bar{y} = 2 \cdot (2 + 3x)\}$. Multiplikation mit $h' = \{(x; \bar{z}) \mid \bar{z} = 3\}$ führt auf $f' = \{(x; y') \mid y' = 2 \cdot (2 + 3x) \cdot 3\}$.

Nochmalige Differentiation liefert die zweite Ableitung $f'' = \{(x; y'') \mid y'' = 18\}$.

---

**128.** Es sind die erste und zweite Ableitung von $y = \left(7 - \frac{5}{x}\right)^3$ mit $\mathbb{D}_y = \mathbb{R}\setminus\{0\}$ zu ermitteln.

Aus $y = \left(7 - \frac{5}{x}\right)^3 = z^3$ und der Substitution $z = 7 - \frac{5}{x}$ folgt mit der

**Kettenregel** $\dfrac{dy}{dx} = \dfrac{dy}{dz} \cdot \dfrac{dz}{dx}$ für die zusammengesetzte Funktion y =
= f(z) $\wedge$ z = g(x)

$$y' = \frac{dy}{dx} = \frac{dy}{dz} \cdot \frac{dz}{dx} = 3z^2 \cdot \frac{5}{x^2} = 15 \cdot \frac{\left(7 - \dfrac{5}{x}\right)^2}{x^2} = 15 \cdot \left(\frac{7}{x} - \frac{5}{x^2}\right)^2 =$$

$$= 15 u^2 \text{ mit } u = \frac{7}{x} - \frac{5}{x^2} \text{ für } \mathbb{D}_{y'} = \mathbb{D}_y,$$

$$y'' = \frac{dy'}{du} \cdot \frac{du}{dx} = 30 u \cdot \left(-\frac{7}{x^2} + \frac{10}{x^3}\right) = 30 \cdot \left(\frac{7}{x} - \frac{5}{x^2}\right) \cdot \left(\frac{10}{x^3} - \frac{7}{x^2}\right) =$$

$$= \frac{30}{x^5} \cdot (-49 x^2 + 105 x - 50) = 30 \cdot \left(-\frac{49}{x^3} + \frac{105}{x^4} - \frac{50}{x^5}\right) \text{ für } \mathbb{D}_{y''} = \mathbb{D}_y.$$

Anstatt jeweils die Definitionsmenge zu benennen, kann man sich der Einfachheit halber mit der Aufzählung derjenigen ihrer Elemente begnügen, für die in der Grundmenge $\mathbb{G} = \mathbb{R}$ die Funktion bzw. ihre Ableitungen nicht definiert sind. Bei der vorliegenden Aufgabe genügt dann die Angabe der Gültigkeit für $x \neq 0$. Hiervon wird im folgenden weitgehend Gebrauch gemacht.

---

**129.** Man bestimme die erste und zweite Ableitung der **ganzrationalen Funktion 5. Grades** $y = f(x) = (x^2 - 1)^2 \cdot (x - 5)^3$.

Die **Produktregel** $(u \cdot v)' = u' \cdot v + u \cdot v'$ liefert mit $u = (x^2 - 1)^2$ und $v = (x - 5)^3$

$$y' = f'(x) = 2 \cdot (x^2 - 1) \cdot 2x \cdot (x - 5)^3 + (x^2 - 1)^2 \cdot 3 \cdot (x - 5)^2 =$$
$$= (x^2 - 1) \cdot (x - 5)^2 \cdot (7x^2 - 20x - 3).$$

Die Anwendung der **erweiterten Produktregel**
$(u \cdot v \cdot w)' = u' \cdot v \cdot w + u \cdot v' \cdot w + u \cdot v \cdot w'$ führt auf die zweite Ableitung

$$y'' = f''(x) = 2x \cdot (x - 5)^2 \cdot (7x^2 - 20x - 3) + 2 \cdot (x^2 - 1) \cdot (x - 5) \cdot (7x^2 - 20x - 3) + (x^2 - 1) \cdot (x - 5)^2 \cdot (14x - 20) =$$
$$= 2 \cdot (x - 5) \cdot (21x^4 - 120x^3 + 130x^2 + 80x - 47).$$

---

**130.** Gegeben ist die **gebrochenrationale Funktion** $y = \dfrac{2 + 4x}{3 - 5x}$ für $x \neq \dfrac{3}{5}$. Man ermittle die erste und zweite Ableitung.

Die **Quotientenregel** $\left(\dfrac{u}{v}\right)' = \dfrac{u' \cdot v - u \cdot v'}{v^2}$ ergibt mit $u = 2 + 4x$ und $v = 3 - 5x$

$$y' = \frac{4(3-5x) - (2+4x)\cdot(-5)}{(3-5x)^2} = \frac{22}{(3-5x)^2} = 22 \cdot (3-5x)^{-2} \text{ für } x \neq \frac{3}{5};$$

$$y'' = -44(3-5x)^{-3} \cdot (-5) = \frac{220}{(3-5x)^3} \quad \text{für } x \neq \frac{3}{5}.$$

---

**131.** $y = \dfrac{5}{(1+2x^2)^3} = 5 \cdot (1+2x^2)^{-3} = 5 \cdot z^{-3}$ mit $z = 1 + 2x^2$;

$$\frac{dy}{dx} = -15 \cdot z^{-4} \cdot 4x = \frac{-60x}{(1+2x^2)^4};$$

$$\frac{d^2y}{dx^2} = -60 \, \frac{(1+2x^2)^4 - 4x(1+2x^2)^3 \cdot 4x}{(1+2x^2)^8} = -60 \cdot \frac{1 - 14x^2}{(1+2x^2)^5}.$$

---

**132.** $y = \dfrac{4x}{1-9x^2}$ für $x \neq \pm\dfrac{1}{3}$; $\quad y' = 4 \cdot \dfrac{1 - 9x^2 - x(-18x)}{(1-9x^2)^2} =$

$= 4 \cdot \dfrac{1 + 9x^2}{(1-9x^2)^2}$ für $x \neq \pm\dfrac{1}{3}$;

$$y'' = 4 \cdot \frac{18x(1-9x^2)^2 - 2(1+9x^2)(1-9x^2)(-18x)}{(1-9x^2)^4} =$$

$= 216x \cdot \dfrac{1 + 3x^2}{(1-9x^2)^3}$ für $x \neq \pm\dfrac{1}{3}$.

---

**133.** $y = \sqrt[3]{x^2} = x^{\frac{2}{3}}$ für $x \geqslant 0$; $\quad y' = \dfrac{2}{3} x^{-\frac{1}{3}} = \dfrac{2}{3\sqrt[3]{x}}$ für $x > 0$;

$$y'' = -\frac{2}{9} x^{-\frac{4}{3}} = \frac{-2}{9x\sqrt[3]{x}} \quad \text{für } x > 0.$$

---

**134.** $y = \sqrt[4]{1 + 3x^2} = z^{\frac{1}{4}}$ mit $z = 1 + 3x^2$;

$$\frac{dy}{dx} = \frac{dy}{dz} \cdot \frac{dz}{dx} = \frac{1}{4} z^{-\frac{3}{4}} \cdot 6x = \frac{3}{2} x(1 + 3x^2)^{-\frac{3}{4}} = \frac{3x}{2 \sqrt[4]{1 + 3x^2}^3} \ ;$$

$$y'' = \frac{3}{2} \left[ (1 + 3x^2)^{-\frac{3}{4}} - \frac{3}{4} x(1 + 3x^2)^{-\frac{7}{4}} \cdot 6x \right] =$$

$$= \frac{3}{4} (1 + 3x^2)^{-\frac{7}{4}} \cdot (2 - 3x^2) = \frac{3(2 - 3x^2)}{4(1 + 3x^2) \sqrt[4]{1 + 3x^2}^3} \ .$$

---

**135.** $y = x^2 \sqrt{4 - 5x}$  für  $x \leqslant \frac{4}{5}$ ;

$$y' = 2x \cdot \sqrt{4 - 5x} + x^2 \cdot \frac{1}{2} (4 - 5x)^{-\frac{1}{2}} \cdot (-5) = \frac{16x - 25x^2}{2 \sqrt{4 - 5x}} \quad \text{für } x < \frac{4}{5} \ ;$$

$$y'' = \frac{1}{2} \cdot \frac{(16 - 50x) \sqrt{4 - 5x} + (16x - 25x^2) \cdot \dfrac{5}{2 \sqrt{4 - 5x}}}{4 - 5x} =$$

$$= \frac{2(16 - 50x)(4 - 5x) + 5(16x - 25x^2)}{4 \cdot (4 - 5x)^{\frac{3}{2}}} = \frac{375x^2 - 480x + 128}{4 \sqrt{(4 - 5x)^3}}$$

für $x < \dfrac{4}{5}$ .

---

**136.** $y = \dfrac{x}{\sqrt{2 + x^2}} = x \cdot (2 + x^2)^{-\frac{1}{2}} = x \cdot z^{-\frac{1}{2}}$  mit  $z = 2 + x^2$ ;

$$y' = z^{-\frac{1}{2}} - \frac{1}{2} x \cdot z^{-\frac{3}{2}} \cdot 2x = \frac{1}{\sqrt{2 + x^2}} - \frac{x^2}{\sqrt{2 + x^2}^3} = \frac{2}{\sqrt{2 + x^2}^3} =$$

$$= 2(2 + x^2)^{-\frac{3}{2}} \ ;$$

$$y'' = -3(2 + x^2)^{-\frac{5}{2}} \cdot 2x = \frac{-6x}{\sqrt{2 + x^2}^5} \ .$$

---

**137.** Gegeben ist die **ganzrationale Funktion**

$f = \{((x; y); z) \mid z = 3x^2 + 4xy + y^2 - x + 3y - 5 \wedge x, y \in \mathbb{R}\}$
oder kürzer $z = f(x; y) = 3x^2 + 4xy + y^2 - x + 3y - 5$  mit der
Definitionsmenge $\mathbb{D}_z = \{(x; y) \mid (x; y) \in \mathbb{R}^2\} = \mathbb{R}^2$.

Es sind sämtliche ersten und zweiten **partiellen Ableitungen** sowie die **vollständigen Differentiale** erster und zweiter Ordnung zu bilden.

$$\frac{\partial f}{\partial x} = \{((x; y); z'_x) \mid z'_x = 6x + 4y - 1 \wedge x, y \in \mathbb{R}\},$$

$$\frac{\partial f}{\partial y} = \{((x; y); z'_y) \mid z'_y = 4x + 2y + 3 \wedge x, y \in \mathbb{R}\}$$

oder kürzer

$$\frac{\partial z}{\partial x} = z'_x = 6x + 4y - 1, \quad \frac{\partial z}{\partial y} = z'_y = 4x + 2y + 3$$

mit den Definitionsmengen $\mathbb{D}_{z'_x} = \mathbb{R}^2$ und $\mathbb{D}_{z'_y} = \mathbb{R}^2$.

$$\frac{\partial^2 f}{\partial x^2} = \{((x; y); z''_{xx}) \mid z''_{xx} = 6 \wedge x, y \in \mathbb{R}\},$$

$$\frac{\partial^2 f}{\partial y^2} = \{((x; y); z''_{yy}) \mid z''_{yy} = 2 \wedge x, y \in \mathbb{R}\},$$

$$\frac{\partial^2 f}{\partial x \partial y} = \frac{\partial^2 f}{\partial y \partial x} = \{((x; y); z''_{xy}) \mid z''_{xy} = 4 \wedge x, y \in \mathbb{R}\}$$

oder kürzer

$$\frac{\partial^2 z}{\partial x^2} = z''_{xx} = 6, \quad \frac{\partial^2 z}{\partial y^2} = z''_{yy} = 2,$$

$$\frac{\partial^2 z}{\partial x \partial y} = z''_{xy} = \frac{\partial^2 z}{\partial y \partial x} = z''_{yx} = 4 \quad \text{mit den Definitionsmengen}$$

$\mathbb{D}_{z''_{xx}} = \mathbb{D}_{z''_{yy}} = \mathbb{D}_{z''_{xy}} = \mathbb{D}_{z''_{yx}} = \mathbb{R}^2$.

Das vollständige Differential erster Ordnung ergibt sich nach

$$dz = \frac{\partial z}{\partial x} \cdot dx + \frac{\partial z}{\partial y} \cdot dy \quad \text{zu}$$

$$dz = (6x + 4y - 1) \cdot dx + (4x + 2y + 3) \cdot dy;$$

das vollständige Differential zweiter Ordnung folgt nach

$$d^2 z = d(dz) = \frac{\partial^2 z}{\partial x^2} \cdot dx^2 + 2 \cdot \frac{\partial^2 z}{\partial x \partial y} \cdot dx \cdot dy + \frac{\partial^2 z}{\partial y^2} \cdot dy^2 \quad \text{zu}$$

$$d^2 z = 6 \cdot dx^2 + 8 \cdot dx \cdot dy + 2 \cdot dy^2.$$

Siehe Fußnote zu Nr. 125 und Bemerkung bei Nr. 126.

**138.** $z = f(x; y) = \sqrt{x^2 + y^2 - r^2} = \sqrt{w}$ mit $w = x^2 + y^2 - r^2$
und $\mathbb{D}_z = \left\{ (x; y) \mid x^2 + y^2 \geq r^2 \wedge (x; y) \in \mathbb{R}^2 \right\}$.

$$\frac{\partial z}{\partial x} = f'_x = \frac{dz}{dw} \cdot \frac{\partial w}{\partial x} = \frac{1}{2\sqrt{w}} \cdot 2x = \frac{x}{\sqrt{x^2 + y^2 - r^2}} \quad \text{mit} \quad \frac{\partial w}{\partial x} = 2x,$$

$$\frac{\partial z}{\partial y} = f'_y = \frac{dz}{dw} \cdot \frac{\partial w}{\partial y} = \frac{1}{2\sqrt{w}} \cdot 2y = \frac{y}{\sqrt{x^2 + y^2 - r^2}} \quad \text{mit} \quad \frac{\partial w}{\partial y} = 2y$$

und $\mathbb{D}_{z'_x} = \mathbb{D}_{z'_y} = \left\{ (x; y) \mid x^2 + y^2 > r^2 \right\}$;

$$\frac{\partial^2 z}{\partial x^2} = f''_{xx} = \frac{\sqrt{x^2 + y^2 - r^2} - \dfrac{x^2}{\sqrt{x^2 + y^2 - r^2}}}{x^2 + y^2 - r^2} = \frac{y^2 - r^2}{\sqrt{x^2 + y^2 - r^2}^{\,3}},$$

$$\frac{\partial^2 z}{\partial y^2} = f''_{yy} = (x^2 + y^2 - r^2)^{-\frac{1}{2}} + y \cdot \left(-\frac{1}{2}\right) \cdot (x^2 + y^2 - r^2)^{-\frac{3}{2}} \cdot 2y =$$

$$= \frac{x^2 - r^2}{\sqrt{x^2 + y^2 - r^2}^{\,3}},$$

$$\frac{\partial^2 z}{\partial x \partial y} = f''_{xy} = x \cdot \left(-\frac{1}{2}\right) \cdot (x^2 + y^2 - r^2)^{-\frac{3}{2}} \cdot 2y = \frac{-xy}{\sqrt{x^2 + y^2 - r^2}^{\,3}} =$$

$$= \frac{\partial^2 z}{\partial y \partial x} = f''_{yx} \quad \text{und}$$

$\mathbb{D}_{z''_{xx}} = \mathbb{D}_{z''_{yy}} = \mathbb{D}_{z''_{xy}} = \mathbb{D}_{z''_{yx}} = \left\{ (x; y) \mid x^2 + y^2 > r^2 \right\}$.

---

**139.** $y = f(x_1; x_2; x_3; x_4) = a x_1^2 \cdot x_2 - b x_3 \cdot x_4^2$ mit $a, b \in \mathbb{R}$ und $\mathbb{D}_y = \mathbb{R}^4$.

$$\frac{\partial y}{\partial x_1} = f'_{x_1} = 2 a x_1 \cdot x_2, \quad \frac{\partial y}{\partial x_2} = f'_{x_2} = a x_1^2,$$

$$\frac{\partial y}{\partial x_3} = f'_{x_3} = -b x_4^2, \quad \frac{\partial y}{\partial x_4} = f'_{x_4} = -2 b x_3 \cdot x_4 ;$$

$$\frac{\partial^2 y}{\partial x_1^2} = f''_{x_1 x_1} = 2 a x_2, \quad \frac{\partial^2 y}{\partial x_2^2} = f''_{x_2 x_2} = \frac{\partial^2 y}{\partial x_3^2} = f''_{x_3 x_3} = 0,$$

$$\frac{\partial^2 y}{\partial x_4^2} = f''_{x_4 x_4} = -2bx_3 \; ;$$

$$\frac{\partial^2 y}{\partial x_1 \partial x_2} = 2ax_1, \quad \frac{\partial^2 y}{\partial x_1 \partial x_3} = \frac{\partial^2 y}{\partial x_1 \partial x_4} = 0 \; ;$$

$$\frac{\partial^2 y}{\partial x_2 \partial x_1} = 2ax_1, \quad \frac{\partial^2 y}{\partial x_2 \partial x_3} = \frac{\partial^2 y}{\partial x_2 \partial x_4} = 0 \; ;$$

$$\frac{\partial^2 y}{\partial x_3 \partial x_1} = \frac{\partial^2 y}{\partial x_3 \partial x_2} = 0, \quad \frac{\partial^2 y}{\partial x_3 \partial x_4} = -2bx_4 \; ;$$

$$\frac{\partial^2 y}{\partial x_4 \partial x_1} = \frac{\partial^2 y}{\partial x_4 \partial x_2} = 0, \quad \frac{\partial^2 y}{\partial x_4 \partial x_3} = -2bx_4 \; .$$

Die Definitionsmengen sämtlicher Ableitungen sind $D = \mathbb{R}^4$.

---

**140.** Der Graph der Funktion $y = f(x) = x^3 + 2x^2 - 5x - 6$ ist bezüglich vorliegender relativer Extrema (Maxima, Minima) und Wendepunkte zu untersuchen. Welche Gleichung hat die Tangente t des Graphen im Punkt P mit der Abszisse $x_P = -1,5$?

R e l a t i v e   E x t r e m a   der Funktion $y = f(x)$ oder ihres Graphen können nur an den Nullstellen von $f'(x)$ vorliegen (N o t w e n d i g e   B e d i n g u n g). Mit $f'(x) = 3x^2 + 4x - 5$ erhält man aus der quadratischen Gleichung $3x^2 + 4x - 5 = 0$ die Lösungen $x_{1;2} = \dfrac{-2 \pm \sqrt{19}}{3}$, also $x_1 \approx 0{,}786$ und $x_2 \approx -2{,}120$. Die zugeordneten y-Werte berechnet man aus $y = f(x)$ unter Verwendung des HORNERschen Schemas:

|        | 1      | 2      | -5     | -6     |         |
|--------|--------|--------|--------|--------|---------|
| 0,786  |        | 0,786  | 2,190  | -2,209 |         |
|        |        | 2,786  | -2,810 | -8,209 | $\approx y_1$ |
| -2,120 |        | -2,120 | 0,254  | 10,062 |         |
|        |        | -0,120 | -4,746 | 4,062  | $\approx y_2$ |

Hinreichende Bedingungen für relative Extrema in $x_1$ oder $x_2$ sind Vorzeichenwechsel von $f'(x)$ an diesen Stellen. Über $f'(x) = 3(x - x_1) \cdot (x - x_2) \approx 3(x - 0{,}786) \cdot (x + 2{,}102)$ erkennt man, daß $f'(x)$ mit zunehmendem x in $x_1$ einen Vorzeichenwechsel von - nach + und in $x_2$ von + nach - erfährt. Demnach liegt in $x_1$ ein relatives Minimum mit $f(x_1) = y_1 \approx -8{,}209$ und in $x_2$ ein relatives Maximum mit $f(x_2) = y_2 \approx 4{,}062$ vor.

Ebenfalls hinreichend für relative Extrema sind von 0 verschiedene Werte von $f''(x)$ an diesen Stellen. Über $f''(x) = 6x + 4$ folgt $f''(x_1) \approx 6 \cdot 0{,}786 + 4 > 0$ und $f''(x_2) \approx 6 \cdot (-2{,}120) + 4 < 0$, was ein relatives Minimum in $x_1$ und ein relatives Maximum in $x_2$ anzeigt.

Aus der o. a. Faktorisierung $f'(x) = 3(x - x_1) \cdot (x - x_2) \approx 3(x - 0{,}786) \cdot (x + 2{,}102)$ ersieht man, daß $f'(x) > 0$ für $x < x_2 \lor x > x_1$, also $f(x)$ in diesen Intervallen streng monoton wächst. Dagegen fällt $f(x)$ für $x_2 < x < x_1$ streng monoton, weil hier $f'(x) < 0$ ist.

| x | ... | -3,5 | -3 | -2,5 | -2 | -1,5 | -1 | 0 | 1 | 1,5 | 2 | ... | *) |
|---|---|---|---|---|---|---|---|---|---|---|---|---|---|
| y | ... | -6,875 | 0 | 3,375 | 4 | 2,625 | 0 | -6 | -8 | -5,625 | 0 | ... | |

Wendepunkte können nur an den Nullstellen von $f''(x)$ auftreten (Notwendige Bedingung). Läßt sich darüber hinaus an einer dieser Stellen ein Vorzeichenwechsel von $f''(x)$ oder ein von 0 verschiedener Wert von $f'''(x)$ nachweisen, so handelt es sich tatsächlich um einen Wendepunkt (Hinreichende Bedingung). Mit $f''(x) = 6x + 4$ hat die Gleichung $f''(x) = 0$ als einzige Lösung $x_3 = -\frac{2}{3}$. $f''(x)$ wechselt mit zunehmendem x in $x_3$ sein Vorzeichen von - nach + bzw. ist $f'''(x) \equiv 6 \neq 0$, so daß mit $f(x_3) = y_3 \approx -2{,}074$ der Wendepunkt $W(-0{,}667; -2{,}074)$ gesichert ist.

Wegen $f''(x) \lessgtr 0$ für $x \lessgtr x_3$ ist der Graph von $y = f(x)$ für $x < x_3$ konkav und für $x > x_3$ konvex gekrümmt, wenn man im Richtungssinn der +Y-Achse blickt.

Die Gleichung der Tangente t in $P(-1{,}5; 2{,}625)$ ergibt sich über die Steigung $m = \tan\alpha = f'(-1{,}5) = -4{,}25$ mit $\alpha$ als Steigungswinkel zu $\frac{y - 2{,}625}{x + 1{,}5} = -4{,}25$ oder vereinfacht $t \equiv 17x + 4y + 15 = 0$.

Mit den Maßstäben $M_x = e_x \frac{mm}{Einheit\ x} = \frac{10\ mmm}{cm}$ und $M_y = e_y \frac{mm}{Einheit\ y} = \frac{5\ mm}{cm}$ ist die Steigung $m_B$ der Tangente im Bild $m_B = f'(x_P) \cdot \frac{M_y}{M_x} = -4{,}25 \cdot \frac{5}{10} = -2{,}125$ und damit der Steigungswinkel $\alpha_B \approx 115{,}20°$.

---

*) In Tabellen ist keine Unterscheidung zwischen genauen und gerundeten Werten getroffen; x und y sind rechtwinklige Koordinaten.

**141.** Man untersuche den Verlauf des Graphen von $y = f(x) = \dfrac{1}{x^2 - 1}$ in einem kartesischen Koordinatensystem und ermittle die Gleichung des Krümmungskreises im Punkt $P(-\sqrt{2};\ 1)$.

$$f'(x) = \frac{-2x}{(x^2 - 1)^2},$$

$$f''(x) = -2\frac{(x^2 - 1)^2 - 2x(x^2 - 1) \cdot 2x}{(x^2 - 1)^4} =$$

$$= 2\frac{3x^2 + 1}{(x^2 - 1)^3} \quad \text{für } |x| \neq 1.$$

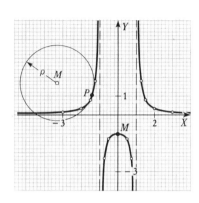

Gerade Funktion:

| x | ... | ±3 | ±2 | ±1,5 | ±1,25 | ±1 | ±0,75 | ±0,5 | 0 |
|---|-----|-----|-----|------|-------|-----|-------|------|-----|
| y | ... | 0,125 | 0,333 | 0,800 | 1,778 | ±∞ | -2,286 | -1,333 | -1 |

Relative Extrema, $f'(x) = 0$:

$x_1 = 0$, $y_1 = -1$. Wegen $f''(x_1) = -2 < 0$ ist $M(0;\ -1)$ ein relatives Maximum, was sich auch ohne Verwendung von $f''(x)$ aus der Tatsache ergibt, daß $f'(x)$ mit zunehmendem x in $x_1$ einen Vorzeichenwechsel von + nach - erfährt.

$f''(x) = 0$ hat keine Lösungen in der Grundmenge $\mathbb{R}$; es gibt demnach auch keine Wendepunkte.

Die beiden Nullstellen des Nenners von $f(x)$, nämlich $x_{2;3} = \pm 1$ lassen das Parallelenpaar $x \mp 1 \triangleq 0$ als zur X-Achse senkrechte Asymptoten erkennen. Wegen $\lim\limits_{x \to \pm\infty} f(x) = \lim\limits_{x \to \pm\infty} \dfrac{1}{x^2 - 1} = 0$ ist die X-Achse eine weitere Asymptote.

Die Koordinaten $x_M$ und $y_M$ des Mittelpunktes M des Krümmungskreises in $P(-\sqrt{2};\ 1)$ können nach den Formeln

$$x_M = x_P - \frac{(1 + y_P'^2)\, y_P'}{y_P''} \quad \text{und} \quad y_M = y_P + \frac{1 + y_P'^2}{y_P''} \quad \text{mit}$$

$y_P' = f'(-\sqrt{2}) = 2\sqrt{2}$ und $y_P'' = f''(-\sqrt{2}) = 14$ zu $x_M = -\dfrac{16}{7}\sqrt{2} \approx -3,23$

und $y_M = \dfrac{23}{14} \approx 1,64$ berechnet werden.

Der Radius $\rho$ des Krümmungskreises hat die Maßzahl

$$\rho^* = \left|\frac{(1 + y'^2_P)^{\frac{3}{2}}}{y''_P}\right| = \frac{27}{14} \approx 1{,}93 \text{ und die Gleichung des Krümmungskreises}$$

lautet $\left(x + \frac{16}{7}\sqrt{2}\right)^2 + \left(y - \frac{23}{14}\right)^2 = \left(\frac{27}{14}\right)^2$. Er durchsetzt den Graph.

---

**142.** Man diskutiere den Graph von $y = f(x) = \dfrac{12}{x^2 + 2x + 4}$ und stelle die Gleichung der Tangente in dem Wendepunkt mit der kleineren Abszisse auf.

$f'(x) = -24 \dfrac{x + 1}{(x^2 + 2x + 4)^2}$ ,

$f''(x) = 72\,x \dfrac{x + 2}{(x^2 + 2x + 4)^3}$ ,

$f'''(x) = \dfrac{288(x + 1)(2 - 2x - x^2)}{(x^2 + 2x + 4)^4}$

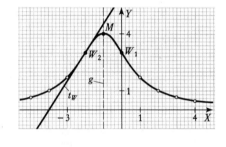

| x | ... | -5 | -4 | -3 | -2 | -1 | 0 | 1 | 2 | 3 | 4 | ... |
|---|---|---|---|---|---|---|---|---|---|---|---|---|
| y | ... | 0,63 | 1 | 1,71 | 3 | 4 | 3 | 1,71 | 1 | 0,63 | 0,43 | ... |

Relative Extrema, $f'(x) = 0$:

$x + 1 = 0$, $x_1 = -1$, $y_1 = 4$. Über $f''(-1) = -72 \cdot \dfrac{1}{27} < 0$ oder auch den Vorzeichenwechsel von + nach −, den $f'(x)$ in $x_1$ mit zunehmendem x erfährt, ist $M(-1; 4)$ als relatives Maximum erkennbar.

Wendepunkte, $f''(x) = 0$:

$x(x + 2) = 0$; $x_2 = 0$, $x_3 = -2$; $y_{2;3} = 3$. Wegen $f'''(0) \neq 0, f'''(-2) \neq 0$ erweisen sich $W_1(0; 3)$ und $W_2(-2; 3)$ als Wendepunkte.

Gleichung der Wendetangente in $W_2(-2; 3)$:

$\dfrac{y - 3}{x + 2} = f'(-2) = \dfrac{3}{2}$, $t_W \equiv 3x - 2y + 12 = 0$.

Aus $y = f(x) = \dfrac{12}{(x + 1)^2 + 3}$ ist $g \equiv x + 1 = 0$ als Symmetrieachse erkennbar.

**143.** Man diskutiere den Graph von $y = f(x) = \dfrac{5x}{1 + x^2}$ und ermittle weiterhin die Gleichung der Normalen n im Punkte $P\left(3;\dfrac{3}{2}\right)$ sowie die Länge von Normalen- und Subnormalenabschnitt bezüglich dieses Punktes.

$$f'(x) = 5\,\frac{1 - x^2}{(1 + x^2)^2}\;,$$

$$f''(x) = -10x\,\frac{3 - x^2}{(1 + x^2)^3}\;,$$

$$f'''(x) = -30\,\frac{x^4 - 6x^2 + 1}{(1 + x^2)^4}$$

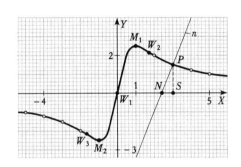

Ungerade Funktion:

| x ... | ±5 | ±4 | ±3 | ±2 | ±1 | 0 |
|---|---|---|---|---|---|---|
| y ... | ±0,96 | ±1,18 | ±1,50 | ±2 | ±2,50 | 0 |

Relative Extrema, $f'(x) = 0$:
$1 - x^2 = 0$, $x_{1;2} = \pm 1$, $y_{1;2} = \pm \dfrac{5}{2}$. $f''(+1) < 0$, $f''(-1) > 0$ oder die Art der Vorzeichenwechsel von $f'(x)$ in $x_1 = +1$ und $x_2 = -1$ bestätigen $M_1(1; 2,5)$ als relatives Maximum und $M_2(-1; -2,5)$ als relatives Minimum.

Wendepunkte, $f''(x) = 0$:
$x(3 - x^2) = 0$, $x_3 = 0$, $x_{4;5} = \pm\sqrt{3}$; $y_3 = 0$, $y_{4;5} = \pm\dfrac{5}{4}\sqrt{3} \approx 2,17$.
$f'''(0) \neq 0$, $f'''(\pm\sqrt{3}) \neq 0$ erweisen $W_1(0; 0)$, $W_{2;3}\left(\pm\sqrt{3}; \pm\dfrac{5}{4}\sqrt{3}\right)$ als Wendepunkte.

Gleichung der Normalen n in $P\left(3;\dfrac{3}{2}\right)$:

$$\frac{y - \dfrac{3}{2}}{x - 3} = -\frac{1}{f'(3)}\;,\quad n \equiv 5x - 2y - 12 = 0.$$

Die Längen von Normalen- und Subnormalenabschnitt bezüglich des Punktes $P\left(3;\dfrac{3}{2}\right)$ können nach den Formeln

$$\overline{PN} = \left|y_P\sqrt{1 + y'^2_P}\right| = \left|\frac{3}{2}\sqrt{1 + \left(-\frac{2}{5}\right)^2}\right|\,\text{cm} = \frac{3}{10}\sqrt{29}\,\text{cm} \approx 1{,}62\,\text{cm}$$

und $\overline{SN} = \left| y_P \cdot y'_P \right| = \left| \frac{3}{2} \cdot \left(-\frac{2}{5}\right) \right|$ cm $= \frac{3}{5}$ cm $= 0{,}6$ cm berechnet

werden, wobei die Längeneinheiten auf den Achsen in cm angenommen wurden.

**144.** Der Verlauf des Graphen von $y = f(x) = x + 2 + \frac{1}{x}$ ist zu untersuchen.
$f'(x) = 1 - \frac{1}{x^2}$, $f''(x) = \frac{2}{x^3}$ für $x \neq 0$.

| x | ... | -5 | -4 | -3 | -2 | -1 | -0,5 | -0,25 | 0 | 0,25 | 0,5 | 1 |
|---|---|---|---|---|---|---|---|---|---|---|---|---|
| y | ... | -3,20 | -2,25 | -1,33 | -0,5 | 0 | -0,5 | -2,25 | $\mp\infty$ | 6,25 | 4,5 | 4 |

| 2 | 3 | 4 | ... |
|---|---|---|---|
| 4,5 | 5,33 | 6,25 | ... |

Relative Extrema, $f'(x) = 0$:
$x^2 - 1 = 0$, $x_{1;2} = \pm 1$, $y_1 = 4$,
$y_2 = 0$. $f''(+1) > 0$, $f''(-1) < 0$
ergeben $M_1(1; 4)$ als relatives
Minimum und $M_2(-1; 0)$ als
relatives Maximum.

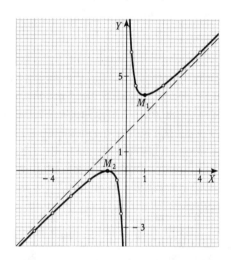

Wendepunkte können nicht auftreten, da $f''(x)$ für keinen Wert von x verschwindet. Die Y-Achse ist eine Asymptote der Kurve. Die weitere Asymptote hat die Gleichung $y = mx + q$.

Ihre Steigung m folgt aus

$$m = \lim_{x \to \pm\infty} \frac{f(x)}{x} = \lim_{x \to \pm\infty} \left(1 + \frac{2}{x} + \frac{1}{x^2}\right) = 1 \ ;$$

der Achsenabschnitt q wird aus

$$q = \lim_{x \to \pm\infty}[f(x) - mx] = \lim_{x \to \pm\infty}\left[x + 2 + \frac{1}{x} - x\right] = 2$$

erhalten.

Demnach ist diese Asymptotengleichung $y = x + 2$.

Da der Funktionsterm f(x) der unecht gebrochenrationalen Funktion y = f(x) als Summe des Terms x + 2 einer ganzrationalen Funktion und des Terms $\frac{1}{x}$ einer echt gebrochenrationalen Funktion vorliegt, kann die Asymptote auch unmittelbar als Graph der ganzrationalen Funktion 1. Grades y = x + 2 erkannt werden.

---

**145.** Man untersuche den Graph von $y = f(x) = \dfrac{x^2}{(2 + x)^2}$.

$f'(x) = \dfrac{4x}{(2 + x)^3}$, $f''(x) = 8\dfrac{1 - x}{(2 + x)^4}$,

$f'''(x) = 24\dfrac{x - 2}{(2 + x)^5}$, für $x \neq -2$.

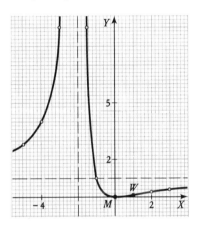

| x | ... | -5   | -4 | -3 | -2 | -1,5 | -1 | 0 | 1    | 2    | 3    | ... |
|---|-----|------|----|----|----|------|----|---|------|------|------|-----|
| y | ... | 2,78 | 4  | 9  | ∞  | 9    | 1  | 0 | 0,11 | 0,25 | 0,36 | ... |

Relative Extrema, f'(x) = 0:

$x_1 = 0$, $y_1 = 0$. $f''(0) > 0$ oder auch die Art des Vorzeichenwechsels von f'(x) in $x_1 = 0$ weisen den Nullpunkt als **relatives Minimum** aus.

Wendepunkte, f''(x) = 0:

$1 - x = 0$, $x_2 = 1$, $y_2 \approx 0,11$. $f'''(1) \neq 0$ oder der Vorzeichenwechsel von f''(x) in $x_2 = 1$ kennzeichnen $W\left(1; \dfrac{1}{9}\right)$ als Wendepunkt.

Die Gleichung der zur Y-Achse parallelen Asymptote ergibt sich durch Nullsetzen des Nenners zu 2 + x = 0.

Über $\lim\limits_{x \to \pm\infty} \dfrac{x^2}{(2 + x)^2} = \lim\limits_{x \to \pm\infty} \dfrac{1}{\left(\dfrac{2}{x} + 1\right)^2} = 1$ folgt y - 1 = 0 als Gleichung einer zur X-Achse parallelen Asymptote.

Zu diesem Ergebnis führt auch die durch Polynomdivision oder durch die Umformung

$$f(x) = \frac{x^2}{(2+x)^2} = \frac{x^2}{x^2+4x+4} = \frac{x^2+4x+4-4x-4}{x^2+4x+4} = 1 + \frac{-4x-4}{x^2+4x+4}$$

erhältliche Zerlegung des Terms f(x) der unecht gebrochenrationalen Funktion y = f(x) in einem ganzrationalen und einen echt gebrochenrationalen Teil (vgl. Nr. 144). Ersterer ergibt die Asymptotengleichung y = 1.

**146.** Der Graph von $y = f(x) = \dfrac{8x^3}{(3x-2)^2}$ ist auf seinen Verlauf zu untersuchen.

$f'(x) = 24 x^2 \dfrac{x-2}{(3x-2)^3}$,

$f''(x) = 192 \dfrac{x}{(3x-2)^4}$,

$f'''(x) = -192 \dfrac{9x+2}{(3x-2)^5}$,

für $x \neq \dfrac{2}{3}$.

| x | ... | -4 | -3 | -2 | -1 | 0 | 0,5 | 1 | 2 | 3 | 4 | 5 | ... |
|---|---|---|---|---|---|---|---|---|---|---|---|---|---|
| y | ... | -2,61 | -1,79 | -1 | -0,32 | 0 | 4 | 8 | 4 | 4,41 | 5,12 | 5,92 | ... |

Relative Extrema, f'(x) = 0:

$x^2(x-2) = 0$, $x_{1;2} = 0$, $x_3 = 2$, $y_{1;2} = 0$, $y_3 = 4$. $f''(x_{1;2}) = f''(0) = 0$. Das übliche Kriterium für relative Extrema versagt also hier. Tatsächlich liegt kein relatives Extremum vor, weil f'(x) in $x_1 = x_2 = 0$ keinen Vorzeichenwechsel erfährt. $f''(x_3) = f''(2) > 0$ oder auch der mit zunehmendem x in $x_3 = 2$ auftretende Vorzeichenwechsel von f'(x) von - nach + ergibt M(2; 4) als **relatives Minimum**.

Wendepunkte, f''(x) = 0:

$x_1 = 0$, $y_1 = 0$. $f'''(0) \neq 0$ führt auf W(0; 0) als Wendepunkt mit der X-Achse als **Wendetangente**.

Über die Nullstelle $\frac{2}{3}$ des Nenners von f(x) erhält man die zur Y-Achse parallele Gerade mit der Gleichung $x = \frac{2}{3}$ als eine **Asymptote**.

Die Steigung der zweiten Asymptote wird zu

$$m = \lim_{x \to \pm\infty} \frac{f(x)}{x} = \lim_{x \to \pm\infty} \frac{8x^2}{(3x-2)^2} = \lim_{x \to \pm\infty} \frac{8}{\left(3 - \frac{2}{x}\right)^2} = \frac{8}{9}$$

erhalten;

der zugehörige Achsenabschnitt wird

$$q = \lim_{x \to \pm\infty} [f(x) - mx] = \lim_{x \to \pm\infty} \left[\frac{8x^3}{(3x-2)^2}\right] - \frac{8}{9}x =$$

$$= \lim_{x \to \pm\infty} \left[8x \cdot \frac{12x - 4}{9(3x-2)^2}\right] = \lim_{x \to \pm\infty} \left[\frac{32}{9} \cdot \frac{3 - \frac{1}{x}}{\left(3 - \frac{2}{x}\right)^2}\right] = \frac{32}{27}.$$

Somit lautet die Gleichung dieser Asymptote $y = \frac{8}{9}x + \frac{32}{27}$.

Diese kann auch aus der durch Polynomdivision erhältlichen Zerlegung

$$f(x) = \frac{8}{9}x + \frac{32}{27} + \frac{\frac{32}{3}x - \frac{128}{27}}{9x^2 - 12x + 4}$$

der unecht gebrochenrationalen Funktion hergeleitet werden (vgl. Nr. 144). Der ganzrationale Anteil führt nämlich auf $y = \frac{8}{9}x + \frac{32}{27}$ als Asymptotengleichung.

---

**147.** Welchen Graph hat $y = f(x) = \frac{x^3 + x - 2}{x}$ ?

| x | ... | -2 | -1,5 | -1 | -0,5 | 0 | 0,5 | 1 | 1,5 | 2 | 2,5 | ... |
|---|---|---|---|---|---|---|---|---|---|---|---|---|
| y | ... | 6 | 4,58 | 4 | 5,25 | $\pm\infty$ | -2,75 | 0 | 1,92 | 4 | 6,45 | ... |

Division mit x liefert die Zerlegung $f(x) = (x^2 + 1) + \frac{-2}{x}$.

Der ganzrationale Anteil (vgl. Nr. 144) läßt die Parabel $P \equiv y - x^2 - 1 = 0$ als Grenzkurve erkennen, welcher sich der Graph von $y = f(x)$ mit $x \to \pm\infty$ beliebig nähert.

Die Y-Achse ist Asymptote.

$f'(x) = 2x + \dfrac{2}{x^2}$, $f''(x) = 2 - \dfrac{4}{x^3}$,

$f'''(x) = \dfrac{12}{x^4}$ für $x \neq 0$.

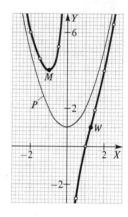

Relative Extrema, $f'(x) = 0$:

$2x + \dfrac{2}{x^2} = 0$, $x^3 = -1$. also Lösung $x_1 = -1$

in der Grundmenge $\mathbb{R}$. Mit $f''(-1) > 0$ erhält man $M(-1; 4)$ als relatives Minimum.

Wendepunkte, $f''(x) = 0$:

$2 - \dfrac{4}{x^3} = 0$, also Lösung $x_3 = \sqrt[3]{2} \approx 1{,}26$ in der Grundmenge $\mathbb{R}$. Wegen $f'''(x_3) \neq 0$ ist $W(1{,}26; 1)$ ein Wendepunkt.

---

**148.** Man untersuche den Graph von $y = f(x) = \dfrac{x}{3}\sqrt{x} = \dfrac{1}{3}x^{\frac{3}{2}}$ und bestimme die Länge von Tangenten- und Subtangentenabschnitt für den Punkt $P\left(4; \dfrac{8}{3}\right)$.

$f'(x) = \dfrac{1}{2}x^{\frac{1}{2}}$, für $x \geq 0$; $f''(x) = \dfrac{1}{4\sqrt{x}}$, für $x > 0$.

| x | 0 | 1 | 2 | 3 | 4 | 5 | 6 | 7 | ... |
|---|---|---|---|---|---|---|---|---|---|
| y | 0 | 0,33 | 0,94 | 1,73 | 2,67 | 3,73 | 4,90 | 6,17 | ... |

Relative Extrema, $f'(x) = 0$:

$x_1 = 0$. Dies ist aber das kleinste Element der Definitionsmenge $\mathbb{D}_y = \{x \mid x \geq 0 \wedge x \in \mathbb{R}\}$ von $y = f(x)$ und daher $f'(0) = 0$ die rechtsseitige Ableitung. Im Nullpunkt hat der Graph somit eine in die X-Achse fallende einseitige Tangente. Ein relatives Extremum liegt jedoch in $x_1 = 0$ nicht vor, weil $y = f(x)$ für $x < 0$ nicht definiert ist. Tatsächlich handelt es sich wegen des monotonen Wachsens von $f(x)$ in $\mathbb{D}_y$ um ein absolutes Randminimum.

$f''(x) = 0$ hat keine Lösung, weshalb es keine Wendepunkte geben kann.

Die Längen von Tangenten- und Subtangentenabschnitt bezüglich des Punktes $P\left(4; \dfrac{8}{3}\right)$ berechnen sich mit $y'_P = 1$ zu

$$\overline{PT} = \left| \frac{y_P}{y'_P} \cdot \sqrt{1 + y''^2_P} \right| = \frac{8}{3} \sqrt{2} \text{ cm} \approx$$

$$\approx 3{,}77 \text{ cm} \quad \text{und}$$

$$\overline{ST} = \left| \frac{y_P}{y'_P} \right| = \frac{8}{3} \text{ cm} \approx 2{,}67 \text{ cm}$$

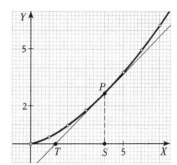

bei cm als Längeneinheiten auf den Achsen.

**149.** Welchen Verlauf hat der Graph von $y = f(x) = x - \sqrt{x + 2}$ ?

$$f'(x) = 1 - \frac{1}{2\sqrt{x+2}}, \quad f''(x) = \frac{1}{4\sqrt{x+2}^3}, \quad \text{für } x > -2.$$

| x | -2 | -1 | 0 | 1 | 2 | 3 | 4 | 5 | 6 | ... |
|---|----|----|----|----|----|----|----|----|----|-----|
| y | -2 | -2 | -1,41 | -0,73 | 0 | 0,76 | 1,55 | 2,35 | 3,17 | ... |

f(x) hat die (maximale) Definitionsmenge $\mathbb{D}_y = \{ x \mid x \geq -2 \wedge x \in \mathbb{R} \}$.

Relative Extrema, $f'(x) = 0$:

$2\sqrt{x+2} - 1 = 0; \quad x_1 = -\frac{7}{4},$

$y_1 = -\frac{9}{4}$. Aus $f''\left(-\frac{7}{4}\right) > 0$

ist $M(-1{,}75; -2{,}25)$ als relatives
Minimum erkennbar. Keine
Wendepunkte, weil $f''(x) = 0$
keine Lösung hat.

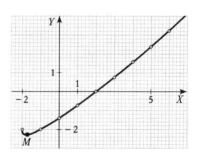

**150.** Man diskutiere den Graph von $y = f(x) = \sqrt{\left|\frac{x+2}{x-3}\right|}$.

f(x) hat die (maximale) Definitionsmenge $\mathbb{D}_y = \mathbb{R} \setminus \{3\}$.

Nachdem die Ungleichung $\frac{x+2}{x-3} \leq 0$ in $\mathbb{D}_y$ die Lösungsmenge

$\mathbb{L} = \{ x \mid -2 \leq x < 3 \}$ besitzt, gilt für $x \in \mathbb{L}$ die Gleichung $\left|\frac{x+2}{x-3}\right| = \frac{x+2}{3-x}$

und für $x \in \mathbb{D}_y \setminus \mathbb{L}$ die Gleichung $\left|\dfrac{x+2}{x-3}\right| = \dfrac{x+2}{x-3}$. Zusammengefaßt ist also

$$f(x) = \begin{cases} f_1(x) = \sqrt{\dfrac{x+2}{3-x}}, & \text{falls } -2 \leqslant x < 3 \\ f_2(x) = \sqrt{\dfrac{x+2}{x-3}}, & \text{falls } x < -2 \vee x > 3. \end{cases}$$

$$f_1'(x) = \dfrac{5}{2\sqrt{(x+2)(3-x)^3}}, \quad f_1''(x) = \dfrac{5}{4} \cdot \dfrac{4x+3}{\sqrt{(x+2)^3(3-x)^5}},$$

für $-2 < x < 3$,

$$f_2'(x) = \dfrac{-5}{2\sqrt{(x+2)(x-3)^3}}, \quad f_2''(x) = \dfrac{5}{4} \cdot \dfrac{4x+3}{\sqrt{(x+2)^3(x-3)^5}},$$

für $x < -2 \vee x > 3$.

| x | ... | -5 | -4 | -3 | -2 | -1 | 0 | 1 | 2 | 3 | 4 | 5 |
|---|---|---|---|---|---|---|---|---|---|---|---|---|
| y | ... | 0,61 | 0,53 | 0,41 | 0 | 0,5 | 0,82 | 1,22 | 2 | ∞ | 2,45 | 1,87 |

| 6 | 7 | ... |
|---|---|---|
| 1,63 | 1,50 | ... |

Relative Extremwerte können in den Definitionsmengen von $f_1'(x)$ und $f_2'(x)$ nicht auftreten, weil dort weder $f_1'(x) = 0$ noch $f_2'(x) = 0$ Lösungen besitzen. $f_1(x)$ und $f_2(x)$ sind in $x_1 = -2$ auch nicht einseitig differenzierbar. $P(-2; 0)$ ist eine **Spitze** und das **absolute Minimum** des Graphen, der dort eine zur Y-Achse parallele Tangente aufweist.

Die Gleichung $f_1''(x) = 0$ besitzt in ihrer Definitionsmenge $\{x \mid -2 < x < 3\}$ die Lösung $x_2 = -\dfrac{3}{4}$. Wegen des Vorzeichenwechsels von $f_1''(x)$ in $x_2$ ist $W\left(-\dfrac{3}{4}; \dfrac{1}{\sqrt{3}}\right)$ ein **Wendepunkt**. Die Gleichung $f_2''(x) = 0$ hat in ihrer Definitionsmenge $\{x \mid x < -2 \vee x > 3\}$ keine Lösungen.

Die Geraden mit den Gleichungen $x = 3$ und $y = 1$ sind **Asymptoten**.

**151.** Der Graph von $y = f(x) = x^2 \sqrt{x + 3}$ soll auf seine speziellen Eigenschaften untersucht werden.

$D_y = \{ x \mid x \geq -3 \}$.

$f'(x) = \dfrac{x}{2} \cdot \dfrac{5x + 12}{\sqrt{x + 3}}$,

$f''(x) = \dfrac{3}{4} \cdot \dfrac{5x^2 + 24x + 24}{\sqrt{x + 3}^3}$,

$f'''(x) = \dfrac{3}{8} \cdot \dfrac{5x^2 + 36x + 72}{\sqrt{x + 3}^5}$ mit

$D_{y'} = D_{y''} = D_{y'''} = D_y \setminus \{-3\}$.

| x | -3 | -2,5 | -2 | -1,5 | -1 | 0 | 1 | 1,5 | 2 | ... |
|---|---|---|---|---|---|---|---|---|---|---|
| y | 0 | 4,42 | 4 | 2,76 | 1,41 | 0 | 2 | 4,77 | 8,94 | ... |

Relative Extrema, $f'(x) = 0$:

$x \cdot (5x + 12) = 0$, $x_1 = 0$, $y_1 = 0$; $x_2 = -\dfrac{12}{5} = -2{,}4$, $y_2 \approx 4{,}46$.

Wegen $f''(0) > 0$ und $f''(-2{,}4) < 0$ ist $M_1(0; 0)$ ein **relatives Minimum** und $M_2(-2{,}4; 4{,}46)$ ein **relatives Maximum** des Graphen.

Wendepunkte, $f''(x) = 0$:

$5x^2 + 24x + 24 = 0$, $x_{3;4} = \dfrac{-12 \pm 2\sqrt{6}}{5}$; $x_3 \approx -1{,}42$, $x_4 \approx -3{,}38$.

$x_4 \notin D_{y''}$. Mit $x_3$ und $f'''(x_3) \neq 0$ ergibt sich $W(-1{,}42; 2{,}53)$ als Wendepunkt.

---

**152.** Wie verläuft der Graph von $y = f(x) = \sqrt{x^3 - 4x}$ ?

Die Definitionsmenge $D_y$ ergibt sich als Lösungsmenge von $x^3 - 4x \geq 0$ zu $D_y = \{ x \mid (x \geq 2 \lor -2 \leq x \leq 0) \land x \in \mathbb{R} \}$.

$f'(x) = \dfrac{3x^2 - 4}{2\sqrt{x^3 - 4x}}$, $f''(x) = \dfrac{1}{4} \cdot \dfrac{3x^4 - 24x^2 - 16}{\sqrt{x^3 - 4x}^3}$,

$f'''(x) = -\dfrac{3}{8} \cdot \dfrac{x^6 - 20x^4 - 80x^2 + 64}{\sqrt{x^3 - 4x}^5}$

mit $D_{y'} = D_{y''} = D_{y'''} = D_y \setminus \{-2; 0; 2\}$.

| x | -2 | -1,5 | -1 | -0,5 | 0 — 2 | 2,5 | 3 | 4 | ... |
|---|---|---|---|---|---|---|---|---|---|
| y | 0 | 1,62 | 1,73 | 1,37 | 0 — 0 | 2,37 | 3,87 | 6,93 | ... |

Relative Extrema, $f'(x) = 0$:

$3x^2 - 4 = 0$, $x_{1;2} = \pm \frac{2}{3}\sqrt{3} \approx \pm 1,15$.

$x_1 = \frac{2}{3}\sqrt{3} \in \mathbb{D}_{y'}$. Aus $x_2 = -\frac{2}{3}\sqrt{3} \in \mathbb{D}_{y'}$

ergibt sich mit $f''(x_2) < 0$ das relative Maximum $M(-1,15; 1,75)$.

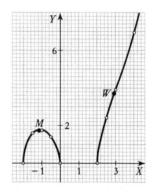

Wendepunkte, $f''(x) = 0$:

$3x^4 - 24x^2 - 16 = 0$, $x^2 = \frac{4}{3}(3 \pm 2\sqrt{3})$, $x_{3;4} = \pm\sqrt{\frac{4}{3}(3 + 2\sqrt{3})} \approx$

$\approx \pm 2,94$. $x_{5;6} = \pm\sqrt{\frac{4}{3}(3 - 2\sqrt{3})} \notin \mathbb{R}$.

Von den Werten $x_3 \approx 2,94$, $x_4 \approx -2,94$ liefert $x_3$ wegen $f'''(x_3) \neq 0$ den Wendepunkt $W(2,94; 3,69)$, während $x_4 \notin \mathbb{D}_{y''}$ ist.

---

**153.** Man untersuche den Graph von $y = f(x) = (x + 2) \cdot \sqrt{x - 1}$.

$\mathbb{D}_y = \{ x \mid (x \geqslant 1 \vee x = -2) \wedge x \in \mathbb{R} \}$.

$f'(x) = \frac{3}{2} \cdot \frac{x}{\sqrt{x - 1}}$, $f''(x) = \frac{3}{4} \cdot \frac{x - 2}{\sqrt{x - 1}^3}$,

$f'''(x) = -\frac{3}{8} \cdot \frac{x - 4}{\sqrt{x - 1}^5}$

mit $\mathbb{D}_{y'} = \mathbb{D}_{y''} = \mathbb{D}_{y'''} = \mathbb{D}_y \setminus \{-2; 1\} =$

$= \{ x \mid x > 1 \wedge x \in \mathbb{R} \}$.

| x | -2 | 1 | 1,5 | 2 | 3 | ... |
|---|---|---|---|---|---|---|
| y | 0 | 0 | 2,47 | 4 | 7,07 | ... |

$P(-2; 0)$ ist ein isolierter Kurvenpunkt.

Es gibt keine relativen Extrema, weil $f'(x) = 0$ in der Definitionsmenge $\mathbb{D}_{y'}$ nicht lösbar ist.

Wendepunkte, $f''(x) = 0$:

$x - 2 = 0$, $x_1 = 2 \in \mathbb{D}_{y''}$. Wegen $f'''(2) \neq 0$ ist $W(2; 4)$ ein Wendepunkt.

**154.** Man untersuche die durch $r = f(\varphi) = 0{,}5\varphi$ für $\varphi \geqslant 0$ gegebene Spirale des ARCHIMEDES*). Wie lautet die Gleichung der Tangente t an die Spirale im Punkte $P_0$ mit $\varphi_0 = \frac{3}{4}\pi$ in kartesischen Koordinaten bezüglich des in der Abbildung gewählten Koordinatensystems?

| $\varphi$ | 0 | $\frac{\pi}{4}$ | $\frac{\pi}{2}$ | $\frac{3}{4}\pi$ | $\pi$ | $\frac{5}{4}\pi$ | $\frac{3}{2}\pi$ | $\frac{7}{4}\pi$ | $2\pi$ | $\frac{9}{4}\pi$ | ... |
|---|---|---|---|---|---|---|---|---|---|---|---|
| r | 0 | 0,39 | 0,79 | 1,18 | 1,57 | 1,96 | 2,36 | 2,75 | 3,14 | 3,53 | ... |

Wird das kartesische XY-Koordinatensystem so gelegt, daß dessen Ursprung in den Drehpunkt des Radiusvektor fällt und dieser für $\varphi = 0$ in Richtung der positiven X-Achse weist, dann gelten die Transformationsformeln $x = r\cos\varphi$ und $y = r\sin\varphi$. Damit folgt die Parameterdarstellung

$x = 0{,}5\varphi \cdot \cos\varphi$ , $y = 0{,}5\varphi \cdot \sin\varphi$ .

Mit $f(\varphi_0) = \frac{3}{8}\pi$ erhält man

$x_0 = \frac{3}{8}\pi \cdot \cos\frac{3}{4}\pi \approx -0{,}83$ und

$y_0 = \frac{3}{8}\pi \cdot \sin\frac{3}{4}\pi \approx 0{,}83$,

also $P_0(-0{,}83; 0{,}83)$.

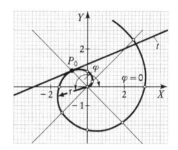

In Intervallen, in denen $\frac{dx}{d\varphi} \neq 0$ ist, kann y als Funktion von x angesehen werden, wofür $\frac{dy}{dx} = \frac{dy}{d\varphi} : \frac{dx}{d\varphi} = \frac{\sin\varphi + \varphi \cdot \cos\varphi}{\cos\varphi - \varphi \cdot \sin\varphi}$ gilt.

Die Steigung der Tangente t in $P_0$ ist somit

$\left(\frac{dy}{dx}\right)_{\varphi = \varphi_0} = \frac{\sin 135° + \frac{3}{4}\pi \cos 135°}{\cos 135° - \frac{3}{4}\pi \sin 135°} = \frac{3\pi - 4}{3\pi + 4} \approx 0{,}40$ und ihre

Gleichung ergibt sich über $\frac{y - 0{,}83}{x + 0{,}83} \approx 0{,}40$ zu $t \equiv 0{,}40x - y + 1{,}16 \approx 0$.

---

*) r und $\varphi$ sind Polarkoordinaten mit $r \geqslant 0$ als Radiusvektor und $\varphi$ als Drehwinkel.

**155.** Man diskutiere den Verlauf der durch $r = f(\varphi) = \dfrac{3}{\varphi}$ für $\varphi > 0$ festgelegten **hyperbolischen Spirale**. Welche Gleichung hat die Normale n im Punkte P mit $\varphi_0 = \dfrac{\pi}{2}$ bezüglich des kartesischen Koordinatensystems der Zeichnung?

| $\varphi$ | ... | $\dfrac{\pi}{6}$ | $\dfrac{\pi}{4}$ | $\dfrac{\pi}{3}$ | $\dfrac{\pi}{2}$ | $\dfrac{3}{4}\pi$ | $\pi$ | $\dfrac{5}{4}\pi$ | $\dfrac{3}{2}\pi$ | $\dfrac{7}{4}\pi$ | $2\pi$ |
|---|---|---|---|---|---|---|---|---|---|---|---|
| r | ... | 5,73 | 3,82 | 2,86 | 1,91 | 1,27 | 0,95 | 0,76 | 0,64 | 0,55 | 0,48 |

| $\varphi$ | $\dfrac{9}{4}\pi$ | $\dfrac{5}{2}\pi$ | ... |
|---|---|---|---|
| r | 0,42 | 0,38 | ... |

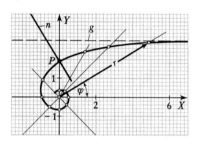

Der Nullpunkt ist ein der Spirale zugeordneter **asymptotischer Punkt**. Sind für einen Winkel $\varphi = \alpha$ die Grenzwerte $\lim\limits_{\varphi \to \alpha} f(\varphi) = \infty$ und
$\lim\limits_{\varphi \to \alpha} \dfrac{[f(\varphi)]^2}{f''(\varphi)} = \delta$ , gegebenenfalls einseitig, vorhanden, so ist $x \cdot \sin\alpha - y \cdot \cos\alpha - \delta = 0$ die Gleichung einer zugeordneten Asymptote.

Im vorliegenden Beispiel erfüllt $\alpha = 0$ wegen $\lim\limits_{\varphi \to 0+0} \dfrac{3}{\varphi} = \infty$ und

$\lim\limits_{\varphi \to 0+0} \dfrac{\left[\dfrac{3}{\varphi}\right]^2}{\dfrac{-3}{\varphi^2}\cdot\varphi^2} = \lim\limits_{\varphi \to 0+0} (-3) = -3$ diese Voraussetzungen und liefert die

Asymptote $g \equiv y - 3 = 0$.

$f(\varphi_0) = \dfrac{6}{\pi}$ und die Transformationsformeln $x = f(\varphi) \cdot \cos\varphi$, $y = f(\varphi) \cdot \sin\varphi$ liefern für $\varphi = \varphi_0$ die kartesischen Koordinaten $x_0 = 0$, $y_0 = \dfrac{6}{\pi}$, also $P\left(0; \dfrac{6}{\pi}\right)$.

Mit $\dfrac{dy}{dx} = \dfrac{\dfrac{dy}{d\varphi}}{\dfrac{dx}{d\varphi}} = \dfrac{3 \cdot \dfrac{\varphi\cos\varphi - \sin\varphi}{\varphi^2}}{3 \cdot \dfrac{-\varphi\sin\varphi - \cos\varphi}{\varphi^2}} = \dfrac{\sin\varphi - \varphi \cdot \cos\varphi}{\varphi \cdot \sin\varphi + \cos\varphi}$ für $\dfrac{dx}{d\varphi} \neq 0$

erhält man $\left(\dfrac{dy}{dx}\right)_{\varphi = \frac{\pi}{2}} = \dfrac{2}{\pi}$. Die Steigung $m_n$ der Normale n in P ist daher $m_n = -\dfrac{1}{\frac{2}{\pi}} = -\dfrac{\pi}{2}$ und ihre Gleichung ergibt sich über

$\dfrac{y - \frac{6}{\pi}}{x} = -\dfrac{\pi}{2}$ zu $1{,}57x + y - 1{,}91 \approx 0$.

---

**156.** Man untersuche die durch $r = f(\varphi) = 2\left(\varphi - \dfrac{\varphi^2}{6}\right)$ gegebene Kurve. Welchen Extremwert kann r annehmen?

Wegen der Forderung $r \geqslant 0$,

also $2\varphi\left(1 - \dfrac{\varphi}{6}\right) \geqslant 0$ ist $f(\varphi)$ nur für

$0 \leqslant \varphi \leqslant 6$ definiert

| $\varphi$ | 0 | $\dfrac{\pi}{4}$ | $\dfrac{\pi}{2}$ | $\dfrac{3}{4}\pi$ | $\pi$ | $\dfrac{5}{4}\pi$ | $\dfrac{3}{2}\pi$ | $\dfrac{7}{4}\pi$ | $6 \mathrel{\widehat{\approx}} 343{,}77^\circ$ |
|---|---|---|---|---|---|---|---|---|---|
| r | 0 | 1,37 | 2,32 | 2,86 | 2,99 | 2,71 | 2,02 | 0,92 | 0 |

$\dfrac{dr}{d\varphi} = 2\left(1 - \dfrac{\varphi}{3}\right)$, $\dfrac{d^2r}{d\varphi^2} = -\dfrac{2}{3}$, für $0 \leqslant \varphi \leqslant 6$.

Relative Extrema von r, $\dfrac{dr}{d\varphi} = 0$:

$1 - \dfrac{\varphi}{3} = 0$, $\varphi_M = 3 \mathrel{\widehat{\approx}} 171{,}89^\circ$, $r_M = 3$. Weil $\dfrac{d^2r}{d\varphi^2} < 0$ ist, handelt es sich hier um das einzige vorhandene relative Maximum M. Wegen $f(0) = f(6) = 0$ hat der Punkt M unter allen Kurvenpunkten vom Nullpunkt den größten Abstand; $r_M$ ist daher ein absolut maximaler Wert. In dem eingeführten kartesischen Koordinatensystem kann über $x_M = r_M \cdot \cos\varphi_M$ und $y_M = r_M \cdot \sin\varphi_M$ noch $M(-2{,}97;\ 0{,}42)$ erhalten werden.

---

**157.** Es ist der Graph der Funktion $z = f(x;y) = 3 - \dfrac{x^2}{9} - \dfrac{y^2}{4}$ zu diskutieren und die Gleichung der Tangentialebene T im Punkt $Q\left(2;\ 2;\ \dfrac{14}{9}\right)$ anzugeben.

Aus $\dfrac{x^2}{9} + \dfrac{y^2}{4} = 3 - z$ erkennt man die Wertemenge $W_z = \{z \mid z \leqslant 3\}$.

Innerhalb dieses Bereichs wird die Fläche von Parallelebenen zur XY-Ebene im gerichteten Abstand z in Ellipsen mit den Gleichungen

$\dfrac{x^2}{9(3-z)} + \dfrac{y^2}{4(3-z)} = 1$ geschnitten. Parallelschnitte zur YZ- bzw. XZ-Ebene führen auf Parabelgleichungen. Es liegt somit ein **elliptisches Paraboloid** P vor.

Durch partielle Differentiation folgt

$\dfrac{\partial z}{\partial x} = -\dfrac{2}{9}x, \quad \dfrac{\partial z}{\partial y} = -\dfrac{y}{2},$

$\dfrac{\partial^2 z}{\partial x^2} = -\dfrac{2}{9}, \quad \dfrac{\partial^2 z}{\partial y^2} = -\dfrac{1}{2},$

$\dfrac{\partial^2 z}{\partial x\,\partial y} = \dfrac{\partial^2 z}{\partial y\,\partial x} = 0.$

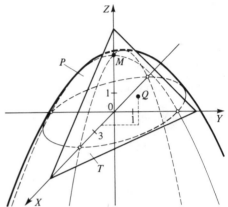

Relative Extremwerte, $\dfrac{\partial z}{\partial x} = \dfrac{\partial z}{\partial y} = 0$:

$x_1 = y_1 = 0$, $z_1 = 3$. Wegen $f''_{xx}(x_1;y_1) < 0$ und $f''_{xx}(x_1;y_1) \cdot f''_{yy}(x_1;y_1) - f''^2_{xy}(x_1;y_1) > 0$ liegt im Punkt $M(0;0;3)$ ein relatives Maximum vor; dieses ist wegen $W_z = \{z \mid z \leq 3\}$ zugleich absolutes Maximum.

Die Gleichung der Tangentialebene T im Punkt Q ergibt sich mit Verwendung des Flächennormalenvektors

$\vec{n} = \begin{pmatrix} f'_x(x_Q; y_Q) \\ f'_y(x_Q; y_Q) \\ -1 \end{pmatrix} = \begin{pmatrix} -\dfrac{4}{9} \\ -1 \\ -1 \end{pmatrix}$ zu

$T \equiv \vec{n}(\vec{r} - \vec{r}_Q) = -\begin{pmatrix} \dfrac{4}{9} \\ 1 \\ 1 \end{pmatrix}\begin{pmatrix} x-2 \\ y-2 \\ z-\dfrac{14}{9} \end{pmatrix} = -\begin{pmatrix} \dfrac{4}{9}x \\ y \\ z \end{pmatrix} + \dfrac{40}{9} = 0$

oder $T \equiv 4x + 9y + 9z - 40 = 0$.

**158.** Man untersuche die durch $z = f(x; y) = \frac{1}{8}(2y^2 - x^2)$ im $R_3$ gegebene Fläche, zeige, daß es durch jeden ihrer Punkte $P_0(x_0; y_0; z_0)$ zwei ganz in ihr liegende Gerade gibt und bestimme deren Richtungsvektoren.

Parallelebenen zur XY-Ebene mit den Gleichungen $z = c_1 \wedge c_1 \neq 0$ schneiden die Fläche in Hyperbeln, deren reelle Halbachsen für $c_1 > 0$ in der YZ-Ebene parallel zur Y-Achse und für $c_1 < 0$ in der XZ-Ebene parallel zur X-Achse verlaufen. Für $c_1 = 0$ ergibt sich das durch $y = \pm \frac{\sqrt{2}}{2}x$ festgelegte Geradenpaar in der XY-Ebene.

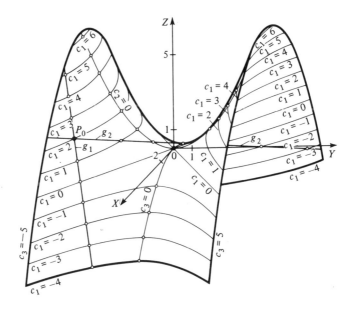

Zur YZ-Ebene parallele Schnitte mit den Gleichungen $x = c_2$ schneiden aus der Fläche Parabeln aus, deren zur Z-Achse parallele Symmetrieachsen in der XZ-Ebene liegen und die im positiven Richtungssinn der Z-Achse geöffnet sind.

Schließlich schneiden zur XZ-Ebene parallele Ebenen mit den Gleichungen $y = c_3$ Parabeln aus, deren zur Z-Achse parallelen Symmetrieachsen in der YZ-Ebene liegen und die im negativen Richtungssinn der Z-Achse geöffnet sind.

Die Fläche wird als **hyperbolisches Paraboloid** bezeichnet.

$$\frac{\partial z}{\partial x} = -\frac{x}{4}, \quad \frac{\partial z}{\partial y} = \frac{y}{2}, \quad \frac{\partial^2 z}{\partial x^2} = -\frac{1}{4}, \quad \frac{\partial^2 z}{\partial y^2} = \frac{1}{2}, \quad \frac{\partial^2 z}{\partial x\, \partial y} = \frac{\partial^2 z}{\partial y\, \partial x} = 0.$$

Flächenpunkte mit zur XY-Ebene parallelen Tangentialebenen, $\frac{\partial z}{\partial x} = 0$, $\frac{\partial z}{\partial y} = 0$:

$x_1 = y_1 = 0$. Der so erhaltene Nullpunkt 0 ist jedoch kein relativer Extrempunkt der Fläche, weil

$$f''_{xx}(0;0) \cdot f''_{yy}(0;0) - [f''_{xy}(0;0)]^2 = -\frac{1}{8} < 0 \text{ ist.}$$

Es liegt ein **Sattelpunkt** vor.

Wählt man für eine Gerade g durch einen Flächenpunkt $P_0(x_0; y_0; z_0)$

die Parameterdarstellung $\begin{array}{l} x = x_0 + p \cdot t \\ y = y_0 + q \cdot t \\ z = z_0 + r \cdot t \end{array} \wedge p, q, r \in \mathbb{R}$, so folgt durch

Einsetzen in $z = f(x;y)$ für t die Gleichung $z_0 + rt = \frac{1}{8}[2(y_0 + qt)^2 - (x_0 + pt)^2]$, welche sich durch Zusammenfassen unter Beachtung

von $z_0 = \frac{1}{8}(2y_0^2 - x_0^2)$ auf $t \cdot [(2q^2 - p^2)t + (4y_0 q - 2x_0 p - 8r)] = 0$

vereinfachen läßt. Soll g in der Fläche liegen, muß diese Gleichung für jedes $t \in \mathbb{R}$ erfüllt sein, was auf das Gleichungssystem

$$2q^2 - p^2 = 0$$
$$4y_0 q - 2x_0 p - 8r = 0$$

für p, q, r führt. Mit $q \in \mathbb{R}$ als freier Unbekannter erhält man hieraus

$p = \pm q \cdot \sqrt{2}$ ; $r = q \dfrac{2y_0 \mp x_0 \sqrt{2}}{4}$. Für jedes $q \neq 0$ ergeben sich so

die nichtkollinearen Vektoren $\vec{v}_{1;2} = q \cdot \begin{pmatrix} \pm\sqrt{2} \\ 1 \\ \dfrac{2y_0 \mp x_0 \sqrt{2}}{4} \end{pmatrix}$ und weil nur

die Richtungen dieser Vektoren interessieren, kann etwa $q = 1$ gesetzt werden. Es liegt somit eine **Regelfläche** vor, bei der in jedem Flächenpunkt 2 ganz in der Fläche verlaufende Geraden $g_1$, $g_2$ vorhanden sind.

Für den speziellen Punkt $P_0(4; -4; 2)$ erhält man

$$g_1 \equiv \vec{r} - \begin{pmatrix} 4 \\ -4 \\ 2 \end{pmatrix} - \begin{pmatrix} \sqrt{2} \\ 1 \\ -2 - \sqrt{2} \end{pmatrix} \cdot t = 0 \quad \text{und}$$

$$g_2 \equiv \vec{r} - \begin{pmatrix} 4 \\ -4 \\ 2 \end{pmatrix} - \begin{pmatrix} -\sqrt{2} \\ 1 \\ -2 + \sqrt{2} \end{pmatrix} \cdot t = 0.$$

**159.** Gegeben ist die Funktion $z = f(x; y) = \dfrac{-4xy}{x^2 + y^2}$ mit der Definitionsmenge $\mathbb{D}_z = \mathbb{R}^2 \setminus \{(0; 0)\}$. Die Funktion soll diskutiert und das zugehörige Schaubild gezeichnet werden.

Bei Einführung von **Zylinderkoordinaten** durch $x = r \cdot \cos\varphi$ und $y = r \cdot \sin\varphi$ folgt $z = -4 \cdot \sin\varphi \cdot \cos\varphi = -2 \cdot \sin(2\varphi)$. Es liegt somit eine **Regelfläche** vor, deren erzeugende Geraden parallel zur XY-Ebene verlaufen und die Z-Achse schneiden. Die Wertemenge ist $\mathbb{W}_z = \{z \mid |z| < 2\}$.

Durch partielle Differentiation erhält man

$$\frac{\partial z}{\partial x} = 4y \cdot \frac{x^2 - y^2}{(x^2 + y^2)^2},$$

$$\frac{\partial z}{\partial y} = 4x \cdot \frac{y^2 - x^2}{(x^2 + y^2)^2},$$

$$\frac{\partial^2 z}{\partial x^2} = 8xy \cdot \frac{3y^2 - x^2}{(x^2 + y^2)^3},$$

$$\frac{\partial^2 z}{\partial y^2} = 8xy \cdot \frac{3x^2 - y^2}{(x^2 + y^2)^3}, \qquad \frac{\partial^2 z}{\partial x \, \partial y} = \frac{\partial^2 z}{\partial y \, \partial x} = 4 \cdot \frac{x^4 + y^4 - 6x^2 y^2}{(x^2 + y^2)^3}$$

für $(x; y) \neq (0; 0)$.

Flächenpunkte mit zur XY-Ebene paralleler Tangentialebene,

$$\frac{\partial z}{\partial x} = \frac{\partial z}{\partial y} = 0:$$

$y = \pm x$, $z = \mp 2$. Es ist zwar $f''_{xx}(x; \pm x) = \pm \dfrac{2}{x^2} \neq 0$, jedoch

$$f''_{xx}(x; \pm x) \cdot f''_{yy}(x; \pm x) - f''^{\,2}_{xy}(x; \mp x) = \frac{4}{x^4} - \frac{4}{x^4} = 0;$$ das Kriterium für relative Extremwerte versagt somit.

Wegen $f(x; \pm x) = \mp 2$ und $\mathbb{W}_z = \{z \mid |z| \leq 2\}$ liegen aber in den Stellen $(x; x)$ bzw. $(x; -x)$ von $\mathbb{D}_z$ absolute Minima bzw. Maxima im weiteren Sinne vor. Die entsprechenden Punkte liegen jeweils auf einer Erzeugenden der Fläche.

**160.** Gegeben ist die Funktion $z = f(x; y) = 5 \cdot \dfrac{1 - x^2 - y^2}{(2 + y)^2}$ mit der Definitionsmenge $D_z = \{(x; y) \mid (x; y) \in \mathbb{R}^2 \land y \neq -2\}$. Es soll der zugehörige Graph diskutiert werden.

Wegen $f(-x; y) = f(x; y)$ liegt Symmetrieverhalten des Graphen bezüglich der YZ-Ebene vor.

$\dfrac{\partial z}{\partial x} = -\dfrac{10x}{(2 + y)^2}$ ,

$\dfrac{\partial z}{\partial y} = 10 \cdot \dfrac{x^2 - 2y - 1}{(2 + y)^3}$ ,

$\dfrac{\partial^2 z}{\partial x^2} = -\dfrac{10}{(2 + y)^2}$ ,

$\dfrac{\partial^2 z}{\partial y^2} = 10 \cdot \dfrac{-3x^2 + 4y - 1}{(2 + y)^4}$ ,

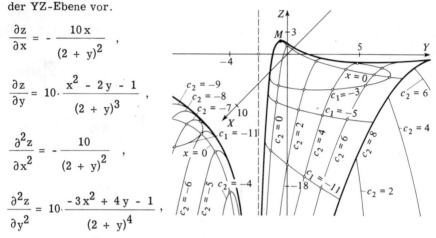

$\dfrac{\partial^2 z}{\partial x \partial y} = \dfrac{\partial^2 z}{\partial y \partial x} = \dfrac{20x}{(2 + y)^3}$ für $(x; y) \in D_z$.

Relative Extremwerte, $f'_x = 0$ und $f'_y = 0$:

Aus $\dfrac{\partial z}{\partial x} = 0$ folgt $x_1 = 0$ und damit aus $\dfrac{\partial z}{\partial y} = 0$ über $x^2 - 2y - 1 = 0$ $y_1 = -0{,}5$. Der zugehörige z-Wert berechnet sich zu

$z_1 = 5 \cdot \dfrac{1 - 0{,}25}{2{,}25} = \dfrac{5}{3}$ .

Da $f''_{xx}(x_1; y_1) = -\dfrac{40}{9} < 0$ und $[f''_{xx} \cdot f''_{yy} - f''^2_{xy}](x_1; y_1) = \dfrac{-40}{9} \cdot \dfrac{-160}{27} - 0 >$
$> 0$, liegt in $M\left(0; -0{,}5; \dfrac{5}{3}\right)$ ein relatives Maximum vor.

Parallelebenen zur XY-Ebene im gerichteten Abstand $c_1$ schneiden die sich als Graph ergebende Fläche in Kegelschnitten mit den Gleichungen $5x^2 + (5 + c_1)y^2 + 4c_1 y + 4c_1 - 5 = 0$. Für $c_1 = -5$ erhält man mit $x^2 - 4y - 5 = 0$ die Gleichung einer Parabel. Für $c_1 \neq -5$ können über die Umformung

$$\frac{x^2}{\dfrac{5-3c_1}{5+c_1}} + \frac{\left(y+\dfrac{2c_1}{5+c_1}\right)^2}{\dfrac{5(5-3c_1)}{(5+c_1)^2}} = 1 \quad \text{im Falle } -5 < c_1 < \frac{5}{3} \text{ Ellipsen mit}$$

dem Sonderfall eines Kreises für $c_1 = 0$, sowie für $c_1 < -5$ Hyperbeln als Schnittkurven erkannt werden. $c_1 > \dfrac{5}{3}$ erbringt keine reellen Kurven. $c_1 = \dfrac{5}{3}$ liefert den bereits errechneten Punkt M $\left(0;\ -0{,}5;\ \dfrac{5}{3}\right)$ als absolutes Maximum.

Die Schnittkurven des Graphen mit Parallelebenen zur XZ-Ebene von der Gleichung $y = c_2$ sind Parabeln mit den Gleichungen $5x^2 + (2+c_2)^2 \cdot z - 5(1-c_2^2) = 0$.

$y + 2 = 0$ ist die Gleichung einer **asymptotischen Ebene**, welcher sich die Fläche für $z \to -\infty$ beliebig nähert.

---

**161.** Man diskutiere den Graph der Funktion $z = f(x; y) = 2 \cdot \dfrac{x-y+2}{x^2+y^2}$
mit $D_z = \mathbb{R}^2 \setminus \{0; 0\}$.

Durch partielle Differentiation ergeben sich

$$\frac{\partial z}{\partial x} = 2 \cdot \frac{-x^2+y^2+2xy-4x}{(x^2+y^2)^2}, \quad \frac{\partial z}{\partial y} = 2 \cdot \frac{-x^2+y^2-2xy-4y}{(x^2+y^2)^2},$$

$$\frac{\partial^2 z}{\partial x^2} = 4 \cdot \frac{x^3 - 3x^2y + 6x^2 - 3xy^2 + y^3 - 2y^2}{(x^2+y^2)^3},$$

$$\frac{\partial^2 z}{\partial y^2} = -4 \cdot \frac{x^3 - 3x^2y - 3xy^2 + y^3 + 2x^2 - 6y^2}{(x^2+y^2)^3},$$

$$\frac{\partial^2 z}{\partial x \, \partial y} = \frac{\partial^2 z}{\partial y \, \partial x} = 4 \cdot \frac{x^3 - y^3 + 3x^2y - 3xy^2 + 8xy}{(x^2+y^2)^3}, \quad \text{für } x^2+y^2 \neq 0.$$

Relative Extremwerte, $f'_x = 0$ und $f'_y = 0$:

Die in Frage kommenden Wertepaare (x; y) ergeben sich als Lösungsmenge des Gleichungssystems

$-x^2 + y^2 + 2xy - 4x = 0$  ... 1)

$-x^2 + y^2 - 2xy - 4y = 0$  ... 2)  in der Grundmenge $\mathbb{D}_z$.

1) + 2)

$-2x^2 + 2y^2 - 4x - 4y = 0$  ... 3)

1) - 2)

$4xy - 4x + 4y = 0$   ... 4)

aus 3)

$(x+y)(x-y+2) = 0$   ... 5)

5) in 4)

$y = -x$:

$x^2 + 2x = 0$

$x_1 = 0,\ x_2 = -2$;

$y_1 = 0,\ y_2 = 2$;

$y = x + 2$:

$x^2 + 2x + 2 = 0$

$x_{3;4} = -1 \pm i$.

$y_{3;4} = 1 \pm i$.

$(x_1;y_1)$, $(x_3;y_3)$, $(x_4;y_4) \notin \mathbb{D}_z$. Somit kann allenfalls $z_2 = f(x_2;y_2) = -0{,}5$ ein relatives Extremum sein.

Da $f''_{xx}(x_2;y_2) = \frac{1}{8} > 0$ und $[f''_{xx} \cdot f''_{yy} - f''^2_{xy}](x_2;y_2) = \frac{1}{8} \cdot \frac{1}{8} - 0 > 0$, liegt in $M(-2;\,2;\,-0{,}5)$ ein relatives Minimum vor.

Durch $z = c \wedge c \neq 0$ festgelegte Parallelebenen zur XY-Ebene schneiden die Fläche in Kreisen mit den Gleichungen $cx^2 + cy^2 - 2x + 2y - 4 = 0$ oder umgeformt $\left(x - \frac{1}{c}\right)^2 + \left(y + \frac{1}{c}\right)^2 = \frac{4c+2}{c^2}$. Reelle Kreise treten somit nur für $c > -0{,}5$ auf und der sich für $c = -0{,}5$ ergebende, bereits früher gefundene Punkt $M(-2;\,2;\,-0{,}5)$ ist daher ein absolutes Minimum der Fläche. Für $c = 0$ ist die Schnittkurve eine Gerade mit der Gleichung $x - y + 2 = 0$.

**162.** Welchen größten Flächeninhalt $A_{max}$ kann ein Rechteck annehmen, das sich von einem Seil der Länge l umspannen läßt?

Bezeichnet man die Länge einer der Rechteckseiten mit x, dann läßt sich der Inhalt des Rechtecks in der Form

$A = f(x) = x \left( \frac{l}{2} - x \right)$ darstellen, wobei vom

Problem her x auf $x \in \mathbb{D}_A = \left\{ x \mid 0 < x < \frac{l}{2} \right\}$

beschränkt werden muß. Über $f'(x) = \frac{l}{2} - 2x$

liefert $f'(x) = 0$ als einzige Lösung die Länge $x_M = \frac{l}{4} \in \mathbb{D}_A$. Wegen

$f'(x) \gtrless 0$ für $x \lessgtr x_M \wedge x \in \mathbb{D}_A$ liegt daher mit $A_{max} = f(x_M) = \frac{l^2}{16}$ das

absolute Maximum des Flächeninhalts vor.

Das Quadrat hat somit von allen Rechtecken gleichen Inhalts den kleinsten Umfang.

Durch die Umformung $f(x) = \frac{l^2}{16} - \left( x - \frac{l}{4} \right)^2$ kann der Graph von $A = f(x)$ als Parabel mit den Scheitelkoordinaten $x_M$ und $A_{max}$ erkannt werden.

Für die Zeichnung wurde l = 12 cm gewählt, woraus sich $A_{max} = 9$ cm$^2$ ergibt.

| $\frac{x}{cm}$ | 0 | 1 | 2 | 3 | 4 | 5 | 6 |
|---|---|---|---|---|---|---|---|
| $\frac{A}{cm^2}$ | 0 | 5 | 8 | 9 | 8 | 5 | 0 |

**163.** Bei welchem Zuschnitt eines rechteckigen Kartons mit den Seitenlängen a und b kann aus ihm eine einseitig offene Schachtel mit größtem Rauminhalt hergestellt werden?

Die Seitenlänge x der an den Ecken auszuschneidenden Quadrate ist die Höhe der zu faltendem Schachtel. Ihr Volumen ist daher $V = f(x) = (a - 2x)$
$\cdot (b - 2x)x = 4x^3 - 2(a + b)x^2 + abx$, wobei ohne Beschränkung der Allgemeinheit $a \geq b$ vorausgesetzt werden kann und von der Aufgabenstellung her $\mathbb{D}_V = \left\{ x \mid 0 < x < \frac{b}{2} \right\}$ ist.

$f'(x) = 12x^2 - 4(a + b)x + ab$, $f''(x) = 24x - 4(a + b)$ für $x \in \mathbb{D}_V$.

Relative Extrema von V erfordern f'(x) = 0. Nach dem Satz von ROLLE muß nun diese quadratische Gleichung wegen $f(0) = f\left(\dfrac{b}{2}\right) = f\left(\dfrac{a}{2}\right) = 0$ zwei reelle Lösungen $x_1$, $x_2$ mit $0 < x_1 < \dfrac{b}{2}$ und $\dfrac{b}{2} < x_2 < \dfrac{a}{2}$ besitzen, von denen $x_2 \notin \mathbb{D}_V$ ausscheidet. Es verbleibt demnach die kleinere Lösung

$$x_1 = \frac{a + b - \sqrt{a^2 + b^2 - ab}}{6} \in \mathbb{D}_V$$

mit $f''(x_1) = -4\sqrt{a^2 + b^2 - ab} < 0$.

In $x_1$ liegt also das einzige relative Maximum von $V = f(x)$ vor. Weil die Randwerte 0 und $\dfrac{b}{2}$ von $\mathbb{D}_V$ das Volumen 0 ergäben, ist $f(x_1)$ zugleich absolutes Maximum.

Für die Abmessung $x_1$ ergibt sich somit die Schachtel mit **maximalen Volumen**. Im Sonderfall des Quadrates wird mit a = b,

$$x_1 = \frac{a}{6} \quad \text{und} \quad V_{max} = \frac{2}{27} a^3.$$

---

**164.** Es soll eine geschlossene Dose in Form eines geraden Kreiszylinders mit vorgeschriebenem Rauminhalt V bei geringstem Materialaufwand hergestellt werden. Welcher Grundkreisradius r und welche Zylinderhöhe h sind zu wählen?

Die Oberfläche des Körpers ist $O = 2r^2\pi + 2r\pi h$. Mit der **Nebenbedingung** $V = r^2\pi h$, also $h = \dfrac{V}{r^2\pi}$ ergibt sich hieraus

$$O = f(r) = 2r^2\pi + \frac{2V}{r} \; ; \text{ die Aufgabenstellung erfordert}$$

$\mathbb{D}_O = \{r \mid r > 0\}$.

$f'(r) = 4r\pi - \dfrac{2V}{r^2}$ in $\mathbb{D}_O$. $f'(r) = 0$ führt auf $r_M = \sqrt[3]{\dfrac{V}{2\pi}}$ als der einzigen Lösung in $\mathbb{D}_O$, wobei überdies $f'(r) \lessgtr 0$ für $r \lessgtr r_M \wedge r \in \mathbb{D}_O$ ist.

$O_M = f(r_M) = 3 \sqrt[3]{2\pi V^2}$ ist daher das absolute Minimum der Oberfläche. Weiterhin folgt $h_M = \dfrac{V}{r_M^2 \pi} = 2 r_M$; der Achsenschnitt des Zylinders ist also ein Quadrat.

---

**165.** Man ermittle diejenigen Abmessungen x und y des dargestellten Rotationskörpers vom Volumen V, für die seine Oberfläche O am kleinsten wird.

Es gilt $O = x^2 \pi + 2xy\pi + x^2 \sqrt{2\pi}$, woraus sich y durch die Nebenbedingung $V = x^2 y \pi + \dfrac{1}{3} x^3 \pi$,

also $y = \dfrac{V - \dfrac{\pi}{3} x^3}{\pi x^2}$ eliminieren läßt,

was $O = f(x) = \pi \left(\dfrac{1}{3} + \sqrt{2}\right) x^2 + \dfrac{2V}{x}$ mit $\mathbb{D}_O = \{x \mid x > 0\}$ erbringt.

$f'(x) = 2\pi \left(\dfrac{1}{3} + \sqrt{2}\right) x - \dfrac{2V}{x^2}$ in $\mathbb{D}_O$. $f'(x) = 0$ hat in $\mathbb{D}_O$ die einzige Lösung $x_M = \sqrt[3]{\dfrac{3V}{(1 + 3\sqrt{2})\pi}} \approx 0{,}57 \cdot \sqrt[3]{V}$, wobei $f'(x) \lessgtr 0$ für $x \lessgtr x_M \wedge x \in \mathbb{D}_O$ ist. $O_M = f(x_M) \approx 5{,}29 \cdot \sqrt[3]{V^2}$ bildet deshalb das absolute Minimum. $y_M \approx 0{,}80 \cdot \sqrt[3]{V}$.

---

**166.** Eine Halbkugel vom Radius R wird durch eine Parallelebene zu ihrer Grundfläche geschnitten und über dem Schnittkreis eine weitere Halbkugel errichtet. In welchem Abstand x vom Grundkreis muß der Schnitt gelegt werden, damit das Volumen von Kugelschicht und aufgesetzter Halbkugel möglichst groß wird?

Den Gesamtkörper kann man sich aus den Halbkugeln mit den Radien R und $\sqrt{R^2 - x^2}$, sowie dem Kugelsegment vom Radius $\sqrt{R^2 - x^2}$ und der Höhe R - x zusammengestellt denken.

Damit folgt

$$V = f(x) = \frac{2}{3}R^3\pi + \frac{2\pi}{3}\sqrt{R^2 - x^2}^3 - \frac{\pi}{3}(R - x)^2(3R - R + x) =$$

$$= \frac{\pi}{3}(3R^2x - x^3 + 2\sqrt{R^2 - x^2}^3).$$

Der Aufgabenstellung genügt nur $\mathbb{D}_V = \{x \mid 0 < x < R\}$.

$$\frac{dV}{dx} = f'(x) = \frac{\pi}{3}(3R^2 - 3x^2 - 6x\sqrt{R^2 - x^2}),$$

$$\frac{d^2V}{dx^2} = f''(x) = -2\pi \cdot \left(x + \frac{R^2 - 2x^2}{\sqrt{R^2 - x^2}}\right) \text{ in } \mathbb{D}_V.$$

Aus $f'(x) = 0$ wird über $3(R^2 - x^2) - 6x\sqrt{R^2 - x^2} = 0$,

$\sqrt{R^2 - x^2} \cdot (\sqrt{R^2 - x^2} - 2x) = 0$ erhalten, was auf $x_{1;2} = \pm R$ und

$R^2 - x^2 = 4x^2$ oder $x_{3;4} = \pm \frac{R}{\sqrt{5}}$ führt. Durch Einsetzen erkennt man,

daß lediglich $x_3 = \frac{R}{\sqrt{5}}$ die Gleichung $f'(x) = 0$ in der Grundmenge $\mathbb{D}_V$

löst. Wegen $f''(x_3) < 0$ ist $V_{max} = f(x_3) = \frac{2\pi\sqrt{5}}{5} \cdot R^3 \approx 2{,}81\,R^3$ relativ

maximal in $\mathbb{D}_V$. Weil die Randwerte 0 und R von $\mathbb{D}_V$ das Volumen

$\frac{2}{3}R^3\pi < V_{max}$ liefern würden, ist $V_{max}$ zugleich das absolute Maximum

des Volumens.

---

**167.** Aus einem geraden Pyramidenstumpf, der quadratische Grundflächen mit den Seitenlängen a, b und $a > b$ sowie die Höhe h besitzt, soll gemäß der Abbildung ein Quader von quadratischer Grundfläche und möglichst großem Volumen $V_{max}$ geschnitten werden. Welche Grundkantenlänge x und Höhe y muß dieser erhalten?

In $V = x^2y$ kann durch die Ähnlichkeitsbeziehung

$$\frac{h - y}{h} = \frac{x - b}{a - b} \text{ über } y = \frac{a - x}{a - b} \cdot h$$

die Quaderhöhe y eliminiert und so

$$V = f(x) = \frac{h}{a-b} x^2 (a-x) = \frac{ha^3}{a-b} \cdot \left(\frac{x}{a}\right)^2 \cdot \left(1 - \frac{x}{a}\right) = k^2 \left(\frac{x}{a}\right)^2 \cdot \left(1 - \frac{x}{a}\right)$$

mit $k^2 = \dfrac{ha^3}{a-b}$ erhalten werden, wobei die Aufgabenstellung
$\mathbb{D}_V = \{ x \mid b \leq x < a \}$ erfordert.

$$V' = f'(x) = \frac{h}{a-b} (2ax - 3x^2) =$$

$$= \frac{ha^2}{a-b} \cdot \left(\frac{x}{a}\right) \cdot \left(2 - 3\frac{x}{a}\right) =$$

$$= l^2 \cdot \left(\frac{x}{a}\right) \cdot \left(2 - 3\frac{x}{a}\right) \quad \text{mit}$$

$$l^2 = \frac{ha^2}{a-b} \quad \text{für } x \in \mathbb{D}_V.$$

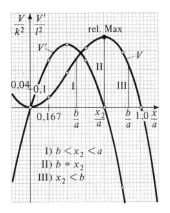

I) $b < x_2 < a$
II) $b = x_2$
III) $x_2 < b$

| $\dfrac{x}{a}$ | 0 | $\dfrac{1}{6}$ | $\dfrac{2}{6}$ | $\dfrac{3}{6}$ | $\dfrac{4}{6}$ | $\dfrac{5}{6}$ | 1 |
|---|---|---|---|---|---|---|---|
| $\dfrac{V}{k^2}$ | 0 | 0,023 | 0,074 | 0,125 | 0,148 | 0,116 | 0 |
| $\dfrac{V'}{l^2}$ | 0 | 0,250 | 0,333 | 0,250 | 0 | -0,417 | -1 |

Relative Extremwerte, $f'(x) = 0$:

$2ax - 3x^2 = 0$, $x_1 = 0 \notin \mathbb{D}_V$, $x_2 = \dfrac{2}{3} a$.

Fallunterscheidungen:

I) $b < x_2 < a$. Wegen $f'(x) \gtreqless 0$ für $x \lesseqgtr x_2$ in $b < x < a$ ist
$V_{max} = f(x_2) = \dfrac{4}{27} \cdot \dfrac{a^3 h}{a-b}$ das absolute Maximum.

II) $x_2 = b$. Da $f'(x) < 0$ in $b < x < a$, nimmt $f(x)$ dort streng monoton ab. Das Randextremum $V_{max} = f(b) = b^2 h$ ist absolutes Maximum.

III) $x_2 < b$. Es ist $x_2 \notin \mathbb{D}_V$. Da jedoch $f(x)$ in $b < x < a$ streng monoton abnimmt, tritt wiederum als absolutes Maximum das Randextremum $V_{max} = f(b) = b^2 h$ auf.

Für die Abmessungen $a = 12$ cm, $b = 7$ cm, $h = 12$ cm liegt der Fall I) mit $x_2 = 8$ cm, $y_2 = 9,6$ cm, $V_{max} = 614,4$ cm$^3$ vor.

Wenn a = 12 cm, b = 9 cm, h = 12 cm tritt der Fall III) mit $x_2$ = 8 cm, $y_2$ = h = 12 cm, $V_{max}$ = 972 cm³ auf.

| $\dfrac{x}{cm}$ | 0 | 2 | 4 | 6 | 7 | 8 | 9 | 10 | 11 | 12 |
|---|---|---|---|---|---|---|---|---|---|---|
| I) $\dfrac{V}{cm^3}$ | 0 | 96 | 307,2 | 518,4 | 588 | 614,4 | 583,2 | 480 | 290,4 | 0 |
| III) $\dfrac{V}{cm^3}$ | 0 | 160 | 512 | 864 | 980 | 1024 | 972 | 800 | 484 | 0 . |

**168.** Bei einer SEGNERschen Reaktionsturbine mit z Düsen vom Querschnitt $q = \dfrac{d^2 \pi}{4}$ kann die Leistung P in Abhängigkeit vom skalaren Wert u der Umfangsgeschwindigkeit $\vec{u}$ durch

$$P = z \cdot q \cdot \rho \cdot \varphi \cdot u \sqrt{2gH + u^2} \, (\varphi \sqrt{2gH + u^2} - u)$$

angegeben werden.

Hierbei bedeuten H die Höhe der Wassersäule über der Turbine, $\varphi$ den Geschwindigkeitsbeiwert der Düsen, $\rho$ die Dichte des Wassers und g den skalaren Wert der Erdbeschleunigung.

Man ermittle den Skalar u der Geschwindigkeit, für welchen die Turbinenleistung ein Maximum wird, wenn $\varphi$ = 0,95 ist.

Durch Differentiation folgt aus

$P = z \cdot q \cdot \rho \cdot \varphi \cdot$

$\cdot (2gH\varphi u + \varphi u^3 - \sqrt{2gHu^4 + u^6})$

$\dfrac{dP}{du} = z \cdot q \cdot \rho \cdot \varphi \cdot \left( 2gH\varphi + 3\varphi u^2 - \dfrac{4gHu + 3u^3}{\sqrt{2gH + u^2}} \right)$

und

$$\frac{d^2 P}{d u^2} = 2z \cdot q \cdot \rho \cdot \varphi \cdot \left( 3\varphi u - \frac{4g^2 H^2 + 9gHu^2 + 3u^4}{\sqrt{2gH + u^2}^3} \right) .$$

Nullsetzen der ersten Ableitung liefert

$$2gH\varphi + 3\varphi u^2 = \frac{4gHu + 3u^3}{\sqrt{2gH + u^2}} .$$

Weil $\dfrac{u}{\sqrt{2gH}}$ eine dimensionslose Größe ist, liegt es nahe, durch

$\tan t = \dfrac{u}{\sqrt{2gH}}$ und $|t| < \dfrac{\pi}{2}$ die neue Unbekannte t einzuführen und so über $\varphi + 3\varphi\tan^2 t = (2 + 3\tan^2 t)\sin t$ die in $\sin z$ algebraische Gleichung 3. Grades $\sin^3 t - 2\varphi \sin^2 t + 2\sin t - \varphi = 0$ zu erhalten. Diese geht durch die weitere Transformation $x = \sin t - \dfrac{2\varphi}{3}$ in die **reduzierte kubische Gleichung** $x^3 - 3ax - 2b = 0$ über, in welcher $a = \dfrac{2}{9}(2\varphi^2 - 3)$ und $b = \dfrac{\varphi}{54}(16\varphi^2 - 9)$ ist.

Wegen
$$b^2 - a^3 = \frac{1}{108}(32\varphi^4 - 61\varphi^2 + 32) = \frac{1}{108}[32(1-\varphi^2)^2 + 3\varphi^2] > 0$$

liegt der **Cardanische Fall** mit der einzigen reellen Lösung
$x_1 = \sqrt[3]{b + \sqrt{b^2 - a^3}} + \sqrt[3]{b - \sqrt{b^2 - a^3}}$ vor, wobei die reellen Werte der Kubikwurzeln zu verwenden sind.

Die numerische Auswertung für $\varphi_2 = 0{,}95$ mit Hilfe eines Taschenrechners liefert über $b \approx 0{,}095704$ und $b^2 - a^3 \approx 0{,}02788611$, also $\sqrt{b^2 - a^3} \approx 0{,}166991$ den Wert $x_1 \approx \sqrt[3]{0{,}262695} + \sqrt[3]{-0{,}071287} \approx$
$\approx 0{,}640448 - 0{,}414639 \approx 0{,}2258$. Damit erhält man $\sin t_1 = x_1 + 2\dfrac{\varphi}{3} \approx$
$\approx 0{,}8591$, also $t_1 \approx 59{,}22^\circ$ und schließlich $u_1 = \sqrt{2gH} \cdot \tan t_1 \approx 1{,}6788 \cdot \sqrt{2gH}$.

Für $u_1$ ergibt sich das absolute Maximum der Turbinenleistung. Dies kann rein mathematisch dadurch erkannt werden, daß $\dfrac{dP}{du} = 0$ in der Grundmenge $\mathbb{R}$ die einzige Lösung $u_1$ besitzt und $\left(\dfrac{d^2 P}{du^2}\right)_{u=u_1} \approx -0{,}4616 \cdot zq\rho \cdot \sqrt{2gH} <$
$< 0$ ist, woraus $\dfrac{dP}{du} \gtreqless 0$ für $u \lesseqgtr 0$ und $u \in \mathbb{R}$ folgt.

**169.** Die VAN DER WAALSsche Zustandsgleichung für reale Gase
$\left(p + \dfrac{n^2 a}{v^2}\right)(v - nb) = nRT$ vermittelt in der durch $v > nb$ festgelegten Definitionsmenge den funktionalen Zusammenhang $p = f(v)$ zwischen dem skalaren Wert p des Druckes $\vec{p}$ und dem Volumen v eines Gases. Hierbei sind T dessen Kelvin-Temperatur, $R = 8{,}32 \cdot 10^3 \,\dfrac{Nm}{K}$ die allgemeine Gaskonstante, $a > 0$ und $b > 0$ von der Art des Gases abhängige Konstante, sowie n die Anzahl der Kilomole des Gases. Für welchen Wert $T = T_{kr}$ besitzt der Graph von $p = f(v)$ einen Wendepunkt W mit zur v-Achse paralleler Tangente (**kritischer Punkt**)? Welchen Verlauf nehmen die Graphen für $T \gtrless T_{kr}$ ?

Aus
$$p = \dfrac{nRT}{v - nb} - \dfrac{n^2 a}{v^2}$$

wird durch Differentiation nach v
$$\dfrac{dp}{dv} = -\dfrac{nRT}{(v - nb)^2} + \dfrac{2n^2 a}{v^3}$$

und
$$\dfrac{d^2 p}{dv^2} = \dfrac{2nRT}{(v - nb)^3} - \dfrac{6n^2 a}{v^4}$$

für $v > nb$ erhalten.

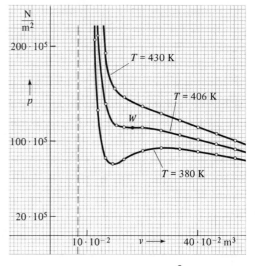

Für den verlangten speziellen **Wendepunkt W** muß $\dfrac{dp}{dv} = \dfrac{d^2 p}{dv^2} = 0$ sein.

Division der beiden Gleichungen
$$\dfrac{RT}{(v - nb)^2} = \dfrac{2na}{v^3} \quad \text{und} \quad \dfrac{RT}{(v - nb)^3} = \dfrac{3na}{v^4}$$

führt zunächst auf das kritische Volumen $v_{kr} = 3nb$, und dann durch Einsetzen dieses Ergebnisses in $RT = \dfrac{2na(v - nb)^2}{v^3}$ auf die kritische Temperatur $T_{kr} = \dfrac{8a}{27bR}$. Der zugehörige skalare Wert des kritischen Druckes berechnet sich schließlich zu $p_{kr} = \dfrac{a}{27b^2}$.

Sämtliche Graphen haben die Parallele zur p-Achse im gerichteten Abstand n b und die v-Achse als Asymptoten.

Für Ammoniak $NH_3$ beispielsweise, sind die Konstanten

$a = 4{,}23 \cdot 10^5$ $Nm^4$ und $b = 3{,}71 \cdot 10^{-2}$ $m^3$.

Mit 2 Kilomolen Ammoniak (etwa 34 kg), also n = 2 wird

$v_{kr} = 22{,}26 \cdot 10^{-2}$ $m^3$ und $p_{kr} \approx 113{,}8 \cdot 10^5 \dfrac{N}{m^2}$ bei $T_{kr} \approx 406$ K.

Die Zustandsgleichung spezialisiert sich auf

$$p = \frac{16{,}64 \cdot 10^3\, T}{v - 7{,}42 \cdot 10^{-2}\, m^3} \frac{Nm}{K} - \frac{16{,}92 \cdot 10^5}{v^2}\, Nm^4.$$

T = 430 K:

| $\dfrac{v}{10^{-2}\, m^3}$ | ... 15 | 20 | 25 | 30 | 35 | 40 | 45 | 50 ... |
|---|---|---|---|---|---|---|---|---|
| $\dfrac{p}{10^5\, Nm^{-2}}$ | ... 192 | 146 | 136 | 129 | 121 | 114 | 107 | 100 ... |

$T_{kr}$ = 406 K:

| $\dfrac{v}{10^{-2}\, m^3}$ | ... 13 | 15 | 18 | 20 | 25 | 30 | 35 | 40 | 45 | 50 ... |
|---|---|---|---|---|---|---|---|---|---|---|
| $\dfrac{p}{10^5\, Nm^{-2}}$ | ... 210 | 139 | 116 | 114,0 | 113,6 | 111 | 107 | 102 | 96 | 91 ... |

T = 380 K:

| $\dfrac{v}{10^{-2}\, m^3}$ | ... 12 | 13 | 15 | 17 | 20 | 25 | 30 | 35 | 40 | 45 | 50 ... |
|---|---|---|---|---|---|---|---|---|---|---|---|
| $\dfrac{p}{10^5\, Nm^{-2}}$ | ... 206 | 132 | 82 | 75 | 80 | 89 | 92 | 91 | 88 | 85 | 81 ... |

**170.** Eine Sammellinse mit den Brennweiten $-\bar{f} = f'$ erzeugt von einem Gegenstand G im Abstand $-x > -\bar{f}$ ein reelles Bild B im Abstand y gemäß der Linsengleichung $-\dfrac{1}{x} + \dfrac{1}{y} = \dfrac{1}{f'}$. In welcher Entfernung x muß sich G befinden, damit der Abstand e zwischen Gegenstand und reellem Bild am kleinsten wird?

Es gilt

$$e = -x + y = -x + \frac{xf'}{x + f'} =$$

$$= \frac{-x^2}{x + f'} \quad \text{für } \mathbb{D}_e = \{x \mid x < -f\}.$$

$$\frac{de}{dx} = -x \frac{x + 2f'}{(x + f')^2} \quad , \quad \frac{d^2e}{dx^2} = \frac{-2f'^2}{(x + f')^3} \quad \text{für } x \in \mathbb{D}_e.$$

$\frac{de}{dx} = 0$ hat in $\mathbb{D}_e$ als einzige Lösung $x_1 = -2f'$, wobei $\left(\frac{d^2e}{dx^2}\right)_{x=x_1} > 0$

ist. Hieraus folgt $\frac{de}{dx} \lessgtr 0$ für $x \lessgtr x_1 \wedge x \in \mathbb{D}_e$, so daß $x = x_1$ das absolute Minimum $e_{min} = 4f'$ des Abstandes e ergibt.

---

**171.** Der Wirkungsgrad $\eta$ eines Transformators ist $\eta = \dfrac{P}{a + P + bP^2}$, wenn P die abgegebene Leistung ist, und $a > 0$ und $b > 0$ vom Werkstoff und den Abmessungen abhängige Konstante bedeuten.

Bei welcher Leistung ist der Wirkungsgrad am günstigsten?

Es ist $\dfrac{d\eta}{dP} = \dfrac{a - bP^2}{(a + P + bP^2)^2}$, wobei $\dfrac{d\eta}{dP} = 0$ im technisch sinnvollen Bereich $P > 0$ den einzigen Wert $P_M = \sqrt{\dfrac{a}{b}}$ liefert. Wegen $\dfrac{d\eta}{dP} \gtrless 0$ für $P \lessgtr P_M \wedge P > 0$ erbringt $P_M$ das absolute Maximum $\eta_{max} = \dfrac{1}{1 + 2\sqrt{ab}}$ des Wirkungsgrades.

---

**172.** Das Trägheitsmoment J eines homogenen geraden Kreiszylinders mit Radius r, Höhe h und Masse m bezüglich seiner Achse ergibt sich aus $J = \dfrac{m}{12}(h^2 + 3r^2)$. Eine Messung erbringt unter Berücksichtigung der geschätzten maximalen absoluten Fehler

$r = (6,2 \pm 0,05)$ cm,

h = (15,6 ± 0,05) cm,

m = (5180 ± 2) g.

Man berechne J und gebe den maximalen absoluten, relativen und prozentualen Fehler an.

$$J \approx \frac{5180 \text{ g}}{12} \cdot [(15,6 \text{ cm})^2 + 3 \cdot (6,2 \text{ cm})^2] = 154\,830,2 \text{ g} \cdot \text{cm}^2.$$

Mit Hilfe des **vollständigen Differentials** ergibt sich der **maximale absolute Fehler** zu

$$\Delta J \approx \left| \frac{\partial J}{\partial r} \cdot \Delta r \right| + \left| \frac{\partial J}{\partial h} \cdot \Delta h \right| + \left| \frac{\partial J}{\partial m} \cdot \Delta m \right| =$$

$$= \frac{m\,r}{2} \cdot |\Delta r| + \frac{m\,h}{6} \cdot |\Delta h| + \frac{h^2 + 3\,r^2}{12} \cdot |\Delta m|.$$

Mit $\Delta r$ = 0,05 cm, $\Delta h$ = 0,05 cm und $\Delta m$ = 2 g wird

$$\frac{\Delta J}{\text{g} \cdot \text{cm}^2} \approx \frac{5180 \cdot 6,2}{2} \cdot 0,05 + \frac{5180 \cdot 15,6}{6} \cdot 0,05 + \frac{15,6^2 + 3 \cdot 6,2^2}{12} \cdot 2 =$$

$$= 802,9 + 673,4 + 59,78 = 1536,08.$$

Dadurch erhält man als **maximalen relativen Fehler**

$$\frac{\Delta J}{J} \approx \frac{1536,08}{154830,2} \approx 0,0099$$

und als **maximalen prozentualen Fehler**

$$\frac{\Delta J}{J} \cdot 100\,\% \approx 0,99\,\%.$$

---

**173.** Zur Bestimmung des Krümmungsradius R einer sphärischen Plankonvexlinse mit Hilfe eines Ringsphärometers wird die Scheitelhöhe h gemäß der Abbildung gemessen. Der Ringradius ist vom Hersteller zu r = $\bar{r} \pm m_{\bar{r}}$ = 39,4150 mm ± 8 · $10^{-4}$ mm mit $\bar{r}$ als Mittelwert und $m_{\bar{r}}$ als dessen mittleren Fehler angegeben. Es sind für n = 10 Meßwerte

| Messung | 1 | 2 | 3 | 4 | 5 | 6 |
|---|---|---|---|---|---|---|
| $\frac{h}{\text{mm}}$ | 13,610 | 13,622 | 13,608 | 13,605 | 13,619 | 13,604 |
| Messung | 7 | 8 | 9 | 10 | | |
| $\frac{h}{\text{mm}}$ | 13,622 | 13,625 | 13,602 | 13,608 | | |

der mittlere Fehler $m_h$ der Einzelmessungen (Standardabweichung) und der mittlere Fehler $m_{\bar{h}}$ des Mittelwertes $\bar{h}$ sowie der mittlere Fehler $m_{\bar{R}}$ und damit R anzugeben.

Es gilt $R^2 = r^2 + (R - h)^2$, woraus

$$R = f(h; r) = \frac{h}{2} + \frac{r^2}{2h} \quad \text{folgt.}$$

Mit $\bar{h} = \dfrac{1}{10} \sum_{\nu=1}^{10} h_\nu = 13{,}6125$ mm

findet man aus

$$m_h = \sqrt{\frac{\sum_{\nu=1}^{n}(h_\nu - \bar{h})^2}{n - 1}}$$

und $m_{\bar{h}} = \dfrac{1}{\sqrt{n}} \cdot m_h$

den mittleren Fehler der Einzelmessungen zu $m_h \approx 8{,}6 \cdot 10^{-3}$ mm und den mittleren Fehler des Mittelwertes von h zu $m_{\bar{h}} \approx 2{,}7 \cdot 10^{-3}$ mm sowie $\bar{R} = f(\bar{h}; \bar{r}) \approx 63{,}8693$ mm.

$m_h$ kann auch aus $m_h = \sqrt{\dfrac{(Q_h^2 - \bar{h}^2) \cdot n}{n - 1}}$ mit $Q_h = \sqrt{\dfrac{\sum_{\nu=1}^{n} h_\nu^2}{n}}$ als qua-

dratischem Mittel berechnet werden. Man erhält wiederum

$$m_h \approx \sqrt{\frac{(185{,}300223 - 185{,}300156) \cdot 10}{9}} \text{ mm} \approx 8{,}6 \cdot 10^{-3} \text{ mm.}$$

Nach dem GAUSSschen Fehlerfortpflanzungsgesetz ist dann der mittlere Fehler $m_{\bar{R}}$ von $\bar{R}$ durch

$$m_{\bar{R}} = \sqrt{[f'_h(\bar{h}; \bar{r}) \cdot m_{\bar{h}}]^2 + [f'_r(\bar{h}; \bar{r}) \cdot m_{\bar{r}}]^2} \quad \text{erklärt.}$$

Mit $f'_h = \dfrac{1}{2} - \dfrac{r^2}{2h^2}$ und $f'_r = \dfrac{r}{h}$ ergibt sich

$$m_{\bar{R}} = \sqrt{\left[\left(\frac{1}{2} - \frac{39{,}4150^2}{2 \cdot 13{,}6125^2}\right) \cdot 2{,}7 \cdot 10^{-3}\right]^2 + \left[\frac{39{,}4150}{13{,}6125} \cdot 8 \cdot 10^{-4}\right]^2} \text{ mm} \approx$$

$$\approx 10{,}23 \cdot 10^{-3} \text{ mm.}$$

Demnach ist $R \approx 63{,}87$ mm $\pm$ 0,01 mm mit $m_{\bar{R}} = 0{,}01$ mm als mittleren Fehler.

**174.** Gegeben sind vier in der XY-Ebene eines räumlichen kartesischen Koordinatensystems liegende Punkte $P_1(4\text{ cm}; 3\text{ cm})$, $P_2(1\text{ cm}; 5\text{ cm})$, $P_3(-3\text{ cm}; 2\text{ cm})$ und $P_4(-2\text{ cm}; -2\text{ cm})$ mit den Massen $m_1 = 0,6$ kg, $m_2 = 0,4$ kg, $m_3 = 0,3$ kg und $m_4 = 0,7$ kg. Bezüglich welcher, auf der XY-Ebene senkrecht stehender Achse ist die Summe der polaren Trägheitsmomente $I_p$ ein relatives Minimum?

Durch partielle Differentiation von

$$I_p = f(x; y) = 0,6[(x - 4\text{ cm})^2 + (y - 3\text{ cm})^2]\text{ kg} + 0,4[(x - 1\text{ cm})^2 +$$
$$+ (y - 5\text{ cm})^2]\text{ kg} + 0,3[(x + 3\text{ cm})^2 + (y - 2\text{ cm})^2]\text{ kg} +$$
$$+ 0,7[(x + 2\text{ cm})^2 + (y + 2\text{ cm})^2]\text{ kg}$$

mit x und y als dimensionierten Koordinaten des Durchstoßpunktes S der Achse mit der Ebene folgt aus

$$f'_x = 2[0,6(x - 4\text{ cm}) + 0,4(x - 1\text{ cm}) +$$
$$+ 0,3(x + 3\text{ cm}) + 0,7(x + 2\text{ cm})]\text{ kg}$$

und

$$f'_y = 2[0,6(y - 3\text{ cm}) + 0,4(y - 5\text{ cm}) +$$
$$+ 0,3(y - 2\text{ cm}) + 0,7(y + 2\text{ cm})]\text{ kg}$$

über $f'_x = 0$ und $f'_y = 0$

$$6(x - 4\text{ cm}) + 4(x - 1\text{ cm}) + 3(x + 3\text{ cm}) + 7(x + 2\text{ cm}) = 0$$
$$6(y - 3\text{ cm}) + 4(y - 5\text{ cm}) + 3(y - 2\text{ cm}) + 7(y + 2\text{ cm}) = 0$$

mit den Lösungen $x_1 = 0,25$ cm, $y_1 = 1,5$ cm.
Da $f''_{xx}(x_1; y_1) = 2(0,6 + 0,4 + 0,3 + 0,7)\text{ kg} = 4\text{ kg} > 0$

und

$$[f''_{xx} \cdot f''_{yy} - f''^2_{xy}]_{(x_1; y_1)} = (4 \cdot 4 - 0)\text{ kg} > 0,$$

liegt ein relatives Minimum vor.
Dieses beträgt $I_{p(\min)} = 3{,}0275 \cdot 10^{-3}$ kg m$^2$ und bezieht sich auf die zur Z-Achse parallele Achse durch $S(0{,}25; 1{,}5; 0)$ cm.

---

**175.** In dem dargestellten speziellen sphärischen Viergelenkgetriebe bewirkt eine umlaufende Bewegung des Antriebsgliedes $0A_0A$ mit dem Kurbelwinkel $\varphi$ eine schwingende Bewegung des Abtriebsgliedes $0B_0B$ mit dem Schwingwinkel $\psi$. Die Gliedlängen sind $\lambda_1 = 30°$, $\lambda_2 = \lambda_3 = \lambda_4 = 90°$.

Man bestimme die Gleichung der momentanen Drehachse 24 für die Bewegung der Koppel 0AB gegenüber dem Gestell $0A_0B_0$, die auf dem Normalenvektoren $\vec{n}_1$ und $\vec{n}_2$ der durch die Achsen 14 und 21 bestimmten Antriebsebene bzw. 32 und 43 festgelegten Abtriebsebene senkrecht steht. Wie lautet die Gleichung der, von sämtlichen momentanen Drehachsen 24 dieses Taumelscheibengetriebes beschriebenen ruhenden Achsenfläche?

Mit den Bezeichnungen der Abbildung führt der Sinussatz der sphärischen Trigonometrie

$$\sin \lambda_1 \cdot \sin\varphi = \sin a \cdot \sin\psi_1$$

oder

$$\sin \lambda_1 \cdot \sin \varphi = \sin a \cdot \sin(90° - \psi) =$$
$$= \sin a \cdot \cos\psi$$

in Verbindung mit dem Seiten-Kosinussatz

$$\cos a = \sin \lambda_1 \cdot \cos \varphi$$

auf die Kurbel-Schwingwinkelbeziehung

$$\cos\psi = \frac{\sin \lambda_1 \cdot \sin \varphi}{\sqrt{1 - \sin^2 \lambda_1 \cdot \cos^2 \varphi}} .$$

$\lambda_1 = 30°, \varphi = 135°$

Die Normalenvektoren $\vec{n}_1$ und $\vec{n}_2$ berechnen sich zu

$$\vec{n}_1 = \begin{vmatrix} \vec{i} & \vec{j} & \vec{k} \\ 1 & 0 & 0 \\ \cos \lambda_1 & \sin \lambda_1 \cdot \cos \varphi & \sin \lambda_1 \cdot \sin\varphi \end{vmatrix} = \sin \lambda_1 \cdot \begin{pmatrix} 0 \\ -\sin\varphi \\ \cos\varphi \end{pmatrix}$$

und

$$\vec{n}_2 = \begin{vmatrix} \vec{i} & \vec{j} & \vec{k} \\ -\cos\psi & 0 & \sin\psi \\ 0 & 1 & 0 \end{vmatrix} = \begin{pmatrix} -\sin\psi \\ 0 \\ -\cos\psi \end{pmatrix} .$$

Damit folgt für den Einheitsvektor $\vec{n}°$ der momentanen Drehachse 24 über

$$\vec{n} = \vec{n}_1 \times \vec{n}_2 = \begin{vmatrix} \vec{i} & \vec{j} & \vec{k} \\ 0 & -\sin\varphi & \cos\varphi \\ -\sin\psi & 0 & -\cos\psi \end{vmatrix} \cdot \sin \lambda_1 = \sin \lambda_1 \cdot \begin{pmatrix} \sin\varphi \cdot \cos\psi \\ -\cos\varphi \cdot \sin\psi \\ -\sin\varphi \cdot \sin\psi \end{pmatrix} =$$

$$= \frac{\sin \lambda_1}{\sqrt{1 - \sin^2 \lambda_1 \cdot \cos^2 \varphi}} \begin{pmatrix} \sin \lambda_1 \cdot \sin^2\varphi \\ -\cos \lambda_1 \cdot \cos\varphi \\ -\cos \lambda_1 \cdot \sin \varphi \end{pmatrix}$$

$$\vec{n}^o = \frac{1}{\sqrt{\cos^2 \lambda_1 + \sin^2 \lambda_1 \cdot \sin^4 \varphi}} \begin{pmatrix} \sin \lambda_1 \cdot \sin^2 \varphi \\ -\cos \lambda_1 \cdot \cos \varphi \\ -\cos \lambda_1 \cdot \sin \varphi \end{pmatrix} ,$$

womit die Gleichung der Achse durch $\vec{r} = \vec{n}^o \cdot t$ oder

$$x = \frac{\sin \lambda_1 \cdot \sin^2 \varphi}{\sqrt{\cos^2 \lambda_1 + \sin^2 \lambda_1 \cdot \sin^4 \varphi}} \cdot t$$

$$y = \frac{-\cos \lambda_1 \cdot \cos \varphi}{\sqrt{\cos^2 \lambda_1 + \sin^2 \lambda_1 \cdot \sin^4 \varphi}} \cdot t$$

$$z = \frac{-\cos \lambda_1 \cdot \sin \varphi}{\sqrt{\cos^2 \lambda_1 + \sin^2 \lambda_1 \cdot \sin^4 \varphi}} \cdot t$$

$\wedge t \in \mathbb{R}$ angegeben werden kann.

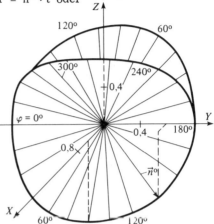

Durch Elimination von $\varphi$ und $t$ läßt sich die Gleichung der gesuchten ruhenden Achsenfläche wie folgt ermitteln:

$$x = -z \cdot \tan \lambda_1 \cdot \sin \varphi, \quad x \cdot y = -z^2 \cdot \tan \lambda_1 \cdot \cos \varphi,$$
$$x^2 z^2 + x^2 y^2 = z^4 \cdot \tan^2 \lambda_1$$

oder $x^2(y^2 + z^2) = \tan^2 \lambda_1 \cdot z^4$.

---

**176.** Gegeben sind die Gerade $g \equiv \vec{r} - \begin{pmatrix} 8 \\ 4 \\ 0 \end{pmatrix} - \begin{pmatrix} -2 \\ -1 \\ 1 \end{pmatrix} \cdot s = 0$ und die Parabel

$P \equiv \vec{r} - \begin{pmatrix} 4 \\ -2 \\ 0 \end{pmatrix} - \begin{pmatrix} 2t \\ 0{,}5 t^2 \\ 2t \end{pmatrix} = 0$ mit $s, t \in \mathbb{R}$ als Parametern. Für welche

Punkte A auf $g$ und B auf $P$ ist deren Entfernung $\overline{AB}$ minimal?

Da bei Vorliegen extremaler Entfernungen der beiden Punkte A und B auch die Quadrate dieser Entfernungen Extremwerte annehmen, wird zur Vereinfachung der erforderlichen Differentiationen die Funktion

$$u = e^2 = f(s; t) = (-4 + 2t + 2s)^2 + (-6 + 0{,}5 t^2 + s)^2 + (2t - s)^2$$

mit $D_u = \mathbb{R}^2$ und $e$ als Maßzahl der Entfernung $\overline{AB}$ verwendet.

Es ergeben sich

$$\frac{\partial u}{\partial t} = 4(-4 + 2t + 2s) + 2t(-6 + 0{,}5t^2 + s) + 4(2t - s),$$

$$\frac{\partial u}{\partial s} = 4(-4 + 2t + 2s) + 2(-6 + 0{,}5t^2 + s) - 2(2t - s),$$

$$\frac{\partial^2 u}{\partial t^2} = 4 + 3t^2 + 2s,$$

$$\frac{\partial^2 u}{\partial s^2} = 12, \quad \frac{\partial^2 u}{\partial t\,\partial s} = \frac{\partial^2 u}{\partial s\,\partial t} = 4 + 2t$$

für $(s; t) \in \mathbb{R}^2$.

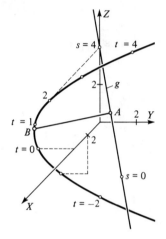

Die notwendige Bedingung $\frac{\partial u}{\partial t} = 0$

und $\frac{\partial u}{\partial s} = 0$ für das Auftreten von

relativen Extremwerten führt auf das Gleichungssystem

$t^3 + 4t + 2st + 4s - 16 = 0$

$t^2 + 4t + 12s - 28 = 0$.

Hieraus folgt durch Elimination von $s = \frac{28 - 4t - t^2}{12}$ die algebraische Gleichung $5t^3 - 6t^2 + 44t - 40 = 0$. Diese besitzt nur eine reelle Lösung, da die erste Ableitung $v' = 15t^2 - 12t + 44$ der zugehörigen Funktion $v = 5t^3 - 6t^2 + 44t - 40$ dauernd positiv ist.

Durch ein Näherungsverfahren, z.B. nach NEWTON findet man die einzige reelle Lösung zu $t \approx 0{,}9354$, womit sich dann $s \approx 1{,}9486$ ergibt.

Mit diesen Parameterwerten berechnen sich über $\vec{r} = \begin{pmatrix} 8 - 2s \\ 4 - s \\ s \end{pmatrix}$

$x_A \approx 4{,}103, \quad y_A \approx 2{,}051, \quad z_A \approx 1{,}949$

und über $\vec{r} = \begin{pmatrix} 4 + 2t \\ -2 + 0{,}5t^2 \\ 2t \end{pmatrix}$

$x_B \approx 5{,}871, \quad y_B \approx -1{,}563, \quad z_B \approx 1{,}871$.

Für die zugehörigen Punkte A und B ist die Entfernung relativ minimal, da

$$\left[\frac{\partial^2 u}{\partial t^2} \cdot \frac{\partial^2 u}{\partial s^2} - \left(\frac{\partial^2 u}{\partial t\, \partial s}\right)^2\right]_{\substack{t \approx 0{,}9354 \\ s \approx 1{,}9486}} > 0 \quad \text{und} \quad \left(\frac{\partial^2 u}{\partial t^2}\right)_{\substack{t \approx 0{,}9354 \\ s \approx 1{,}9486}} > 0.$$

Die Maßzahl e der Entfernung $\overline{AB}$ folgt schließlich zu e ≈ 4,024. Offensichtlich liegt hiermit auch das absolute Minimum vor.

---

**177.** Befindet sich im Nullpunkt eines kartesischen xyz-Koordinatensystem ein elektrischer Dipol vom Moment $\vec{M}$, so ist im Vakuum dessen Potential $\varphi$ in einem Punkte mit dem Ortsvektor $\vec{r} = \begin{pmatrix} x \\ y \\ z \end{pmatrix} \neq \vec{0}$ durch

$$\varphi = \frac{\vec{r}\,\vec{M}}{4\pi\,\epsilon_o |\vec{r}|^3} \quad \text{gegeben} \quad \left(\epsilon_o = 8{,}8543 \cdot 10^{-12}\,\frac{As}{Vm}\right).$$

Welcher Art sind die Potentialflächen und welche Feldstärke $\vec{E}$ errechnet sich aus $\vec{E} = -\text{grad}\,\varphi = -\begin{pmatrix} \dfrac{\partial \varphi}{\partial x} \\ \dfrac{\partial \varphi}{\partial y} \\ \dfrac{\partial \varphi}{\partial z} \end{pmatrix}$,

wenn $\vec{M} = M \cdot \begin{pmatrix} 0 \\ 1 \\ 0 \end{pmatrix}$ ist?

Speziell für $M = 10^{-10}$ Asm ermittle man Potential und Feldstärke in den Punkten $P_1(2;\,2;\,5{,}12)$ m und $P_2(3;\,4;\,-1{,}05)$ m.

Es ist $\varphi = \dfrac{M\,y}{4\pi\,\epsilon_o \sqrt{x^2+y^2+z^2}^{\,3}} = \dfrac{k\,y}{\sqrt{x^2+y^2+z^2}^{\,3}}$ mit $k = \dfrac{M}{4\pi\,\epsilon_o}$.

Potentialfläche für $\varphi = 0$, d.h. geometrischer Ort für alle Punkte mit $\varphi = 0$, ist die xz-Ebene unter Ausschluß des Nullpunktes.

Potentialflächen für $\varphi \neq 0$ sind aus der Umformung $x^2 + z^2 = \left(\dfrac{ky}{\varphi}\right)^{\frac{2}{3}} - y^2$ als Rotationsflächen bezüglich der y-Achse erkennbar. Schnitte durch Ebenen mit den Gleichungen $y = c$ liefern nämlich Kreise mit den

Radien $\rho = \sqrt{\left(\dfrac{kc}{\varphi}\right)^{\frac{2}{3}} - c^2}$ , falls $\dfrac{c}{\varphi} > 0$ und $|c| < \sqrt{\dfrac{k}{|\varphi|}}$ ist.

Über $\dfrac{\partial \varphi}{\partial x} = k \cdot \dfrac{-3xy}{\sqrt{x^2 + y^2 + z^2}^5}$ , $\dfrac{\partial \varphi}{\partial y} = k \cdot \dfrac{x^2 - 2y^2 + z^2}{\sqrt{x^2 + y^2 + z^2}^5}$ und

$\dfrac{\partial \varphi}{\partial z} = k \cdot \dfrac{-3yz}{\sqrt{x^2 + y^2 + z^2}^5}$ für $\vec{r} \neq \vec{0}$ ergibt sich $\vec{E} = \dfrac{k}{|\vec{r}|^5} \begin{pmatrix} 3xy \\ 2y^2 - x^2 - z^2 \\ 3yz \end{pmatrix}$.

In den Punkten $P_1$ und $P_2$ berechnen sich über $k \approx 0{,}8987$ Vm$^2$ die Potentiale zu $\varphi_1 \approx 8{,}981 \cdot 10^{-3}$ V und $\varphi_2 \approx 26{,}956 \cdot 10^{-3}$ V. Als Feldstärken erhält man $\vec{E}_1 \approx \begin{pmatrix} 1{,}57 \\ -2{,}92 \\ 4{,}03 \end{pmatrix} \cdot 10^{-3} \dfrac{V}{m}$ und $\vec{E}_2 \approx \begin{pmatrix} 9{,}29 \\ 5{,}65 \\ -3{,}25 \end{pmatrix} \cdot 10^{-3} \dfrac{V}{m}$.

$\varphi_1$ und $\varphi_2$ erbringen bei Rundung der auftretenden Zahlen die durch $P_1$ und $P_2$ verlaufenden Potentialflächen $\Phi_1 \equiv x^2 + z^2 - (100 \, y \, m^2)^{\frac{2}{3}} + y^2 = 0$ und $\Phi_2 \equiv x^2 + z^2 - \left(\dfrac{100}{3} y \, m^2\right)^{\frac{2}{3}} + y^2 = 0$.

In der Abbildung wurde der Feldstärkemaßstab $M_E = 500 \dfrac{cm}{\frac{V}{m}}$ verwendet.

---

**178.** Die unendlich langen geraden Leiter durch die Punkte 0, A und B mit $\overline{0A} = \overline{0B} = a$ der Abbildung werden in den angegebenen Richtungssinnen von den Strömen $I_1$, $I_2$, $I_3$ durchflossen. Liegt $P(x; y)$ nicht auf einem der Leiter, so ist der skalare Wert H der zur Koordinatenebene senkrecht gerichteten magnetischen Feldstärke $\vec{H}$ durch

$$H = f(x; y) = \dfrac{1}{2\pi}\left(\dfrac{I_1}{y} + \dfrac{I_2}{x} + \dfrac{I_3 \sqrt{2}}{a - x - y}\right) \text{ festgelegt.}$$

In welchem Punkt Q des Innern des Dreiecks 0AB nimmt H den kleinsten Wert an? (Zahlenbeispiel: $I_1 = 1$ A, $I_2 = 4$ A, $I_3 = 0{,}5$ A, $a = 4$ cm)

In der durch die Fragestellung festgelegten Definitionsmenge
$\mathbb{D}_H = \{(x; y) | 0 < x < a \wedge 0 < y < a - x\}$ von $f(x; y)$ ist

$$f'_x = \frac{1}{2\pi}\left(\frac{I_2}{x^2} + \frac{I_3\sqrt{2}}{(a-x-y)^2}\right),$$

$$f'_y = \frac{1}{2\pi}\left(\frac{-I_1}{y^2} + \frac{I_3\sqrt{2}}{(a-x-y)^2}\right),$$

$$f''_{xx} = \frac{1}{2\pi}\left(\frac{2I_2}{x^3} + \frac{2I_3\sqrt{2}}{(a-x-y)^3}\right),$$

$$f''_{yy} = \frac{1}{2\pi}\left(\frac{2I_1}{y^3} + \frac{2I_3\sqrt{2}}{(a-x-y)^3}\right), \qquad f''_{xy} = \frac{1}{2\pi}\cdot\frac{2I_3\sqrt{2}}{(a-x-y)^3}.$$

Die für relative Extremwerte notwendigen Bedingungen $f'_x = 0$, $f'_y = 0$ ergeben das Gleichungssystem

$$\frac{x}{a-x-y} = (\pm)\sqrt{\frac{I_2}{I_3\sqrt{2}}}, \qquad \frac{y}{a-x-y} = (\pm)\sqrt{\frac{I_1}{I_3\sqrt{2}}}.$$

Wegen $(x;y)\in D_H$ gelten nur die positiven Vorzeichen.

Division beider Gleichungen liefert $\dfrac{x}{y} = \sqrt{\dfrac{I_2}{I_1}}$ oder $y = x\cdot\sqrt{\dfrac{I_1}{I_2}}$,

was nach Einsetzen in die erste Gleichung auf

$$\frac{x}{a-x-x\cdot\sqrt{\frac{I_1}{I_2}}} = \sqrt{\frac{I_2}{I_3\sqrt{2}}}, \text{ also } x_1 = \frac{a\sqrt{I_2}}{\sqrt{I_1}+\sqrt{I_2}+\sqrt{I_3\sqrt{2}}},$$

$$y_1 = \frac{a\sqrt{I_1}}{\sqrt{I_1}+\sqrt{I_2}+\sqrt{I_3\sqrt{2}}}$$ führt. Wegen $0 < x_1 < a$, $y_1 > 0$ und

$$a - x_1 = a\cdot\frac{\sqrt{I_1}+\sqrt{I_3\sqrt{2}}}{\sqrt{I_1}+\sqrt{I_2}+\sqrt{I_3\sqrt{2}}} > y_1 \text{ ist } (x_1;y_1)\in D_H.$$ Weil außerdem in $D_H$ sowohl $f''_{xx} > 0$ als auch $f''_{xx}\cdot f''_{yy} - f''^2_{xy} =$

$$= \frac{1}{4\pi^2}\left(\frac{4I_1I_2}{x^3y^3} + \frac{4I_1I_3\sqrt{2}}{y^3(a-x-y)^3} + \frac{4I_2I_3\sqrt{2}}{x^3(a-x-y)^3}\right) > 0 \text{ ist, liegt in}$$

$Q(x_1; y_1)$ als einziges relatives Extremum in $D_H$ ein relatives Minimum vor. Da sich in der Nähe des Randes von $D_H$ beliebig große Feldstärken ergeben, ist $H_{min}$ zugleich absolutes Minimum.

Die speziellen Werte erbringen $x_1 \approx 2{,}08$ cm, $y_1 \approx 1{,}04$ cm, $H_{min} \approx$
$\approx 58{,}70 \frac{A}{m}$.

## 2.2 Explizite transzendente Funktionen

**179.** In der Grundmenge $G = \mathbb{R}$ ist die goniometrische Funktion $y = \sin(ax)$ mit $a \in \mathbb{R}$ und der Definitionsmenge $D_y = \mathbb{R}$ gegeben[*]. Man ermittle sämtliche Ableitungen.

$y' = a\cos(ax) = a\sin\left(ax + \frac{\pi}{2}\right)$;

$y'' = -a^2\sin(ax) = a^2\sin(ax + \pi)$;

$y''' = -a^3\cos(ax) = a^3\sin\left(ax + \frac{3}{2}\pi\right)$;

$y^{(4)} = a^4\sin(ax) = a^4\sin(ax + 2\pi)$;

$y^{(\nu)} = a^\nu \sin\left(ax + \nu\frac{\pi}{2}\right) \quad \wedge \nu \in \mathbb{N}$ für $D_{y^{(\nu)}} = \mathbb{R}$.

---

**180.** Es sind die erste und die zweite Ableitung von $y = x \cdot \tan(2x)$ mit $D_y = \mathbb{R} \setminus \left\{x \mid x = (2k+1)\cdot\frac{\pi}{4} \wedge k \in \mathbb{Z}\right\}$ zu bilden.

$y' = \tan(2x) + \dfrac{2x}{\cos^2(2x)}$ für $D_{y'} = D_y$;

$y'' = \dfrac{2}{\cos^2(2x)} + 2\,\dfrac{\cos^2(2x) + 2x \cdot \cos(2x) \cdot \sin(2x) \cdot 2}{\cos^4(2x)} =$

---

[*] Siehe Fußnote zu Nr. 125

$$= \frac{2}{\cos^2(2x)} + 2\,\frac{\cos(2x) + 4x\cdot\sin(2x)}{\cos^3(2x)} =$$

$$= 4\,\frac{\cos(2x) + 2x\cdot\sin(2x)}{\cos^3(2x)} \quad \text{für } \mathbb{D}_{y''} = \mathbb{D}_y.$$

---

**181.** $y = \dfrac{\sin x + \cos x}{\sin x - \cos x}$ mit $\mathbb{D}_y = \mathbb{R} \setminus \left\{ x \mid x = \dfrac{\pi}{4} + k\cdot\pi \,\wedge\, k\in\mathbb{Z} \right\}$ ;

$$y' = -\frac{(\cos x - \sin x)^2 + (\cos x + \sin x)^2}{(\sin x - \cos x)^2} = \frac{-2}{1 - \sin(2x)} =$$

$$= -2[1 - \sin(2x)]^{-1} \quad \text{für } \mathbb{D}_{y'} = \mathbb{D}_y ;$$

$$y'' = 2[1 - \sin(2x)]^{-2} \cdot \cos(2x) \cdot (-2) = \frac{-4\,\cos(2x)}{[1 - \sin(2x)]^2}$$

für $\mathbb{D}_{y''} = \mathbb{D}_y.$

---

**182.** $y = e^{-\alpha x}$ mit $\alpha \in \mathbb{R}$ und $\mathbb{D}_y = \mathbb{R}$ ; $y' = -\alpha e^{-\alpha x}$,

$y'' = \alpha^2 \cdot e^{-\alpha x}$, $y''' = -\alpha^3 \cdot e^{-\alpha x}$,

$y^{(\nu)} = (-1)^\nu \alpha^\nu \cdot e^{-\alpha x}$ für $\nu \in \mathbb{N}$ und $\mathbb{D}_{y^{(\nu)}} = \mathbb{R}$.

---

**183.** $y = C\cdot e^{-\delta t}\cdot \sin(\omega t + \gamma)$ mit $C, \delta, \omega, \gamma \in \mathbb{R}$ und $\mathbb{D}_y = \mathbb{R}$;

$$\dot{y} = \frac{dy}{dt} = C[-\delta e^{-\delta t}\cdot\sin(\omega t + \gamma) + \omega e^{-\delta t}\cdot\cos(\omega t + \gamma)] =$$

$$= C\cdot e^{-\delta t}[-\delta\cdot\sin(\omega t + \gamma) + \omega\cdot\cos(\omega t + \gamma)] \quad \text{für } \mathbb{D}_{\dot{y}} = \mathbb{D}_y;$$

$$\ddot{y} = \frac{d^2 y}{dt^2} = -C\cdot\delta\, e^{-\delta t}[-\delta\cdot\sin(\omega t + \gamma) + \omega\cdot\cos(\omega t + \gamma)] +$$

$$+ C\cdot e^{-\delta t}[-\delta\omega\cdot\cos(\omega t + \gamma) - \omega^2\sin(\omega t + \gamma)] =$$

$$= C\cdot e^{-\delta t}[\delta^2\sin(\omega t + \gamma) - 2\delta\omega\cdot\cos(\omega t + \gamma) - \omega^2\cdot\sin(\omega t + \gamma)]$$

für $\mathbb{D}_{\ddot{y}} = \mathbb{D}_{\dot{y}}.$

---

**184.** $y = A\sin(\omega t + \varphi_1)\cdot\cos(\omega t + \varphi_2) = \dfrac{A}{2}[\sin(\varphi_1 - \varphi_2) +$

$+ \sin(2\omega t + \varphi_1 + \varphi_2)]$ mit $A, \omega, \varphi_1, \varphi_2 \in \mathbb{R}$ und $\mathbb{D}_y = \mathbb{R}$;

$$\dot{y} = \frac{dy}{dt} = A\omega\cos(2\omega t + \varphi_1 + \varphi_2) \text{ für } \mathbb{D}_{\dot{y}} = \mathbb{R};$$

$$\ddot{y} = \frac{d^2y}{dt^2} = -2A\omega^2\sin(2\omega t + \varphi_1 + \varphi_2) \text{ für } \mathbb{D}_{\ddot{y}} = \mathbb{R}.$$

---

185. $y = \ln(3 + 4x) = \ln z$ mit $z = 3 + 4x$ für $\mathbb{D}_y = \left\{x \mid x > -\frac{3}{4} \wedge x \in \mathbb{R}\right\}$;

$$y' = \frac{1}{z} \cdot 4 = \frac{4}{3 + 4x} = 4(3 + 4x)^{-1} \text{ für } \mathbb{D}_{y'} = \mathbb{D}_y;$$

$$y'' = -4(3 + 4x)^{-2} \cdot 4 = \frac{-16}{(3 + 4x)^2} \text{ für } \mathbb{D}_{y''} = \mathbb{D}_y.$$

---

186. $y = \ln\left|\frac{a + bx}{a - bx}\right| = \ln|a + bx| - \ln|a - bx|$ mit $a \in \mathbb{R}, b \in \mathbb{R} \setminus \{0\}$

und $\mathbb{D}_y = \left\{x \mid x \in \mathbb{R} \wedge |x| \neq \left|\frac{a}{b}\right|\right\}$;

$$y' = \frac{b}{a + bx} + \frac{b}{a - bx} = \frac{2ab}{a^2 - b^2x^2} = 2ab \cdot (a^2 - b^2x^2)^{-1} \text{ für } \mathbb{D}_{y'} = \mathbb{D}_y;$$

$$y'' = -2ab(a^2 - b^2x^2)^{-2}(-2b^2x) = \frac{4ab^3x}{(a^2 - b^2x^2)^2} \text{ für } \mathbb{D}_{y''} = \mathbb{D}_y.$$

---

187. $y = \lg\frac{1}{\sqrt{1 + x^4}} = -\frac{1}{2}\lg(1 + x^4)$ für $\mathbb{D}_y = \mathbb{R};$

$$y' = -\frac{1}{2} \cdot \frac{\lg e}{1 + x^4} \cdot 4x^3 = \frac{-2x^3 \lg e}{1 + x^4},$$

$$y'' = -2 \cdot \frac{3x^2(1 + x^4) - x^3 \cdot 4x^3}{(1 + x^4)^2} \cdot \lg e = -2 \frac{3x^2 - x^6}{(1 + x^4)^2} \cdot \lg e \approx$$

$$\approx -2 \cdot 0{,}43429 \cdot x^2 \cdot \frac{3 - x^4}{(1 + x^4)^2} = -0{,}86858 \, x^2 \cdot \frac{3 - x^4}{(1 + x^4)^2}$$

für $\mathbb{D}_{y''} = \mathbb{D}_{y'} = \mathbb{D}_y.$

## 2.2 Explizite transzendente Funktionen

**188.** $y = \arcsin(x+1)$ mit $\mathbb{D}_y = \{x \mid -2 \leq x \leq 0 \wedge x \in \mathbb{R}\}$;

$$y' = \frac{1}{\sqrt{1-(x+1)^2}} \cdot 1 = \frac{1}{\sqrt{-x(x+2)}} = (-x^2 - 2x)^{-\frac{1}{2}};$$

$$y'' = -\frac{1}{2}(-x^2 - 2x)^{-\frac{3}{2}} \cdot (-2x - 2) = \frac{x+1}{\sqrt{-x(x+2)}^3}$$

für $\mathbb{D}_{y''} = \mathbb{D}_{y'} = \{x \mid -2 < x < 0 \wedge x \in \mathbb{R}\}$.

---

**189.** $y = \arccos\dfrac{1}{x}$ für $|x| \geq 1$;

$$y' = -\frac{1}{\sqrt{1-\frac{1}{x^2}}}\left(-\frac{1}{x^2}\right) = \frac{1}{|x|\sqrt{x^2-1}} = (x^4 - x^2)^{-\frac{1}{2}} \text{ für } |x| > 1;$$

$$y'' = -\frac{1}{2}(x^4 - x^2)^{-\frac{3}{2}} \cdot (4x^3 - 2x) = \operatorname{sgn} x \cdot \frac{1-2x^2}{x^2\sqrt{x^2-1}^3} \text{ für } |x| > 1.$$

---

**190.** $y = x^x$ für $x > 0$.

Über die Darstellung $y = x^x = e^{x \cdot \ln x}$ folgt

$$y' = e^{x \ln x}(1 + \ln x) = x^x(1 + \ln x),$$

$$y'' = e^{x \cdot \ln x}(1 + \ln x)^2 + e^{x \cdot \ln x} \cdot \frac{1}{x} = x^x\left[(1 + \ln x)^2 + \frac{1}{x}\right] \text{ für } x > 0.$$

Ein anderer Lösungsweg zur Ermittlung der ersten Ableitung ergibt sich mittels der logarithmischen Differentiation durch Übergang zur Gleichung

$$\ln y = \ln x^x = x \cdot \ln x.$$

Dann ist nämlich

$$\frac{1}{y} \cdot \frac{dy}{dx} = \ln x + 1 \quad \text{oder} \quad \frac{dy}{dx} = y' = x^x(1 + \ln x).$$

---

**191.** $\displaystyle\lim_{x \to \frac{\pi}{2}} \frac{\tan(3x)}{\tan x} = \left[\frac{\infty}{\infty}\right] = \lim_{x \to \frac{\pi}{2}} \frac{3 \cdot \cos^2 x}{\cos^2(3x)} = \left[\frac{0}{0}\right] =$

$$= 3 \cdot \lim_{x \to \frac{\pi}{2}} \frac{-2\cos x \sin x}{-2\cos(3x)\sin(3x) \cdot 3} = \lim_{x \to \frac{\pi}{2}} \frac{\sin(2x)}{\sin(6x)} = \left[\frac{0}{0}\right] =$$

$$= \lim_{x \to \frac{\pi}{2}} \frac{2\cos(2x)}{6\cos(6x)} = \frac{1}{3} \quad *)$$

---

**192.** $\lim_{x \to +\infty} \dfrac{e^x}{x^n} = \left[\dfrac{\infty}{\infty}\right] = \lim_{x \to +\infty} \dfrac{e^x}{nx^{n-1}} = \left[\dfrac{\infty}{\infty}\right] = \lim_{x \to +\infty} \dfrac{e^x}{n(n-1)x^{n-2}} =$

$= \left[\dfrac{\infty}{\infty}\right] = \ldots = \lim_{x \to +\infty} \dfrac{e^x}{n!} = \infty$, für $n \in \mathbb{N}$.

---

**193.** $\lim_{x \to 0+0} x \cdot \ln x = [0 \cdot \infty] = \lim_{x \to 0+0} \dfrac{\ln x}{\frac{1}{x}} = \left[\dfrac{\infty}{\infty}\right] = \lim_{x \to 0+0} \dfrac{\frac{1}{x}}{-\frac{1}{x^2}} =$

$= \lim_{x \to 0+0} (-x) = 0.$

---

**194.** $\lim_{x \to 0} \left(\dfrac{1}{x} - \dfrac{1}{\sin x}\right) = [\infty - \infty] = \lim_{x \to 0} \dfrac{\sin x - x}{x \cdot \sin x} =$

$= \left[\dfrac{0}{0}\right] = \lim_{x \to 0} \dfrac{\cos x - 1}{\sin x + x \cos x} = \left[\dfrac{0}{0}\right] = \lim_{x \to 0} \dfrac{-\sin x}{2\cos x - x \sin x} = 0.$

---

**195.** $\lim_{x \to +\infty} (x - \sqrt{x^2 - 1}) = [\infty - \infty] = \lim_{x \to +\infty} \dfrac{1}{x + \sqrt{x^2 - 1}} = 0.$

---

**196.** $\lim_{x \to 0+0} x^x = \left[\dfrac{0}{0}\right] = \lim_{x \to 0+0} e^{x \cdot \ln x} = e^{\lim_{x \to 0+0} x \cdot \ln x} = e^0 = 1$ (vgl. Nr. 193).

---

**197.** $\lim_{x \to \infty} \left(1 + \dfrac{1}{x^2}\right)^x = [1^\infty] = \lim_{x \to \infty} e^{x \cdot \ln\left(1 + \frac{1}{x^2}\right)} = e^{\lim_{x \to \infty} x \cdot \ln\left(1 + \frac{1}{x^2}\right)}.$

---

*) In den Aufgaben Nr. 191 – 199 sollen bei den Grenzwertbildungen für x alle Folgen aus der Grundmenge $\mathbb{R}$ zugelassen sein, soweit deren Elemente den maximalen Definitionsmengen der betreffenden Funktionen angehören.

Nun ist $\lim\limits_{x \to \infty} x \cdot \ln\left(1 + \dfrac{1}{x^2}\right) = [\infty \cdot 0] = \lim\limits_{x \to \infty} \dfrac{\ln\left(1 + \dfrac{1}{x^2}\right)}{\dfrac{1}{x}} = \left[\dfrac{0}{0}\right] =$

$= \lim\limits_{x \to \infty} \dfrac{-x^2 \cdot (-2)}{\left(1 + \dfrac{1}{x^2}\right) \cdot x^3} = \lim\limits_{x \to \infty} \dfrac{2}{x + \dfrac{1}{x}} = 0$ und daher

$\lim\limits_{x \to \infty} \left(1 + \dfrac{1}{x^2}\right)^x = e^0 = 1.$

---

**198.** $\lim\limits_{x \to 0+0} (\cot x)^x = [\infty^0] = \lim\limits_{x \to 0+0} e^{x \cdot \ln(\cot x)} = e^{\lim\limits_{x \to 0+0} x \ln(\cot x)}$ Hierbei

ergibt sich $\lim\limits_{x \to 0+0} x \cdot \ln(\cot x) = [0 \cdot \infty] = \lim\limits_{x \to 0+0} \dfrac{\ln(\cot x)}{\dfrac{1}{x}} = \left[\dfrac{\infty}{\infty}\right] =$

$= \lim\limits_{x \to 0+0} \dfrac{2x^2}{\sin(2x)} = \left[\dfrac{0}{0}\right] = \lim\limits_{x \to 0+0} \dfrac{2x}{\cos(2x)} = 0$, was $\lim\limits_{x \to 0+0} (\cot x)^x = e^0 = 1$

liefert.

---

**199.** Man ermittle die ersten beiden Ableitungen von $y = f(x) =$
$= \mathrm{ar}\cosh \sqrt{1 + x^2}$.

$D_y = \mathbb{R}$. Für $x \neq 0$ kann über $y = \mathrm{ar}\cosh z$, $z = u^{\frac{1}{2}}$ und $u = 1 + x^2$ die **Kettenregel** Verwendung finden, welche

$$y' = \dfrac{1}{\sqrt{z^2 - 1}} \cdot \dfrac{1}{2} \cdot u^{-\frac{1}{2}} \cdot 2x = \dfrac{x}{|x|\sqrt{1 + x^2}} = \dfrac{\mathrm{sgn}\, x}{\sqrt{1 + x^2}}$$

liefert, woraus $y'' = \dfrac{-x \cdot \mathrm{sgn}\, x}{\sqrt{1 + x^2}^3}$ folgt.

Für $x = 0$ wird die Kettenregel unbrauchbar, weil $y = \mathrm{ar}\cosh z$ an der $x = 0$ entsprechenden Stelle $z = 1$ nicht differenzierbar ist. Geht man jedoch auf die Definition der Ableitung zurück, so ergibt sich bei Benutzung der L HOSPITALschen Regel über

$$\lim\limits_{x \to 0 \pm 0} \dfrac{f(x) - f(0)}{x} = \lim\limits_{x \to 0 \pm 0} \dfrac{\mathrm{ar}\cosh \sqrt{1 + x^2} - 0}{x} = \left[\dfrac{0}{0}\right] =$$

$$= \lim_{x \to 0 \pm 0} \frac{x}{|x|\sqrt{1+x^2}} = \pm 1 \text{ in } x = 0 \text{ die rechts- bzw. linksseitige}$$

Ableitung 1 bzw. -1.

---

**200.** Gegeben ist die transzendente Funktion

$z = f(x; y) = x \cdot \sin y + y^2 \cdot e^{-x}$ mit $\mathbb{D}_z = \mathbb{R}^2$.

Es sind sämtliche partiellen Ableitungen erster und zweiter Ordnung zu bilden.

$\dfrac{\partial z}{\partial x} = f'_x = \sin y - y^2 \cdot e^{-x}, \quad \dfrac{\partial z}{\partial y} = f'_y = x \cdot \cos y + 2y \cdot e^{-x},$

$\dfrac{\partial^2 z}{\partial x^2} = f''_{xx} = y^2 \cdot e^{-x}, \quad \dfrac{\partial^2 z}{\partial y^2} = f''_{yy} = -x \cdot \sin y + 2 \cdot e^{-x},$

$\dfrac{\partial^2 z}{\partial x \, \partial y} = f''_{xy} = \cos y - 2y \cdot e^{-x} = \dfrac{\partial^2 z}{\partial y \, \partial x} = f''_{yx}$

für $\mathbb{D}_{z'_x} = \mathbb{D}_{z'_y} = \mathbb{D}_{z''_{xx}} = \mathbb{D}_{z''_{yy}} = \mathbb{D}_{z''_{xy}} = \mathbb{D}_{z''_{yx}} = \mathbb{R}^2$.

---

**201.** $z = f(x; y) = \arctan \sqrt{x+y} = \arctan w$ mit $w = \sqrt{x+y}$ und $\mathbb{D}_z = \{(x; y) \mid x + y \geq 0\}$.

$\dfrac{\partial z}{\partial x} = f'_x = \dfrac{dz}{dw} \cdot \dfrac{\partial w}{\partial x} = \dfrac{1}{1+x+y} \cdot \dfrac{1}{2\sqrt{x+y}} = \dfrac{1}{2} \cdot (1+x+y)^{-1} \cdot$

$\cdot (x+y)^{-\frac{1}{2}} = \dfrac{\partial z}{\partial y},$

$\dfrac{\partial^2 z}{\partial x^2} = f''_{xx} = \dfrac{1}{2} \cdot \left[ \dfrac{-1}{(1+x+y)^2 \cdot \sqrt{x+y}} - \dfrac{1}{2(1+x+y)\sqrt{x+y}^3} \right] =$

$= -\dfrac{1}{4} \cdot \dfrac{3x+3y+1}{(1+x+y)^2 \cdot \sqrt{x+y}^3} = f''_{yy} = \dfrac{\partial^2 z}{\partial y^2},$

$\dfrac{\partial^2 z}{\partial x \, \partial y} = f''_{xy} = \dfrac{\partial^2 z}{\partial y \, \partial x} = f''_{yx} = \dfrac{\partial^2 z}{\partial x^2},$

wobei sämtliche Ableitungen die Definitionsmenge

$\mathbb{D}_{z'_x} = \mathbb{D}_{z'_y} = \mathbb{D}_{z''_{xx}} = \mathbb{D}_{z''_{yy}} = \mathbb{D}_{z''_{xy}} = \mathbb{D}_{z''_{yx}} = \{(x; y) \mid x + y > 0\}$

besitzen.

**202.** Man untersuche den Graph von $y = f(x) = 3 \sin^2 x$.

$f'(x) = 6 \sin x \cdot \cos x = 3 \sin(2x)$, $\quad f''(x) = 6 \cos(2x)$, $\quad f'''(x) = -12 \sin(2x)$.

Gerade Funktion:

| x | 0 | ±30° | ±45° | ±60° | ±90° | ±120° | ±135° | ... |
|---|---|------|------|------|------|-------|-------|-----|
| y | 0 | 0,75 | 1,5  | 2,25 | 3    | 2,25  | 1,5   | ... |

Schnittpunkte mit der X-Achse, $f(x) = 0$:

$\sin^2 x = 0$, $x_k = k \cdot 180° \wedge k \in \mathbb{Z}$.

Relative Extrema, $f'(x) = 0$:

$\sin(2x) = 0$, $2x = k \cdot 180°$, $\bar{x}_k = k \cdot 90°$ mit $k \in \mathbb{Z}$.

$\bar{y}_k = 3 \sin^2(k \cdot 90°) = \begin{cases} 0, \text{ falls } k = 2\nu \\ 3, \text{ falls } k = 2\nu + 1 \end{cases}$ für $\nu \in \mathbb{Z}$.

$f''(\bar{x}_k) = 6 \cos(k \cdot 180°) = 6 \cdot (-1)^k = \begin{cases} 6, \text{ falls } k = 2\nu \\ -6, \text{ falls } k = 2\nu + 1 \end{cases}$ für $\nu \in \mathbb{Z}$.

$M_k(\bar{x}_k, \bar{y}_k)$ ist relatives $\begin{cases} \text{Minimum} \\ \text{Maximum} \end{cases}$ für $k = \begin{cases} 2\nu \\ 2\nu + 1 \end{cases}$ mit $\nu \in \mathbb{Z}$.

Wendepunkte, $f''(x) = 0$:

$\cos(2x) = 0$, $2x = 90° + k \cdot 180°$, $\bar{\bar{x}}_k = 45° + k \cdot 90°$,

$\bar{\bar{y}}_k = 3 \sin^2(45° + k \cdot 90°) = \frac{3}{2}$, $f'''(\bar{\bar{x}}_k) = -12 \sin(90° + k \cdot 180°) \neq 0$;

Wendepunkte in $W_k(\bar{\bar{x}}_k; \bar{\bar{y}}_k)$ für $k \in \mathbb{Z}$.

Über die Darstellung $f(x) = 3 \sin^2 x = \frac{3}{2} \cdot [1 - \cos(2x)] =$

$= \frac{3}{2} + \frac{3}{2} \sin(2x - 90°)$ kann die Aufgabe auch elementar gelöst werden (vgl. Band I, Nr. 172).

---

**203.** Man untersuche den Graph von $y = f(x) = \sin(x^2)$.

$f'(x) = 2x \cdot \cos(x^2)$, $\quad f''(x) = 2 \cdot [\cos(x^2) - 2x^2 \cdot \sin(x^2)]$,

$f'''(x) = -4x \cdot [3 \sin(x^2) + 2x^2 \cdot \cos(x^2)]$.

Weil f(x) eine gerade, für $x \in \mathbb{R}$ definierte Funktion ist, kann die Untersuchung auf $x > 0$ beschränkt werden.

Schnittpunkte mit der X-Achse, $f(x) = 0$:

$x^2 = k \cdot \pi$ , $x_k = \sqrt{k\pi}$

mit $k \in \mathbb{Z}_0^+$ ;

$x_0 = 0$, $x_1 = \sqrt{\pi} \approx 1{,}77$,

$x_2 = \sqrt{2\pi} \approx 2{,}51$,

$x_3 = \sqrt{3\pi} \approx 3{,}07$.

Relative Extrema, $f'(x) = 0$:

$x \cdot \cos(x^2) = 0$, $\bar{x}_0 = 0$; $x^2 = -\dfrac{\pi}{2} + k\pi$ , $\bar{x}_k = \sqrt{\dfrac{\pi}{2}(2k-1)}$ für $k \in \mathbb{N}$.

$\bar{x}_1 = \sqrt{\dfrac{\pi}{2}} \approx 1{,}25$, $\bar{x}_2 = \sqrt{\dfrac{3\pi}{2}} \approx 2{,}17$, $\bar{x}_3 = \sqrt{\dfrac{5\pi}{2}} \approx 2{,}80$, $\bar{x}_4 = \sqrt{\dfrac{7\pi}{2}} \approx 3{,}32$;

$\bar{y}_0 = 0$, $\bar{y}_k = \sin\left(-\dfrac{\pi}{2} + k\pi\right) = (-1)^{k+1}$ für $k \in \mathbb{N}$.

$f''(\bar{x}_0) > 0$, $\text{sgn}[f''(\bar{x}_k)] = (-1)^k$ für $k \in \mathbb{N}$.

$M_0(0; 0)$ ist relatives Minimum. Weiterhin ist $M_k(\bar{x}_k; \bar{y}_k)$ mit

$\bar{x}_k = \sqrt{\dfrac{\pi}{2}(2k-1)}$ , $\bar{y}_k = (-1)^{k+1}$ relatives $\genfrac{<}{>}{0pt}{}{\text{Minimum}}{\text{Maximum}}$ für

$k = \genfrac{<}{>}{0pt}{}{2\nu}{2\nu - 1}$ und $\nu \in \mathbb{N}$.

Spiegelung an der Y-Achse liefert die relativen Extrema $M_{-1}$, $M_{-2}$, ... .

| x | 0 | $\pm\sqrt{\dfrac{\pi}{8}} \approx \pm 0{,}63$ | $\pm\sqrt{\dfrac{\pi}{6}} \approx \pm 0{,}72$ | $\pm\sqrt{\dfrac{\pi}{4}} \approx \pm 0{,}89$ |
|---|---|---|---|---|
| y | 0 | 0,38 | 0,5 | 0,71 |
| x | $\pm\sqrt{\dfrac{5\pi}{6}} \approx 1{,}62$ | $\pm\sqrt{\dfrac{7\pi}{6}} \approx 1{,}91$ | $\pm\sqrt{\dfrac{11\pi}{6}} \approx 2{,}40$ | |
| y | 0,5 | -0,5 | -0,5 | |
| x | $\pm\sqrt{\dfrac{13\pi}{6}} \approx 2{,}61$ | $\pm\sqrt{\dfrac{17\pi}{6}} \approx 2{,}98$ | $\pm\sqrt{\dfrac{19\pi}{6}} \approx 3{,}15$ ... | |
| y | 0,5 | 0,5 | -0,5 | ... |

Wendepunkte, $f''(x) = 0$:

$$\cos(x^2) - 2x^2 \sin(x^2) = 0, \quad \tan(x^2) = \frac{1}{2x^2}.$$

Die Lösungen dieser **transzendenten Gleichung** können nur durch Näherungsverfahren ermittelt werden. Mit der Substitution $x^2 = z$ lassen sich etwa die entsprechenden Werte $z$ auf graphischem Wege als Schnittpunkte der Graphen von $y_I = \tan z$ und $y_{II} = \dfrac{1}{2z}$ finden.

| $z$   | 0 | 0,5  | 1    | ... |
|-------|---|------|------|-----|
| $y_I$ | 0 | 0,55 | 1,56 | ... |

| $z$      | 0,25 | 0,5 | 1   | 2    | 5   | 10   | ... |
|----------|------|-----|-----|------|-----|------|-----|
| $y_{II}$ | 2    | 1   | 0,5 | 0,25 | 0,1 | 0,05 | ... |

Mit den aus der Zeichnung entnommenen Werten

$\bar{\bar{z}}_1 \approx 0{,}65, \quad \bar{\bar{z}}_2 \approx 3{,}30,$

$\bar{\bar{z}}_3 \approx 6{,}40, \quad \bar{\bar{z}}_4 \approx 9{,}50,$

$\bar{\bar{z}}_k \approx (k-1)\pi$ für $k \geq 5 \wedge k \in \mathbb{N}$,

ergeben sich

$\bar{\bar{x}}_1 \approx 0{,}81, \quad \bar{\bar{x}}_2 \approx 1{,}82,$

$\bar{\bar{x}}_3 \approx 2{,}53, \quad \bar{\bar{x}}_4 \approx 3{,}08,$

$\bar{\bar{x}}_k \approx \sqrt{(k-1)\pi}$ .

Die zugehörigen Ordinatenwerte sind

$\bar{\bar{y}}_1 \approx \sin(0{,}65) \approx 0{,}61, \quad \bar{\bar{y}}_2 \approx -0{,}16, \quad \bar{\bar{y}}_3 \approx 0{,}12, \quad \bar{\bar{y}}_4 \approx -0{,}08,$

$\bar{\bar{y}}_k \approx 0$ für $k \geq 5 \wedge k \in \mathbb{N}$.

Hierdurch sind Wendepunkte $W_1, W_2, \ldots$ festgelegt, weil jeweils in einer die errechneten Näherungswerte der Stellen $\bar{\bar{x}}_\nu$ (mit $\nu \in \mathbb{N}$) enthaltenden Umgebung von $\bar{\bar{x}}_\nu$ die dritte Ableitung $f'''(x)$ von 0 verschieden ist. Durch Spiegelung an der Y-Achse ergeben sich die Wendepunkte $W_{-1}, W_{-2}, \ldots$ .

---

**204** Welchen Verlauf nimmt der Graph von $y = f(x) = \cos\left(\dfrac{1}{x}\right)$?

$$f'(x) = \frac{\sin\left(\dfrac{1}{x}\right)}{x^2}, \quad f''(x) = -\frac{\cos\left(\dfrac{1}{x}\right) + 2x \cdot \sin\left(\dfrac{1}{x}\right)}{x^4},$$

$$f'''(x) = \frac{6x^2 \cdot \sin\left(\frac{1}{x}\right) + 6x \cdot \cos\left(\frac{1}{x}\right) - \sin\left(\frac{1}{x}\right)}{x^6}, \text{ für } x \neq 0.$$

**Schnittpunkte mit der X-Achse:**

$$\frac{1}{x} = (2k+1)\frac{\pi}{2}, \quad x_k = \frac{2}{(2k+1)\pi} \quad \text{mit } k \in \mathbb{Z};$$

$$x_0 = \frac{2}{\pi} \approx 0{,}637, \quad x_1 = \frac{2}{3\pi} \approx 0{,}212, \quad x_2 = \frac{2}{5\pi} \approx 0{,}127,$$

$$x_3 = \frac{2}{7\pi} \approx 0{,}091, \ldots, \quad x_{-1} = -\frac{2}{\pi} = -0{,}637, \ldots.$$

**Relative Extremwerte, $f'(x) = 0$:**

$$\sin\left(\frac{1}{x}\right) = 0, \quad \frac{1}{x} = k \cdot \pi, \quad x_k = \frac{1}{k\pi} \quad \text{mit } k \in \mathbb{Z} \setminus \{0\};$$

$$\bar{x}_1 = \frac{1}{\pi} \approx 0{,}318, \quad \bar{x}_2 \approx 0{,}159, \quad \bar{x}_3 \approx 0{,}106, \quad \bar{x}_4 \approx 0{,}080, \ldots,$$

$$\bar{x}_{-1} \approx -0{,}318, \ldots;$$

$$\bar{y}_k = (-1)^k \quad \text{mit } k \in \mathbb{Z} \setminus \{0\}.$$

$$f''\left(\frac{1}{k\pi}\right) = -\frac{\cos(k\pi) + \frac{2}{k\pi} \cdot \sin(k\pi)}{\frac{1}{(k\pi)^4}}, \text{ somit } \operatorname{sgn}\left[f''\left(\frac{1}{k\pi}\right)\right] = (-1)^{k+1}$$

für $k \in \mathbb{Z} \setminus \{0\}$.

Es liegen also **relative Maxima** an den Stellen $M_{2n}\left(\frac{1}{2n\pi}; 1\right)$ mit $n \in \mathbb{Z} \setminus \{0\}$ und **relative Minima** bei $M_{2n-1}\left(\frac{1}{(2n-1)\pi}; -1\right)$ mit $n \in \mathbb{Z}$ vor.

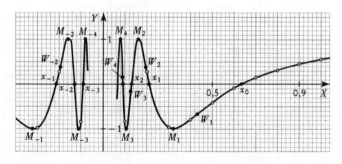

Gerade Funktion:

| x | ±0,1 | ±0,2 | ±0,3 | ±0,4 | ±0,5 | ±0,6 | ±0,7 | ±0,8 |
|---|---|---|---|---|---|---|---|---|
| y | -0,839 | 0,284 | -0,982 | -0,801 | -0,416 | -0,096 | 0,142 | 0,315 |

| x | ±0,9 | ±1,0 ... |
|---|---|---|
| y | 0,444 | 0,540 ... |

Wendepunkte, $f''(x) = 0$:

$$\cos\left(\frac{1}{x}\right) + 2x \cdot \sin\left(\frac{1}{x}\right) = 0, \quad \tan\left(\frac{1}{x}\right) = -\frac{1}{2} \cdot \left(\frac{1}{x}\right).$$

Eine näherungsweise Ermittlung der Lösungen dieser **transzendenten Gleichung** kann nach der Transformation $\frac{1}{x} = z$, also Übergang zur

Gleichung $\tan z = -\frac{1}{2} z$ ähnlich wie bei Nr. 203 zeichnerisch erfolgen, indem die Schnittpunkte der Graphen von $y_I = \tan z$ und $y_{II} = -\frac{1}{2} z$ bestimmt werden, wobei aus Symmetriegründen eine Beschränkung auf $z \geqslant 0$ möglich ist.

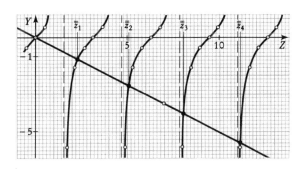

Der Zeichnung kann man Näherungslösungen entnehmen, die sich mittels eines Taschenrechners leicht auf 2 gültige Stellen nach dem Komma verbessern lassen. Man erhält $\bar{z}_1 \approx 2{,}29$, $\bar{z}_2 \approx 5{,}09$, $\bar{z}_3 \approx 8{,}10$, $\bar{z}_4 \approx 11{,}17$, ..., was auf $\bar{x}_1 = \frac{1}{\bar{z}_1} \approx 0{,}44$, $\bar{x}_2 \approx 0{,}20$, $\bar{x}_3 \approx 0{,}12$, $\bar{x}_4 \approx 0{,}09$, ... führt.

In Umgebungen dieser Stellen, welche deren Näherungswerte enthalten, ist $f'''(x)$ von 0 verschieden, so daß es sich um die Abszissen von Wendepunkten $W_1$, $W_2$, ... handelt. Die zugehörigen Ordinaten sind $\bar{y}_1 \approx \cos(2{,}29) \approx -0{,}66$, $\bar{y}_2 \approx 0{,}37$, $\bar{y}_3 \approx -0{,}24$, $\bar{y}_4 \approx 0{,}17$, ... . Spiegelung an der Y-Achse erbringt die Wendepunkte $W_{-1}$, $W_{-2}$, ... .

Wegen $\lim_{x \to \pm\infty} f(x) = 1$ ist die Gerade mit der Gleichung $y = 1$ Asymptote des Graphen.

---

**205.** Man diskutiere den Graph von $y = f(x) = \cos(2x) - \cos x$.

$f'(x) = -2\sin(2x) + \sin x$, $\quad f''(x) = -4\cos(2x) + \cos x$,

$f'''(x) = 8\sin(2x) - \sin x$.

Wegen $f(-x) = f(x)$ liegt eine **gerade Funktion** vor.

**Schnittpunkte** mit der **X-Achse**, $f(x) = 0$:

$\cos(2x) - \cos x = 0$, $\quad 2\cos^2 x - \cos x - 1 = 0$,

$\cos x = \dfrac{1 \pm 3}{4}$; $\quad \cos x = 1$, $\quad x_{1k} = k \cdot 360°$; $\quad \cos x = -0{,}5$,

$x_{2k} = 120° + k \cdot 360°$, $\quad x_{3k} = 240° + k \cdot 360°$, wobei hier und im folgenden $k \in \mathbb{Z}$ ist.

**Relative Extrema**, $f'(x) = 0$:

$-4 \sin x \cdot \cos x + \sin x = 0$; $\quad \sin x = 0$,

$\bar{x}_{1k} = k \cdot 360°$, $\quad \bar{x}_{2k} = 180° + k \cdot 360°$; $\quad \bar{y}_{1k} = 0$, $\quad \bar{y}_{2k} = 2$;

$-4\cos x + 1 = 0$, $\quad \cos x = 0{,}25$; $\quad \bar{x}_{3k} \approx 75{,}52° + k \cdot 360°$,

$\bar{x}_{4k} \approx 284{,}48° + k \cdot 360°$; $\quad \bar{y}_{3k;4k} \approx -1{,}125$.

$f''(\bar{x}_{1k}) < 0$, $\quad f''(\bar{x}_{2k}) < 0$, $\quad f''(\bar{x}_{3k}) > 0$, $\quad f''(\bar{x}_{4k}) > 0$.

Es liegen daher vor die **relativen Maxima** $M_{1k}(k \cdot 360°; 0)$, $M_{2k}(180° + k \cdot 360°; 2)$ und die **relativen Minima** $M_{3k}(75{,}5° + k \cdot 360°; -1{,}125)$, $M_{4k}(284{,}5° + k \cdot 360°; -1{,}125)$.

| x | 0 | ±30° | ±60° | ±90° | ±150°... |
|---|---|---|---|---|---|
| y | 0 | -0,366 | -1 | -1 | 1,366 ... |

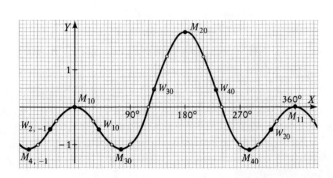

Wendepunkte, $f''(x) = 0$:

$-4\cos(2x) + \cos x = 0$, $8\cos^2 x - \cos x - 4 = 0$, $\cos x = \dfrac{1 \pm \sqrt{129}}{16}$;

$\cos x \approx 0{,}772$, $\bar{\bar{x}}_{1k} \approx 39{,}5^o + k \cdot 360^o$, $\bar{\bar{x}}_{2k} \approx 320{,}5^o + k \cdot 360^o$;

$\cos x \approx -0{,}647$, $\bar{\bar{x}}_{3k} \approx 130{,}3^o + k \cdot 360^o$, $\bar{\bar{x}}_{4k} \approx 229{,}7^o + k \cdot 360^o$.

Die zugehörigen Ordinatenwerte berechnen sich zu

$\bar{\bar{y}}_{1k} = \bar{\bar{y}}_{2k} \approx -0{,}581$ und $\bar{\bar{y}}_{3k} = \bar{\bar{y}}_{4k} \approx 0{,}483$.

Da an all diesen Stellen jeweils die dritte Ableitung nicht verschwindet, liegen dort Wendepunkte $W_{1k}$, $W_{2k}$, $W_{3k}$, $W_{4k}$ vor.

---

**206.** Der Verlauf des Graphen von $y = f(x) = \sin^2 x + 2\cos x$ ist zu untersuchen.

$f'(x) = \sin(2x) - 2\sin x$, $f''(x) = 2\cos(2x) - 2\cos x$,

$f'''(x) = -4\sin(2x) + 2\sin x$, $f^{(4)}(x) = -8\cos(2x) + 2\cos x$.

Wegen $f(-x) = f(x)$ liegt eine **gerade Funktion** vor.

**Schnittpunkte** mit der **X-Achse**, $f(x) = 0$:

$\cos^2 x - 2\cos x - 1 = 0$, $\cos x = 1 \pm \sqrt{2}$;

$\cos x \approx 2{,}414$ liefert keine reellen Nullstellen;

$\cos x \approx -0{,}414$, $x_{1k} \approx 114{,}5^o + k \cdot 360^o$, $x_{2k} \approx 245{,}5^o + k \cdot 360^o$, wobei hier und im folgenden $k \in \mathbb{Z}$ ist.

**Relative Extrema**, $f'(x) = 0$:

$2\sin x(\cos x - 1) = 0$; $\sin x = 0$, $\bar{x}_{1k} = k \cdot 360^o$,

$\bar{x}_{2k} = 180^o + k \cdot 360^o$, $\bar{y}_{1k} = 2$, $\bar{y}_{2k} = -2$.

$\cos x - 1 = 0$, $\cos x = 1$, $\bar{x}_{1k} = k \cdot 360^o$, $\bar{y}_{1k} = 2$.

$f''(\bar{x}_{1k}) = f'''(\bar{x}_{1k}) = 0$; $f^{(4)}(\bar{x}_{1k}) = -6 < 0$.

In den Punkten $M_{1k}(k \cdot 360^o; 2)$ treten somit **relative Maxima höherer Ordnung** auf.

$f''(\bar{x}_{2k}) = 4 > 0$; in $M_{2k}(180^o + k \cdot 360^o; -2)$ liegen **relative Minima** vor.

| x | 0 | ±30° | ±60° | ±90° | ±120° | ±150° | ±180° | ... |
|---|---|------|------|------|-------|-------|-------|-----|
| y | 2 | 1,982 | 1,750 | 1 | -0,250 | -1,482 | -2 | ... |

Wendepunkte, f''(x) = 0:

$2\cos^2 x - \cos x - 1 = 0$;  $\bar{\bar{x}}_{1k} = k \cdot 360°$,  $\bar{\bar{x}}_{2k} = 120° + k \cdot 360°$,
$\bar{\bar{x}}_{3k} = 240° + k \cdot 360°$;  $\bar{\bar{y}}_{1k} = 2$,  $\bar{\bar{y}}_{2k} = \bar{\bar{y}}_{3k} = -0{,}250$.

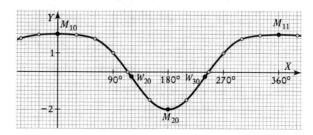

Wegen $f'''(\bar{\bar{x}}_{1k}) = 0$ und $f^{(4)}(\bar{\bar{x}}_{1k}) \neq 0$ liegt in $W_{1k}(k \cdot 360°; 2)$ kein Wendepunkt vor; vielmehr ist $W_{1k} \equiv M_{1k}$.

Dagegen treten auf Grund von $f'''(\bar{\bar{x}}_{2k}) \neq 0$ und $f'''(\bar{\bar{x}}_{3k}) \neq 0$ die Wendepunkte

$W_{2k}\left(120° + k \cdot 360°;\ -\dfrac{1}{4}\right)$  und  $W_{3k}\left(240° + k \cdot 360°;\ -\dfrac{1}{4}\right)$  auf.

---

**207.** Man diskutiere den Graph von $y = f(x) = \dfrac{x}{2} + \sin x$.

$f'(x) = \dfrac{1}{2} + \cos x$,  $f''(x) = -\sin x$,  $f'''(x) = -\cos x$.

Wegen $f(-x) = -f(x)$ liegt eine **ungerade Funktion** vor.

Einziger **Schnittpunkt** mit der **X-Achse** ist der Nullpunkt $x_1 = 0$.

**Relative Extrema**, y' = 0:

$\cos x = -0{,}5$,  $\bar{x}_{1k} \approx 2{,}094 + 2k\pi$,  $\bar{x}_{2k} \approx 4{,}189 + 2k\pi$, wobei hier und im folgenden $k \in \mathbb{Z}$ ist.

$\bar{y}_{1k} \approx 1{,}047 + 3{,}142 \cdot k + 0{,}866 = 1{,}913 + 3{,}142\,k$,

$\bar{y}_{2k} \approx 2{,}094 + 3{,}142 \cdot k - 0{,}866 = 1{,}228 + 3{,}142\,k$.

$f''(\bar{x}_{1k}) < 0$,  $f''(\bar{x}_{2k}) > 0$. $M_{1k}(\bar{x}_{1k}; \bar{y}_{1k})$ sind **relative Maxima**, $M_{2k}(\bar{x}_{2k}; \bar{y}_{2k})$ **relative Minima**.

Wendepunkte, f''(x) = 0:

$\sin x = 0$,  $\bar{\bar{x}}_k = k\pi \approx 3{,}142\,k$,  $\bar{\bar{y}}_k \approx 1{,}571\,k$.

Da $f'''(k\pi) \neq 0$, sind $W_k(\bar{\bar{x}}_k; \bar{\bar{y}}_k)$ Wendepunkte.

| x | 0 | ±1    | ±5    | ±8    | ... |
|---|---|-------|-------|-------|-----|
| y | 0 | ±1,341| ±1,541| ±4,99 | ... |

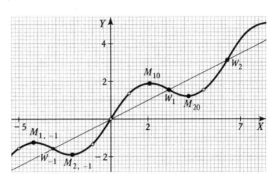

**208.** Man untersuche den Graph von $y = f(x) = 3x \cdot e^{-x}$.

$f'(x) = 3e^{-x}(1 - x)$,  $f''(x) = 3e^{-x}(x - 2)$,  $f'''(x) = 3e^{-x}(3 - x)$.

| x | -1    | -0,5  | 0 | 1    | 2    | 3    | 4    | 5    | ... |
|---|-------|-------|---|------|------|------|------|------|-----|
| y | ... -8,15 | -2,47 | 0 | 1,10 | 0,81 | 0,45 | 0,22 | 0,10 | ... |

Schnittpunkte mit der X-Achse im Nullpunkt, $x_1 = 0$.

Relative Extrema, $f'(x) = 0$:

$e^{-x}(1 - x) = 0$; $x_M = 1$,

$y_M \approx 1,10$; $f''(1) < 0$.

Relatives Maximum $M(1; 1,10)$.

Wendepunkte, $f''(x) = 0$:

$e^{-x}(x - 2) = 0$; $x_W = 2$,

$y_W \approx 0,81$. $f'''(2) \neq 0$.

Wendepunkt $W(2; 0,81)$.

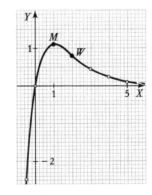

Der Graph der Funktion stellt den **Grenzfall** einer **gedämpften aperiodischen Schwingung** dar.

**209.** Wie verläuft der Graph von $y = f(x) = 5e^{-x} \cdot \sinh(0,6x) =$
$= \dfrac{5}{2}(e^{-0,4x} - e^{-1,6x})$ ?

$f'(x) = e^{-x}[-5\sinh(0,6x) + 3\cosh(0,6x)] = -e^{-0,4x} + 4e^{-1,6x}$,

$f''(x) = e^{-x}[6,8 \sinh(0,6x) - 6 \cosh(0,6x)] = 0,4\, e^{-0,4x} - 6,4\, e^{-1,6x}$,

$f'''(x) = e^{-x}[-10,4 \sinh(0,6x) + 10,08 \cosh(0,6x)] =$

$= -0,16\, e^{-0,4x} + 10,24\, e^{-1,6x}$.

| x | ... | -1 | -0,5 | 0 | 1 | 2 | 3 | 4 | 5 | 6 | 7 | ... |
|---|---|---|---|---|---|---|---|---|---|---|---|---|
| y | ... | -8,65 | -2,51 | 0 | 1,17 | 1,02 | 0,73 | 0,50 | 0,34 | 0,23 | 0,15 | ... |

Die X-Achse wird nur im Nullpunkt geschnitten, $x_1 = 0$.

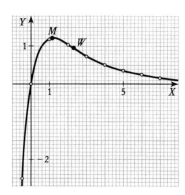

Relative Extrema, $f'(x) = 0$:

$-5 \sinh(0,6x) + 3 \cosh(0,6x) = 0$,

$\tanh(0,6x) = 0,6$;

$0,6 \approx 0,693$, $\bar{x}_1 \approx 1,16$,

$\bar{y}_1 \approx 5\, e^{-1,16} \sinh(0,693) \approx 1,18$;

$f''(\bar{x}_1) < 0$.

Relatives Maximum $M(1,16; 1,18)$.

Wendepunkte, $f''(x) = 0$:

$0,4\, e^{-0,4x} - 6,4\, e^{-1,6x} = 0$, $e^{-0,4x} = 16\, e^{-1,6x}$, $e^{1,2x} = 16$,

$1,2x = \ln 16 \approx 2,773$, $x_W \approx 2,31$, $y_W \approx 0,93$, $f'''(2,31) \neq 0$.

Die Funktion beschreibt eine **gedämpfte aperiodische Schwingung**.

---

**210.** Welchen Graph besitzt $y = f(x) = e^{-0,5x} \cos x$?

$f'(x) = -e^{-0,5x}(0,5 \cos x + \sin x)$, $f''(x) = e^{-0,5x}(\sin x - 0,75 \cos x)$,

$f'''(x) = e^{-0,5x}(0,25 \sin x + 1,375 \cos x)$.

Schnittpunkte mit der X-Achse, $f(x) = 0$:

$\cos x = 0$, $x_k = \dfrac{\pi}{2} + k\pi \approx 1,57 + 3,14 \cdot k$ mit $k \in \mathbb{Z}$.

Relative Extrema, $f'(x) = 0$:

$e^{-0,5x}(0,5 \cos x + \sin x) = 0$, $\tan x = -0,5$;

$\bar{x}_k \approx 153,4° + k \cdot 180° \stackrel{\wedge}{=} 2,68 + 3,14\, k$,

$\bar{y}_k \approx e^{-1,34 - 1,57 \cdot k} \cdot \cos(153,4° + k \cdot 180°) \approx 0,26 \cdot (e^{-1,57})^k \cdot \cos(153,4°)$

$\cdot (-1)^k \approx -0,26 \cdot 0,21^k \cdot 0,89 \cdot (-1)^k \approx -0,23 \cdot (-0,21)^k$;

$f''(\bar{x}_k) \approx e^{-0,5\bar{x}_k} [\sin(153,4° + k\ 180°) - 0,75 \cos(153,4° + k\ 180°)] \approx$
$\approx e^{-0,5\bar{x}_k} [(-1)^k \cdot 0,45 + (-1)^k \cdot 0,67] = (-1)^k \cdot 1,12\ e^{-0,5\bar{x}_k},$

mit $k \in \mathbb{Z}$.

$\text{sgn}[f''(\bar{x}_k)] = (-1)^k$ für $k \in \mathbb{Z}$.

Die relativen Minima sind somit festgelegt durch $\bar{x}_{2n} \approx 2,68 +$
$+ 6,28n$, $\bar{y}_{2n} \approx -0,23 \cdot 0,21^{2n}$, die relativen Maxima durch
$\bar{x}_{2n+1} \approx 5,82 + 6,28\ n$, $\bar{y}_{2n+1} \approx 0,23 \cdot 0,21^{2n+1} \approx 0,048 \cdot 0,21^{2n}$ mit $n \in \mathbb{Z}$.

Speziell sind

$\bar{x}_{-2} \approx -3,60,\quad \bar{y}_{-2} \approx -5,22;\quad \bar{x}_{-1} \approx -0,46,\quad \bar{y}_{-1} \approx 1,10;$
$\bar{x}_0 \approx 2,68,\quad \bar{y}_0 \approx -0,23;\quad \bar{x}_1 \approx 5,82,\quad y_1 \approx 0,05;$
$\bar{x}_2 \approx 8,96,\quad \bar{y}_2 \approx -0,01.$

| x | ... | -4 | -3 | -2 | -1 | 0 | 1 | 2 | 3 | 4 | ... |
|---|---|---|---|---|---|---|---|---|---|---|---|
| y | ... | -4,83 | -4,44 | -1,13 | 0,89 | 1 | 0,33 | -0,15 | -0,22 | -0,09 | ... |

Wendepunkte, $f''(x) = 0$:

$e^{-0,5x}(\sin x - 0,75 \cos x) = 0,$

$\tan x = 0,75;$

$\bar{\bar{x}}_k = 36,9° + k\ 180° \,\hat{\approx}$

$\hat{\approx} 0,64 + 3,14\ k;$

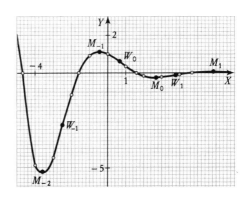

$\bar{\bar{y}}_k \approx e^{-0,32-1,57 \cdot k} \cdot \cos(36,9° + k\ 180°) \approx (-1)^k \cdot 0,73 \cdot (0,21)^k \cdot 0,80 \approx$
$\approx 0,58 \cdot (-0,21)^k;\quad f'''(\bar{\bar{x}}_k) \neq 0$ für $k \in \mathbb{Z}$.

Spezielle Wendepunkte sind:

$W_{-1}(-2,50;\ -2,76)$, $W_0(0,64;\ 0,58)$, $W_1(3,78;\ -0,12)$.

Die Funktion beschreibt eine **gedämpfte periodische Schwingung**

**211.** Wie verläuft der Graph von $y = f(x) = e^{\frac{1}{2x}}$ ?

$f'(x) = -\frac{1}{2} \cdot \frac{e^{\frac{1}{2x}}}{x^2}$ ,

$f''(x) = \frac{e^{\frac{1}{2x}}}{4} \cdot \frac{1 + 4x}{x^4}$ ,

$f'''(x) = -\frac{e^{\frac{1}{2x}}}{8} \cdot \frac{1 + 12x + 24x^2}{x^6}$ ,

für $x \neq 0$.

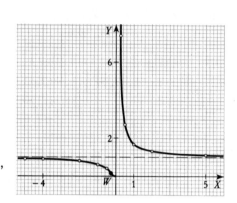

| x | ... | -5 | -4 | -2 | -1 | -0,5 | 0,25 | 0,5 | 1 | 2 | 5 | ... |
|---|---|---|---|---|---|---|---|---|---|---|---|---|
| y | ... | 0,90 | 0,88 | 0,78 | 0,61 | 0,37 | 7,39 | 2,72 | 1,65 | 1,28 | 1,11 | ... |

Wegen $\lim\limits_{x \to 0-0} e^{\frac{1}{2x}} = \lim\limits_{z \to -\infty} e^z = 0$ und $\lim\limits_{x \to 0+0} e^{\frac{1}{2x}} = \lim\limits_{z \to +\infty} e^z = +\infty$ für $z = \frac{1}{2x}$ liegt in $x = 0$ eine **Sprungstelle** der Funktion vor.

Die Gerade mit der Gleichung $y = 1$ ist **Asymptote des Graphen**.

**Wendepunkte**, $f''(x) = 0$:

$e^{\frac{1}{2x}}(1 + 4x) = 0$;   $x_W = -\frac{1}{4}$,   $y_W \approx 0{,}14$;   $f'''\left(-\frac{1}{4}\right) \neq 0$.

$W(x_W; y_W)$ ist also Wendepunkt.

---

**212.** Der Graph von $y = f(x) = 2\,e^{-\frac{1}{2}|x|}$ soll untersucht werden.

Aus der Darstellung $f(x) = \begin{cases} 2\,e^{-\frac{1}{2}x} & \text{für } x \geq 0 \\ 2\,e^{\frac{1}{2}x} & \text{für } x \leq 0 \end{cases}$ folgt

$$f'(x) = \begin{cases} -e^{-\frac{1}{2}x} & \text{für } x > 0 \\ e^{\frac{1}{2}x} & \text{für } x < 0 \end{cases} \quad \text{und} \quad f''(x) = \begin{cases} \frac{1}{2}e^{-\frac{1}{2}x} & \text{für } x > 0 \\ \frac{1}{2}e^{\frac{1}{2}x} & \text{für } x < 0 \end{cases}$$

In $x = 0$ ist $f(x)$ zwar **stetig** mit $f(0) = 2$, jedoch **nicht differenzierbar**, weil die **linksseitige Ableitung** $\lim_{\Delta x \to 0-0} \frac{f(0 + \Delta x) - f(0)}{\Delta x} =$

$= \lim_{\Delta x \to 0-0} \frac{2 e^{\frac{1}{2}\Delta x} - 2}{\Delta x} = \left[\frac{0}{0}\right] = \lim_{\Delta x \to 0-0} e^{\frac{1}{2}\Delta x} = 1$ und die **rechtsseitige**

**Ableitung** $\lim_{\Delta x \to 0+0} \frac{f(0 + \Delta x) - f(0)}{\Delta x} = \lim_{\Delta x \to 0+0} \frac{2 e^{-\frac{1}{2}\Delta x} - 2}{\Delta x} = \left[\frac{0}{0}\right] =$

$\lim_{\Delta x \to 0+0} \left(-e^{-\frac{1}{2}\Delta x}\right) = -1$ nicht übereinstimmen. Demnach liegt in $S(0; 2)$
eine **Spitze** des Graphen mit **einseitigen Tangenten** der Steigungen $+1$ und $-1$ vor. $S(0; 2)$ ist außerdem das **absolute Maximum** des Graphen, der wegen $f''(x) \ne 0$ keine **Wendepunkte** besitzt. Die X-Achse ist **Asymptote**.

**Gerade Funktion:**

| x | 0 | ±0,5 | ±1 | ±2 | ±3 | ±4 | ±5 | ... |
|---|---|------|-----|------|------|------|------|-----|
| y | 2 | 1,56 | 1,21 | 0,74 | 0,45 | 0,27 | 0,16 | ... |

213. Man untersuche den Graphen von $y = f(x) = \dfrac{x}{\ln x}$ und ermittle den Krümmungsradius $\rho$ im relativen Minimum.

$\mathbb{D}_y = \mathbb{R}^+ \setminus \{1\}$. $\quad f'(x) = \dfrac{\ln x - 1}{(\ln x)^2}$,

$f''(x) = \dfrac{1}{x} \cdot \dfrac{2 - \ln x}{(\ln x)^3}$,

$f'''(x) = \dfrac{1}{x^2} \cdot \dfrac{(\ln x)^2 - 6}{(\ln x)^4}$ für $x \in \mathbb{D}_y$.

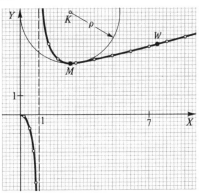

| x | ... | 0,2 | 0,5 | 0,7 | 0,8 | 1 | 1,5 | 2 | 3 | 4 | 5 |
|---|---|---|---|---|---|---|---|---|---|---|---|
| y | ... | -0,12 | -0,72 | -1,96 | -3,59 | $\pm\infty$ | 3,70 | 2,89 | 2,73 | 2,89 | 3,11 |

| x | 6 | 7 | 8 | 9 | ... |
|---|---|---|---|---|---|
| y | 3,35 | 3,60 | 3,85 | 4,10 | ... |

Relative Extrema, $f'(x) = 0$:

$\ln x - 1 = 0$, $x_M = e$, $y_M = e$. Weil $f''(x_M) = \dfrac{1}{e} > 0$ ist, liegt in M(e; e) ein relatives Minimum vor.

Wendepunkte, $f''(x) = 0$:

$2 - \ln x = 0$, $x_W = e^2 \approx 7{,}39$, $y_W = \dfrac{e^2}{2} \approx 3{,}69$; $f'''(x_W) \neq 0$ zeigt W($x_W$; $y_W$) als Wendepunkt an.

Die Gerade mit der Gleichung $x = 1$ ist Asymptote.

$\lim\limits_{x \to 0+0} f(x) = \lim\limits_{x \to 0+0} \dfrac{x}{\ln x} = 0$, weshalb $f(x)$ in $x = 0$ rechtsseitig stetig wird, wenn man zusätzlich $f(0) = 0$ definiert. Für die rechtsseitige Ableitung in $x = 0$ ergibt sich dann $\lim\limits_{\Delta x \to 0+0} \dfrac{f(0 + \Delta x) - f(0)}{\Delta x} =$

$= \lim\limits_{\Delta x \to 0+0} \dfrac{\dfrac{\Delta x}{\ln \Delta x}}{\Delta x} = \lim\limits_{\Delta x \to 0+0} \dfrac{1}{\ln \Delta x} = 0$. Die positive X-Achse ist also rechtsseitige Tangente.

Der Radius $\rho$ des Krümmungskreises in M hat die Maßzahl

$$\rho^* = \left| \dfrac{(1 + [f'(x_M)]^2)^{\frac{3}{2}}}{f''(x_M)} \right| = e, \text{ sein Mittelpunkt ist } K(e; 2e).$$

---

**214.** Wie verläuft der Graph von $y = f(x) = \ln|x^2 - 4|$ ?

$f'(x) = \dfrac{2x}{x^2 - 4}$, $f''(x) = -2 \dfrac{x^2 + 4}{(x^2 - 4)^2}$, für $|x| \neq 2$.

Gerade Funktion:

| x | 0 | $\pm 1$ | $\pm 1{,}5$ | $\pm 1{,}9$ | $\pm 2$ | $\pm 2{,}1$ | $\pm 2{,}5$ | $\pm 3$ | $\pm 4$ | $\pm 5$ | ... |
|---|---|---|---|---|---|---|---|---|---|---|---|
| y | 1,39 | 1,10 | 0,56 | -0,94 | $-\infty$ | -0,89 | 0,81 | 1,61 | 2,48 | 3,04 | ... |

Schnittpunkte mit der X-Achse, $f(x) = 0$:

$x^2 - 4 = 1$, $x_{1;2} = \pm\sqrt{5} \approx \pm 2{,}24$ und $x^2 - 4 = -1$,

$x_{3;4} = \pm\sqrt{3} \approx \pm 1{,}73$.

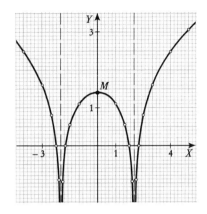

Relative Extrema, f'(x) = 0:

$x_M = 0$, $y_M \approx 1{,}39$; $f''(0) < 0$, also relatives Maximum in M.
Es existieren keine Wendepunkte. Die Geraden mit den Gleichungen
$x = \pm 2$ sind Asymptoten.

---

215. Welchen Graph besitzt $y = f(x) = x^x$ in der Definitionsmenge $\mathbb{D}_y = \mathbb{R}^+$?

$f'(x) = x^x(1 + \ln x)$,   $f''(x) = x^x\left[(1 + \ln x)^2 + \dfrac{1}{x}\right]$   für $x \in \mathbb{R}^+$, s. Nr. 191.

| x | ... | 0,5 | 1 | 1,5 | 2 | 2,5 | ... |
|---|---|---|---|---|---|---|---|
| y | ... | 0,71 | 1 | 1,84 | 4 | 9,88 | ... |

Relative Extrema, f'(x) = 0:

$1 + \ln x = 0$,   $\ln x = -1$,   $x_M = \dfrac{1}{e} \approx 0{,}37$;

$y_M = \left(\dfrac{1}{e}\right)^{\frac{1}{e}} \approx 0{,}69$;   $f''\left(\dfrac{1}{e}\right) = e \cdot e^{-\frac{1}{e}} > 0$;

somit relatives Minimum M(0,37; 0,69).

Wendepunkte, f''(x) = 0:
Da weder $x^x$ noch $(1 + \ln x)^2 + \dfrac{1}{x} = 0$ mit $x \in \mathbb{R}^+$

lösbar ist, treten keine Wendepunkte auf.

$\lim\limits_{x \to 0+0} x^x = 1$, s. Nr. 196. Definiert man zusätzlich f(0) = 1, so ist f(x) in
x = 0 rechtsseitig stetig.

Wegen $\lim\limits_{\Delta x \to 0+0} \dfrac{f(\Delta x) - f(0)}{\Delta x} = \lim\limits_{\Delta x \to 0+0} \dfrac{\Delta x^{\Delta x} - 1}{\Delta x} = \left[\dfrac{0}{0}\right] =$

$= \lim\limits_{\Delta x \to 0+0} \Delta x^{\Delta x}(1 + \ln \Delta x) = -\infty$ ist jedoch in $x = 0$ keine **rechts-seitige Ableitung** vorhanden; im Punkte $P(0; 1)$ ist die Y-Achse rechtsseitige Tangente.

---

**216.** Man untersuche die durch $r = f(\varphi) = 0{,}5\, e^{0,3\varphi}$ gegebene **logarithmische Spirale** *)

| $\varphi$ | $-\pi$ | $-\dfrac{3}{4}\pi$ | $-\dfrac{\pi}{2}$ | $-\dfrac{\pi}{4}$ | $0$ | $\dfrac{\pi}{4}$ | $\dfrac{\pi}{2}$ | $\dfrac{3}{4}\pi$ | $\pi$ | $\dfrac{5}{4}\pi$ |
|---|---|---|---|---|---|---|---|---|---|---|
| $r$ | 0,19 | 0,25 | 0,31 | 0,40 | 0,50 | 0,63 | 0,80 | 1,01 | 1,28 | 1,62 |

| $\varphi$ | $\dfrac{3}{2}\pi$ | $\dfrac{7}{4}\pi$ | $2\pi$ | $\dfrac{9}{4}\pi$ | $\dfrac{5}{2}\pi$ | ... |
|---|---|---|---|---|---|---|
| $r$ | 2,06 | 2,60 | 3,29 | 4,17 | 5,28 | ... |

Der Nullpunkt ist **asymptotischer Punkt** der Kurve. Bezüglich des noch eingeführten kartesischen Koordinatensystems ist $x = f(\varphi) \cdot \cos\varphi =$
$= 0{,}5 \cdot e^{0,3\varphi} \cdot \cos\varphi$,
$y = f(\varphi) \cdot \sin\varphi = 0{,}5 \cdot e^{0,3\varphi} \cdot \sin\varphi$

In jedem $\varphi$-Intervall, in welchem $\dfrac{dx}{d\varphi} \neq 0$ ist, sind den entsprechenden x-Werten jeweils die entsprechenden y-Werte funktional zugeordnet, wofür $\dfrac{dy}{dx} = \dfrac{dy}{d\varphi} : \dfrac{dx}{d\varphi} = \dfrac{0{,}3 \sin\varphi + \cos\varphi}{0{,}3 \cos\varphi - \sin\varphi}$ gilt. Schnittpunkte mit der X-Achse erhält man für $\varphi = k\pi \wedge k \in \mathbb{Z}$; die Steigung der Spiralentangente ist hier stets $\tan\sigma_1 = \left(\dfrac{dy}{dx}\right)_{\varphi = k\pi} = \dfrac{10}{3}$, woraus $\sigma_1 \approx 73{,}3^\circ$ als Steigungswinkel folgt. Die Y-Achse wird für $\varphi = (2k+1)\dfrac{\pi}{2} \wedge k \in \mathbb{Z}$ geschnitten; aus der

---

*) In den Aufgaben 216 – 221 sind r und $\varphi$ Polarkoordinaten mit $r \geq 0$ als Radiusvektor und $\varphi$ als Drehwinkel, wobei die Nullpunkte jeweils mit den Nullpunkten kartesischer Koordinatensysteme zusammenfallen.

zugehörigen Tangentensteigung $\tan \sigma_2 = \left(\dfrac{dy}{dx}\right)_{\varphi = (2k+1)\frac{\pi}{2}} = -\dfrac{3}{10}$

kann der Steigungswinkel $\sigma_2 \approx -16{,}7°$ errechnet werden.

---

217. Welchen Graph besitzt die Funktion $r = \dfrac{a}{\cos(\varphi - \varphi_0)}$ mit $a \in \mathbb{R}^+$

und $0 \leqslant \varphi_0 < 2\pi$ für $-\dfrac{\pi}{2} < \varphi - \varphi_0 < \dfrac{\pi}{2}$ ?

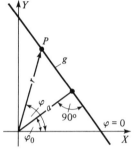

Die Transformation $x = r\cos\varphi$, $y = r\sin\varphi$

führt auf $x = \dfrac{a\cos\varphi}{\cos(\varphi - \varphi_0)}$, $y = \dfrac{a\sin\varphi}{\cos(\varphi - \varphi_0)}$

und mit $\cos(\varphi - \varphi_0) = \cos\varphi \cdot \cos\varphi_0 + \sin\varphi \cdot \sin\varphi_0$

auf die Gleichung $x\cos\varphi_0 + y\sin\varphi_0 - a = 0$ einer **Geraden** g in
HESSEscher Normalform. Die Abbildung läßt die zugrunde liegende
Funktion auch unmittelbar erkennen.

---

218. Man ermittle den Graph der durch $r = a\cos(\varphi - \varphi_0)$ mit $a \in \mathbb{R}^+$
und $0 \leqslant \varphi_0 < 2\pi$ für $-\dfrac{\pi}{2} < \varphi - \varphi_0 < \dfrac{\pi}{2}$ gegebenen Funktion.

Die Transformation $x = r\cos\varphi$,
$y = r\sin\varphi$ führt auf $x = a\cos(\varphi - \varphi_0) \cdot$
$\cdot \cos\varphi = \dfrac{a}{2}\cos\varphi_0 + \dfrac{a}{2}\cos(2\varphi - \varphi_0)$,
$y = a\cos(\varphi - \varphi_0)\sin\varphi =$
$= \dfrac{a}{2}\sin\varphi_0 + \dfrac{a}{2}\sin(2\varphi - \varphi_0)$,

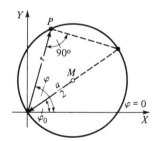

woraus $\left(x - \dfrac{a}{2}\cos\varphi_0\right)^2 + \left(y - \dfrac{a}{2}\sin\varphi_0\right)^2 = \dfrac{a^2}{4}$ folgt. Dies ist

die Gleichung eines **Kreises** mit Mittelpunkt $M\left(\dfrac{a}{2}\cos\varphi_0; \dfrac{a}{2}\sin\varphi_0\right)$

und Radius $\dfrac{a}{2}$.

**219.** Welche Kurve wird durch $r = \dfrac{a}{\sqrt{\cos(2\varphi)}}$ mit $a \in \mathbb{R}^+$ für $-\dfrac{\pi}{4} < \varphi < \dfrac{\pi}{4}$ und $\dfrac{3}{4}\pi < \varphi < \dfrac{5}{4}\pi$ dargestellt?

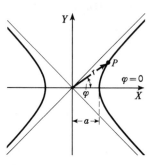

Elimination von r und $\varphi$ aus

$r^2 \cos^2 \varphi - r^2 \sin^2 \varphi = a^2$

mit Hilfe von

$x = r \cos \varphi$ und $y = r \sin \varphi$

liefert

$x^2 - y^2 = a^2$.

Der zugehörige Graph ist eine gleichseitige Hyperbel.

---

**220.** Es ist zu zeigen, daß durch $r = \dfrac{a}{\cos^2\left(\dfrac{\varphi}{2}\right)}$ mit $a \in \mathbb{R}^+$ für $-\pi < \varphi < \pi$ eine Parabel dargestellt wird.

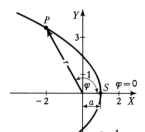

Die Funktionsgleichung kann in $\dfrac{r}{2}(1 + \cos \varphi) = a$

oder $r = 2a - r \cos \varphi$ umgeformt werden, woraus mit $x = r \cos \varphi$ und $r = \sqrt{x^2 + y^2}$ nach Quadrieren $x^2 + y^2 = 4a^2 - 4ax + x^2$ erhalten wird.

Es liegt eine **Parabel** mit der Gleichung

$y^2 = -4a(x - a)$ vor;

sie hat den Scheitel $S(a; 0)$ und ist in Richtung der negativen X-Achse geöffnet.

---

**221.** Man transformiere $r = \dfrac{p}{1 + \dfrac{4}{5}\cos \varphi}$ mit $p \in \mathbb{R}^+$ und $\mathbb{D}_r = \mathbb{R}$ auf kartesische Koordinaten. Welcher Graph ergibt sich?

Mit $x = r \cos \varphi$ und $r = \sqrt{x^2 + y^2}$

wird aus $r = p - \dfrac{4}{5} r \cos \varphi$

über $\sqrt{x^2 + y^2} = p - \frac{4}{5}x$

durch Quadrieren $x^2 + y^2 = p^2 - \frac{8}{5}px + \frac{16}{25}x^2$

oder $9x^2 + 40px + 25y^2 = 25p^2$ erhalten.

Weitere Umformung führt auf

$$\frac{\left(x + \frac{20}{9}p\right)^2}{\left(\frac{25}{9}p\right)^2} + \frac{y^2}{\left(\frac{5}{3}p\right)^2} = 1.$$

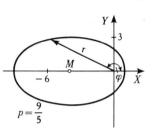

Der zugehörige Graph ist eine Ellipse.

---

222. Es soll die durch die Funktion $z = f(x; y) = 5 \cdot e^{-0,1(x^2+y^2)}$ mit $D_z = \mathbb{R}^2$ dargestellte Fläche diskutiert und die Gleichung der Tangentialebene T im Punkt P(2; -1; 3,033) angegeben werden.

Die Wertemenge W der gegebenen Funktion ist $W = \{z \mid 0 < z \leq 5\}$. Innerhalb dieses Bereiches wird die zugehörige Fläche von Parallelebenen zur XY-Ebene im gerichteten Abstand z in Kreisen mit den Gleichungen $x^2 + y^2 = 10 \cdot \ln\left(\frac{5}{z}\right)$ geschnitten.

Es sind

$\frac{\partial z}{\partial x} = -x \cdot e^{-0,1(x^2+y^2)}$,

$\frac{\partial z}{\partial y} = -y \cdot e^{-0,1(x^2+y^2)}$,

$\frac{\partial^2 z}{\partial x^2} = (0,2x^2 - 1) \cdot e^{-0,1(x^2+y^2)}$,

$\frac{\partial^2 z}{\partial y^2} = (0,2y^2 - 1) \cdot e^{-0,1(x^2+y^2)}$,

$\frac{\partial^2 z}{\partial x \partial y} = 0,2xy \cdot e^{-0,1(x^2+y^2)} = \frac{\partial^2 z}{\partial y \partial x}$ für $x \in D_z$.

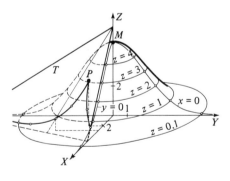

Relative Extremwerte, $\frac{\partial z}{\partial x} = \frac{\partial z}{\partial y} = 0$: $x_1 = y_1 = 0$, $z_1 = 5$.

Wegen $f''_{xx}(x_1; y_1) < 0$ und $f''_{xx}(x_1; y_1) \cdot f''_{yy}(x_1; y_1) - f''^2_{xy}(x_1; y_1) > 0$ liegt in M(0; 0; 5) ein relatives Maximum vor, das außerdem absolutes Maximum ist.

Die Gleichung der Tangentialebene in P folgt mit Verwendung der Flächennormalen $\vec{n} = \begin{pmatrix} f'_x \\ f'_y \\ -1 \end{pmatrix}_{(x=x_P; y=y_P)} \approx \begin{pmatrix} -1{,}213 \\ 0{,}607 \\ -1 \end{pmatrix}$ über

$$T \equiv \vec{n}(\vec{r} - \vec{r}_P) = \begin{pmatrix} -1{,}213 \\ 0{,}607 \\ -1 \end{pmatrix} \left[ \vec{r} - \begin{pmatrix} 2 \\ -1 \\ 3{,}033 \end{pmatrix} \right] \approx 0$$

zu $T \equiv \begin{pmatrix} -1{,}213 \\ 0{,}607 \\ -1 \end{pmatrix} \vec{r} + 6{,}066 \approx 0$

oder $T \equiv \dfrac{x}{5} - \dfrac{y}{9{,}99} + \dfrac{z}{6{,}07} - 1 \approx 0$.

---

**223.** Gegeben ist die Funktion $z = f(x; y) = \text{arc cot}\left(1 + \dfrac{y^2 - 4y}{x^2 + 4}\right)$ mit der Definitionsmenge $\mathbb{D}_z = \mathbb{R}^2$. Es soll der zugehörige Graph diskutiert werden.

Da das Argument $u = 1 + \dfrac{y^2 - 4y}{x^2 + 4} = \dfrac{x^2 + (y-2)^2}{x^2 + 4} \geq 0$ des Arcuskotangens offenbar jeden Wert $u \geq 0$ annehmen kann, beträgt die Wertemenge $\mathbb{W} = \left\{ z \mid 0 < z \leq \dfrac{\pi}{2} \right\}$. Wegen $f(-x; y) = f(x; y)$ ist der Graph symmetrisch bezüglich der YZ-Ebene.

Schnitt des Graphen mit der YZ-Ebene, $x = 0$:

$y_I = 2 + 2 \cdot \sqrt{\cot z}$ und

$y_{II} = 2 - 2 \cdot \sqrt{\cot z}$

mit den Definitionsmengen $\mathbb{D}_{y_I} = \mathbb{D}_{y_{II}} =$

$= \left\{ z \mid 0 < z \leq \dfrac{\pi}{2} \right\}$.

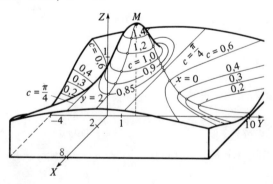

Schnitt des Graphen mit der XZ-Ebene, $y = 0$:
Parallele zur X-Achse mit der Gleichung $z = \dfrac{\pi}{4}$.

Schnitt des Graphen mit Parallelebenen zur XY-Ebene im gerichteten Abstand $0 < c < \frac{\pi}{2}$:

1) $0 < c < \frac{\pi}{4}$:

$(\cot c - 1) \cdot x^2 - (y - 2)^2 = -4 \cot c$;
es treten Hyperbeln mit reeller Achse parallel zur Y-Achse auf.

2) $c = \frac{\pi}{4}$:

$y - 2 = \pm 2$ oder $y = 0$ und $y = 4$;
es liegt ein zur X-Achse paralleles Geradenpaar vor.

3) $\frac{\pi}{4} < c < \frac{\pi}{2}$:

$(1 - \cot c) \cdot x^2 + (y - 2)^2 = 4 \cdot \cot c$;
es ergeben sich Ellipsen mit großem Durchmesser parallel zur X-Achse.

Durch partielle Differentiation von $z = \text{arccot}\left(1 + \frac{u}{v}\right)$, wobei zur Abkürzung $u = y^2 - 4y$ und $v = x^2 + 4$ gesetzt wird, findet man

$$\frac{\partial z}{\partial x} = \frac{2ux}{(u+v)^2 + v^2} \quad , \quad \frac{\partial z}{\partial y} = \frac{2v(2-y)}{(u+v)^2 + v^2} \quad ,$$

$$\frac{\partial^2 z}{\partial x^2} = \frac{2u}{[(u+v)^2 + v^2]^2} [(u+v)^2 + v^2 - 4x^2(u + 2v)],$$

$$\frac{\partial^2 z}{\partial y^2} = \frac{-2v}{[(u+v)^2 + v^2]^2} [(u+v)^2 + v^2 - 4(y-2)^2(u+v)],$$

$$\frac{\partial^2 z}{\partial x \partial y} = \frac{4x(2-y)}{[(u+v)^2 + v^2]^2} (u^2 - 2v^2) \quad \text{für } (x; y) \in D_z.$$

Extremwerte, $\frac{\partial z}{\partial x} = \frac{\partial z}{\partial y} = 0$:

$\frac{\partial z}{\partial x} = f'_x = 0$ ist erfüllt für $\mathbb{L}_1 = \left\{ (x; y) \mid xy(y - 4) = 0 \wedge (x; y) \in \mathbb{R}^2 \right\}$

$\frac{\partial z}{\partial y} = f'_y = 0$ ist erfüllt für $\mathbb{L}_2 = \left\{ (x; y) \mid x \in \mathbb{R} \wedge y = 2 \right\}$.

Somit hat das Gleichungssystem die Lösungsmenge $\mathbb{L} = \mathbb{L}_1 \cap \mathbb{L}_2 = \{(0;2)\}$.
Wegen $f''_{xx}(0;2) < 0$ und $[f''_{xx} \cdot f''_{yy} - f''^2_{xy}]_{(x=0;y=2)} > 0$ liegt deshalb in
$M\left(0; 2; \dfrac{\pi}{2}\right)$ das einzige relative Maximum der Funktion vor, das wegen
$0 < z \leq \dfrac{\pi}{2}$ gleichzeitig absolutes Maximum ist.

---

**224.** In einen Kreis vom Radius r soll gemäß der Abbildung ein bezüglich des Mittelpunktes symmetrischer geradliniger Streckenzug einbeschrieben werden. Bei welchem Winkel $\varphi$ wird die eingeschlossene Fläche A am größten?

Wegen der vorliegenden Symmetrieverhältnisse wird

$A = 8\left[\dfrac{1}{2} \cdot \overline{DC}^2 + (\overline{MA} - \overline{MD})\overline{AB}\right] =$

$= 8\left[\dfrac{1}{2}\overline{AB}^2 + (\overline{MA} - \overline{AB})\overline{AB}\right] =$

$= 4r^2[\sin^2\varphi + 2(\cos\varphi - \sin\varphi)\sin\varphi] =$

$= 4r^2[\sin(2\varphi) - \sin^2\varphi]$

mit $\mathbb{D}_A = \{\varphi \,|\, 0 < \varphi < 45°\}$.

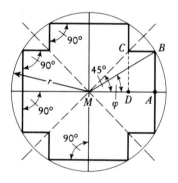

Differenzieren ergibt

$\dfrac{dA}{d\varphi} = 4r^2[2\cos(2\varphi) - \sin(2\varphi)]$ und

$\dfrac{d^2A}{d\varphi^2} = 4r^2[-4\sin(2\varphi) - 2\cos(2\varphi)]$ für $\varphi \in \mathbb{D}_A$.

$\dfrac{dA}{d\varphi} = 0$ führt auf $\tan(2\varphi) = 2$, hat also in $\mathbb{D}_A$ die einzige Lösung

$\varphi \approx 31{,}7°$, wobei $\left(\dfrac{d^2A}{d\varphi^2}\right)_{\varphi \approx 31{,}7°} < 0$ ist. Das hier auftretende

relative Maximum des Flächeninhalts ist zugleich dessen **absolutes Maximum**. Es beträgt $A_{max} \approx 4r^2[\sin(63{,}4°) - \sin^2(31{,}7°)] \approx$
$\approx 4r^2(0{,}894 - 0{,}276) = 2{,}472\, r^2$.

---

**225.** Von welchem Punkt $P(x; 0)$ auf der +XAchse eines kartesischen Koordinatensystems erscheint die durch die Punkte $A(0; a)$ und $B(0; b)$ mit $a > b > 0$ begrenzte Strecke unter dem größten Winkel $\varphi_{max}$?

Mit

$$\tan\alpha = \frac{a}{x} \quad \text{und}$$

$$\tan\beta = \frac{b}{x}$$

ergibt sich

$$\tan\varphi = \frac{\tan\alpha - \tan\beta}{1 + \tan\alpha \cdot \tan\beta} = \frac{(a-b)x}{ab + x^2}.$$

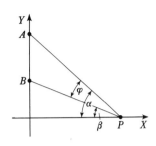

Da $z = \tan\varphi$ in dem in Frage kommenden Intervall $0 < \varphi < 90°$ streng monoton zunimmt, kann für die Extremwertbestimmung $z = \dfrac{(a-b)x}{ab+x^2}$ mit $\mathbb{D}_z = \{x \mid x > 0\}$ herangezogen werden.

$$\frac{dz}{dx} = (a-b) \cdot \frac{ab - x^2}{(ab+x^2)^2} \quad \text{für } x \in \mathbb{D}_z. \quad \frac{dz}{dx} \text{ hat in } \mathbb{D}_z \text{ die einzige Lösung}$$

$x_M = \sqrt{ab}$, wobei $\dfrac{dz}{dx} \gtreqless 0$ für $x \lessgtr x_M \wedge x \in \mathbb{D}_z$ ist, was ein **absolutes Maximum** von $z$ und damit von $\varphi$ in $\mathbb{D}_z$ anzeigt.

Vom Punkt $P(\sqrt{ab}; 0)$ aus erscheint somit die Strecke $\overline{AB}$ unter dem größten Winkel. Dieser berechnet sich aus

$$\tan\varphi = \frac{(a-b)\sqrt{ab}}{2ab} = \frac{a-b}{2\sqrt{ab}} \quad \text{zu} \quad \varphi_{\max} = \arctan\left(\frac{a-b}{2\sqrt{ab}}\right).$$

---

**226.** In dem dargestellten geschränkten Schubkurbelgetriebe mit $l > r + c$ laufe die Kurbel $\overline{AB} = r$ mit der konstanten Winkelgeschwindigkeit $\vec{\omega}$ im Gegensinn des Uhrzeigers um. Wie groß sind die skalaren Werte $a_1$ und $a_2$ der Beschleunigungen $\vec{a}_1$ und $\vec{a}_2$ des Gelenkpunktes C in den beiden Totlagen?

Der Vorschub $x$ des Gelenkpunktes C kann durch $x = r \cdot \cos\varphi + l \cdot \cos\psi$ angegeben werden, was in Verbindung mit $r \cdot \sin\varphi + c = l \cdot \sin\psi$ oder

$$\sin\psi = \frac{1}{l}(c + r \cdot \sin\varphi) \quad \text{wegen } |\psi| < 90° \text{ auf die Form}$$

$$x = r \cdot \cos\varphi + \sqrt{l^2 - (c + r \cdot \sin\varphi)^2}$$

in Abhängigkeit vom Kurbelwinkel $\varphi$ gebracht werden kann.

Die skalare Geschwindigkeit v von C folgt hieraus durch Differentiation nach der Zeit t zu

$$v = \frac{dx}{dt} = \frac{dx}{d\varphi} \cdot \frac{d\varphi}{dt} = \frac{dx}{d\varphi} \cdot \omega = -\omega \cdot r \cdot \left[ \sin\varphi + \frac{(c + r \cdot \sin\varphi) \cdot \cos\varphi}{\sqrt{l^2 - (c + r \cdot \sin\varphi)^2}} \right];$$

die skalare Beschleunigung a berechnet sich zu

$$a = \frac{d^2x}{dt^2} = \frac{d^2x}{d\varphi^2} \cdot \omega^2 = -\omega^2 \cdot r \cdot \left[ \cos\varphi - \frac{(c + r \cdot \sin\varphi) \cdot \sin\varphi}{\sqrt{l^2 - (c + r \cdot \sin\varphi)^2}} + \frac{r \cdot l^2 \cdot \cos^2\varphi}{\sqrt{l^2 - (c + r \cdot \sin\varphi)^2}^3} \right].$$

In den Totlagen von C sind die Vorschübe, wie aus der Abbildung ersichtlich,

$$x_{1;2} = \sqrt{(l \mp r)^2 - c^2} \quad,$$

wobei das obere Vorzeichen der linken, das untere Vorzeichen der rechten Endlage zugeordnet ist.

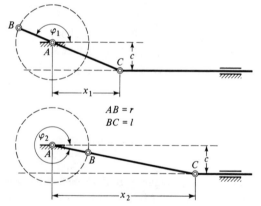

$AB = r$
$BC = l$

Die zugehörigen Kurbelstellungen ergeben sich aus

$$\sin\varphi_{1;2} = \frac{\pm c}{l \mp r} \quad \text{zu}$$

$$\varphi_1 = \pi - \arcsin\frac{c}{l-r} \quad \text{und} \quad \varphi_2 = 2\pi - \arcsin\frac{c}{l+r}.$$

Mit $\cos\varphi_{1;2} = \dfrac{\mp\sqrt{(l \mp r)^2 - c^2}}{l \mp r}$ berechnen sich über

$$c + r \cdot \sin\varphi_{1;2} = \frac{c \cdot l}{l \mp r} \quad \text{und} \quad \sqrt{l^2 - (c + r \cdot \sin\varphi_{1;2})^2} = \frac{l \cdot \sqrt{(l \mp r)^2 - c^2}}{l \mp r}$$

die skalaren Werte der Beschleunigungen von C in den Totlagen zu

$$a_{1;2} = -\omega^2 \cdot r \left[ \mp \frac{\sqrt{(1 \mp r)^2 - c^2}}{1 \mp r} \mp \frac{c^2}{(1 \mp r) \cdot \sqrt{(1 \mp r)^2 - c^2}} + \right.$$

$$\left. + \frac{r \cdot (1 \mp r)}{1 \cdot \sqrt{(1 \mp r)^2 - c^2}} \right] =$$

$$= -\omega^2 \cdot r \left[ \frac{\mp (1 \mp r)}{\sqrt{(1 \mp r)^2 - c^2}} + \frac{r \cdot (1 \mp r)}{1 \sqrt{(1 \mp r)^2 - c^2}} \right] =$$

$$= \frac{\pm \omega^2 \cdot r}{1} \cdot \frac{(1 \mp r)^2}{\sqrt{(1 \mp r)^2 - c^2}}$$

---

**227.** Eine ellipsenförmige Kurvenscheibe mit Mittelpunkt M dreht sich gemäß der Abbildung mit der konstanten Winkelgeschwindigkeit $\vec{\omega}$ im Gegensinn des Uhrzeigers um den Brennpunkt F. Man gebe die Skalare v und a von Geschwindigkeit $\vec{v}$ und Beschleunigung $\vec{a}$ des Stößelendpunktes S in Abhängigkeit von der Zeit t für $\omega = 2\,\text{s}^{-1}$ an, wenn die Halbachsen der Ellipse $\bar{a} = 5\,\text{cm}$ und $\bar{b} = 4\,\text{cm}$ sind.

Der Hub $\overline{SF}$ des Stößelendpunktes S kann bei Verwendung der Ellipsengleichung in Polarkoordinaten mit einem Brennpunkt als Pol durch

$$\overline{SF} = y = \frac{p}{1 - \varepsilon \sin \varphi}$$

dargestellt werden. Für die gegebenen Abmessungen werden der Halbparameter

$$p = \frac{\bar{b}^2}{\bar{a}} = \frac{16}{5}\,\text{cm} = 3{,}2\,\text{cm},$$

die numerische Exzentrizität

$$\varepsilon = \frac{\sqrt{\bar{a}^2 - \bar{b}^2}}{\bar{a}} = \frac{3}{5} = 0{,}6\,, \text{ und damit}$$

$$y = \frac{3{,}2}{1 - 0{,}6 \sin \varphi}\,\text{cm}.$$

Die skalare Hubgeschwindigkeit berechnet sich zu

$$v = \frac{dy}{dt} = \frac{dy}{d\varphi} \cdot \frac{d\varphi}{dt} = \frac{dy}{d\varphi} \cdot \omega = 2 \cdot \frac{dy}{d\varphi} s^{-1} = \frac{3{,}84 \cos\varphi}{(1 - 0{,}6 \sin\varphi)^2} \text{ cm s}^{-1};$$

die skalare Hubbeschleunigung ist

$$a = \frac{d^2y}{dt^2} = \frac{d^2y}{d\varphi^2} \cdot \omega^2 = 4 \cdot \frac{d^2y}{d\varphi^2} s^{-2} = 7{,}68 \frac{1{,}2 - \sin\varphi - 0{,}6 \sin^2\varphi}{(1 - 0{,}6 \sin\varphi)^3} \text{ cm s}^{-2}.$$

| $\varphi$ | 0° | 30° | 60° | 90° | 120° | 150° | 180° | 210° | 240° |
|---|---|---|---|---|---|---|---|---|---|
| $\dfrac{y}{\text{cm}}$ | 3,20 | 4,57 | 6,66 | 8,00 | 6,66 | 4,57 | 3,20 | 2,46 | 2,11 |
| $\dfrac{v}{\text{cm s}^{-1}}$ | 3,84 | 6,79 | 8,32 | 0 | -8,32 | -6,79 | -3,84 | -1,97 | -0,83 |
| $\dfrac{a}{\text{cm s}^{-2}}$ | 9,22 | 12,31 | -8,04 | -48,00 | -8,04 | 12,31 | 9,22 | 5,42 | 3,54 |

| 270° | 300° | 330° |
|---|---|---|
| 2,00 | 2,11 | 2,46 |
| 0 | 0,83 | 1,97 |
| 3,00 | 3,54 | 5,42 |

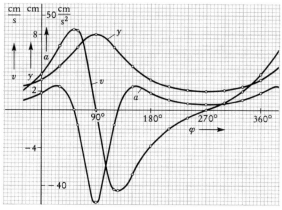

**228.** Ist beim freien Fall eines Körpers der Masse m der Betrag $|\vec{W}|$ des Widerstandes $\vec{W}$ des umgebenden Mittels proportional dem Quadrat seiner Geschwindigkeit, also $|\vec{W}| = k \cdot \vec{v}^2$, so kann der skalare Wert s des zurückgelegten Weges $\vec{s}$ in Abhängigkeit von der Zeit t durch die Gleichung $s = \dfrac{m}{k} \ln \left[ \cosh\left(\sqrt{\dfrac{kg}{m}} \cdot t\right) \right]$ mit g als Skalar der Erdbeschleunigung angegeben werden.

Welchen Grenzwerten streben die Skalare v und a von Fallgeschwindigkeit $\vec{v}$ und Fallbeschleunigung $\vec{a}$ für große Zeiten von t zu? Man weise ferner die Übereinstimmung mit $s = \dfrac{1}{2} g t^2$ für $k \to 0$ nach.

Differentiation der Weg-Zeit-Funktion liefert

$$v = \sqrt{\frac{mg}{k}} \cdot \tanh\left(\sqrt{\frac{kg}{m}} \cdot t\right) \quad \text{und} \quad a = \frac{g}{\cosh^2\left(\sqrt{\frac{kg}{m}}\, t\right)},$$

woraus für $t \to \infty$

$$v_\infty = \sqrt{\frac{mg}{k}} \quad \text{und} \quad a = 0 \quad \text{folgen.}$$

Vernachlässigung des Widerstandes führt auf

$$s = \lim_{k \to 0} \frac{m \ln\left[\cosh\left(\sqrt{\frac{kg}{m}} \cdot t\right)\right]}{k} = \left[\frac{0}{0}\right].$$

Die Anwendung der L'HOSPITALschen Regel ergibt

$$s = \lim_{k \to 0} \frac{m \cdot \sinh\left(\sqrt{\frac{kg}{m}} \cdot t\right) \cdot \sqrt{\frac{g}{m}} \cdot t}{\cosh\left(\sqrt{\frac{kg}{m}} \cdot t\right) \cdot 2\sqrt{k}} =$$

$$= \sqrt{mg} \cdot \frac{t}{2} \cdot \lim_{k \to 0} \frac{\tanh\left(\sqrt{\frac{kg}{m}} \cdot t\right)}{\sqrt{k}} = \left[\frac{0}{0}\right] =$$

$$= \sqrt{mg} \cdot \frac{t}{2} \cdot \lim_{k \to 0} \frac{\sqrt{\frac{g}{m}} \cdot t}{\cosh^2\left(\sqrt{\frac{kg}{m}} \cdot t\right)} = \sqrt{mg} \cdot \frac{t}{2} \sqrt{\frac{g}{m}} \cdot t = \frac{1}{2} g t^2.$$

---

229. Kann das Eigengewicht eines horizontal eingespannten Freiträgers der Länge 1 gegenüber der am freien Ende senkrecht angreifenden Kraft $\vec{F}$ vernachlässigt werden, so ist die Auslenkung im Abstand x vom Angriffspunkt der Kraft $y = \frac{F}{6EJ_0}(1-x)^2(21+x)$, wobei E den Elastizitätsmodul und $J_0$ das konstante axiale Flächenträgheitsmoment des Querschnitts bedeuten.

Ist der Trägerquerschnitt ein Rechteck mit konstanter Höhe h und der linear veränderlichen Breite $b(x) = b_0 + (b_1 - b_0)\frac{x}{1}$, so ergibt sich mit $J_0 = \frac{h^3}{12} \cdot b_0$ als axialem Flächenträgheitsmoment des Rechteckquerschnitts am freien Trägerende und der Abkürzung $n = \dfrac{h^3}{12 \cdot 1}(b_1 - b_0)$ die

Auslenkung $\overline{y} = \dfrac{F}{E} \cdot \dfrac{J_0 \cdot (J_0 + nx) \cdot \ln\dfrac{J_0 + nl}{J_0 + nx} + \dfrac{n^2}{2}(1-x)^2 - J_0 \cdot n \cdot (1-x)}{n^3}.$

Man weise nach, daß diese Formel für $b_1 \to b_0$, also $n \to 0$ in die anfangs zitierte Formel für konstante Querschnittsfläche übergeht.

Für $n \to 0$ nimmt der Ausdruck für $\overline{y}$ die Form $\left[\dfrac{0}{0}\right]$ an. Mit Hilfe der L'HOSPITALschen Regel, die im folgenden dreimal verwendet wird, errechnet sich

$\lim\limits_{n \to 0} \overline{y} = \dfrac{F}{E} \lim\limits_{n \to 0} \dfrac{1}{3n^2} \left\{ J_0 \cdot x[\ln(J_0 + nl) - \ln(J_0 + nx)] + J_0(J_0 + nx) \times \right.$

$\left. \times \left(\dfrac{1}{J_0 + nl} - \dfrac{x}{J_0 + nx}\right) + n(1-x)^2 - J_0(1-x) \right\} = \dfrac{F}{3E} \lim\limits_{n \to 0} \dfrac{1}{n^2} \times$

$\times \left\{ J_0 \cdot x[\ln(J_0 + nl) - \ln(J_0 + nx)] - \dfrac{nJ_0 l(1-x)}{J_0 + nl} + n(1-x)^2 \right\} = \left[\dfrac{0}{0}\right];$

$\lim\limits_{n \to 0} \overline{y} = \dfrac{F}{3E} \lim\limits_{n \to 0} \dfrac{1}{2n} \left\{ J_0 x \left[\dfrac{1}{J_0 + nl} - \dfrac{x}{J_0 + nx}\right] - \dfrac{J_0^2 l(1-x)}{(J_0 + nl)^2} + \right.$

$\left. + (1-x)^2 \right\} = \left[\dfrac{0}{0}\right];$

$\lim\limits_{n \to 0} \overline{y} = \dfrac{F}{6E} \lim\limits_{n \to 0} \left\{ J_0 x \left[-\dfrac{l^2}{(J_0 + nl)^2} + \dfrac{x^2}{(J_0 + nx)^2}\right] + \dfrac{2 J_0^2 l^2 (1-x)}{(J_0 + nl)^3} \right\} =$

$= \dfrac{F}{6 E J_0} [-l^2 x + x^3 + 2l^3 - 2l^2 x] = \dfrac{F}{6 E J_0}(1-x)^2(2l+x).$

**230.** Der Wirkungsgrad $\eta$ bei Schrauben für die Umsetzung von Drehmoment in Längskraft genügt der Beziehung $\eta = \dfrac{\tan\alpha}{\tan(\alpha+\rho)}$, wobei $\mu = \tan\rho$ den Reibungskoeffizienten bedeutet. Für welchen Steigungswinkel $\alpha$ ergibt sich der größte Wirkungsgrad?

$$\frac{d\eta}{d\alpha} = \frac{\dfrac{\tan(\alpha+\rho)}{\cos^2\alpha} - \dfrac{\tan\alpha}{\cos^2(\alpha+\rho)}}{\tan^2(\alpha+\rho)} =$$

$$= \frac{\sin(\alpha+\rho)\cdot\cos(\alpha+\rho) - \sin\alpha\cdot\cos\alpha}{\sin^2(\alpha+\rho)\cdot\cos^2\alpha} = \frac{4\cos(2\alpha+\rho)\cdot\sin\rho}{[\sin(2\alpha+\rho)+\sin\rho]^2},$$

$$\frac{d^2\eta}{d\alpha^2} = -8\sin\rho \cdot \frac{2 + \sin\rho\cdot\sin(2\alpha+\rho) - \sin^2(2\alpha+\rho)}{[\sin(2\alpha+\rho)+\sin\rho]^3}.$$

$\dfrac{d\eta}{d\alpha} = 0$, also $\cos(2\alpha+\rho) = 0$, hat in $D_\eta = \{\alpha\,|\,0^\circ \leq \alpha < 90^\circ - \rho\}$ die einzige Lösung $\alpha = 45^\circ - \dfrac{\rho}{2}$. Wegen $\left[\dfrac{d^2\eta}{d\alpha^2}\right]_{\alpha = 45^\circ - \frac{\rho}{2}} = \dfrac{-8\sin\rho}{(1+\sin\rho)^2} < 0$

liegt hier das **relative Maximum**

$$\eta_{\max} = \frac{\tan\left(45^\circ - \dfrac{\rho}{2}\right)}{\tan\left(45^\circ + \dfrac{\rho}{2}\right)} = \tan^2\left(45^\circ - \frac{\rho}{2}\right) = \tan^2(\alpha_{\max}) \quad \text{mit } \alpha_{\max} =$$

$= 45^\circ - \dfrac{\rho}{2}$ vor, das auch absolutes Maximum ist.

| $\rho$ | $0^\circ$ | $5^\circ$ | $10^\circ$ | $20^\circ$ | $30^\circ$ | $40^\circ$ | $50^\circ$ | $60^\circ$ | $70^\circ$ |
|---|---|---|---|---|---|---|---|---|---|
| $\alpha_{\max}$ | $45^\circ$ | $42{,}5^\circ$ | $40^\circ$ | $35^\circ$ | $30^\circ$ | $25^\circ$ | $20^\circ$ | $15^\circ$ | $10^\circ$ |
| $\eta_{\max}$ | 1,000 | 0,840 | 0,704 | 0,490 | 0,333 | 0,217 | 0,132 | 0,072 | 0,031 |

Für $\eta$ in Abhängigkeit von $\alpha$ und $\rho$ gilt folgende Tabelle:

| $\rho \backslash \alpha$ | $0^\circ$ | $10^\circ$ | $20^\circ$ | $30^\circ$ | $40^\circ$ | $50^\circ$ | $60^\circ$ | $70^\circ$ | $80^\circ$ |
|---|---|---|---|---|---|---|---|---|---|
| $5^\circ$ | 0 | 0,658 | 0,781 | 0,825 | 0,839 | 0,834 | 0,808 | 0,736 | 0,496 |
| $10^\circ$ | 0 | 0,484 | 0,630 | 0,688 | 0,704 | 0,688 | 0,630 | 0,484 | |
| $20^\circ$ | 0 | 0,305 | 0,434 | 0,484 | 0,484 | 0,434 | 0,305 | | |
| $30^\circ$ | 0 | 0,210 | 0,305 | 0,333 | 0,305 | 0,210 | | | |
| $40^\circ$ | 0 | 0,148 | 0,210 | 0,210 | 0,148 | | | | |

Für $\alpha > \rho$ liegen Bewegungsschrauben, für $\alpha < \rho$ Befestigungsschrauben vor. Die beiden Bereiche werden durch den Kurvenverlauf von $\eta = \dfrac{\tan\alpha}{\tan(2\alpha)}$ voneinander getrennt.

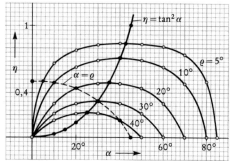

| $\alpha = \rho$ | $0°$ | $5°$ | $10°$ | $20°$ | $30°$ | $40°$ | $45°$ |
|---|---|---|---|---|---|---|---|
| $\eta$ | 0,500 | 0,496 | 0,484 | 0,434 | 0,333 | 0,148 | 0 |

Die für $\alpha = \rho = 0°$ bzw. $45°$ angeführten Werte für $\eta$ sind Grenzwerte.

---

**231.** Ein in der umgebenden Luft verlaufender Lichtstrahl trifft im Punkt $P_1$ auf ein gerades dreiseitiges Prisma (Brechungszahl $n > 1$ gegenüber Luft), durchsetzt dieses gemäß der Abbildung in einer Normalebene und tritt bei $P_2$ wieder aus.

Bei welchem Einfallswinkel $\alpha_1$ mit $0 < \alpha_1 < 90°$ ist die Ablenkung $\delta = \alpha_1 - \beta_1 + \alpha_2 - \beta_2$ am geringsten, wenn der Prismenwinkel $\varphi = 90°$ beträgt?

Mit den Bezeichnungen der Abbildung erhält man wegen $\gamma = 90°$ zunächst

$\beta_1 + \beta_2 = 90°$ und damit

$\delta = \alpha_1 + \alpha_2 - 90°$. Nach dem SNELLIUS schen Gesetz ist nun $\dfrac{\sin\alpha_1}{\sin\beta_1} = n$ und $\dfrac{\sin\alpha_2}{\sin\beta_2} = n$, was mit $\sin\beta_2 =$

$= \sin(90° - \beta_1) = \cos\beta_1 = \sqrt{1 - \sin^2\beta_1} = \dfrac{1}{n}\sqrt{n^2 - \sin^2\alpha_1}$ auf $\sin\alpha_2 =$

$= n \sin\beta_2 = \sqrt{n^2 - \sin^2\alpha_1}$ führt und $n^2 - \sin^2\alpha_1 < 1$, also $\alpha_1 >$

$> \arcsin \sqrt{n^2 - 1}$ erfordert. Für $\alpha_1 \leq \arcsin \sqrt{n^2 - 1}$ tritt in $P_2$ Totalreflexion oder deren Grenzfall ein. Bei Prismen aus Werkstoffen mit $n \geq \sqrt{2}$ kann deshalb kein Durchgang des Lichtes erfolgen.

Für $\mathbb{D}_\delta = \{\alpha_1 \mid \alpha_1 > \arcsin \sqrt{n^2 - 1} \wedge 1 < n < \sqrt{2} \wedge 0 < \alpha_1 < 90°\}$ ergibt sich somit $\delta = \alpha_1 + \alpha_2 - 90° = \alpha_1 + \arcsin \sqrt{n^2 - \sin^2 \alpha_1} - 90°$.

$$\frac{d\delta}{d\alpha_1} = 1 - \frac{1}{\sqrt{1 - n^2 + \sin^2 \alpha_1}} \cdot \frac{\sin \alpha_1 \cos \alpha_1}{\sqrt{n^2 - \sin^2 \alpha_1}},$$

$$\frac{d^2\delta}{d\alpha_1^2} = \frac{(n^2 - 1)(2 \sin^4 \alpha_1 - 2 n^2 \sin^2 \alpha_1 + n^2)}{\sqrt{1 - n^2 + \sin^2 \alpha_1}^3 \cdot \sqrt{n^2 - \sin^2 \alpha_1}^3} \quad \text{für } \alpha_1 \in \mathbb{D}_\delta.$$

Die Auswertung von $\frac{d\delta}{d\alpha_1} = 0$ kann wie folgt geschehen:

$(1 - n^2 + \sin^2 \alpha_1)(n^2 - \sin^2 \alpha_1) = \sin^2 \alpha_1 \cos^2 \alpha_1,$
$(1 - n^2)(n^2 - \sin^2 \alpha_1) + n^2 \sin^2 \alpha_1 - \sin^2 \alpha_1 = 0,$
$(1 - n^2)(n^2 - 2 \sin^2 \alpha_1) = 0,$

$\sin \alpha_1 = \pm \frac{n}{2} \sqrt{2}$, woraus sich in der Grundmenge $\mathbb{D}_\delta$ nur die Lösung $\alpha_1 = \arcsin\left(\frac{n}{2} \sqrt{2}\right)$ ergibt. Wegen

$$\left[\frac{d^2\delta}{d\alpha_1^2}\right]_{\alpha_1 = \arcsin\left(\frac{n}{2}\sqrt{2}\right)} = \frac{(n^2 - 1)\left(\frac{n^4}{2} - n^4 + n^2\right)}{\sqrt{1 - \frac{n^2}{2}}^3 \cdot \sqrt{\frac{n^2}{2}}^3} = \frac{4(n^2 - 1)}{n\sqrt{2 - n^2}} > 0$$

erhält man hierfür die **minimale Ablenkung**

$$\delta_{\min} = \arcsin\left(\frac{n}{2}\sqrt{2}\right) + \arcsin \sqrt{n^2 - \frac{n^2}{2}} - 90° = 2 \arcsin\left(\frac{n}{2}\sqrt{2}\right) - 90°.$$

In diesem Sonderfall ist $\alpha_1 = \alpha_2$ (symmetrischer Strahlenverlauf).

---

232. Eine Lampe L ist senkrecht zu einer ebenen Platte verschiebbar. Bei welchem Abstand x wird der Punkt P der Abbildung am stärksten beleuchtet?

Zwischen der Lichtstärke I der Lampe und der Beleuchtungsstärke E im Punkt P in der Entfernung r besteht nach LAMBERT der Zusammenhang $E = \dfrac{I}{r^2} \cos\alpha$, wobei $\alpha$ den Einfallswinkel bedeutet.

Deshalb gilt mit $r = \overline{LP} = \dfrac{a}{\sin\alpha}$, $E = \dfrac{I}{a^2} \sin^2\alpha \cdot \cos\alpha$ für $\mathbb{D}_E =$

$= \{\alpha \mid 0° < \alpha < 90°\}$, woraus

$\dfrac{dE}{d\alpha} = \dfrac{I}{a^2} (2 \sin\alpha \cdot \cos^2\alpha - \sin^3\alpha)$ und

$\dfrac{d^2E}{d\alpha^2} = \dfrac{I}{a^2} (2 \cos^3\alpha - 7 \sin^2\alpha \cdot \cos\alpha)$

und $\alpha \in \mathbb{D}_E$ folgen.

$\dfrac{dE}{d\alpha} = 0$ führt über

$\sin\alpha (2\cos^2\alpha - \sin^2\alpha) = \sin\alpha (2 - 3\sin^2\alpha) = 0$ auf $\sin\alpha = 0$ und

$\sin\alpha = \pm\sqrt{\dfrac{2}{3}}$.

In der Grundmenge $\mathbb{D}_E$ ist aber nur die Lösung $\alpha_1 = \arcsin\sqrt{\dfrac{2}{3}} \approx$

$\approx 54{,}74°$ vorhanden. Wegen $\left[\dfrac{d^2E}{d\alpha^2}\right]_{\alpha = \alpha_1} = \dfrac{-4I}{a^2\sqrt{3}} < 0$ liegt somit für

$\alpha_1$, was den Abstand $x = a \cot\alpha_1 = \dfrac{a\sqrt{2}}{2}$ ergibt, das einzige **relative Maximum** $E_{max} = \dfrac{I}{a^2} \sin^2\alpha_1 \cdot \cos\alpha_1 = \dfrac{2\sqrt{3}}{9a^2} I$ vor, das wegen

$\dfrac{dE}{d\alpha} \gtrless 0$ für $\alpha \lessgtr \alpha_1 \wedge \alpha \in \mathbb{D}_E$ auch absolutes Maximum ist.

---

233. Ein elektrischer Schwingungsvorgang verlaufe in Abhängigkeit von der Zeit t nach der Gleichung $i = I_0 \cdot e^{-\delta t} \cdot \sin(\omega t + \varphi)$. Hierbei bedeuten $\delta > 0$ die Dämpfungskonstante, $\omega$ die Kreisfrequenz des Wechselstroms, $\varphi$ den Phasenwinkel und $I_0$ die Amplitude der ungedämpften Schwingung $\widetilde{i} = I_0 \cdot \sin(\omega t + \varphi)$.

Man ermittle die Extremwerte der gedämpften Schwingung und die zeitliche Verschiebung gegenüber den zugeordneten Amplituden der ungedämpften Schwingung.

Die Amplituden $I_0$ der ungedämpften Schwingung treten zu den Zeiten

$$\omega t_k + \varphi = (2k + 1)\frac{\pi}{2} \quad \text{oder} \quad t_k = -\frac{\varphi}{\omega} + \frac{(2k + 1)\pi}{2\omega} \quad \text{auf,}$$

wobei hier und im folgenden $k \in \mathbb{Z}_0^+$ ist.

Zur Bestimmung der Zeiten $\bar{t}_k$, in denen die gedämpfte Schwingung Extremwerte aufweist, muß $\dfrac{di}{dt} = 0$ gebildet werden.

Man erhält über

$$-\delta e^{-\delta t} \sin(\omega t + \varphi) + \omega e^{-\delta t} \cos(\omega t + \varphi) = 0$$

und

$$\tan(\omega t + \varphi) = \frac{\omega}{\delta}, \quad \bar{t}_k = -\frac{\varphi}{\omega} + \frac{1}{\omega}\left(\arctan\frac{\omega}{\delta} + k\pi\right) = \bar{t}_0 + k\frac{\pi}{\omega}.$$

Damit ergeben sich die Amplituden der gedämpften Schwingung zu

$$\bar{I}_k = I_0 \cdot e^{-\delta \bar{t}_k} \cdot \sin(\omega \bar{t}_k + \varphi) = I_0 \cdot e^{-\delta \bar{t}_0} \cdot e^{-k\frac{\pi}{\omega}\delta} \cdot \sin(\omega \bar{t}_0 + \varphi) \cdot (-1)^k =$$

$$= I_0 \cdot e^{-\delta \bar{t}_0} \cdot \sin(\omega \bar{t}_0 + \varphi) \cdot (-e^{-\frac{\pi}{\omega}\delta})^k, \text{ was wegen } 0 \leq \omega \bar{t}_0 + \varphi < \frac{\pi}{2}$$

mit Hilfe von $\sin(\omega \bar{t}_0 + \varphi) = \dfrac{\tan(\omega \bar{t}_0 + \varphi)}{\sqrt{1 + \tan^2(\omega \bar{t}_0 + \varphi)}} = \dfrac{\omega}{\sqrt{\delta^2 + \omega^2}}$

noch auf $\bar{I}_k = \dfrac{I_0 \omega}{\sqrt{\delta^2 + \omega^2}} \cdot e^{-\delta \bar{t}_0} \cdot \left(-e^{-\frac{\pi}{\omega}\delta}\right)^k$ vereinfacht werden kann.

Hieraus erkennt man, daß die aufeinander folgenden Amplituden nach einer geometrischen Folge abnehmen.

Die gesuchte Zeitdifferenz ist somit

$$\Delta t = t_k - \bar{t}_k = \frac{\pi}{2\omega} - \frac{1}{\omega}\arctan\frac{\omega}{\delta}.$$

Für $I_0 = 5\,A$, $\delta = 2\,s^{-1}$, $\omega = 10\,s^{-1}$

und $\varphi = \dfrac{\pi}{3}$ ergibt sich

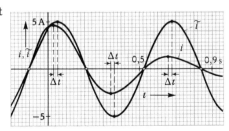

$$i = 5\,e^{-\frac{2t}{s}} \cdot \sin\left(\frac{10}{s}t + \frac{\pi}{3}\right) A \text{ mit}$$

$$\frac{\Delta t}{s} = \frac{\pi}{20} - \frac{1}{10}\arctan\frac{10}{2} \approx 0{,}01974.$$

**Nullstellen** von ungedämpfter und gedämpfter Schwingung:

$$\frac{10}{s}\bar{\bar{t}}_k + \frac{\pi}{3} = k\pi, \quad \bar{\bar{t}}_k = \frac{\pi}{10}\left(k - \frac{1}{3}\right) s \approx (0{,}31416\,k - 0{,}10472)\,s.$$

**Extremwerte** der ungedämpften Schwingung:

$$t_k = \left(-\frac{\pi}{30} + \frac{(2k+1)\pi}{20}\right) s \approx (0{,}05236 + 0{,}31416\,k)\,s.$$

$$\tilde{I}_k = I_0(-1)^k = 5 \cdot (-1)^k \text{ A}.$$

**Extremwerte** der gedämpften Schwingung:

$$\bar{t}_k = \left[-\frac{\pi}{30} + \frac{1}{10}(\arctan 5 + k\pi)\right] s \approx (0{,}03262 + 0{,}31416\,k)\,s.$$

$$\bar{I}_k \approx \frac{50}{\sqrt{104}} \cdot e^{-0{,}06524} \cdot (-e^{-0{,}62832})^k \text{ A} \approx 4{,}5932 \cdot (-0{,}5335)^k \text{ A};$$

$$\bar{I}_0 \approx 4{,}5932 \text{ A}, \quad \bar{I}_1 \approx -2{,}4505 \text{ A}, \quad \bar{I}_2 \approx 1{,}3073 \text{ A}.$$

---

**234.** Wird in der abgebildeten elektrischen Schaltung, bestehend aus einem Ohmschen Widerstand R, einer Spule mit der Induktivität L und einem Kondensator mit der Kapazität C als Eingangsspannung $u_e$ die Gleichspannung $U_e$ angelegt, dann tritt unter der Voraussetzung $4L > R^2C$ eine Ausgangsspannung

$$u_a = A \cdot e^{-\frac{R}{2L}t} \cdot \sin(\omega t + \varphi) + U_e \text{ auf.}$$

Hierin bedeuten t die Zeit,

$$A = -\frac{2 U_e \sqrt{LC}}{\sqrt{4LC - R^2C^2}}, \quad \omega = \frac{1}{2LC}\sqrt{4LC - R^2C^2} \text{ und}$$

$$\varphi = \arctan\left(\frac{2\omega L}{R}\right) = \arctan\left(\frac{1}{RC}\sqrt{4LC - R^2C^2}\right).$$

Welche relativ-extremen Ausgangsspannungen treten auf?

Von der Aufgabenstellung her ist $\mathbb{D}_{u_a} = \{t \mid t \geq 0\}$ und es gilt

$$\frac{d u_a}{dt} = A \cdot e^{-\frac{R}{2L}t} \left[ -\frac{R}{2L} \sin(\omega t + \varphi) + \omega \cos(\omega t + \varphi) \right],$$

woraus für

$$-\frac{R}{2L} \sin(\omega t + \varphi) + \omega \cos(\omega t + \varphi) = 0 \quad \text{über}$$

$$\tan(\omega t + \varphi) = \frac{2\omega L}{R} \quad \text{die Beziehung} \quad \omega t + \varphi = \arctan\left(\frac{2\omega L}{R}\right) + k\pi =$$

$$= \varphi + k\pi \quad \text{mit} \quad k \in \mathbb{Z}_0^+ \quad \text{erhalten wird.}$$

**Relative Extremwerte** treten demnach zu den Zeiten

$$t_k = \frac{\pi}{\omega} k = \frac{2 L C \pi}{\sqrt{4 L C - R^2 C^2}} \cdot k \quad \text{mit} \quad k \in \mathbb{Z}_0^+ \quad \text{auf, und zwar Maxima für}$$

$k = 2\nu + 1$, Minima für $k = 2\nu$ mit $\nu \in \mathbb{Z}_0^+$. Für $k = 1$ tritt also die erste Spitze der Ausgangsspannung $u_a$ auf.

Die sich in Abhängigkeit von k ergebenden Extremwerte der Spannungen sind

$$u_{ak} = A \cdot e^{-\frac{R}{2L} \cdot \frac{\pi}{\omega} k} \cdot \sin(\varphi + k\pi) + U_e =$$

$$= (-1)^k A \cdot e^{-\frac{R}{2L} \cdot \frac{\pi}{\omega} k} \sin\varphi + U_e,$$

was sich wegen

$$A \sin\varphi = -U_e \quad \text{auf} \quad u_{ak} = U_e \left[ 1 - \left( -e^{\frac{-RC}{\sqrt{4LC - R^2C^2}}} \right)^k \right]$$

vereinfachen läßt.

Die Zeitpunkte $\bar{t}_k$, bei denen $u_a = U_e$ ist, können noch aus

$$U_e = A \cdot e^{-\frac{R}{2L} \bar{t}_k} \cdot \sin(\omega \bar{t}_k + \varphi) + U_e$$

ermittelt werden. Man erhält

$$\omega \bar{t}_k + \varphi = k\pi \quad \text{oder} \quad \bar{t}_k = -\frac{\varphi}{\omega} + \frac{\pi}{\omega} k =$$

$$= \frac{2 L C}{\sqrt{4 L C - R^2 C^2}} \left[ k\pi - \arctan\left(\frac{1}{RC} \sqrt{4 L C - R^2 C^2}\right) \right] \quad \text{mit} \quad k \in \mathbb{N}.$$

Für $R = 200\,\Omega$, $C = 10\,\mu F$ und $L = 2\,H$ wird bei der Eingangsspannung $U_e = 60\,V$ mit $A \approx -61{,}56\,V$,

$\omega \approx 217{,}94 \text{ s}^{-1}$ und $\varphi \approx 77{,}079^\circ \mathrel{\hat{\approx}} 1{,}345$.

$$u_a \approx \left[ -61{,}56 \, e^{-\frac{50}{s}t} \sin\left( \frac{217{,}94}{s} \cdot t + 1{,}345 \right) + 60 \right] V.$$

Es ergeben sich ferner

$$t_k = \frac{\pi}{\omega} k \approx \frac{3{,}1416}{217{,}94} k \, s \approx 0{,}0144 \cdot k \, s$$

und

$$u_{ak} \approx 60[1 - (-1)^k \cdot 0{,}486^k] \, V$$

mit $k \in \mathbb{Z}_0^+$.

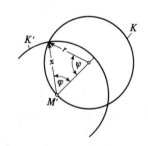

$u_{a0} = 0$, $u_{a1} \approx 89{,}16 \, V$, $u_{a2} \approx 45{,}83 \, V$, $u_{a3} \approx 66{,}89 \, V$,

$u_{a4} \approx 56{,}65 \, V$, $u_{a5} \approx 61{,}63 \, V$, ... .

$$\bar{t}_k = -\frac{\varphi}{\omega} + t_k \approx -0{,}0062 \, s + 0{,}0144 \cdot k \, s \quad \text{mit } k \in \mathbb{N}.$$

---

**235.** Wie groß ist der Radius x eines Kreises K' mit Mittelpunkt M' auf dem Umfang des Kreises K vom Radius r zu wählen, damit die von K eingeschlossene Fläche durch K' halbiert wird?

Bei Einführung der Hilfswinkel $\varphi$ und $\psi$ gemäß der Abbildung muß gelten

$$\frac{r^2 \pi}{2} = 2 \left[ \frac{1}{2} x^2 \widehat{\varphi} + \frac{1}{2} r^2 \widehat{\psi} - \frac{1}{2} r^2 \sin\psi \right],$$

was sich wegen $\psi = 180^\circ - 2\varphi$, bzw.

$$\widehat{\psi} = \pi - 2\widehat{\varphi} \quad \text{auf die Form}$$

$$\frac{r^2 \pi}{2} + x^2 \widehat{\varphi} - 2 r^2 \widehat{\varphi} - r^2 \sin(2\varphi) = 0$$

bringen läßt. Mit der weiteren Beziehung

$$x = r \frac{\sin\psi}{\sin\varphi} = r \frac{\sin(2\varphi)}{\sin\varphi} = 2 r \cos\varphi$$

ist die Berechnung des Kreisradius x auf die Lösung der **transzendenten Gleichung**

$$\pi + 8\widehat{\varphi} \cdot \cos^2\varphi - 4\widehat{\varphi} - 2\sin(2\varphi) = 0 \quad \text{oder}$$

$$\pi + 4\widehat{\varphi} \cdot \cos(2\varphi) - 2\sin(2\varphi) = 0 \quad \text{zurückgeführt.}$$

Diese Gleichung kann nur mit Hilfe eines Näherungsverfahrens gelöst werden.

Aus der Zeichnung für die Funktionen

$y_1 = 2 \sin(2\varphi) - \pi$

und

$y_2 = 4\hat{\varphi} \cdot \cos(2\varphi)$

kann der erste Näherungswert

$\varphi_1 \approx 54{,}5° \stackrel{\wedge}{\approx} 0{,}951$

abgelesen werden.

| $\varphi$ | ... | 0° | 15° | 30° | 45° | 60° | 75° | ... |
|---|---|---|---|---|---|---|---|---|
| $y_1$ | ... | -3,14 | -2,14 | -1,41 | -1,14 | -1,41 | -2,14 | ... |
| $y_2$ | ... | 0 | 0,91 | 1,05 | 0 | -2,09 | -4,53 | ... |

Mit $f(\varphi) = \pi + 4\hat{\varphi} \cdot \cos(2\varphi) - 2\sin(2\varphi)$ und $f'(\varphi) = -8\hat{\varphi} \sin(2\varphi)$ findet man nach dem NEWTONschen Näherungsverfahren den verbesserten Wert

$$\hat{\varphi}_2 = \hat{\varphi}_1 - \frac{f(\hat{\varphi}_1)}{f'(\hat{\varphi}_1)} = 0{,}951 - \frac{\pi + 4 \cdot 0{,}951 \cdot \cos 1{,}902 - 2 \cdot \sin 1{,}902}{-8 \cdot 0{,}951 \cdot \sin 1{,}902} \approx$$

$\approx 0{,}9510 + 0{,}0018 = 0{,}9528.$

Kontrolle:

$f(\hat{\varphi}_2) = \pi + 4 \cdot 0{,}9528 \cdot \cos 1{,}9056 - 2 \cdot \sin 1{,}9056 \approx 0{,}0003.$

Mit $\hat{\varphi}_2 \approx 0{,}9528 \stackrel{\wedge}{\approx} 54{,}59°$ wird der gesuchte Kreisradius
$x \approx 2r \cdot \cos 0{,}9528 \approx 1{,}159\, r.$

---

236. Der Ablenkungswinkel $\varphi$ des Zeigers eines elektrischen Meßinstrumentes hängt von der Stromstärke I gemäß der Gleichung $I = k^2 \cdot \tan\varphi$ mit $0° < \varphi < 90°$ ab, wobei $k^2$ eine Konstante bedeutet.

Wie groß ist der maximale relative Fehler $\dfrac{\Delta I}{I}$ der Stromstärke, wenn die Ablesung von $\varphi = 20°$ mit dem maximalen absoluten Fehler $\Delta\varphi = 5'$ verbunden ist? Für welchen Ablenkungswinkel $\varphi$ wird $\dfrac{\Delta I}{I}$ bei gleichbleibender Ablesegenauigkeit am kleinsten?

Über $dI = \dfrac{k^2}{\cos^2\varphi} \cdot d\varphi$ erhält man $\dfrac{\Delta I}{I} \approx \dfrac{dI}{I} = \dfrac{k^2}{\cos^2\varphi} \cdot \dfrac{1}{k^2 \tan\varphi} \cdot \Delta\varphi =$

$= \dfrac{2\Delta\varphi}{\sin(2\varphi)}$, was speziell für $\Delta\varphi = 5' \mathrel{\widehat{\approx}} 0{,}00145$ und $\varphi = 20°$ den maximalen relativen Fehler $\dfrac{\Delta I}{I} \approx \dfrac{2 \cdot 0{,}00145}{\sin 40°} \approx 0{,}0045$ ergibt.

$\dfrac{\Delta I}{I} = \dfrac{2\Delta\varphi}{\sin(2\varphi)}$ erreicht bei konstantem $\Delta\varphi$ seinen kleinsten Wert für $\sin(2\varphi) = 1$, also $\varphi = 45°$. Die Umgebung dieses Wertes bildet den günstigsten Meßbereich.

---

**237.** Man untersuche den Graphen der als GAUSSsche Normalverteilung bezeichneten Funktion $y = \varphi(x) = \dfrac{1}{\sigma\sqrt{2\pi}} \cdot e^{-\frac{1}{2}\left(\frac{x-\mu}{\sigma}\right)^2}$ mit $\mu \in \mathbb{R}$ als Erwartungswert und $\sigma \in \mathbb{R}^+$ als Standardabweichung der Verteilung.

$\varphi'(x) = \dfrac{-(x-\mu)}{\sigma^3\sqrt{2\pi}} \cdot e^{-\frac{1}{2}\left(\frac{x-\mu}{\sigma}\right)^2}$, $\quad \varphi''(x) = \dfrac{(x-\mu)^2 - \sigma^2}{\sigma^5\sqrt{2\pi}} e^{-\frac{1}{2}\left(\frac{x-\mu}{\sigma}\right)^2}$

für $x \in \mathbb{R}$.

Relative Extrema, $\varphi'(x) = 0$:

$x = \mu$, $y = \dfrac{1}{\sigma\sqrt{2\pi}}$,

$\varphi''(\mu) = \dfrac{-1}{\sigma^3\sqrt{2\pi}} < 0$

ergeben $M\left(\mu; \dfrac{1}{\sigma\sqrt{2\pi}}\right)$

als relatives und absolutes Maximum.

Wendepunkte, $\varphi''(x) = 0$:

$(x - \mu)^2 - \sigma^2 = 0$ liefert $x_{1;2} = \mu \pm \sigma$, $y_{1;2} = \dfrac{1}{\sigma\sqrt{2\pi e}}$. Weil

$\varphi''(x)$ für $x = \mu \pm \sigma$ Vorzeichenwechsel erfährt, liegen in
$W_{1;2}\left(\mu \pm \sigma \; ; \dfrac{1}{\sigma\sqrt{2\pi e}}\right)$ Wendepunkte vor.

Die Gerade mit der Gleichung $x = \mu$ ist Symmetrieachse.

Für die Zeichnung sind $\mu = 305$ cm und $\sigma = 2$ cm gewählt, also

$$\varphi(x) = \dfrac{1}{2\,\text{cm}\cdot\sqrt{2\pi}}\, e^{-\dfrac{1}{2}\left(\dfrac{x-305\,\text{cm}}{2\,\text{cm}}\right)^{2}}$$

| $\dfrac{x}{\text{cm}}$ | ... | 305 | 306 | 307 | 307,5 | 308 | 309 | 310 | ... |
|---|---|---|---|---|---|---|---|---|---|
| $\dfrac{y}{\text{cm}^{-1}}$ | ... | 0,199 | 0,176 | 0,121 | 0,091 | 0,065 | 0,027 | 0,009 | ... |

---

**238.** Um den Flächeninhalt eines dreieckigen Geländestücks ABC zu bestimmen, werden die Längen zweier Seiten und die Größe des eingeschlossenen Winkels gemessen. Mit den Bezeichnungen der Abbildung erhält man unter Berücksichtigung der geschätzten maximalen absoluten Fehler

b = (43 ± 0,3) m

c = (66 ± 0,5) m

$\alpha = 55^\circ \pm 0{,}1^\circ$

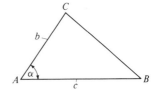

Man berechne den Flächeninhalt A und bestimme den maximalen absoluten und maximalen prozentualen Fehler.

$$A = \dfrac{b\,c\cdot\sin\alpha}{2} = \dfrac{43\,\text{m}\cdot 66\,\text{m}\cdot\sin 55^\circ}{2} \approx 1162{,}4\,\text{m}^2.$$

Mit Hilfe des **vollständigen Differentials** $dA = \dfrac{\partial A}{\partial b}db +$
$+\dfrac{\partial A}{\partial c}dc + \dfrac{\partial A}{\partial \alpha}d\alpha$ bekommt man als maximalen absoluten Fehler

$$\Delta A \approx \left|\dfrac{\partial A}{\partial b}\Delta b\right| + \left|\dfrac{\partial A}{\partial c}\Delta c\right| + \left|\dfrac{\partial A}{\partial \alpha}\Delta\alpha\right| = \left|\dfrac{c\sin\alpha}{2}\Delta b\right| + \left|\dfrac{b\sin\alpha}{2}\Delta c\right| +$$

$+\left|\dfrac{b\,c\,\cos\alpha}{2}\Delta\alpha\right|$. Für $\Delta b = 0{,}3$ m, $\Delta c = 0{,}5$ m und $\Delta\alpha = 0{,}1^\circ$ errechnet sich $\Delta A \approx \dfrac{66\text{ m}\cdot\sin 55^\circ}{2}\cdot 0{,}3\text{ m} + \dfrac{43\text{ m}\cdot\sin 55^\circ}{2}\cdot 0{,}5\text{ m} +$

$+ \dfrac{43\text{ m}\cdot 66\text{ m}\cdot\cos 55^\circ}{2}\cdot 0{,}001745 \approx 18{,}3\text{ m}^2$. Der maximale prozentuale

Fehler ist daher $\dfrac{\Delta A}{A}\cdot 100\,\% \approx 1{,}57\,\%$.

Die Fehlerabschätzung kann auch unter Verwendung des **vollständigen logarithmischen Differentials** $d\ln A^* = \dfrac{dA}{A}$ durchgeführt werden. Über $\ln A^* = \ln b^* + \ln c^* + \ln\sin\alpha - \ln 2$ mit $A^*$, $b^*$, $c^*$ als Zahlenwerten von A, b, c ergibt sich $\dfrac{dA}{A} = d\ln A^* = \dfrac{1}{b}db + \dfrac{1}{c}dc +$

$+ \cot\alpha\cdot d\alpha$ und $\dfrac{\Delta A}{A} \approx \left|\dfrac{1}{b}\cdot\Delta b\right| + \left|\dfrac{1}{c}\cdot\Delta c\right| + \left|\cot\alpha\,\Delta\alpha\right| \approx$

$\approx \dfrac{0{,}3\text{ m}}{43\text{ m}} + \dfrac{0{,}5\text{ m}}{66\text{ m}} + \cot 55^\circ\cdot 0{,}001745 \approx 0{,}0158$, was 1,58 % als (angenäherten) maximalen prozentualen Fehler erbringt. Der maximale absolute Fehler $\Delta A$ ist dann $\Delta A \approx 0{,}0158\cdot 1162{,}4\text{ m}^2 \approx 18{,}4\text{ m}^2$. Beide Resultate stimmen bis auf Rundungsfehler mit den anfangs erhaltenen Werten überein.

---

**239.** Auf dem in ein kartesisches Koordinatensystem eingetragenen Graphen von $y = 2\ln x$ werden die Punkte $A(1;0)$, $U(u; 2\ln\cdot u)$, $V(v; 2\ln v)$, $B(e^2;4)$ mit $1 < u < v < e^2$ und $u, v \in \mathbb{R}$ durch den Streckenzug AUVB verbunden, der zusammen mit der x-Achse und der Geraden $g \equiv x - e^2 = 0$ ein Flächenstück begrenzt. Wie ist u und v zu wählen, damit die Maßzahl $A^*$ seines Flächeninhalts maximal wird?

| x | ... | 0,7 | 1 | 2 | e | 3 | 4 | 5 | 6 | 7 | $e^2$ | 8 | ... |
|---|---|---|---|---|---|---|---|---|---|---|---|---|---|
| y | ... | -0,71 | 0 | 1,39 | 2 | 2,20 | 2,77 | 3,22 | 3,58 | 3,89 | 4 | 4,16 | ... |

$A^* = f(u;v) = \dfrac{(u-1)\cdot 2\cdot\ln u}{2} + \dfrac{(v-u)(2\cdot\ln u + 2\cdot\ln v)}{2} +$

$+ \dfrac{(e^2 - v)(4 + 2\ln v)}{2} = -\ln u + v\ln u - u\ln v + e^2\cdot\ln v - 2v + 2e^2$,

$f'_u = -\dfrac{1}{u} + \dfrac{v}{u} - \ln v$,

$f'_v = \ln u - \dfrac{u}{v} + \dfrac{e^2}{v} - 2$,

$f''_{uu} = \dfrac{1}{u^2} - \dfrac{v}{u^2}$,

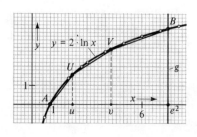

$$f''_{vv} = \frac{u}{v^2} - \frac{e^2}{v^2},$$

$$f''_{uv} = f''_{vu} = \frac{1}{u} - \frac{1}{v}$$

mit $(u; v) \in \mathbb{D}_{A^*}$ und

$$\mathbb{D}_{A^*} = \left\{ (u; v) \mid 1 < u < v < e^2 \right\}.$$

$f'_u = 0$ und $f'_v = 0$ liefern

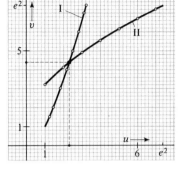

(I) $u = \dfrac{v-1}{\ln v}$ und (II) $v = \dfrac{u - e^2}{\ln u - 2}$. Dieses transzendente Gleichungssystem kann in $\mathbb{D}_{A^*}$ mit Hilfe der Graphen von (I) und (II) näherungsweise gelöst werden.

| v | ... | 1,5 | 2 | 3 | 4 | 5 | 6 | 7 | $e^2$ | ... |
|---|---|---|---|---|---|---|---|---|---|---|
| $u_I$ | ... | 1,23 | 1,44 | 1,82 | 2,16 | 2,49 | 2,79 | 3,08 | 3,19 | ... |

| u | ... | 1 | 2 | 3 | 4 | 5 | 6 | 7 | ... |
|---|---|---|---|---|---|---|---|---|---|
| $v_{II}$ | ... | 3,19 | 4,12 | 4,87 | 5,52 | 6,12 | 6,67 | 7,19 | ... |

Als einziges Lösungspaar in $\mathbb{D}_{A^*}$ ist $u \approx 2{,}3$, $v \approx 4{,}4$ erkennbar, was sich etwa unter Verwendung des NEWTONschen Näherungsverfahrens (vgl. Bd. I) noch zu $u \approx 2{,}276$, $v \approx 4{,}342$ verbessern läßt.

Wegen $f''_{uu}(2{,}276; 4{,}342) < 0$ und $[f''_{uu} \cdot f''_{vv} - f''^2_{uv}]_{\substack{u \approx 2{,}276 \\ v \approx 4{,}342}} > 0$ liegt

hier ein relatives Maximum von $A^*$ vor, das zugleich absolutes Maximum in $\mathbb{D}_{A^*}$ ist.

---

240. Eine dünne quadratische Membran mit Seitenlänge a sei gemäß der Abbildung an ihren Rändern fest eingespannt. Bei geeigneter Anregung vollführen die Punkte der Membran senkrecht zu deren Ebene Schwingungen, die der Gleichung $z = z_0 \cdot \sin \omega t$ mit $\omega = \dfrac{\pi}{a} \sqrt{\dfrac{5\sigma}{\varphi}}$ genügen. Hierbei bedeuten $\sigma$ die Spannung der Membran in der Ruhelage und $\varphi$ die Flächendichte; $z_0 = f(x;y) = A_0 \cos \dfrac{\pi x}{a} \cdot \cos \dfrac{\pi y}{a} \left( \sin \dfrac{\pi x}{a} - \sin \dfrac{\pi y}{a} \right)$, wobei $A_0 > 0$ von der Stärke der Anregung abhängt.

Welchen geometrischen Ort bilden diejenigen Punkte im Innern der Membran, welche ständig in Ruhe bleiben (Knotenlinie)? In welchen Punkten treten die größten Amplituden auf?

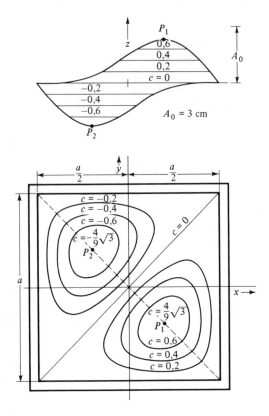

Die Knotenlinie ist durch $f(x;y) = 0$ bestimmt, was für
$\mathbb{D}_{z_0} = \left\{ (x;y) \Big| |x| \leq \frac{a}{2} \wedge |y| \leq \frac{a}{2} \right\}$ über $\cos \frac{\pi x}{a} = 0$ und $\cos \frac{\pi y}{a} = 0$ zunächst $x = \pm \frac{a}{2}$ und $y = \pm \frac{a}{2}$, also die Gleichungen der Quadratränder ergibt.

$\sin \frac{\pi x}{a} - \sin \frac{\pi y}{a} = 0$ führt über $2 \cdot \cos\left(\frac{\pi}{a} \cdot \frac{x+y}{2}\right) \cdot \sin\left(\frac{\pi}{a} \cdot \frac{x-y}{2}\right) = 0$

in $\mathbb{D}_{z_0}$ auf $y = x$ als Gleichung der **Knotenlinie**.

$\frac{\partial f}{\partial x} = \frac{A_0 \pi}{a} \cos \frac{\pi y}{a} \cdot \left( \cos^2 \frac{\pi x}{a} - \sin^2 \frac{\pi x}{a} + \sin \frac{\pi x}{a} \cdot \sin \frac{\pi y}{a} \right) =$

$= \frac{A_0 \pi}{a} \cos \frac{\pi y}{a} \cdot \left( 1 - 2 \sin^2 \frac{\pi x}{a} + \sin \frac{\pi x}{a} \cdot \sin \frac{\pi y}{a} \right),$

$\frac{\partial f}{\partial y} = \frac{A_0 \pi}{a} \cos \frac{\pi x}{a} \left( \sin^2 \frac{\pi y}{a} - \cos^2 \frac{\pi y}{a} - \sin \frac{\pi x}{a} \cdot \sin \frac{\pi x}{a} \right) =$

$$= \frac{A_o \pi}{a} \cos \frac{\pi x}{a} \left( 2 \sin^2 \frac{\pi y}{a} - 1 - \sin \frac{\pi y}{a} \cdot \sin \frac{\pi x}{a} \right).$$

Als Punkte mit relativ-extremen Amplituden scheiden die ruhenden Randpunkte aus. Das Gleichungssystem $\frac{\partial f}{\partial x} = 0$, $\frac{\partial f}{\partial y} = 0$ geht in diesem Falle über in

$$1 - 2 \sin^2 \frac{\pi x}{a} + \sin \frac{\pi x}{a} \cdot \sin \frac{\pi y}{a} = 0$$

$$2 \sin^2 \frac{\pi y}{a} - 1 - \sin \frac{\pi y}{a} \cdot \sin \frac{\pi x}{a} = 0.$$

Addition erbringt $\sin^2 \frac{\pi y}{a} - \sin^2 \frac{\pi x}{a} = 0$, also $\sin \frac{\pi y}{a} = \pm \sin \frac{\pi x}{a}$. Dies etwa in die erste der beiden Gleichungen eingesetzt liefert

$$1 - 2 \sin^2 \frac{\pi x}{a} \pm \sin^2 \frac{\pi x}{a} = 0, \text{ somit } \sin^2 \frac{\pi x}{a} = 1 \text{ bzw. } \sin^2 \frac{\pi x}{a} = \frac{1}{3}.$$

Im ersten Falle ergeben sich Randpunkte, hingegen kommt man durch die zweite Gleichung auf $x_1 \approx 0{,}196\, a$, $x_2 \approx -0{,}196\, a$. Aus $\sin \frac{\pi y}{a} = \mp \frac{1}{\sqrt{3}}$ folgt $y_1 \approx -0{,}196\, a$, $y_2 \approx 0{,}196\, a$. $f(x_1; y_1) = \frac{4}{9} \sqrt{3}\, A_o \approx 0{,}770\, A_o$; $f(x_2; y_2) = -\frac{4}{9} \sqrt{3}\, A_o \approx -0{,}770\, A_o$. Unter den Punkten des Membraninneren liegen offensichtlich in $P_1(x_1; y_1)$ bzw. $P_2(x_2; y_2)$ ein relatives und absolutes Maximum bzw. Minimum von $f(x; y)$ vor. In beiden Punkten tritt die maximale Amplitude $\frac{4}{9} \sqrt{3}\, A_o$ auf.

In der Zeichnung wird der Schwingungszustand der Membran für die sich aus $\sin \omega t = 1$ ergebenden Zeitpunkte $t_k = \frac{\pi}{\omega} \left( \frac{1}{2} + 2k \right) \wedge k \in \mathbb{Z}_o^+$ festgehalten, in denen $z = f(x; y)$ ist. Zu diesem Zweck dient die xy-Ebene als **Grundrißebene**, in welche **Höhenlinien** mit den Gleichungen $f(x; y) = c A_o \wedge |c| \leq \frac{4}{9} \sqrt{3}$ projiziert werden. Alle Punkte einer bestimmten Höhenlinie vollführen phasengleiche Schwingungen mit der Amplitude $|c| \cdot A_o$. Die als **Aufrißebene** gedachte xz-Ebene enthält einen Umriß der durch $z = f(x; y)$ beschriebenen Fläche.

---

**241.** Der Hub $s$ des Stößelendpunktes $S$ im abgebildeten zentrischen Kurvenscheibengetriebe ist in Abhängigkeit vom Drehwinkel $\varphi$ in folgender Tabelle zusammengestellt:

| $\varphi$ | 0° | 30° | 60° | 90° | 120° | 150° | 180° | 210° | 240° |
|---|---|---|---|---|---|---|---|---|---|
| $\dfrac{s}{cm}$ | 7,13 | 7,32 | 8,04 | 10,00 | 12,30 | 14,20 | 15,10 | 15,30 | 14,20 |

| $\varphi$ | 270° | 300° | 330° |
|---|---|---|---|
| $\dfrac{s}{cm}$ | 10,00 | 7,33 | 7,10 |

Man ermittle durch **graphische Differentiation** die skalare Hubgeschwindigkeit v von S, wenn sich die Kurvenscheibe um M mit der Winkelgeschwindigkeit $\vec{\omega}$ vom Betrag $|\vec{\omega}| = 2\ s^{-1}$ im Uhrzeigersinn dreht.

Mit den **Maßstäben**

$$M_t = \frac{120}{\pi}\frac{mm}{s},$$

$$M_s = 5\,\frac{mm}{cm}\quad \text{und dem **Polabstand**}$$

p = 20 mm

wird $M_v = \dfrac{p \cdot e_s}{e_t} = \dfrac{20 \cdot 5 \cdot \pi}{120}\dfrac{mm}{cm\ s^{-1}} \approx$

$\approx 2{,}62\,\dfrac{mm}{cm\ s^{-1}}.$

Es kann z. B. für den Drehwinkel $\varphi = 300°$ aus der Zeichnung $v_z \approx -6{,}4$ mm abgelesen werden, was der skalaren Stößelgeschwindigkeit $v \approx \dfrac{-6{,}4\ mm}{2{,}62\ mm} \cdot \dfrac{cm}{s} \approx -2{,}4\,\dfrac{cm}{s}$ entspricht.

Eine Zusammenstellung der skalaren Geschwindigkeiten v des Stößelendpunktes S von 30° zu 30° für einen vollen Umlauf bringt nachstehende Tabelle:

| $\varphi$ | 0° | 30° | 60° | 90° | 120° | 150° | 180° | 210° | 240° | 270° |
|---|---|---|---|---|---|---|---|---|---|---|
| $\dfrac{v}{cm\ s^{-1}}$ | 0,3 | 1,5 | 5,1 | 9,0 | 8,4 | 5,7 | 2,3 | -1,0 | -9,0 | -19,5 |

| $\varphi$ | 300° | 330° |
|---|---|---|
| $\dfrac{v}{cm\ s^{-1}}$ | -2,4 | -0,2 |

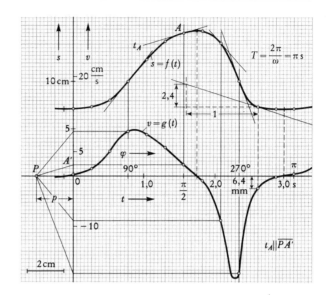

## 2.3 Implizit definierte Funktionen

**242.** Gegeben ist in der Grundmenge $\mathbb{G} = \mathbb{R}^2$ die Paarmenge
$\mathbb{M} = \left\{ (x;y) \mid F(x;y) \equiv x^2 + y^2 - r^2 = 0 \wedge r \in \mathbb{R}^+ \right\}$. Man bestimme die ersten und zweiten Ableitungen der durch diese Paarmenge festgelegten differenzierbaren Funktionen.

Die Gleichung $F(x;y) = 0$ beschreibt die Relationen

$y = \pm \sqrt{r^2 - x^2}$ mit

$D_y = \left\{ x \mid |x| \leq r \right\}$ bzw.

$x = \pm \sqrt{r^2 - y^2}$ mit

$D_x = \left\{ y \mid |y| \leq r \right\}$.

Ihre Wertemengen sind

$W_y = \left\{ y \mid |y| \leq r \right\}$ bzw.

$W_x = \left\{ x \mid |x| \leq r \right\}$.

Läßt man in den Darstellungen dieser Relationen jeweils nur eines der beiden Vorzeichen + oder – zu, so erhält man differenzierbare Funktionen, deren erste und zweite Ableitungen sich zu

$$\frac{dy}{dx} = \frac{\mp x}{\sqrt{r^2 - x^2}} \quad , \quad \frac{d^2y}{dx^2} = \frac{\mp r^2}{\sqrt{r^2 - x^2}^3} \quad \text{mit } \mathbb{D}_{y'} = \mathbb{D}_{y''} = \left\{ \dot{x} \mid |x| < r \right\},$$

$$\frac{dx}{dy} = \frac{\mp y}{\sqrt{r^2 - y^2}} \quad , \quad \frac{d^2x}{dy^2} = \frac{\mp r^2}{\sqrt{r^2 - y^2}^3} \quad \text{mit } \mathbb{D}_{x'} = \mathbb{D}_{x''} = \left\{ y \mid |y| < r \right\}$$

berechnen.

Faßt man in $F(x; y) \equiv x^2 + y^2 - r^2 = 0$ die Veränderliche y als differenzierbare Funktion von x auf, so ergibt sich mit den partiellen Ableitungen $F'_x \equiv 2x$, $F'_y \equiv 2y$, $F''_{xx} \equiv 2$, $F''_{yy} \equiv 2$ und $F''_{xy} = F''_{yx} \equiv 0$ unter Verwendung der **erweiterten Kettenregel**

$$F'_x + F'_y \cdot \frac{dy}{dx} \equiv 2x + 2y \cdot \frac{dy}{dx} = 0 \quad \text{oder} \quad \frac{dy}{dx} = -\frac{x}{y} \quad \text{für } y \neq 0$$

sowie

$$F''_{xx} + 2 \cdot F''_{xy} \cdot \frac{dy}{dx} + F''_{yy} \cdot \left(\frac{dy}{dx}\right)^2 + F'_y \cdot \frac{d^2y}{dx^2} \equiv 2 + 2 \cdot \left(-\frac{x}{y}\right)^2 + 2y \cdot \frac{d^2y}{dx^2} = 0$$

oder $\quad \dfrac{d^2y}{dx^2} = -\dfrac{x^2 + y^2}{y^3} = -\dfrac{r^2}{y^3} \quad$ für $y \neq 0$.

Wird in $F(x; y) = 0$ die Veränderliche x als differenzierbare Funktion von y angesehen, so findet man aus

$$F'_x \cdot \frac{dx}{dy} + F'_y \equiv 2x \cdot \frac{dx}{dy} + 2y = 0 \quad \text{zunächst} \quad \frac{dx}{dy} = -\frac{y}{x} \quad \text{und aus}$$

$$F''_{xx} \cdot \left(\frac{dx}{dy}\right)^2 + 2 \cdot F''_{xy} \cdot \frac{dx}{dy} + F'_x \cdot \frac{d^2x}{dy^2} + F''_{yy} \equiv 2 \cdot \left(-\frac{y}{x}\right)^2 + 2x \cdot \frac{d^2x}{dy^2} + 2 = 0$$

die zweite Ableitung zu

$$\frac{d^2x}{dy^2} = -\frac{x^2 + y^2}{x^3} = -\frac{r^2}{x^3} \quad \text{für } x \neq 0.$$

Der erkennbare Ausschluß von $y = 0$ bzw. $x = 0$ in den sich für die Ableitungen ergebenden Ausdrücken ist unvollständig. Die maximalen Definitionsmengen $|x| < r$ bzw. $|y| < r$ der Ableitungen, welche $0 < y \leq r$ bzw. $0 < x \leq r$ nach sich ziehen, können hier, wie bei den meisten mit Hilfe der erweiterten Kettenregel erhaltenen Ableitungen, nur bei Kenntnis der expliziten Darstellungen der implizit definierten differenzierbaren Funktionen angegeben werden.

**243.** Von den durch $\mathbb{M} \equiv \left\{ (x; y) \,|\, F(x; y) \equiv x^2 \cdot \ln y^2 + a^2 = 0 \land a \in \mathbb{R} \right\}$ in $\mathbb{G} = \mathbb{R}^2$ implizit bestimmten differenzierbaren Funktionen sind die ersten und zweiten Ableitungen zu bilden.

$$y = f_{1;2}(x) = \pm\, e^{-\frac{a^2}{2x^2}}, \quad \frac{dy}{dx} = \pm\, \frac{a^2}{x^3}\, e^{-\frac{a^2}{2x^2}},$$

$$\frac{d^2y}{dx^2} = \pm\, a^2 \cdot \frac{a^2 - 3x^2}{x^6} \cdot e^{-\frac{a^2}{2x^2}} \quad \text{und zunächst } \mathbb{D}_y = \mathbb{D}_{y'} = \mathbb{D}_{y''} = \mathbb{R}\setminus\{0\},$$

wobei jeweils nur das obere oder untere Vorzeichen zu verwenden ist.

$$x = \frac{\pm a}{\sqrt{-2 \cdot \ln|y|}}, \quad \frac{dx}{dy} = \frac{\pm a}{y \cdot \sqrt{-2 \cdot \ln|y|}^{\,3}}, \quad \frac{d^2x}{dy^2} = \frac{\pm a(3 + 2 \cdot \ln|y|)}{y^2 \cdot \sqrt{-2 \cdot \ln|y|}^{\,5}}$$

mit $\mathbb{D}_x = \mathbb{D}_{x'} = \mathbb{D}_{x''} = \left\{ y \,|\, |y| < 1 \land y \neq 0 \land y \in \mathbb{R} \right\}$, wobei auch hier jeweils nur das obere oder untere Vorzeichen zu verwenden ist.

Über $F'_x \equiv 4x \cdot \ln|y|$,

$F'_y \equiv \dfrac{2x^2}{y}$,

$F''_{xx} \equiv 4 \cdot \ln|y|$,

$F''_{yy} \equiv -\dfrac{2x^2}{y^2}$,

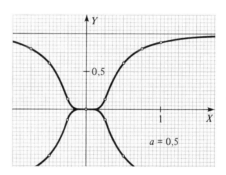

$a = 0{,}5$

$F''_{xy} \equiv F''_{yx} = \dfrac{4x}{y}$ für $y \neq 0$ können die vorher errechneten Ableitungen auch ohne Kenntnis der expliziten Funktionsdarstellungen wie folgt erhalten werden:

$$\frac{dy}{dx} = -\frac{F'_x}{F'_y} = -\frac{2y \cdot \ln|y|}{x}, \quad \frac{d^2y}{dx^2} = -\frac{F''_{xx} + 2 \cdot F''_{xy} \cdot \dfrac{dy}{dx} + F''_{yy} \cdot \left(\dfrac{dy}{dx}\right)^2}{F'_y} =$$

$$= \frac{2y \cdot \ln|y| \cdot (3 + 2\ln|y|)}{x^2} \text{ für } xy \neq 0. \quad \frac{dx}{dy} = \left(\frac{dy}{dx}\right)^{-1} = \frac{-x}{2y \cdot \ln|y|} \text{ für}$$

$xy \neq 0 \land y \neq \pm 1$; mit Hilfe der Quotientenregel folgt hieraus noch

$$\frac{d^2x}{dy^2} = \frac{-\frac{dx}{dy} \cdot 2y \cdot \ln|y| + x(2 \cdot \ln|y| + 2)}{(2y \cdot \ln y)^2} = x \cdot \frac{3 + 2 \cdot \ln|y|}{4(y \cdot \ln|y|)^2} \quad \text{für}$$

$xy \neq 0 \wedge y \neq \pm 1$.

| x | 0 | ±0,25 | ±0,5 | ±0,75 | ±1 | ... |
|---|---|---|---|---|---|---|
| $e^{-\frac{0,125}{x^2}}$ | 0 | 0,14 | 0,61 | 0,80 | 0,88 | ... |

An Hand des Graphen kann vermutet werden, daß $f_{1;2}(x)$ durch die Festsetzung $f_{1;2}(0) = 0$ auch noch in $x = 0$ stetig und differenzierbar sind. Die Stetigkeit ergibt sich aus $\lim_{x \to 0} f_{1;2}(x) = 0$; hiermit wird

$$f'_{1;2}(0) = \lim_{h \to 0} \frac{f_{1;2}(0+h) - f_{1;2}(0)}{h} = \lim_{h \to 0} \frac{+e^{-\frac{a^2}{2h^2}}}{h} = \left[\frac{0}{0}\right] =$$

$$= \lim_{t \to \pm\infty} \frac{t}{a^2 \cdot \frac{t^2}{e^2}} = \left[\frac{\infty}{\infty}\right] = \lim_{t \to \pm\infty} \frac{1}{a^2 t \cdot e^{\frac{a^2 \cdot t^2}{2}}} = 0. \text{ Die X-Achse ist}$$

also Tangente im Nullpunkt. In ähnlicher Weise läßt sich auch noch $f''_{1;2}(0) = 0$ ermitteln.

---

**244.** Man bestimme die erste und zweite Ableitung der durch die Gleichung $F(x; y) \equiv 2 \cdot \sin x - \cos y = 0$ und die Forderung $0 \leq y \leq \pi$ implizit definierten differenzierbaren Funktion $y = f(x)$.

$y = f(x) = \arccos(2 \cdot \sin x)$ mit $\mathbb{D}_y = \{x \mid |x| \leq \frac{\pi}{6}\}$ und $\mathbb{W}_y = \{y \mid 0 \leq y \leq \pi\}$;

$$\frac{dy}{dx} = f'(x) = -\frac{2 \cdot \cos x}{\sqrt{1 - 4 \cdot \sin^2 x}}, \quad \frac{d^2y}{dx^2} = f''(x) = -\frac{6 \cdot \sin x}{\sqrt{1 - 4 \sin^2 x}^3}$$

mit $\mathbb{D}_{y'} = \mathbb{D}_{y''} = \{x \mid |x| < \frac{\pi}{6}\}$.

$F'_x \equiv 2 \cdot \cos x, \quad F'_y \equiv \sin y$;

$\frac{dy}{dx} = -\frac{F'_x}{F'_y} \equiv -\frac{2 \cdot \cos x}{\sin y}$

für $y \neq 0, y \neq \pi$;

$$\frac{d^2y}{dx^2} = -2 \cdot \frac{-\sin x \cdot \sin y - \cos x \cdot \cos y \cdot y'}{\sin^2 y} =$$

$$= -2 \cdot \frac{-\sin x \cdot \sin^2 y + 2 \cdot \cos^2 x \cdot \cos y}{\sin^3 y},$$

woraus noch unter Verwendung von $2 \cdot \sin x = \cos y$

$$\frac{d^2y}{dx^2} = -\frac{-\cos y \cdot \sin^2 y + (4 - \cos^2 y) \cdot \cos y}{\sin^3 y} = -3 \cdot \frac{\cos y}{\sin^3 y}$$

für $y \neq 0$, $y \neq \pi$ folgt.

| x | $-\frac{\pi}{6}$ | -0,5 | -0,4 | -0,3 | -0,2 | -0,1 | 0 | 0,1 | 0,2 | 0,3 |
|---|---|---|---|---|---|---|---|---|---|---|
| y | 3,14 | 2,85 | 2,46 | 2,20 | 1,98 | 1,77 | 1,57 | 1,37 | 1,16 | 0,94 |

| x | 0,4 | 0,5 | $\frac{\pi}{6}$ |
|---|---|---|---|
| y | 0,68 | 0,29 | 0 |

---

**245.** Es sind die ersten beiden Ableitungen der durch $F(x;y) \equiv e^y - y \cdot e^x = 0$ implizit definierten differenzierbaren Funktionen von x zu ermitteln.

Eine explizite Darstellung dieser Funktionen in der Form $y = f(x)$ ist nicht möglich. Da aber durch $F(x; y) = 0$ implizit die Funktion $x = g(y) =$
$= y - \ln y$ für $\mathbb{D}_x = \mathbb{R}^+$ gegeben und außerdem $g'(y) = \frac{y - 1}{y} \gtreqless 0$ für
$y \gtreqless 1$ ist, wird $g(y)$ in $y > 1$ und $0 < y < 1$ als streng monoton erkannt. In diesen Intervallen existieren deshalb Umkehrfunktionen, welche die Ableitungen

$$\frac{dy}{dx} = \left(\frac{dx}{dy}\right)^{-1} = \frac{y}{y - 1},$$

$$\frac{d^2y}{dx^2} = \frac{y - 1 - y}{(y - 1)^2} \cdot \frac{y}{y - 1} = \frac{-y}{(y - 1)^3}$$

mit $y > 0 \wedge y \neq 1$ besitzen.

Bei Anwendung der erweiterten Kettenregel erhält man mit $F'_x \equiv -y \cdot e^x$, $F'_y \equiv e^y - e^x$

$$\frac{dy}{dx} = \frac{-y \; e^x}{e^y - e^x} = \frac{y}{y-1} \; , \quad \frac{d^2y}{dx^2} = \frac{-y}{(y-1)^3} \quad \text{für } y \neq 1.$$

| y    | 0   | 0,25 | 0,50 | 0,75 | 1 | 1,25 | 1,50 | 1,75 | 2    | 3    | 4    |     |
|------|-----|------|------|------|---|------|------|------|------|------|------|-----|
| g(y) | +∞  | 1,64 | 1,19 | 1,04 | 1 | 1,03 | 1,09 | 1,19 | 1,31 | 1,90 | 2,61 | ... |

**246.** Man ermittle die Ableitung $\frac{dy}{dx}$ der in der Grundmenge $\mathbb{R}^2$ durch die Paarmenge $\mathbb{M} = \{(x; y) \mid F(x; y) \equiv x \cdot e^y + y \cdot e^x = 0\}$ implizit definierten differenzierbaren Funktionen und bestimme die Wertepaare, für die $\frac{dy}{dx} = 0$ wird.

$F(x; y) \equiv x \cdot e^y + y \cdot e^x = 0$ ist eine in x und y transzendente Gleichung, deren Auflösung weder nach y noch nach x in geschlossener Form möglich ist. Wegen $F(0; 0) = 0$ und der durchwegs stetigen partiellen Ableitungen $F'_x \equiv e^y + y \cdot e^x$ und $F'_y \equiv x \cdot e^y + e^x$ sowie $F'_y(0; 0) = 1 \neq 0$ kann y wenigstens in einer gewissen Umgebung von $x = 0$ als differenzierbare Funktion von x angesehen werden.

Somit folgt dort $\frac{dy}{dx} = -\frac{F'_x}{F'_y} = -\frac{e^y + y \cdot e^x}{x \cdot e^y + e^x}$, was sich wegen $y \cdot e^x =$

$= -x \cdot e^y$ auf die Form

$$\frac{dy}{dx} = -\frac{e^y - x \cdot e^y}{-y \cdot e^x + e^x} = -\frac{1-x}{1-y} \cdot \frac{e^y}{e^x} \quad \text{für } y \neq 1 \text{ bringen läßt.}$$

Diese Ableitung verschwindet nur für $x = 1$, womit sich y aus $F(x;y) = 0$ als einzige reelle Lösung der transzendenten Gleichung $e^{y-1} + y = 0$ mit Hilfe eines Näherungsverfahrens zu $y = a \approx -0{,}2785$ berechnet. Da $F(1; a) = 0$, $F'_x$ und $F'_y$ überall stetig sind und außerdem $F'_y(1; a) \neq 0$, ist die Existenz von $\frac{dy}{dx}$ in einer gewissen Umgebung von $x = 1$ ebenfalls gesichert.[*]

---

[*] Der hier und weiter oben erbrachte Nachweis der Existenz wenigstens einer in einer gewissen Umgebung von $x = 1$ bzw. $x = 0$ implizit definierten differenzierbaren Funktionen von x unterbleibt im folgenden meist, ebenso die Feststellung der maximalen Definitionsmenge derselben. Bei Anwendungen ergibt sich die Beantwortung dieser Fragen häufig unmittelbar aus der Problemstellung.

## 2.3 Implizit definierte Funktionen

Zur zeichnerischen Darstellung der durch $F(x;y) = 0$ beschriebenen Punktmenge, die wegen $F(y;x) \equiv F(x;y)$ bei gewähltem kartesischen Koordinatensystem symmetrisch bezüglich der Winkelhalbierenden mit der Gleichung $y = x$ ist, kann durch die Umformung aus $F(x;y) = 0$ für $x \cdot y \neq 0$ entstehende Gleichung $\dfrac{e^x}{x} = -\dfrac{e^y}{y}$ herangezogen werden. Hierzu stellt man die Graphen von $z = \dfrac{e^x}{x}$ und $z = -\dfrac{e^y}{y}$ in einem rechtwinkligen XZ- bzw YZ-Koordinatensystem dar und ermittelt zeichnerisch eine Anzahl von Punktepaaren, für welche beide Kurven jeweils gleiche Ordinaten besitzen. Auf Grund der vorliegenden speziellen Funktionen kann hier eine Beschränkung auf positive x und negative y erfolgen.

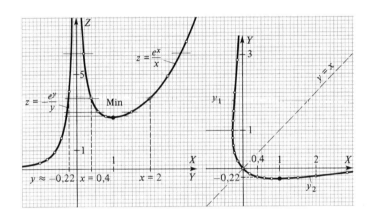

Der gesuchte Graph von $F(x;y) = 0$ verläuft näherungsweise durch die diesen Wertepaaren zugeordneten Punkte in einem rechtwinkligen XY-Koordinatensystem.

| x/-y | ... | 0 | 0,2 | 0,4 | 0,6 | 0,8 | 1 | 1,5 | 2 | 2,5 | 3 | ... |
|---|---|---|---|---|---|---|---|---|---|---|---|---|
| $\dfrac{e^x}{x}$ | ... | $+\infty$ | 6,11 | 3,73 | 3,04 | 2,78 | 2,72 | 2,99 | 3,69 | 4,87 | 6,70 | .... |
| $-\dfrac{e^y}{y}$ | ... | $+\infty$ | 4,09 | 1,68 | 0,91 | 0,56 | 0,37 | 0,15 | 0,07 | 0,03 | 0,02 | ... |

| x | 0 | 0,2 | 0,4 | 0,6 | 0,8 | 1 | 1,25 | 1,5 | 2 | 2,85 | ... |
|---|---|---|---|---|---|---|---|---|---|---|---|
| y | 0 | -0,14 | -0,22 | -0,26 | -0,27 | -0,28 | -0,27 | -0,26 | -0,22 | -0,14 | ... |

Aus dem Schaubild erkennt man, was leicht rechnerisch nachzuprüfen ist, daß durch $F(x; y) = 0$ zwei Funktionen $y_1 = f_1(x)$ mit $\mathbb{D}_{y_1} = \{x \mid a \leqslant x < 0\}$

und $W_{y_1} = \{y \mid y \geq 1\}$ und $y_2 = f_2(x)$ mit $\mathbb{D}_{y_2} = \{x \mid x \geq a\}$ und $W_{y_2} =$
$= \{y \mid a \leq y \leq 1\}$ festgelegt sind.

**247.** In welchen Punkten T eines kartesischen Koordinatensystems besitzt der Graph von $F(x; y) \equiv x^2 - 2xy + 2y^2 - 4x + 4y - 12 = 0$, also die durch $\{P(x; y) \mid F(x; y) = 0\}$ festgelegte Punktmenge zu den Koordinatenachsen parallele Tangenten?

Für Kurvenpunkte, in denen zur X-Achse parallele Tangenten auftreten, muß $\dfrac{dy}{dx} = 0$, für solche, in denen die Tangenten parallel zur Y-Achse sind, muß $\dfrac{dx}{dy} = 0$ sein.

Aus $\dfrac{dy}{dx} = -\dfrac{F'_x}{F'_y} = -\dfrac{2x - 2y - 4}{-2x + 4y + 4}$

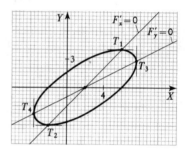

und $F'_y \neq 0$ folgt somit für zur X-Achse parallele Tangenten $2x - 2y - 4 = 0$ oder $y = x - 2$.

$F(x; x-2) = 0$ führt nach Vereinfachen auf $x^2 - 4x - 12 = 0$ mit den Lösungen $x_1 = 6$, $x_2 = -2$. Damit erhält man die beiden Kurvenpunkte $T_1(6; 4)$ und $T_2(-2; -4)$.

In gleicher Weise findet man aus $\dfrac{dx}{dy} = \dfrac{x - 2y - 2}{x - y - 2}$ und $x - y - 2 \neq 0$ mit $y = \dfrac{x}{2} - 1$ über $F\left(x; \dfrac{x}{2} - 1\right) = 0$ mit den Lösungen $x_{3;4} = 2 \pm 4\sqrt{2}$ die Kurvenpunkte, in denen zur Y-Achse parallele Tangenten vorliegen zu $T_3(2 + 4\sqrt{2}; 2\sqrt{2})$ und $T_4(2 - 4\sqrt{2}; -2\sqrt{2})$.

Die Gleichung $F(x; y) = 0$ hat die Form $Ax^2 + Bxy + Cy^2 + Dx + Ey + F = 0$ und es ist wegen $4AC - B^2 > 0$ der zugehörige Graph eine Ellipse. Die Abszissen der Berührpunkte $T_3$ und $T_4$ bilden die Ränder des Intervalls, innerhalb dessen durch $F(x; y) = 0$ allen x-Werten jeweils 2 y-Werte zugeordnet sind. Somit ist die Definitionsmenge dieser Relation $\{x \mid 2 - 4\sqrt{2} \leq x \leq 2 + 4\sqrt{2}\}$. Mit der gleichen Überlegung erkennt man $\{y \mid -4 \leq y \leq 4\}$ als Definitionsmenge der durch Auflösung von $F(x; y) = 0$ nach x entstehenden Relation.

**248.** Es ist der Verlauf des Graphen von $F(x; y) \equiv x^3 - y^3 + 3y = 0$ zu untersuchen.

Da $F(-x; -y) \equiv -F(x; y)$, ist der Graph von $F(x; y) = 0$ symmetrisch zum Ursprung.

Schnittpunkte mit der X-Achse, $y = 0$: $x_1 = 0$.
Schnittpunkte mit der Y-Achse, $x = 0$:

$-y^3 + 3y = 0$; $y_1 = 0$, $y_{2;3} = \pm\sqrt{3}$.

Zur X-Achse parallele Tangenten,

$\dfrac{dy}{dx} = 0$:

$F'_x \equiv 3x^2 = 0$, $F = 0$ für

$F'_y \equiv -3y^2 + 3 \neq 0$ liefert

$x_1 = 0$, $y_1 = 0$,

$x_{2;3} = 0$, $y_{2;3} = \pm\sqrt{3}$.

Zur Y-Achse parallele Tangenten, $\dfrac{dx}{dy} = 0$:

$F'_y \equiv -3y^2 + 3 = 0$, $F = 0$ für $F'_x \equiv 3x^2 \neq 0$ liefert $y_{4;5} = \pm 1$,
$x_{4;5} = \mp\sqrt[3]{2}$.

Um etwa vorhandene Asymptoten mit den Gleichungen $y = mx + q$ und $m, q \in \mathbb{R}$ zu ermitteln, ordnet man $F(x; mx + q) = 0$ nach fallenden Potenzen von x und setzt in

$F(x; mx+q) = x^3 - (mx+q)^3 + 3(mx+q) =$
$= (1 - m^3) \cdot x^3 - 3m^2q \cdot x^2 - 3m(q^2 - 1) \cdot x - q^3 + 3q = 0$

die Koeffizienten von $x^3$ und $x^2$ jeweils gleich 0. Dann ergeben sich m und q als die reellen Lösungen des Gleichungssystems $1 - m^3 = 0$ und $m^2q = 0$ zu $m = 1$ und $q = 0$.

Die Gleichung der Asymptote ist somit $y = x$.

Explizite Darstellung:

Die mögliche Auflösung von $F(x; y) = 0$ nach x liefert

$x = g(y) = \begin{cases} \sqrt[3]{y^3 - 3y}, & \text{falls } y^3 - 3y \geq 0 \\ -\sqrt[3]{3y - y^3}, & \text{falls } y^3 - 3y \leq 0; \end{cases}$

| y | 0 | ±0,5 | ±1 | ±1,5 | ±2 | ±3 | ±4 | ±5 | ... |
|---|---|---|---|---|---|---|---|---|---|
| x | 0 | ∓1,11 | ∓1,26 | ∓1,04 | ±1,26 | ±2,62 | ±3,73 | ±4,79 | ... |

**249.** Gegeben ist die Gleichung $F(x; y) \equiv x^2 + xy^2 - 2y = 0$. Es sind die Graphen der hierdurch implizit definierten Funktionen darzustellen.

$F'_x \equiv 2x + y^2$, $F'_y \equiv 2xy - 2$, $F''_{xx} \equiv 2$, $F''_{yy} \equiv 2x$, $F''_{xy} \equiv 2y$.

Zur X-Achse parallele Tangenten, $\dfrac{dy}{dx} = 0$:

$F'_x = 0$, $F = 0$ führt mit $x = -\dfrac{y^2}{2}$ über $\left(-\dfrac{y^2}{2}\right)^2 + \left(-\dfrac{y^2}{2}\right) \cdot y^2 - 2y = 0$

und

$\dfrac{y}{4} \cdot (y^3 + 8) = 0$ auf $y_1 = 0$, $y_2 = -2$ mit den zugehörigen Abszissen $x_1 = 0$, $x_2 = -2$.

Wegen $F'_y(x_1; y_1) \cdot F''_{xx}(x_1; y_1) = -2 \cdot 2 < 0$

und

$F'_y(x_2; y_2) \cdot F''_{xx}(x_2; y_2) = 6 \cdot 2 > 0$

liegt in $P_1(0; 0)$ ein **relatives Minimum**, in $P_2(-2; -2)$ ein **relatives Maximum** des Graphen bezüglich der Y-Richtung vor.

Zur Y-Achse parallele Tangenten, $\dfrac{dx}{dy} = 0$:

$F'_y = 0$, $F = 0$ ergibt mit $y = \dfrac{1}{x}$ über

$x^2 + x \cdot \dfrac{1}{x^2} - 2 \cdot \dfrac{1}{x} = 0$ und

$\dfrac{x^3 - 1}{x} = 0$ für $x \neq 0$.

$x_3 = 1$, $y_3 = 1$ führt wegen $F'_x(x_3; y_3) \neq 0$ auf $P_3(1; 1)$.

**Explizite Darstellung:**

Löst man die für $x \neq 0$ in y quadratische Gleichung $F(x; y) = 0$ nach y auf, so ergibt sich $y = \dfrac{1 \pm \sqrt{1 - x^3}}{x}$ für $x \neq 0$, während $x = 0$ durch $F(x; y) = 0$ der Wert $y = 0$ zugeordnet ist. Damit können die Funktionen

$y_I = f_I(x) = \dfrac{1 + \sqrt{1 - x^3}}{x}$ mit $x \leq 1 \wedge x \neq 0$

$$y_{II} = f_{II}(x) = \begin{cases} \dfrac{1 - \sqrt{1 - x^3}}{x}, & \text{falls } x \leq 1 \wedge x \neq 0 \\ 0, & \text{falls } x = 0 \end{cases}$$

oder kürzer $y_{II} = f_{II}(x) = \dfrac{x^3}{1 + \sqrt{1 - x^3}}$ mit $x \leq 1$

als durch $F(x; y) = 0$ implizit definiert angesehen werden.

Der Graph von $y_I = f_I(x)$ besitzt die Y-Achse als Asymptote.

| x | ... | -8 | -7 | -6 | -5 | -4 | -3 | -2 | -1 |
|---|---|---|---|---|---|---|---|---|---|
| $y_I$ | ... | -2,96 | -2,79 | -2,62 | -2,44 | -2,27 | -2,10 | -2 | -2,41 |
| $y_{II}$ | ... | 2,71 | 2,51 | 2,29 | 2,04 | 1,77 | 1,43 | 1 | 0,41 |

| x | -0,5 | 0 | 0,5 | 0,75 | 1 |
|---|---|---|---|---|---|
| $y_I$ | -4,12 | ∞ | 3,87 | 2,35 | 1 |
| $y_{II}$ | 0,12 | 0 | 0,13 | 0,32 | 1 |

**250.** Es ist der Graph der durch $F(x; y) \equiv (a + x) \cdot y^2 - (a - x) \cdot x^2 = 0 \wedge a \in \mathbb{R}^+$ bestimmten **Strophoide** zu diskutieren.

Wegen $F(x; -y) \equiv F(x; y)$ verläuft der Graph symmetrisch bezüglich der X-Achse.

Schnittpunkte mit der X-Achse, $y = 0$:

$(a - x)x^2 = 0$, $x_1 = 0$, $x_2 = a$.

$F'_x \equiv y^2 + 3x^2 - 2ax$, $F'_y \equiv 2y(a + x)$,

$F''_{xx} \equiv 2(3x - a)$, $F''_{yy} \equiv 2(a + x)$, $F''_{xy} \equiv 2y$.

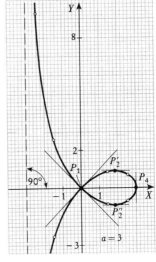

Zur X-Achse parallele Tangenten, $\dfrac{dy}{dx} = 0$:

Aus $F'_x = 0$ und $F = 0$ folgt nach Elimination von y über

$(a + x)(2ax - 3x^2) - (a - x) \cdot x^2 = 0$

$x \cdot (2x^2 + 2ax - 2a^2) = 0$

mit den Lösungen $x_1 = 0$ und $x_{2;3} = \dfrac{a}{2}(-1 \pm \sqrt{5})$. Die zugehörigen Ordinaten können aus der expliziten Darstellung

$y = f_{1;2}(x) = \pm x \cdot \sqrt{\dfrac{a-x}{a+x}}$ für $-a < x \leqslant a$. wobei jeweils nur das obere oder untere Vorzeichen zu verwenden ist, ermittelt werden. Für $x_1 = 0$ ergibt sich der Kurvenpunkt $P_1(0;\,0)$, der jedoch wegen $F'_y(0;\,0) = 0$ auszuschließen ist; $x_2 = \dfrac{a}{2}(-1+\sqrt{5})$ führt mit $y_{2'} = \pm \dfrac{a}{2}(\sqrt{5}-1)\cdot\sqrt{\sqrt{5}-2}$ und $y_{2''} = -y_{2'}$ auf die Punkte $P_{2'}(\approx 0{,}618\,a;\,\approx 0{,}300\,a)$ und $P_{2''}(\approx 0{,}618\,a;\, \approx -0{,}300\,a)$; $x_3 = \dfrac{a}{2}(-1-\sqrt{5}) < -a$ scheidet wiederum aus. Mit den Koordinaten von $P_{2'}$ bzw. $P_{2''}$ nimmt $F'_y \cdot F''_{xx} = 4y \cdot (a+x) \cdot (3x-a)$ einen positiven bzw. negativen Wert an; $P_{2'}$ ist daher relatives Maximum, $P_{2''}$ relatives Minimum bezüglich der Y-Richtung.

Zur Y-Achse parallele Tangenten, $\dfrac{dx}{dy} = 0$:

Die Lösungsmenge des Systems $F'_y = 0$, $F = 0$ in der Grundmenge $\mathbb{R}^2$ erbringt die Punkte $P_1(0;\,0)$ und $P_4(a;\,0)$, von denen jedoch $P_1$ wegen $F'_x(0;\,0) = 0$ als besonderer Punkt ausscheidet.

Zur Klärung des Kurvenverlaufs in dem besonderen Punkt $P_1(0;\,0)$ wird die Formel $m_{1;2} = \left[\dfrac{-F''_{xy} \pm \sqrt{D}}{F''_{yy}}\right]_{(x=0;\,y=0)}$ mit $D = F''^2_{xy} - F''_{xx} \cdot F''_{yy}$

verwendet. Da $m_{1;2} = \pm 1$, liegt ein **Doppelpunkt** mit $y = \pm x$ als Gleichungen der beiden Tangenten vor.

Aus $\lim\limits_{x \to -a+0} f_{1;2}(x) = \mp\infty$ ersieht man noch die Parallele zur Y-Achse mit der Gleichung $x = -a$ als Asymptote des Graphen.

---

**251.** Durch $F(x;\,y) \equiv (x^2+y^2)^2 - a^2(y^2-x^2) = 0 \wedge a \in \mathbb{R}^+$ ist die Gleichung einer **Lemniskate** gegeben. Man diskutiere diese.

Wegen $F(-x;\,y) \equiv F(x;\,y) \equiv F(x;\,-y)$ sind beide **Koordinatenachsen Symmetrielinien** und es kann die Untersuchung des Kurvenverlaufs auf den 1. Quadranten beschränkt werden.

$F'_x \equiv 2x[2(x^2+y^2)+a^2]$, $\quad F'_y \equiv 2y[2(x^2+y^2)-a^2]$,

$F''_{xx} \equiv 2(6x^2+2y^2+a^2)$, $\quad F''_{yy} \equiv 2(2x^2+6y^2-a^2)$, $\quad F''_{xy} \equiv 8xy$.

Schnittpunkte mit der X-Achse, $y = 0$:

$x^4 + a^2 x^2 = 0$; $\quad x_0 = 0$.

## 2.3 Implizit definierte Funktionen

Schnittpunkte mit der Y-Achse, $x = 0$:

$y^4 - a^2 y^2 = 0$,  $y_0 = 0$,  $y_1 = a$ für $y \geq 0$.

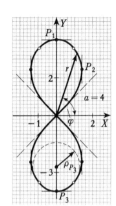

Zur X-Achse parallele Tangenten, $\dfrac{dy}{dx} = 0$:

Die Lösungen des Systems $F'_x = 0$, $F = 0$

sind $(x; y) \in \{(0; 0); (0; a)\}$.

Wegen $F'_y(0; 0) = 0$ verbleibt aber nur $P_1(0; a)$.

Zur Y-Achse parallele Tangenten, $\dfrac{dx}{dy} = 0$:

Das System $F'_y = 0$, $F = 0$ wird durch $(x; y) \in \left\{(0;0); \left(\dfrac{a}{4}\sqrt{2}; \dfrac{a}{4}\sqrt{6}\right)\right\}$

gelöst. Da jedoch $F'_x(0; 0) = 0$, folgt für $x \geq 0 \wedge y \geq 0$ nur

$P_2\left(\dfrac{a}{4}\sqrt{2}; \dfrac{a}{4}\sqrt{6}\right)$.

Im Nullpunkt liegt ein **Doppelpunkt** vor, da

$$m_{1;2} = \left[\dfrac{-F''_{xy} \pm \sqrt{F''^{2}_{xy} - F''_{xx} \cdot F''_{yy}}}{F''_{yy}}\right]_{(0;\,0)} = \mp 1.$$ Die beiden Winkel-

halbierenden des Koordinatensystems sind die Tangenten in diesem Punkt.

Mit der Transformation $x = r \cdot \cos\varphi$ und $y = r \cdot \sin\varphi$ läßt sich der Graph von $F(x; y) = 0$ in Polarkoordinatendarstellung angeben. Man findet über $r^4 + a^2 \cdot r^2(\cos^2\varphi - \sin^2\varphi) = r^2[r^2 + a^2 \cdot \cos(2\varphi)] = 0$ zunächst $r = 0$ als die Gleichung eines Nullkreises mit Mittelpunkt im Ursprung und sodann

$r = f(\varphi) = a \cdot \sqrt{-\cos(2\varphi)}$ für $\dfrac{\pi}{4} \leq \varphi \leq \dfrac{3}{4}\pi \vee \dfrac{5}{4}\pi \leq \varphi \leq \dfrac{7}{4}\pi$.

| $\varphi$ | — | 45° | 60° | 75° | 90° | — | ... |
|---|---|---|---|---|---|---|---|
| $\dfrac{r}{a}$ | — | 0 | 0,71 | 0,93 | 1 | — | ... |

Zur Ermittlung des Krümmungsradius in einem Kurvenpunkt P kann die

Formel $\rho = \dfrac{(1 + y'^2_P)^{\frac{3}{2}}}{|y''_P|}$ herangezogen werden. Für den Punkt $P_3(0; -a)$

etwa findet man aus $y' = -\dfrac{F'_x}{F'_y}$ und

$$\frac{d^2y}{dx^2} = - \frac{F''_{xx} \cdot F'^2_y - 2F''_{xy} \cdot F'_x \cdot F'_y + F''_{yy} \cdot F'^2_x}{F'^3_y}$$

mit $F'_x(0;-a) = 0$, $F'_y(0;-a) = -2a^3$, $F''_{xx}(0;-a) = 6a^2$, $F''_{yy}(0;-a) = 10a^2$, $F''_{xy}(0;-a) = 0$

$y'_{P_3} = 0$, $y''_{P_3} = \frac{3}{a}$, womit $\rho_{P_3} = \frac{a}{3}$ folgt.

---

**252.** Man diskutiere den Graph von $F(x;y) \equiv x^3 + y^3 - 6xy = 0$
(DESCARTESsches Blatt).

Wegen $F(x;y) \equiv F(y;x)$ ist der Graph symmetrisch zur Winkelhalbierenden des I. und III. Quadranten; da $F(0;0) = 0$, verläuft er außerdem durch den Nullpunkt.

$F'_x \equiv 3x^2 - 6y$, $F'_y \equiv 3y^2 - 6x$,

$F''_{xx} \equiv 6x$, $F''_{yy} \equiv 6y$, $F''_{xy} \equiv -6$.

Zur X-Achse parallele Tangenten,

$\frac{dy}{dx} = 0$:

Elimination von y aus $F'_x = 0$ und $F = 0$ führt auf die algebraische Gleichung 6. Grades $F(x;y) \equiv \frac{x^6}{8} - 2x^3 = 0$ mit den reellen Lösungen $x_0 = 0$ und $x_1 = 2 \cdot \sqrt[3]{2}$. Damit ergeben sich die Kurvenpunkte $P_0(0;0)$ und $P_1(2\sqrt[3]{2}; 2\sqrt[3]{4})$, für die wegen $F'_y(0;0) = 0$ und $F'_y(2\sqrt[3]{2}; 2\sqrt[3]{4}) \neq 0$ nur in $P_1$ eine zur X-Achse parallele Tangente nachgewiesen ist. Da $F'_y(x_1;y_1) \cdot F''_{xx}(x_1;y_1) = (3y_1^2 - 6x_1) \cdot 6x_1 = 144\sqrt[3]{4} > 0$, ist $P_1$ ein relatives Maximum des Graphen bezüglich der Y-Richtung.

Aus Symmetriegründen liegt in $P_2(2\cdot\sqrt[3]{4}; 2\cdot\sqrt[3]{2})$ eine zur Y-Achse parallele Tangente vor.

Tangenten im Nullpunkt:

Die bei den Aufgaben Nr. 250 und 251 verwendete Formel ist hier unbrauchbar, da $F''_{yy}(0;0) = 0$. Dagegen kann die Gleichung

$F''_{xx}(x_0;y_0) \cdot \cos^2\alpha + 2F''_{xy}(x_0;y_0) \cdot \cos\alpha \cdot \sin\alpha + F''_{yy}(x_0;y_0) \cdot \sin^2\alpha = 0$

für die Steigungswinkel $\alpha_\nu$ in einem besonderen Kurvenpunkt $P_0(x_0; y_0)$ eventuell vorhandener Tangenten verwendet werden. Man findet aus $-12 \cdot \cos\alpha \cdot \sin\alpha = 0$ mit der zulässigen Einschränkung $0 \leqslant \alpha < 180°$ die Steigungswinkel $\alpha_1 = 0°$ und $\alpha_2 = 90°$. Die Koordinatenachsen sind somit Tangenten an den im Nullpunkt vorliegenden D o p p e l p u n k t des Graphen.

Asymptoten, $y = mx + q$:

$F(x; mx + q) = (m^3 + 1) \cdot x^3 + (3m^2q - 6m) \cdot x^2 + (3mq^2 - 6q) \cdot x + q^3 = 0$;

aus $m^3 + 1 = 0$ und $3m^2q - 6m = 0$ folgen $m = -1$ und $q = -2$. Die Gleichung der Asymptote ist demnach $y = -x - 2$.

Mit Hilfe der Transformation $x = r \cdot \cos\varphi$ und $y = r \cdot \sin\varphi$ läßt sich der Graph von $F(x; y) = 0$ noch in Polarkoordinaten darstellen:

$r^3 \cdot \cos^3\varphi + r^3 \cdot \sin^3\varphi - 6r^2 \cdot \sin\varphi \cdot \cos\varphi = 0$ oder

$r^2[r \cdot \cos^3\varphi + r \cdot \sin^3\varphi - 3 \cdot \sin(2\varphi)] = 0$.

$r = 0$ stellt einen Nullkreis mit Mittelpunkt im Ursprung dar;

$r = f(\varphi) = \dfrac{3 \sin(2\varphi)}{\cos^3\varphi + \sin^3\varphi}$ ist wegen der Forderung $r \geqslant 0$ bei Beschränkung auf das Intervall $0 \leqslant \varphi \leqslant 2\pi$ nur definiert für $0 \leqslant \varphi \leqslant \dfrac{\pi}{2}$, $\dfrac{3}{4}\pi < \varphi \leqslant \pi$ und $\dfrac{3}{2}\pi \leqslant \varphi < \dfrac{7}{4}\pi$.

| $\varphi$ | 0° | 15° | 30° | 45° | 60° | 75° | 90° | — | 135° | 150° | 165° | 180° |
|---|---|---|---|---|---|---|---|---|---|---|---|---|
| $r$ | 0 | 1,63 | 3,35 | 4,24 | 3,35 | 1,63 | 0 | — | $\infty$ | 4,95 | 1,70 | 0 |

| $\varphi$ | 270° | 285° | 300° | 315° |
|---|---|---|---|---|
| $r$ | 0 | 1,70 | 4,95 | $\infty$ |

---

**253.** Es soll der Graph von $F(x; y) \equiv x^3 - y^3 + 3x^2 = 0$ diskutiert werden.

Schnittpunkte mit der X-Achse, $y = 0$:

$x^3 + 3x^2 = 0$; $x_1 = 0$, $x_2 = -3$.

Schnittpunkte mit der Y-Achse, $x = 0$: $y_1 = 0$.

$F'_x \equiv 3x^2 + 6x$, $F'_y \equiv -3y^2$, $F''_{xx} \equiv 6x + 6$, $F''_{yy} \equiv -6y$, $F''_{xy} \equiv 0$.

Zur X-Achse parallele Tangenten, $\dfrac{dy}{dx} = 0$:

$$\dfrac{dy}{dx} = \dfrac{x^2 + 2x}{y^2} \; ; \; x_1 = 0, \; x_3 = -2 \text{ mit } y_1 = 0, \; y_3 = \sqrt[3]{4},$$

wobei $P_1(0; 0)$ wegen $F'_y(0; 0) = 0$ auszuschließen ist.
Da $F'_y(x_3; y_3) \; F''_{xx}(x_3; y_3) = -6 \sqrt[3]{2} \cdot (-6) > 0$, liegt in $P_3(-2; \sqrt[3]{4})$ ein relatives Maximum des Graphen bezüglich der Y-Richtung vor.

Zur Y-Achse parallele Tangenten, $\dfrac{dx}{dy} = 0$:

$\dfrac{dx}{dy} = \dfrac{y^2}{x^2 + 2x} \; ; \; y_{1;2} = 0$ mit

$x_1 = 0$, $x_2 = -3$, wobei
wiederum $P_1(0; 0)$ entfällt,
führt auf $P_2(-3; 0)$.

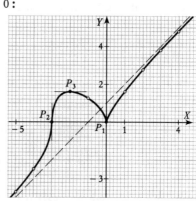

Tangenten im Nullpunkt:

Wegen $F''_{yy}(0; 0) = 0$ versagt hier, wie in Nr. 252, die in Nr. 250 und 251 benützte Beziehung für die Steigung der allenfalls vorhandenen Tangenten.

$F''_{xx}(0; 0) \cdot \cos^2\alpha + 2 F''_{xy}(0; 0) \cdot \cos\alpha \cdot \sin\alpha + F''_{yy}(0; 0) \cdot \sin^2\alpha =$
$= 6 \cdot \cos^2\alpha = 0$ liefert jedoch den Steigungswinkel $\alpha_1 = 90°$ und damit die Y-Achse als Tangente des Graphen im Ursprung. Da anderseits, wie aus der expliziten Darstellung

$$y = f(x) = \begin{cases} \sqrt[3]{x^3 + 3x^2}, & \text{falls } x \geqslant -3 \\ -\sqrt[3]{-x^3 - 3x^2}, & \text{falls } x \leqslant -3 \end{cases}$$

ersichtlich ist, $f(x) \geqslant 0$ für $x \geqslant -3$, liegt im Ursprung eine S p i t z e vor.

Asymptoten, $y = mx + q$:

$F(x; mx + q) = x^3 - (mx + q)^3 + 3x^2 = (1 - m^3) \cdot x^3 - 3(m^2 q - 1) \cdot x^2 - 3mq^2 \cdot x - q^3 = 0;$

aus $1 - m^3 = 0$ und $m^2 q - 1 = 0$ folgen $m = 1$ und $q = 1$; die Gleichung der Asymptote ist somit $y = x + 1$.

| x | ... | -5    | -4    | -1   | 0 | 1    | 2    | 3    | 4    | 5    | ... |
|---|-----|-------|-------|------|---|------|------|------|------|------|-----|
| y | ... | -3,68 | -2,52 | 1,26 | 0 | 1,59 | 2,71 | 3,78 | 4,82 | 5,85 | ... |

**254.** Es soll der Graph von $F(x;y) \equiv ay(3x^2 - y^2) - (x^2 + y^2) = 0 \wedge a \in \mathbb{R}^+$ diskutiert werden.

Die Untersuchung des Kurvenverlaufs vereinfacht sich wesentlich, wenn hierzu die durch die Transformation $x = r \cdot \cos\varphi$ und $y = r \cdot \sin\varphi$ entstehende Darstellung in Polarkoordinaten verwendet wird. Man erhält nacheinander

$a \cdot r \cdot \sin\varphi(3r^2\cos^2\varphi - r^2\sin^2\varphi) - r^4 = a \cdot r^3 \sin\varphi \cdot [2\cos^2\varphi + \cos(2\varphi)] - r^4 =$

$= a \cdot r^3[\sin(2\varphi) \cdot \cos\varphi + \cos(2\varphi) \cdot \sin\varphi] - r^4 = a \cdot r^3 \cdot \sin(3\varphi) - r^4 =$

$= r^3 \cdot [a \cdot \sin(3\varphi) - r] = 0$, was in die Gleichung $r = 0$ des Nullkreises mit Mittelpunkt im Ursprung und

$r = f(\varphi) = a \cdot \sin(3\varphi)$ mit

$\mathbb{D}_r = \{\varphi \mid 0 \leq \varphi \leq 60^\circ \vee 120^\circ \leq \varphi \leq 180^\circ \vee 240^\circ \leq \varphi \leq 300^\circ\}$ zerfällt.

Da $\sin(3\varphi)$ die kleinste Periode

$\dfrac{360^\circ}{3} = 120^\circ$ besitzt, besteht

der Graph von $r = f(\varphi) =$
$= a \cdot \sin(3\varphi)$ aus drei kongruenten Stücken. Diese haben jeweils eine der Geraden mit den Gleichungen

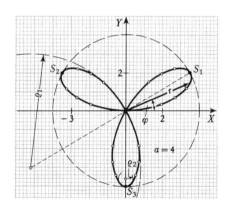

$y = \pm \dfrac{1}{\sqrt{3}} \cdot x$ und

$x = 0$ als Symmetrieachsen.

Der Graph verläuft für $\varphi = \varphi_k = k \cdot 60^\circ$ mit $k = 0, 1, 2, 3, 4, 5$ durch den Ursprung. Weil die Radiusvektoren für $\varphi \to \varphi_k$ in die Tangenten an die entsprechenden Kurvenstücke durch den Ursprung übergehen, schließen diese Tangenten mit der positiven Richtung des Grundstrahls ($\varphi = 0$) die Steigungswinkel $\varphi_k$ ein.

Aus $\dfrac{dr}{d\varphi} = 3a \cdot \cos(3\varphi)$ folgen durch Nullsetzen in $\mathbb{D}_r$ die Winkel $\varphi_1 =$

$= \dfrac{\pi}{6}$, $\varphi_2 = \dfrac{5}{6}\pi$ und $\varphi_3 = \dfrac{3}{2}\pi$ für die, wie man aus

$$\frac{d^2 r}{d\varphi^2} = -9a \cdot \sin(3\varphi)$$ ersieht, der zugehörige Radiusvektor jeweils ein relatives Maximum annimmt.

| $\varphi$ | $0°$ | $10°$ | $15°$ | $20°$ | $30°$ | ... |
|---|---|---|---|---|---|---|
| $\dfrac{r}{a}$ | 0 | 0,5 | 0,71 | 0,87 | 1 | ... |

Die Krümmungsradien der Kurve im Ursprung ergeben sich aus

$$\rho = \left| \frac{(r_P^2 + r_P'^2)^{\frac{3}{2}}}{r_P^2 + 2r_P'^2 - r_P r_P''} \right| \quad \text{zu} \quad \rho_1 = \frac{27 a^3}{18 a^2} = \frac{3}{2} a;$$

in den Scheiteln $S_1$, $S_2$ und $S_3$ ist $\rho_2 = \dfrac{a}{10}$.

Die zugehörigen Krümmungsmittelpunkte liegen jeweils auf den Geraden mit den Gleichungen $y = \pm \dfrac{1}{\sqrt{3}} x$ und $x = 0$.

---

**255.** Durch Rotation des Kreises $K \equiv (y - R)^2 + z^2 - r^2 = 0$ mit $0 < r < R$ um die Z-Achse entsteht eine **Kreisringfläche (Torus)**. Man gebe eine Gleichung $F(x; y; z) = 0$ dieser Fläche an und untersuche die Kurve, in welcher sie von der Ebene $E \equiv x - R + r = 0$ geschnitten wird.

Um $F(x; y; z) = 0$ zu erhalten, hat man wegen der Rotation um die Z-Achse in der Gleichung $k = 0$ des Meridiankreises $y$ durch $\sqrt{x^2 + y^2}$ zu ersetzen, was auf $F(x; y; z) \equiv (\sqrt{x^2 + y^2} - R)^2 + z^2 - r^2 = 0$ führt. Durch Beseitigen der Wurzel kann hieraus die äquivalente Gleichung $(x^2 + y^2 + z^2 + R^2 - r^2)^2 - 4R^2(x^2 + y^2) = 0$ errechnet werden, doch ist für die weitere Diskussion die Verwendung von $F(x; y; z) = 0$ vorteilhafter.

Die Gleichung der Schnittkurve mit der Ebene E ergibt sich bei Elimination von x durch $x - R + r = 0$ zu

$$G(y; z) \equiv (\sqrt{(R - r)^2 + y^2} - R)^2 + z^2 - r^2 = 0.$$

$$G_y'(y; z) \equiv 2y - \frac{2Ry}{\sqrt{(R-r)^2 + y^2}}; \quad G_z'(y; z) \equiv 2z;$$

$$G''_{yy}(y; z) \equiv 2 - \frac{2R(R-r)^2}{(\sqrt{(R-r)^2 + y^2})^3};$$

$$G''_{zz} \equiv 2; \quad G''_{yz} \equiv G''_{zy} \equiv 0,$$

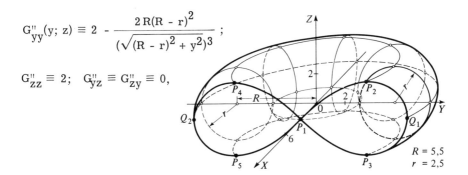

$R = 5{,}5$
$r = 2{,}5$

Zur Y-Achse parallele Tangenten, $\dfrac{dz}{dy} = 0$:

Die Lösungsmenge des Gleichungssystems $G'_y(y; z) = 0$; $G(y; z) = 0$ erbringt die Punkte $P_1(R - r; 0; 0)$, $P_{2;3}(R - r; \sqrt{2rR - r^2}; \pm r)$ und $P_{4;5}(R - r; -\sqrt{2rR - r^2}; \pm r)$. Wegen $G'_z(0; 0) = 0$ ist $P_1$ ein besonderer Kurvenpunkt. $P_2$, $P_3$, $P_4$, $P_5$ sind Extrempunkte bezüglich der Z-Richtung.

Zur Z-Achse parallele Tangenten, $\dfrac{dy}{dz} = 0$:

Das Gleichungssystem $G'_z(y; z) = 0$; $G(y; z) = 0$ führt in ähnlicher Weise zunächst wieder auf $P_1$ und des weiteren auf die bezüglich der Y-Richtung extremen Punkte $Q_{1;2}(R - r; \pm 2\sqrt{rR}; 0)$.

$P_1$ ist **Doppelpunkt** der Kurve mit Tangenten, deren Steigungen bezüglich der XY-Ebene sich zu

$$m_{1;2} = \left[\frac{-G''_{yz} \pm \sqrt{G''^2_{yz} - G''_{yy} \cdot G''_{zz}}}{G''_{zz}}\right](y = 0; z = 0) = \pm\sqrt{\frac{r}{R - r}}$$

ergeben.

---

**256.** Gegeben ist die Gleichung $F(x; y; c) \equiv 2y + c(c - 2x) = 0$ mit $c \in \mathbb{R}$ als Parameter. Man bestimme die **Enveloppe** oder **Hüllkurve** der durch $F(x; y; c) = 0$ festgelegten Kurvenschar.

Die Graphen der für $c \in \mathbb{R}$ durch $F(x; y; c) = 0$ implizit definierten Funktionen $y = c \cdot x - \dfrac{1}{2}c^2$ bilden eine Geradenschar.

| | c = -3 | | c = -1 | | c = 0 | c = 2 | | c = 4 | | c = 5 | |
|---|---|---|---|---|---|---|---|---|---|---|---|
| x | -4 | 0 | -4 | 0 | beliebig | -1 | 4 | 1 | 2 | 2 | 4 |
| y | 7,5 | -4,5 | 3,5 | -0,5 | 0 | -4 | 6 | -4 | 0 | -2,5 | 7,5 |

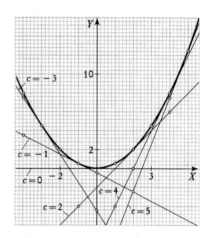

Die Gleichung einer etwa vorhandenen **Hüllkurve** ergibt sich durch Elimination von c aus $F(x; y; c) = 0$ und $F'_c(x; y; c) = 0$. Man erhält aus $F'_c(x; y; c) \equiv 2c - 2x = 0$ durch Einsetzen von $c = x$ in $F(x; y; c) = 0$ über $2y + x(x - 2x) = 0$ die Gleichung der Hüllkurve zu $y = \frac{1}{2}x^2$. Dies ist die Gleichung einer Parabel.

| x | 0 | ±1 | ±2 | ±3 | ±4 | ±5 | ... |
|---|---|---|---|---|---|---|---|
| y | 0 | 0,5 | 2 | 4,5 | 8 | 12,5 | ... |

**257.** Welche Gleichung hat die Enveloppe der durch

$$F(x; y; c) \equiv (x - c)^2 + y^2 - \frac{c^2}{2} = 0 \;\wedge\; c \in \mathbb{R}$$

dargestellten Schar von Kreisen?

$$\frac{\partial F(x;y;c)}{\partial c} \equiv -2(x - c) - c = 0.$$

Einsetzen von $c = 2x$ in $F(x; y; c) = 0$ führt über $(x - 2x)^2 + y^2 - 2x^2 = 0$ auf $(y - x)(y + x) = 0$, die Gleichungen $y = \pm x$ der beiden Winkelhalbierenden des XY-Koordinatensystems.

Die Koordinaten der Berührpunkte der **Enveloppe** mit der Kurvenschar berechnen sich aus

$(x - c)^2 + (\pm x)^2 - \dfrac{c^2}{2} = 0$ zu $x_T = \dfrac{c}{2} = \pm y_T$ und führen auf $T\left(\dfrac{c}{2}; \dfrac{c}{2}\right)$ mit $T'\left(\dfrac{c}{2}; -\dfrac{c}{2}\right)$.

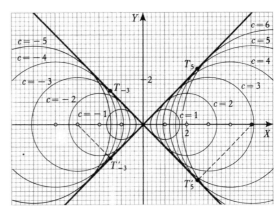

**258.** In der Abbildung sind die beiden möglichen Bauformen eines ebenen Viergelenkgetriebes mit jeweils gleichlangen Gliedern $\overline{AB} = \overline{CD}$ bzw. $\overline{AB} = \overline{C'D'}$ und $\overline{AD} = \overline{BC}$ bzw. $\overline{AD'} = \overline{BC'}$ dargestellt. Da für die Drehwinkel $\varphi = \varphi' = 0°$ und $\varphi = \varphi' = 180°$ der Antriebskurbel $\overline{AD} = \overline{AD'}$ die Gelenkpunkte C und C' sowie D und D' zusammenfallen, können in diesen Verzweigungslagen die beiden Bauformen ineinander übergeführt werden. Bei einem Umlauf des Getriebes beschreiben die Mittelpunkte P und P' der Koppeln $\overline{CD}$ und $\overline{C'D'}$ zwei Kurven, die sich in diesen Lagen in den Punkten E und F auf der Geraden durch A und B berühren. Wird ein kartesisches Koordinatensystem wie in der Abbildung gewählt, so genügen mit $\overline{AB} = k$ und $\overline{AD} = r$ diese Koppelkurven der gemeinsamen Gleichung

$$K(x; y) = \left[\left(x - \frac{k}{2}\right)^2 + y^2 - r^2\right] \cdot \left\{\left[\left(x - \frac{k}{2}\right)^2 + y^2 - \frac{r^2}{2}\right]^2 + k^2 y^2 - \frac{r^4}{4}\right\} = 0 \text{*}) .$$

Der Graph der durch $K(x; y) \equiv F(x; y) \cdot G(x; y) = 0$ implizit definierten differenzierbaren Funktionen ist zu diskutieren.

---

*) Siehe auch Band I, Nr. 71.

F(x; y) = 0 stellt einen Kreis mit Radius r und Mittelpunkt $M\left(\frac{k}{2}; 0\right)$ dar. Er ist die Koppelkurve des Punktes P des Parallelkurbelgetriebes mit den Gelenkpunkten A, B, C, D.

Durch G(x; y) = 0 wird die Bahnkurve des Koppelpunktes P' beim Antiparallelkurbelgetriebe mit den Gelenkpunkten A, B, C', D' beschrieben.

Weil die Werte von G(x; y) offensichtlich nur von |y| und $|x - \frac{k}{2}|$ abhängen, besitzt der Graph von G(x; y) = 0 die X-Achse sowie die Gerade mit der Gleichung $x - \frac{k}{2} = 0$ als Symmetrieachsen. Die Diskussion kann somit auf $x \geq \frac{k}{2}$, $y \geq 0$ beschränkt werden.

Schnittpunkte mit der X-Achse, y = 0:

Aus $\left[\left(x - \frac{k}{2}\right)^2 - \frac{r^2}{2}\right]^2 = \frac{r^4}{4}$

folgt über

$\left(x - \frac{k}{2}\right)^2 \cdot \left[\left(x - \frac{k}{2}\right)^2 - r^2\right] = 0$

$x_1 = \frac{k}{2}$ und $x_2 = \frac{k}{2} + r$.

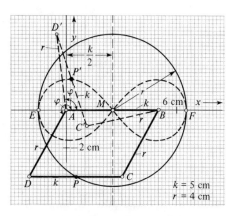

$$G'_x \equiv 4\left[\left(x - \frac{k}{2}\right)^2 + y^2 - \frac{r^2}{2}\right] \cdot \left(x - \frac{k}{2}\right),$$

$$G'_y \equiv 4\left[\left(x - \frac{k}{2}\right)^2 + y^2 - \frac{r^2}{2}\right] \cdot y + 2k^2 y,$$

$$G''_{xx} \equiv 4\left[3\left(x - \frac{k}{2}\right)^2 + y^2 - \frac{r^2}{2}\right],$$

$$G''_{yy} \equiv 4\left[\left(x - \frac{k}{2}\right)^2 + 3y^2 - \frac{r^2}{2}\right] + 2k^2,$$

$$G''_{xy} \equiv 8y \cdot \left(x - \frac{k}{2}\right).$$

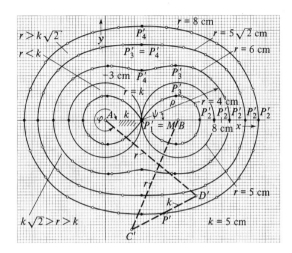

Zur X-Achse parallele Tangenten, $\dfrac{dy}{dx} = 0$:

$G'_x = 0$ ist erfüllt für $G'_{1x} \equiv \left(x - \dfrac{k}{2}\right)^2 + y^2 - \dfrac{r^2}{2} = 0$ und $G'_{2x} \equiv x - \dfrac{k}{2} = 0$.

Die Lösung von $G'_{1x} = 0$ und $G = 0$ folgt über

$k^2 y^2 - \dfrac{r^2}{4} = 0$ zu $y_3 = \dfrac{r^2}{2k}$ für $y \geqslant 0$ mit

$x_3 = \dfrac{k}{2} + \dfrac{r}{2k} \cdot \sqrt{2k^2 - r^2}$ für $r \leqslant k \cdot \sqrt{2}$ und $x \geqslant \dfrac{k}{2}$.

Da $G'_y(x_3; y_3) \cdot G''_{xx}(x_3; y_3) = \dfrac{2r^4}{k}(2k^2 - r^2) > 0$ für $r < k \cdot \sqrt{2}$,

liegt für $r < k \cdot \sqrt{2}$ in $P'_3(x_3; y_3)$ ein relatives Maximum bezüglich der Y-Richtung vor.

$G'_{2x} = 0$ und $G = 0$ führen über $y^4 - r^2 y^2 + k^2 y^2 = 0$ auf $y_1 = 0$ und $y_4 = \sqrt{r^2 - k^2}$ für $r \geqslant k$ und $y \geqslant 0$ mit $x_1 = x_4 = \dfrac{k}{2}$. Hiervon scheiden die zugeordneten Kurvenpunkte $P'_1\left(\dfrac{k}{2}; 0\right)$ sowie $P'_4\left(\dfrac{k}{2}; 0\right)$ für $r = k$ aus, da $G'_y\left(\dfrac{k}{2}; 0\right) = 0$.

Wegen $G'_y(x_4; y_4) \cdot G''_{xx}(x_4; y_4) = 4(r^2 - k^2)^{\frac{3}{2}} \cdot (r^2 - 2k^2)$

$> 0$, falls $r > k \cdot \sqrt{2}$

$> 0$, falls $k \cdot \sqrt{2} > r > k$,

existiert für $r > k \cdot \sqrt{2}$ in $P'_4(x_4; y_4)$ ein relatives Maximum und für $k \cdot \sqrt{2} > r > k$ ein relatives Minimum jeweils bezüglich der Y-Richtung.

In dem noch nicht geklärten Sonderfall $r = k \cdot \sqrt{2}$ fallen die Punkte $P'_3$ und $P'_4$ zusammen. Da $G'_y\left(\frac{k}{2}; k\right) \cdot G''_{xx}\left(\frac{k}{2}; k\right) = 0$, ist hierdurch keine Aussage über das Vorliegen eines Extremwertes an dieser Stelle möglich. Aus $G(x; y) \equiv \left[\left(x - \frac{k}{2}\right)^2 + y^2 - k^2\right]^2 + k^2(y^2 - k^2) > 0$ für $y > k \wedge x \in \mathbb{R}$ folgt jedoch, daß $G(x; y) = 0$ für $y > k$ nicht erfüllbar ist. $P'_3 \equiv P'_4$ ist somit ein absolutes Maximum mit zur X-Achse paralleler Tangente des Graphen.

Die Steigungen der Tangenten im Punkte $P'_1\left(\frac{k}{2}; 0\right) \equiv M$ ergeben sich aus

$$m_{1;2} = \frac{0 \pm \sqrt{0 + 4r^2(k^2 - r^2)}}{2(k^2 - r^2)} \quad \text{zu} \quad m_{1;2} = \pm \frac{r}{\sqrt{k^2 - r^2}} \quad \text{für } r < k.$$

In diesem Fall ist somit $P'_1$ ein Doppelpunkt des Graphen.

Darstellung in Polarkoordinaten:

Die Transformation von $G(x; y) = 0$ mittels $x = \frac{k}{2} + \rho \cdot \cos\psi$ und $y = \rho \cdot \sin\psi$ führt auf $\rho^2(\rho^2 - r^2 + k^2 \cdot \sin^2\psi) = 0$, was in die Gleichung $\rho = 0$ des Nullkreises in $P'_1$ und die Gleichung

$$\rho = \sqrt{r^2 - k^2 \cdot \sin^2\psi} \quad \text{für } |\sin\psi| \leq \frac{r}{k} \quad \text{der Koppelkurve zerfällt.}$$

Im Sonderfall $r = k$ ergeben sich aus $\rho = r \cdot |\cos\psi|$ die beiden, sich in $P'_1$ berührenden Kreise mit den Gleichungen $\rho = r \cdot \cos\psi \wedge -90° \leq \psi \leq 90°$ und $\rho = -r \cdot \cos\psi \wedge 90° \leq \psi \leq 270°$.

Bei der Gestellänge $k = 5$ cm gilt für $\frac{\rho}{cm}$ in Abhängigkeit von $\psi$ und $r$ folgende Tabelle:

| r \ ψ | 0° | 15° | 30° | 45° | 60° | 75° | 90° | ... |
|---|---|---|---|---|---|---|---|---|
| 4 cm | 4,00 | 3,78 | 3,12 | 1,87 | | | | ... |
| 6 cm | 6,00 | 5,86 | 5,45 | 4,85 | 4,15 | 3,56 | 3,32 | ... |
| 5√2 cm | 7,07 | 6,95 | 6,61 | 6,12 | 5,59 | 5,16 | 5,00 | ... |
| 8 cm | 8,00 | 7,89 | 7,60 | 7,18 | 6,73 | 6,38 | 6,24 | ... |

Die zugehörigen Extremwerte $P'_3$ und $P'_4$ haben die Koordinaten

| r \ P' | $x_3$ | $y_3$ | $x_4$ | $y_4$ |
|---|---|---|---|---|
| 4 cm | 4,83 | 1,60 | | |
| 6 cm | 4,74 | 3,60 | 2,50 | 3,32 |
| $5\sqrt{2}$ cm | 2,50 | 5,00 | 2,50 | 5,00 |
| 8 cm | | | 2,50 | 6,24 . |

**259.** Gegeben ist ein homogener Quader mit der Masse m = 2,88 kg und den Kantenlängen a = 0,08 m, b = 0,15 m, c = 0,06 m.

Man ermittle die Gleichung des auf seinen Schwerpunkt 0 bezogenen Trägheitsellipsoids und hiermit das Trägheitsmoment $J_d$ hinsichtlich einer Raumdiagonalen $\overline{PP'}$ des Quaders.

Man bestimme ferner den Drehimpuls $\vec{L}$ des Quaders, wenn sich dieser mit der konstanten Winkelgeschwindigkeit $\vec{\omega} = 2\pi \cdot \overrightarrow{OP^0} \cdot s^{-1}$ um $\overline{PP'}$ dreht. An Hand des vorliegenden Falles ist zu zeigen, daß $\vec{L}$ und die Normalenvektoren im Durchstoßpunkt A von Drehachse und Ellipsoid kollinear sind (POINSOT-Konstruktion).

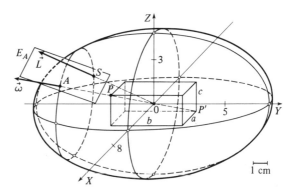

Bei Wahl eines kartesischen Koordinatensystems gemäß der Abbildung lautet die Gleichung des Ellipsoids

$$F(x; y; z) \equiv \frac{J_x}{kg \cdot m^2} \cdot x^2 + \frac{J_y}{kg \cdot m^2} \cdot y^2 + \frac{J_z}{kg \cdot m^2} \cdot z^2 - 1 = 0, \text{ wobei}$$

$J_x = \frac{m}{12}(b^2 + c^2)$, $J_y = \frac{m}{12}(a^2 + c^2)$ und $J_z = \frac{m}{12}(a^2 + b^2)$ die axialen Trägheitsmomente bezüglich der zu den Quaderkanten parallelen Achsen durch den Schwerpunkt 0 sind. Für die genannten Abmessungen findet man

$J_x = 6{,}264 \cdot 10^{-3}$ kg m$^2$, $J_y = 2{,}400 \cdot 10^{-3}$ kg m$^2$, $J_z = 6{,}936 \cdot 10^{-3}$ kg m$^2$,
womit sich $F(x; y; z) \equiv 6{,}264 \cdot 10^{-3} x^2 + 2{,}4 \cdot 10^{-3} y^2 + 6{,}936 \cdot 10^{-3} z^2 - 1 = 0$
ergibt, was sich noch auf die Form

$$\frac{x^2}{12{,}635^2} + \frac{y^2}{20{,}412^2} + \frac{z^2}{12{,}007^2} - 1 = 0 \text{ bringen und die Halbachsen}$$

$$\frac{1}{\sqrt{\dfrac{J_x}{\text{kg m}^2}}} \approx 12{,}635, \quad \frac{1}{\sqrt{\dfrac{J_y}{\text{kg m}^2}}} \approx 20{,}412, \quad \frac{1}{\sqrt{\dfrac{J_z}{\text{kg m}^2}}} \approx 12{,}007$$

erkennen läßt. Der etwa durch den Quaderpunkt $P\left(\dfrac{a}{2}; -\dfrac{b}{2}; \dfrac{c}{2}\right)$ und den

Schwerpunkt 0 verlaufende, in die Quaderdiagonale $\overline{PP'}$ fallende Strahl
$\overrightarrow{OP}$ hat die Gleichung $\vec{r} = \begin{pmatrix} 0{,}04 \\ -0{,}075 \\ 0{,}03 \end{pmatrix} \cdot t \wedge t \in \mathbf{R}_o^+$. Sein Schnittpunkt A mit
dem Trägheitsellipsoid berechnet sich aus

$6{,}264 \cdot 10^{-3} \cdot 0{,}04^2 \cdot t^2 + 2{,}4 \cdot 10^{-3} \cdot (-0{,}075)^2 \cdot t^2 + 6{,}936 \cdot 10^{-3} \cdot 0{,}03^2 \cdot t^2 - 1 = 0$

mit $t \approx 183{,}294$ zu $A(7{,}332; -13{,}747; 5{,}499)$. $|\overrightarrow{OA}| = 16{,}522$ erbringt

$J_d = \dfrac{1}{|\overrightarrow{OA}|^2}$ kg m$^2 \approx 3{,}663 \cdot 10^{-3}$ kg m$^2$.

Mit $\vec{\omega} = 2\pi \cdot \overrightarrow{OP}^o \cdot s^{-1} = \dfrac{2\pi}{\sqrt{0{,}04^2 + 0{,}075^2 + 0{,}03^2}} \cdot \begin{pmatrix} 0{,}04 \\ -0{,}075 \\ 0{,}03 \end{pmatrix} \cdot s^{-1} \approx$

$\approx \begin{pmatrix} 2{,}788 \\ -5{,}228 \\ 2{,}091 \end{pmatrix} \cdot s^{-1}$ berechnet sich der Drehimpuls zu $\vec{L} = \begin{pmatrix} \omega_x \cdot J_x \\ \omega_y \cdot J_y \\ \omega_z \cdot J_z \end{pmatrix} \approx$

$\approx \begin{pmatrix} 1{,}746 \\ -1{,}255 \\ 1{,}450 \end{pmatrix} \cdot 10^{-2}$ Nms.

Ein nach außen orientierter Normalenvektor $\vec{n}_A$ der Tangentialebene $E_A$
an das Trägheitsellipsoid in A folgt mit $F_x' \equiv 12{,}528 \cdot 10^{-3} \cdot x$,

$F_y' \equiv 4{,}8 \cdot 10^{-3} \cdot y$, $F_z' \equiv 13{,}872 \cdot 10^{-3} \cdot z$ zu $\vec{n}_A = \begin{pmatrix} F_x' \\ F_y' \\ F_z' \end{pmatrix}_A \approx$

$\approx \begin{pmatrix} 91{,}855 \\ -65{,}986 \\ 76{,}282 \end{pmatrix} \cdot 10^{-3}$.

Es ist $\vec{L} \approx 0{,}1901 \cdot \vec{n}_A$, was auf Kollinearität von $\vec{L}$ und $\vec{n}_A$ hinweist.

In der Zeichnung wurden die Maßstäbe $M_{Z_Q} = \dfrac{100}{3}\,\dfrac{\text{cm}}{\text{m}}$ und

$M_{Z_E} = \dfrac{0{,}4\,\text{cm}}{\text{kg}^{-\frac{1}{2}}\,\text{m}^{-1}}$ für Quader und Ellipsoid, sowie $M_\omega = 0{,}5\,\dfrac{\text{cm}}{\text{s}^{-1}}$

und $M_L = 200\,\dfrac{\text{cm}}{\text{Nms}}$ verwendet.

---

**260.** Ein Rad mit dem Durchmesser $2r$ rollt unter Beibehaltung der Lage seiner Ebene im Raum auf einer Geraden ab. Welche Hüllkurve beschreibt eine in der Radebene befestigte Stange durch den Radmittelpunkt?

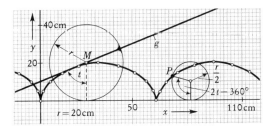

Wird gemäß der Abbildung ein rechtwinkliges XY-Koordinatensystem angenommen und mit $t$ der Wälzwinkel bezeichnet, dann sind $x_M = rt$ und $y_M = r$ die Koordinaten des Radmittelpunktes M, und es kann die Gleichung der, mit der sich drehenden Stange zusammenfallenden Geraden $g$ durch

$$\dfrac{y - r}{x - rt} = \cot t \quad \text{oder} \quad F(x; y; t) \equiv y - r - (x - rt)\cot t = 0$$

für $t \neq k \cdot \pi \wedge k \in \mathbb{Z}$ angegeben werden.

Aus $\dfrac{\partial F(x; y; t)}{\partial t} \equiv r \cot t + \dfrac{x - rt}{\sin^2 t} = 0$ folgt

$x = \dfrac{r}{2}[2t - \sin(2t)]$ und damit aus $F = 0$

$y = \dfrac{r}{2}[1 - \cos(2t)]$.

Dies ist bei Hinzunahme der sich für $t = k \cdot \pi \wedge k \in \mathbb{Z}$ ergebenden Kurvenpunkte $P_k(rk\pi; 0)$ die Parameterdarstellung einer **gewöhnlichen**

Zykloide, die man sich als Bahnkurve eines Punktes P auf dem Umfang eines rollenden Kreises vom Radius $\frac{r}{2}$ entstanden denken kann. (Vgl. Nr. 271)

| t | $0°$ | $30°$ | $45°$ | $60°$ | $75°$ | $90°$ | ... |
|---|---|---|---|---|---|---|---|
| $\frac{x}{r}$ | 0 | 0,091 | 0,285 | 0,614 | 1,059 | 1,571 | ... |
| $\frac{y}{r}$ | 0 | 0,250 | 0,500 | 0,750 | 0,933 | 1,000 | ... |

261. Auf die verspiegelte Innenseite eines geraden Kreiszylinders vom Radius r fallen senkrecht zur Achse durch eine punktförmige Öffnung Lichtstrahlen. Welche Gleichung hat die von den reflektierten Strahlen erzeugte Hüllkurve (Kaustik)?

Die Gleichung der Geraden, die längs des in $P_0(x_0; y_0)$ reflektierten Strahls verläuft, ist mit $\vec{n} = \begin{pmatrix} \sin(3\alpha) \\ -\cos(3\alpha) \end{pmatrix}$ als Normalenvektor

$\vec{n}\left[\begin{pmatrix} x \\ y \end{pmatrix} - \begin{pmatrix} x_0 \\ y_0 \end{pmatrix}\right] = 0$ oder

$(x - x_0) \cdot \sin(3\alpha) - (y - y_0) \cdot \cos(3\alpha) = 0$

für $|\alpha| \leq 90°$.

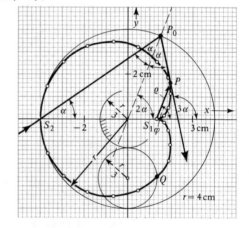

Hierfür kann wegen

$x_0 = r \cdot \cos(2\alpha)$ und

$y_0 = r \cdot \sin(2\alpha)$

$x \cdot \sin(3\alpha) - y \cdot \cos(3\alpha) - r \cdot [\sin(3\alpha) \cdot \cos(2\alpha) - \cos(3\alpha) \cdot \sin(2\alpha)] = 0$

oder

$F(x; y; \alpha) \equiv x \cdot \sin(3\alpha) - y \cdot \cos(3\alpha) - r \cdot \sin\alpha = 0$

geschrieben werden.

Auflösung von $F(x; y; \alpha) = 0$ und

$\frac{\partial F(x; y; \alpha)}{\partial \alpha} \equiv 3x \cdot \cos(3\alpha) + 3y \cdot \sin(3\alpha) - r \cdot \cos\alpha = 0$

nach $3x$ und $3y$ ergibt die Parameterdarstellung

$3x = 3r \cdot \sin(3\alpha) \cdot \sin\alpha + r \cdot \cos(3\alpha) \cdot \cos\alpha = r[2\cos(2\alpha) - \cos(4\alpha)] =$
$= r \cdot [2\cos(2\alpha) - 2\cos^2(2\alpha) + 1]$

und

$3y = r \cdot \sin(3\alpha) \cdot \cos\alpha - 3r \cdot \cos(3\alpha) \cdot \sin\alpha = r \cdot [2\sin(2\alpha) - \sin(4\alpha)] =$
$= 2r \cdot \sin(2\alpha) \cdot [1 - \cos(2\alpha)]$ der Hüllkurve.

Der zugehörige Graph schneidet die X-Achse für $\alpha = 0°$ und $\alpha = \pm 90°$ in den Punkten $S_1(-r; 0)$. und $S_2\left(\frac{r}{3}; 0\right)$

Wählt man $S_2$ als Ursprung und die +X-Achse als Grundstrahl eines $\rho, \varphi$-Koordinatensystems, so ist $x = \frac{r}{3} + \rho \cdot \cos\varphi$ und $y = \rho \cdot \sin\varphi$.

In die Parameterdarstellung eingesetzt, erhält man so

$\rho \cdot \cos\varphi = \frac{r}{3}[2 \cdot \cos(2\alpha) - 2 \cdot \cos^2(2\alpha)] = \frac{2r}{3}\cos(2\alpha) \cdot [1 - \cos(2\alpha)] \ldots 1)$

und

$\rho \cdot \sin\varphi = \frac{2r}{3}\sin(2\alpha) \cdot [1 - \cos(2\alpha)] \ldots 2).$

Die Elimination von $\alpha$ kann wie folgt geschehen:

$1)^2 + 2)^2 \quad \rho^2 = \frac{4r^2}{9}[1 - \cos(2\alpha)]^2 \quad \text{oder } \rho = \frac{2r}{3}[1 - \cos(2\alpha)]$

und daraus $\cos(2\alpha) = 1 - \frac{3\rho}{2r} \ldots 3);$

3) in 1) $\quad \rho \cdot \cos\varphi = \rho \cdot \left(1 - \frac{3\rho}{2r}\right)$ .

Hieraus ergibt sich $\rho = 0$ als Gleichung des Nullkreises im Ursprung des Polarkoordinatensystems und

$\rho = f(\varphi) = \frac{2r}{3}(1 - \cos\varphi).$

Dies ist die Gleichung einer **Kardioide**. Sie kann kinematisch durch die Bewegung eines Punktes Q auf dem Umfang eines Kreises vom Radius $\frac{r}{3}$ erzeugt werden, wenn dieser auf einem gleichgroßen Kreis außen abrollt.

| $\varphi$ | 0° | 30° | 45° | 60° | 75° | 90° | 105° | 120° | 135° | 150° | 165° | 180° |
|---|---|---|---|---|---|---|---|---|---|---|---|---|
| $\frac{\rho}{r}$ | 0 | 0,09 | 0,20 | 0,33 | 0,49 | 0,67 | 0,84 | 1,00 | 1,14 | 1,24 | 1,31 | 1,33 |

## 2.4 Funktionen in Parameterdarstellung

**262.** Gegeben ist in der Grundmenge $G = \mathbb{R}^2$ die Paarmenge
$M = \{(x; y) \mid (x = 2t;\ y = t^2) \wedge t \in \mathbb{R}\}$ mit t als Parameter. Es sind die ersten und zweiten Ableitungen der durch diese Parameterdarstellung festgelegten differenzierbaren Funktionen zu ermitteln.

Durch $x = 2t$, $y = t^2$ ist gemäß $t = \dfrac{x}{2}$ jedem $x \in \mathbb{R}$ eindeutig ein Wert $t \in \mathbb{R}$ zugeordnet, dem wiederum eindeutig ein Wert $y = t^2$ entspricht. Die Parameterdarstellung liefert somit die differenzierbare Funktion

$$y = f(x) = \frac{1}{4}x^2 \quad \text{mit den Ableitungen}$$

$$\frac{dy}{dx} = \frac{1}{2}x \quad \text{und} \quad \frac{d^2 y}{dx^2} = \frac{1}{2}.$$

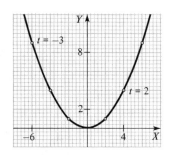

| t | 0 | ±1 | ±2 | ±3 | ±4 ... |
|---|---|----|----|----|--------|
| x | 0 | ±2 | ±4 | ±6 | ±8 ... |
| y | 0 | 1  | 4  | 9  | 16 ... |

Hingegen führt $t = \pm\sqrt{y}$ auf die Relation $x = \pm 2\sqrt{y}$. Läßt man hier jeweils nur eines der beiden Vorzeichen + oder - zu, so erhält man die in $\mathbb{R}_0^+$ differenzierbaren Funktionen $x = g_1(y) = 2\sqrt{y}$ und $x = g_2(y) = -2\sqrt{y}$ mit den Ableitungen $\dfrac{dx}{dy} = \pm\dfrac{1}{\sqrt{y}}$ und $\dfrac{d^2 x}{dy^2} = \mp\dfrac{1}{2\sqrt{y^3}}$.

Der Graph von $y = f(x)$ ist eine Parabel; die Graphen von $x = g_{1;2}(y)$ sind die im 1. bzw. 2. Quadranten gelegenen Parabelhälften.

Die Ermittlung der 1. und 2. Ableitungen in Abhängigkeit von t kann wie folgt geschehen:

$$\frac{dy}{dx} = \frac{dy}{dt} \cdot \frac{dt}{dx} = \frac{dy}{dt} : \frac{dx}{dt} = \frac{2t}{2} = t;\quad \frac{dx}{dy} = \frac{1}{t} \quad \text{für } t \neq 0.$$

$$\frac{d^2 y}{dx^2} = \frac{d\left(\frac{dy}{dx}\right)}{dt} \cdot \frac{dt}{dx} = 1 \cdot \frac{1}{2} = \frac{1}{2};\quad \frac{d^2 x}{dy^2} = \frac{d\left(\frac{dx}{dy}\right)}{dt} \cdot \frac{dt}{dy} = -\frac{1}{t^2} \cdot \frac{1}{2t} = \frac{-1}{2t^3}$$

für $t \neq 0$.

**263.** Man bestimme die Ableitungen $\dfrac{dy}{dx}$ und $\dfrac{d^2y}{dx^2}$ der durch die Parameterdarstellung $x = \dfrac{1}{1+t^2}$, $y = \dfrac{t}{1+t^2}$ für $t \in \mathbb{R}$ festgelegten differenzierbaren Funktionen.

In den durch $t > 0$ bzw. $t < 0$ beschriebenen Teilen der Definitionsmenge ist $x = \dfrac{1}{1+t^2}$ streng monoton und besitzt deshalb hier Umkehrfunktionen, deren Ableitungen aus $\dfrac{dt}{dx} = 1 : \dfrac{dx}{dt}$ errechnet werden können.

Unter Verwendung von $y = \dfrac{t}{1+t^2}$ definiert die Parameterdarstellung also für $t > 0$ bzw. $t < 0$ differenzierbare Funktionen $y = f_1(x)$ bzw. $y = f_2(x)$. Ohne diese explizit anzugeben, was hier noch möglich wäre, kommt man mittels

$$\frac{dx}{dt} = -\frac{2t}{(1+t^2)^2} \quad \text{und} \quad \frac{dy}{dt} = \frac{1-t^2}{(1+t^2)^2} \quad \text{auf} \quad \frac{dy}{dx} = \frac{dy}{dt} \cdot \frac{dt}{dx} =$$

$$= \frac{1-t^2}{-2t} = \frac{1}{2}\left(t - \frac{1}{t}\right) \quad \text{und} \quad \frac{d^2y}{dx^2} = \frac{d\left(\frac{dy}{dx}\right)}{dt} \cdot \frac{dt}{dx} =$$

$$= -\frac{1}{2}\left(1 + \frac{1}{t^2}\right) \cdot \frac{(1+t^2)^2}{2t} = -\frac{1}{4} \cdot \frac{(1+t^2)^3}{t^3} \quad \text{für } t \neq 0.$$

$\dfrac{dy}{dx}$ und $\dfrac{d^2y}{dx^2}$ erscheinen so als Funktionen von t.

Über $x^2 + y^2 = \dfrac{1+t^2}{(1+t^2)^2} = \dfrac{1}{1+t^2} = x$

kann t eliminiert werden, was auf

$F(x; y) \equiv \left(x - \dfrac{1}{2}\right)^2 + y^2 - \dfrac{1}{4} = 0$ führt.

| t | 0 | ±1 | ±2 | ±10 | ... |
|---|---|---|---|---|---|
| x | 1 | 0,5 | 0,2 | 0,01 | ... |
| y | 0 | ±0,5 | ±0,4 | ±0,10 | ... |

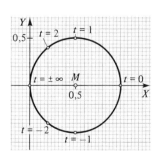

Der zugehörige Graph ist ein Kreis vom Radius $r = \frac{1}{2}$ mit dem Mittelpunkt $M\left(\frac{1}{2}; 0\right)$. Der Nullpunkt, welcher für keinen Parameterwert erhalten wird, ist hierbei auszuschließen. Wegen $\lim\limits_{t \to +\infty}\left(\frac{1}{1+t^2}; \frac{t}{1+t^2}\right) = (0; 0)$ kommt man diesem aber für hinreichend großes $|t|$ beliebig nahe.

---

**264.** Man zeige, daß durch die Parameterdarstellung $x = t + \ln t$, $y = t + \ln(t + 1)$ mit $t > 0$ eine differenzierbare Funktion $y = f(x)$ definiert ist und bestimme $f'(x)$ sowie $f''(x)$.

Über $\frac{dx}{dt} = 1 + \frac{1}{t} > 0$ für $t > 0$ wird $x = t + \ln t$ als streng monoton wachsende Funktion erkannt, über deren Umkehrfunktion mittels $y = t + \ln(t + 1)$ genau eine Funktion $y = f(x)$ definiert ist. Diese kann jedoch nicht explizit angegeben werden, weil $x = t + \ln t$ nicht in geschlossener Form nach $t$ auflösbar ist. Die Ableitungen können aber wie folgt als Funktionen von $t$ errechnet werden:

$$\frac{dy}{dx} = \frac{dy}{dt} \cdot \frac{dt}{dx} = \frac{1 + \frac{1}{t+1}}{1 + \frac{1}{t}} = \frac{(2+t)t}{1+t^2},$$

$$\frac{d^2 y}{dx^2} = \frac{d\left(\frac{dy}{dx}\right)}{dt} \cdot \frac{dt}{dx} =$$

$$= \frac{(2+2t)(1+t)^2 - (2+t)t \cdot 2(1+t)}{(1+t)^4} \cdot \frac{1}{1+\frac{1}{t}} = \frac{2t}{(1+t)^4} \quad \text{für } t > 0.$$

| t | ... | 0,05 | 0,1 | 0,3 | 0,5 | 1 | 2 | 3 | 4 | ... |
|---|---|---|---|---|---|---|---|---|---|---|
| x | ... | -2,95 | -2,20 | -0,90 | -0.19 | 1 | 2,69 | 4,10 | 5,39 | ... |
| y | ... | 0,10 | 0,20 | 0,56 | 0,91 | 1,69 | 3,10 | 4,39 | 5,61 | ... |

Wegen $\lim\limits_{t \to 0+0} x = -\infty$ und $\lim\limits_{t \to 0} y = 0$ ist die **X-Achse** Asymptote des Graphen. Als weitere Asymptote mit der Gleichung $y = mx + q$ ergibt sich über $\lim\limits_{t \to +\infty} \frac{y}{x} = \lim\limits_{t \to +\infty} \frac{t + \ln(t+1)}{t + \ln t} = \left[\frac{\infty}{\infty}\right] = \lim\limits_{t \to +\infty} \frac{1 + \frac{1}{t+1}}{1 + \frac{1}{t}} = 1 = m$

und $\lim\limits_{t \to +\infty} (y - mx) = \lim\limits_{t \to +\infty} [\ln(t+1) - \ln t] = \lim\limits_{t \to +\infty} \ln \frac{t+1}{t} = 0 = q$

die Winkelhalbierende des I. und III. Quadranten.

---

**265.** Es sind die erste und zweite Ableitung der durch die Parameterdarstellung $x = \frac{1}{1 + \sin t}$ und $y = 1 + \cos t$ für $-\frac{\pi}{2} < t < \frac{3\pi}{2}$ definierten differenzierbaren Funktionen von x zu bestimmen.

Die Funktion $x = \frac{1}{1 + \sin t}$ nimmt offenbar in $-\frac{\pi}{2} < t \leq \frac{\pi}{2}$ bzw. $\frac{\pi}{2} \leq t < \frac{3\pi}{2}$ streng monoton ab bzw. zu, wobei in diesen Intervallen die Wertemengen jeweils durch $x \geq \frac{1}{2}$ beschrieben werden. Die demnach hier vorhandenen Umkehrfunktionen ordnen jedem $x \geq \frac{1}{2}$ eindeutig einen t-Wert zu, dem über $y = 1 + \cos t$ wiederum genau ein y-Wert entspricht. Die so durch die Parameterdarstellung für $x \geq \frac{1}{2}$ definierten Funktionen $y = f_{1;2}(x)$ können nach Elimination des Parameters t über $\sin^2 t + \cos^2 t = \left(\frac{1-x}{x}\right)^2 +$
$+ (y-1)^2 = 1$ explizit als $y = f_{1;2}(x) = 1 \pm \sqrt{\frac{2x-1}{x^2}}$ angegeben werden, wobei stets nur das obere oder das untere Vorzeichen zu verwenden ist.[*)]

Durch Differentiation nach x ergeben sich

$\frac{dy}{dx} = \mp \frac{x-1}{x^2 \cdot \sqrt{2x-1}}$

und

$\frac{d^2y}{dx^2} = \pm \frac{3x^2 - 6x + 2}{x^3 \cdot \sqrt{2x-1}^3}$ für $x > \frac{1}{2}$.

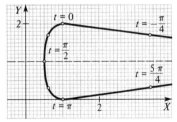

---

[*)] Der bei den vorhergehenden Aufgaben und auch noch hier erbrachte Nachweis der Existenz von y als Funktion von x unterbleibt im folgenden ebeso die Feststellung der maximalen Definitionsmenge.

In Abhängigkeit vom Parameter t berechnen sich die beiden Ableitungen mit

$$\frac{dx}{dt} = \frac{-\cos t}{(1 + \sin t)^2} \quad \text{und} \quad \frac{dy}{dt} = -\sin t$$

zu

$$\frac{dy}{dx} = \frac{dy}{dt} : \frac{dx}{dt} = \tan t \cdot (1 + \sin t)^2$$

und

$$\frac{d^2y}{dx^2} = \frac{d\left(\frac{dy}{dx}\right)}{dt} : \frac{dx}{dt} = -\frac{1}{\cos^3 t} \cdot (1 + \sin t)^3 (1 + 3 \cdot \sin t - 2 \cdot \sin^3 t)$$

in $-\frac{\pi}{2} < t < \frac{3\pi}{2} \wedge t \neq \frac{\pi}{2}$.

Mit $t \to -\frac{\pi}{2} + 0$ und $t \to \frac{3\pi}{2} - 0$ strebt jeweils $x \to +\infty$ und $y \to 1$. Daher ist die Gerade mit der Gleichung $y = 1$ Asymptote des Graphen.

| t | $-\frac{\pi}{2}$ | $-\frac{\pi}{4}$ | 0 | $\frac{\pi}{4}$ | $\frac{\pi}{2}$ | $\frac{3\pi}{4}$ | $\pi$ | $\frac{5\pi}{4}$ | $\frac{3\pi}{2}$ |
|---|---|---|---|---|---|---|---|---|---|
| x | $+\infty$ | 3,41 | 1 | 0,59 | 0,50 | 0,59 | 1 | 3,41 | $+\infty$ |
| y | 1 | 1,71 | 2 | 1,71 | 1 | 0,29 | 0 | 0,29 | 1 |

---

**266.** Man untersuche den Verlauf des durch die Parameterdarstellung $x = f(t) = t - t^3$, $y = g(t) = t^2 \wedge t \in \mathbb{R}$ festgelegten Graphen.

Da $f(-t) = -f(t)$ und $g(-t) = g(t)$, ist der Kurvenverlauf symmetrisch zur Y-Achse.

$\frac{dx}{dt} = 1 - 3t^2$, $\frac{dy}{dt} = 2t$,

$\frac{dy}{dx} = \frac{2t}{1 - 3t^2}$ ;

$\frac{d^2y}{dx^2} = 2\frac{1 + 3t^2}{(1 - 3t^2)^2} \cdot \frac{1}{1 - 3t^2} = 2\frac{1 + 3t^2}{(1 - 3t^2)^3}$, für $|t| \neq \sqrt{\frac{1}{3}}$.

Zur X-Achse parallele Tangenten, $\frac{dy}{dx} = 0$:

Für $t = 0$ folgt $x_1 = 0$ und damit $y_1 = 0$; wegen $\left(\frac{d^2y}{dx^2}\right)_{t=0} = 2 > 0$,

liegt somit im Ursprung ein relatives Minimum bezüglich der Y-Richtung vor.

Der Punkt $P(0; 1)$ ist **Doppelpunkt**, da dieser sowohl für den Parameterwert $t = 1$, als auch $t = -1$ durchlaufen wird. Die Gleichungen der zugehörigen Tangenten sind $\frac{y - 1}{x} = \pm 1$ oder $y = 1 \pm x$.

| t | 0 | ±0,5 | ±1 | ±1,5 | ±2 | ±3 ... |
|---|---|---|---|---|---|---|
| x | 0 | ±0,38 | 0 | ∓1,88 | ∓6 | ∓24 ... |
| y | 0 | 0,25 | 1 | 2,25 | 4 | 9 ... |

---

**267.** Es ist der von $x = f(t) = t \cdot \sqrt{t^2 - 1}$, $y = g(t) = t^3 + 2$ für $t = 0$ und $|t| \geqslant 1$ beschriebene Graph zu diskutieren.

$\frac{dx}{dt} = \frac{2t^2 - 1}{\sqrt{t^2 - 1}}$, $\frac{dy}{dt} = 3t^2$,

$\frac{dy}{dx} = \frac{3t^2 \cdot \sqrt{t^2 - 1}}{2t^2 - 1}$,

$\frac{d^2y}{dx^2} = 3 \cdot \frac{2t^5 - 3t^3 + 2t}{(2t^2 - 1)^3}$

für $|t| > 1$.

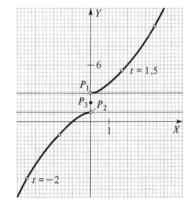

Zur X-Achse parallele Tangenten, $\frac{dy}{dx} = 0$:

$3t^2 \cdot \sqrt{t^2 - 1} = 0$ ist für $|t| > 1$ nicht lösbar. Es liegen jedoch in den $t_{1;2} = \pm 1$ zugeordneten Punkten $P_1(0; 3)$ und $P_2(0; 1)$ rechts- bzw. linksseitige Tangenten mit der Steigung 0 vor. Für $P_1$ ergibt sich z. B. die Steigung $m_1 = \lim_{t \to 1+0} \frac{g(t) - g(1)}{f(t) - f(1)} = \lim_{t \to 1+0} \frac{t^3 + 2 - 3}{t \cdot \sqrt{t^2 - 1}} =$

$= \lim_{t \to 1+0} \frac{(t^2 + t + 1) \cdot \sqrt{t - 1}}{t \cdot \sqrt{t + 1}} = 0$. In analoger Weise kann das gleiche Ergebnis für $m_2$ in $P_2$ gefunden werden.

Wendepunkte, $\dfrac{d^2y}{dx^2} = 0$:

$2t^5 - 3t^3 + 2t = 0$ ist in $|t| > 1$ für keinen Wert von t erfüllt. Somit treten auch keine Wendepunkte auf.

Für t = 0 liegt ein **isolierter Punkt** $P_3(0; 2)$ vor.

| t | -2 | -1,5 | -1 | 0 | 1 | 1,5 | 2 | ... |
|---|---|---|---|---|---|---|---|---|
| x | -3,46 | -1,68 | 0 | 0 | 0 | 1,68 | 3,46 | ... |
| y | ... -6 | -1,38 | 1 | 2 | 3 | 5,38 | 10 | ... |

**268.** Der Graph von $x = f(t) = \sin(2t)$, $y = g(t) = \sin t$ mit $t \in \mathbb{R}$ soll untersucht werden.

Da $f(t + k \cdot 180°) = f(t)$ und $g(t + k \cdot 360°) = g(t)$ für $k \in \mathbb{Z}$, kann die Untersuchung des Kurvenverlaufs auf $0 \leq t \leq 360°$ beschränkt werden. Wegen $f(180° - t) = -f(t)$ und $g(180° - t) = g(t)$, sowie $f(180° + t) = f(t)$ und $g(180° + t) = -g(t)$ ist der Graph sowohl bezüglich der Y-Achse als auch der X-Achse symmetrisch.

$\dfrac{dx}{dt} = 2 \cdot \cos(2t)$, $\dfrac{dy}{dt} = \cos t$,

$\dfrac{dy}{dx} = \dfrac{\cos t}{2 \cdot \cos(2t)}$,

$\dfrac{d^2y}{dx^2} = \dfrac{1}{4} \cdot \dfrac{\sin t \cdot (1 + 2 \cdot \cos^2 t)}{\cos^3(2t)}$,

für $t \neq 45°, 135°, 225°, 315°$;

$\dfrac{d^2x}{dy^2} = -2 \cdot \dfrac{\sin t \cdot (1 + 2 \cdot \cos^2 t)}{\cos^3 t}$,

für $t \neq 90°, 270°$.

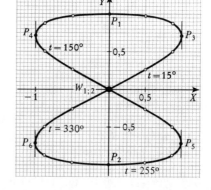

Zur X-Achse parallele Tangenten, $\dfrac{dy}{dx} = 0$:

$\cos t = 0$, $t_1 = 90°$, $t_2 = 270°$.

Weil $\left(\dfrac{d^2y}{dx^2}\right)_{t=t_{1;2}} = \mp \dfrac{1}{4}$, liegt in $P_1(0; 1)$ bzw. $P_2(0; -1)$ ein relatives Maximum bzw. Minimum bezüglich der Y-Richtung vor.

Zur Y-Achse parallele Tangenten, $\dfrac{dx}{dy} = 0$:

$\cos(2t) = 0$, $t_3 = 45°$, $t_4 = 135°$, $t_5 = 225°$, $t_6 = 315°$.

Aus $\left(\dfrac{d^2x}{dy^2}\right)_{t=t_{3;5}} = -8$ und $\left(\dfrac{d^2x}{dy^2}\right)_{t=t_{4;6}} = 8$ erkennt man das Vorliegen relativer Maxima in $P_{3;5}\left(1; \dfrac{\pm 1}{\sqrt{2}}\right)$ und relativer Minima in $P_{4;6}\left(-1; \dfrac{\pm 1}{\sqrt{2}}\right)$ bezüglich der X-Richtung.

Wendepunkte, $\dfrac{d^2y}{dx^2} = 0$:

$\sin t \cdot (1 + 2\cos^2 t) = 0$, $t_7 = 0°$, $t_8 = 180°$, was auf den Doppelpunkt $W_{1;2}(0; 0)$ führt. Wegen $\left(\dfrac{dx}{dt}\right)_{t=t_7} = \left(\dfrac{dx}{dt}\right)_{t=t_8} = 2 > 0$ nimmt x in $t_7$ und $t_8$ mit wachsendem t zu, während sich hierbei das Vorzeichen von $\dfrac{d^2y}{dx^2}$ ändert; die entsprechenden Kurventeile besitzen somit in $W_1$ bzw. $W_2$ Wendepunkte.

Die Gleichungen der beiden Wendetangenten in diesem Doppelpunkt sind $y = \pm \dfrac{1}{2} x$.

| t | 0 | 15° | 30° | 45° | 60° | 75° | 90° | 105° ... |
|---|---|---|---|---|---|---|---|---|
| x | 0 | 0,50 | 0,87 | 1 | 0,87 | 0,50 | 0 | -0,50 ... |
| y | 0 | 0,26 | 0,50 | 0,71 | 0,87 | 0,97 | 1 | 0,97 ... |

---

**269.** Man untersuche den Verlauf des durch $\vec{r} = \vec{r}_0 + \vec{u} \cdot t + \vec{v} \cdot t^2 \wedge t \in \mathbb{R}$ mit dem Ortsvektor $\vec{r}_0 = \begin{pmatrix} -5 \\ 1 \\ 3 \end{pmatrix}$ und den nichtkollinearen Richtungsvektoren $\vec{u} = \begin{pmatrix} 6 \\ -4 \\ 5 \end{pmatrix}$, $\vec{v} = \begin{pmatrix} 2 \\ -1 \\ 1 \end{pmatrix}$ gegebenen Graphen.

Die Kurve liegt in der durch den Normalenvektor $\vec{n} = \vec{u} \times \vec{v}$ und den Endpunkt $P_0$ des Ortsvektors $\vec{r}_0$ bestimmten Ebene E mit der Gleichung $E \equiv (\vec{u} \times \vec{v}) \cdot (\vec{r} - \vec{r}_0) = 0$. Wählt man in dieser Ebene mit $P_0$ als Ursprung ein kartesisches $\overline{X}\overline{Y}$-Koordinatensystem, dessen $\overline{Y}$-Achse mit $\vec{v}$ gleichorientiert ist, so kann der Richtungssinn der $+\overline{X}$-Achse durch $\vec{w} = \vec{u} +$

$+ \lambda \cdot \vec{v} \wedge \lambda \in \mathbb{R}$ angegeben werden, wenn die Nebenbedingung $\vec{v} \cdot \vec{w} = 0$ erfüllt ist. Dies führt über $\vec{v} \cdot (\vec{u} + \lambda \cdot \vec{v}) = 0$ mit $\lambda = -\dfrac{\vec{u} \cdot \vec{v}}{\vec{v}^2}$ auf die Parameterdarstellung $\vec{r} = \vec{r}_0 + (\vec{w} - \lambda \cdot \vec{v}) \cdot t + \vec{v} \cdot t^2$ oder $\vec{r} = \vec{r}_0 + \vec{w} \cdot t + \vec{v} \cdot (t^2 - \lambda \cdot t)$.

In bezug auf das gewählte $\overline{X}\overline{Y}$-Koordinatensystem gilt somit
$\overline{x} = |\vec{w}| \cdot t$, $\overline{y} = |\vec{v}| \cdot (t^2 - \lambda \cdot t)$. Die Elimination von t ergibt
$\overline{y} = |\vec{v}| \cdot \left( \dfrac{\overline{x}^2}{|\vec{w}|^2} - \dfrac{\lambda \overline{x}}{|\vec{w}|} \right)$. Dies ist die Gleichung einer Parabel mit dem

Scheitel $S \left( \dfrac{\lambda |\vec{w}|}{2} ; -\dfrac{\lambda^2 |\vec{v}|}{4} \right)$ und $\vec{v}$ als Richtungsvektor ihrer Symmetrieachse.

Für die gegebenen Zahlenwerte berechnen sich

$E \equiv \begin{pmatrix} 1 \\ 4 \\ 2 \end{pmatrix} \cdot \left( \vec{r} - \begin{pmatrix} -5 \\ 1 \\ 3 \end{pmatrix} \right) = 0$ oder

$E \equiv \dfrac{x}{5} + \dfrac{y}{1,25} + \dfrac{z}{2,5} - 1 = 0,$

$\lambda = -\dfrac{1}{6} \cdot \begin{pmatrix} 6 \\ -4 \\ 5 \end{pmatrix} \cdot \begin{pmatrix} 2 \\ -1 \\ 1 \end{pmatrix} = -\dfrac{7}{2},$

$\vec{w} = \begin{pmatrix} 6 \\ -4 \\ 5 \end{pmatrix} - \dfrac{7}{2} \cdot \begin{pmatrix} 2 \\ -1 \\ 1 \end{pmatrix} = \begin{pmatrix} -1 \\ -0,5 \\ 1,5 \end{pmatrix},$

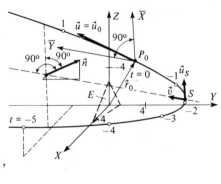

$|\vec{w}| = \sqrt{\dfrac{7}{2}}$ sowie $\overline{x} = \sqrt{\dfrac{7}{2}} \, t$, $\overline{y} = \sqrt{6} \left( t^2 + \dfrac{7}{2} t \right)$ und $S(-3{,}274; -7{,}502)$.

Die Gleichung der Tangente in einem Parabelpunkt P lautet
$\vec{r} = \vec{r}_P + \left( \dfrac{d\vec{r}}{dt} \right)_P \cdot s = \vec{r}_0 + \vec{u} \cdot t_P + \vec{v} \cdot t_P^2 + (\vec{u} + 2\vec{v} \cdot t_P) \cdot s \wedge s \in \mathbb{R}$.
Es ist daher der Richtungsvektor $\vec{u}_0$ der Tangente in $P_0$ wegen $t_{P_0} = 0$ durch $\vec{u}_0 = \vec{u}$ gegeben.

Im Parabelscheitel S steht die Tangente auf der Symmetrieachse senkrecht. Die zugehörige Bedingung

$\vec{u}_S \cdot \vec{v} = (\vec{u} + 2\vec{v} \cdot t_S) \cdot \vec{v} = 0$

liefert mit $t_S = -\dfrac{\vec{u} \cdot \vec{v}}{2 \cdot \vec{v}^2}$

$\vec{r}_S = \vec{r}_o - \vec{u} \cdot \dfrac{\vec{u} \cdot \vec{v}}{2 \cdot \vec{v}^2} + \vec{v} \cdot \dfrac{(\vec{u} \cdot \vec{v})^2}{4 \cdot |\vec{v}|^4}$ .

Speziell findet man für die gegebenen Zahlenwerte

$t_S = -\dfrac{21}{2 \cdot 6} = -\dfrac{7}{4}$ und

$\vec{r}_S = \begin{pmatrix} -5 \\ 1 \\ 3 \end{pmatrix} - \begin{pmatrix} 6 \\ -4 \\ 5 \end{pmatrix} \cdot \dfrac{7}{4} + \begin{pmatrix} 2 \\ -1 \\ 1 \end{pmatrix} \cdot \dfrac{49}{16} =$

$= \begin{pmatrix} -9,3750 \\ 4,9375 \\ -2,6875 \end{pmatrix}$ .

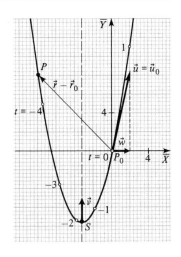

| t | ... | -5 | -4 | -3 | -2 | -1 | 0 | 1 | ... |
|---|---|---|---|---|---|---|---|---|---|
| x | ... | 15 | 3 | -5 | -9 | -9 | -5 | 3 | ... |
| y | ... | -4 | 1 | 4 | 5 | 4 | 1 | -4 | ... |
| z | ... | 3 | -1 | -3 | -3 | -1 | 3 | 9 | ... |
| $\bar{x}$ | ... | -9,35 | -7,48 | -5,61 | -3,74 | -1,87 | 0 | 1,87 | ... |
| $\bar{y}$ | ... | 18,37 | 4,90 | -3,67 | -7,35 | -6,12 | 0 | 11,02 | ... |

**270.** Es ist der Verlauf des Graphen von $x = t(4 - t^2)$, $y = -\dfrac{6}{1 + t^2}$, $z = \dfrac{1}{8} t^3 \wedge t \in \mathbb{R}$ zu diskutieren.

$\dfrac{dx}{dt} = 4 - 3t^2, \quad \dfrac{d^2 x}{dt^2} = -6t,$

$\dfrac{dy}{dt} = \dfrac{12 \cdot t}{(1 + t^2)^2},$

$\dfrac{d^2 y}{dt^2} = 12 \cdot \dfrac{1 - 3t^2}{(1 + t^2)^3},$

$\dfrac{dz}{dt} = \dfrac{3}{8} t^2, \quad \dfrac{d^2 z}{dt^2} = \dfrac{3}{4} t.$

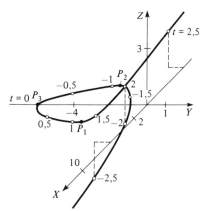

Zur YZ-Ebene parallele Tangenten, $\frac{dx}{dt} = 0$:

Aus $4 - 3t^2 = 0$ folgt $t_{1;2} = \pm\frac{2}{\sqrt{3}} \approx \pm 1{,}155$, womit sich die Kurvenpunkte $P_{1;2}\left(\pm\frac{16}{9}\sqrt{3};\ -\frac{18}{7};\ \pm\frac{1}{9}\sqrt{3}\right) \approx P_{1;2}\ (\pm 3{,}08;\ -2{,}57;\ \pm 0{,}19)$ ergeben. Da $\left(\frac{d^2x}{dt^2}\right)_{t=t_{1;2}} = \mp 4\cdot\sqrt{3} \lessgtr 0$, liegen in $P_1$ ein relatives Maximum und in $P_2$ ein relatives Minimum bezüglich der YZ-Ebene vor.

Zur XZ-Ebene parallele Tangenten, $\frac{dy}{dt} = 0$:

$t = 0$ liefert den Kurvenpunkt $P_3(0;\ -6;\ 0)$, der wegen $\left(\frac{d^2y}{dt^2}\right)_{t=0} = 12 > 0$ ein relatives Minimum bezüglich der XZ-Ebene ist.

| t | ... | ±2,5 | ±2 | ±1,5 | ±1 | ±0,5 | 0 ... |
|---|---|---|---|---|---|---|---|
| x | ... | ∓5,63 | 0 | ±2,63 | ±3 | ±1,88 | 0 ... |
| y | ... | -0,83 | -1,20 | -1,85 | -3 | -4,80 | -6 ... |
| z | ... | ±1,95 | ±1 | ±0,42 | ±0,13 | ±0,02 | 0 ... |

---

**271.** Ein Rad vom Durchmesser $2r$ rolle unter Beibehaltung der Lage seiner Ebene längs einer Geraden g ab. Dann beschreibt bei Wahl des Koordinatensystems wie in der Abbildung der Punkt P auf einem Raddurchmesser im Abstand $\frac{r}{2}$ vom Mittelpunkt eine **gestreckte Zykloide** mit der Gleichung $x = r\cdot\left(t - \frac{1}{2}\sin t\right)$, $y = r\cdot\left(1 - \frac{1}{2}\cos t\right)$ in Abhängigkeit vom Drehwinkel t. Man bestimme die Länge der Subnormalen $\overline{SN}$ in bezug auf den Kurvenpunkt P.

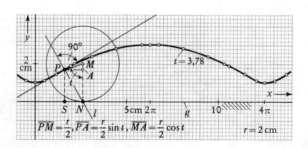

Mit

$$\frac{dx}{dt} = r\left(1 - \frac{1}{2}\cos t\right), \quad \frac{dy}{dt} = \frac{r}{2}\sin t, \quad \frac{dy}{dx} = \frac{\sin t}{2 - \cos t}$$

findet man

$$\overline{SN} = \left| y_P \cdot \left(\frac{dy}{dx}\right)_P \right| = \left| r \cdot \left(1 - \frac{1}{2}\cos t\right) \cdot \frac{\sin t}{2 - \cos t} \right| = \frac{r}{2}|\sin t|.$$

Die Normale in jedem Punkt der Bahnkurve verläuft somit durch den momentanen Drehpunkt N des Rades.

| t | 0 | 0,5 | 1 | 1,5 | $\frac{\pi}{2}$ | 2,0 | 2,5 | 3 | $\pi$ | ... |
|---|---|---|---|---|---|---|---|---|---|---|
| $\frac{x}{r}$ | 0 | 0,26 | 0,58 | 1,00 | 1,07 | 1,55 | 2,20 | 2,93 | 3,14 | ... |
| $\frac{y}{r}$ | 0,50 | 0,56 | 0,73 | 0,96 | 1,00 | 1,21 | 1,40 | 1,49 | 1,50 | ... |

**272.** Rollt ein Kreis vom Radius r auf der Außenseite eines festen Kreises vom Radius 3r in der gleichen Ebene ab, so beschreibt der Punkt P auf dem Umfang des bewegten Kreises gemäß der Abbildung die durch x = r[4·cos t - cos(4 t)], y = r[4·sin t - sin(4 t)] erfaßte g e w ö h n l i c h e  E p i z y k l o i d e. Man ermittle die Gleichung der E v o l u t e (Krümmungsmittelpunktskurve) des Graphen und die zugehörigen Krümmungsradien in Abhängigkeit vom Drehwinkel t.

Die Koordinaten der Krümmungsmittelpunkte M bezüglich der Punkte P eines durch x = f(t), y = g(t) ∧ t∈ℝ festgelegten Graphen genügen der Parameterdarstellung

$$x_M = x_P - \frac{\dot{x}_P^2 + \dot{y}_P^2}{\dot{x}_P \cdot \ddot{y}_P - \ddot{x}_P \cdot \dot{y}_P} \cdot \dot{y}_P \quad \text{und} \quad y_M = y_P + \frac{\dot{x}_P^2 + \dot{y}_P^2}{\dot{x}_P \cdot \ddot{y}_P - \ddot{x}_P \cdot \dot{y}_P} \cdot \dot{x}_P;$$

die zugehörigen Krümmungsradien sind

$$\rho_P = \frac{\left(\dot{x}_P^2 + \dot{y}_P^2\right)^{\frac{3}{2}}}{|\dot{x}_P \cdot \ddot{y}_P - \ddot{x}_P \cdot \dot{y}_P|}$$

Mit $\dot{x} = 4r[-\sin t + \sin(4t)], \quad \ddot{x} = 4r[-\cos t + 4\cdot\cos(4t)],$

$\dot{y} = 4r[\cos t - \cos(4t)], \quad \ddot{y} = 4r[-\sin t + 4\cdot\sin(4t)]$

berechnen sich zunächst

$$\dot{x}^2 + \dot{y}^2 = 32\,r^2[1 - \cos(3t)],$$

und

$$\dot{x}\cdot\ddot{y} - \ddot{x}\cdot\dot{y} = 80\,r^2[1 - \cos(3t)],$$

was für $t \neq k\cdot\dfrac{2\pi}{3} \wedge k\in\mathbb{Z}$

auf $x_M = x_P - \dfrac{2}{5}\cdot\dot{y}_P = \dfrac{3r}{5}[4\cdot\cos t + \cos(4t)],$

$y_M = y_P + \dfrac{2}{5}\cdot\dot{x}_P = \dfrac{3r}{5}[4\cdot\sin t + \sin(4t)]$

führt. Hierdurch werden auch die sich für $t = k\cdot\dfrac{2\pi}{3}$ ergebenden, aber wegen $\dot{x}_P^2 + \dot{y}_P^2 = 0$ und folglich $\dot{x}_P\ddot{y}_P - \ddot{x}_P\dot{y}_P = 0$ zunächst ausgeschlossenen besonderen Punkte $P_1(3r;\,0)$, $P_2\left(-\dfrac{3}{2}r;\dfrac{3}{2}\cdot\sqrt{3}\,r\right)$ und $P_3\left(-\dfrac{3}{2}r;\,-\dfrac{3}{2}\cdot\sqrt{3}\,r\right)$, in denen die Epizykloide ersichtlich Spitzen aufweist, als Punkte der Evolute erfaßt.

Setzt man in der Parameterdarstellung der Evolute $t = \bar{t} - 180°$, so ergibt sich

$$x_M = -\dfrac{3r}{5}[4\cdot\cos\bar{t} - \cos(4\bar{t})],$$

$$y_M = -\dfrac{3r}{5}[4\cdot\sin\bar{t} - \sin(4\bar{t})].$$

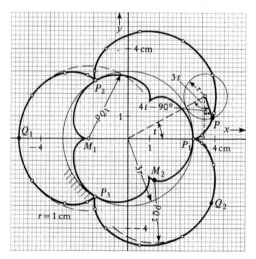

Die Evolute entsteht somit aus der Epizykloide durch Punktspiegelung am Ursprung und nachfolgende zentrische Streckung im Verhältnis 3 : 5 vom Ursprung aus. Beide Kurven sind daher ähnlich.

Die angegebene Formel für den Krümmungsradius ergibt

$\rho_P = \dfrac{8}{5}\cdot\sqrt{2}\,r\cdot\sqrt{1 - \cos(3t)}$, wobei $t = k\cdot\dfrac{2\pi}{3}$ auszuschließen ist.

Für die speziellen Punkte $Q_1(-5r;\,0)$ für $t_1 = 180°$ und $Q_2((1 + 2\cdot\sqrt{2})r;\,-2\cdot\sqrt{2}\,r)$ für $t_2 = 315°$ erhält man

$x_{M_1} = -\dfrac{9}{5}r$, $y_{M_1} = 0$, $\rho_{Q_1} = \dfrac{16}{5}r$ und $x_{M_2} = \dfrac{3}{5}(2\cdot\sqrt{2}-1)r$,

$y_{M_2} = -\dfrac{6\cdot\sqrt{2}}{5}r$, $\rho_{Q_2} = \dfrac{8}{5}\cdot\sqrt{2+\sqrt{2}}\,r$.

Der Steigungswinkel $\alpha$ unter dem die Epizykloide aus der Spitze bei $P_1$ austritt, berechnet sich aus

$$\tan\alpha = \left[\dfrac{\dot y}{\dot x}\right]_{t=0} = \left[\dfrac{-\sin t + 4\sin(4t)}{-\cos t + 4\cos(4t)}\right]_{t=0} = 0 \quad \text{zu } \alpha = 0^\circ.$$

| t | $0^\circ$ | $15^\circ$ | $30^\circ$ | $45^\circ$ | $60^\circ$ | $75^\circ$ | $90^\circ$ | $105^\circ$ | $120^\circ$ | $135^\circ$ |
|---|---|---|---|---|---|---|---|---|---|---|
| $\dfrac{x}{r}$ | 3,00 | 3,36 | 3,96 | 3,83 | 2,50 | 0,54 | -1,00 | -1,54 | -1,50 | -1,83 |
| $\dfrac{y}{r}$ | 0 | 0,17 | 1,13 | 2,83 | 4,33 | 4,73 | 4,00 | 3,00 | 2,60 | 2,83 |

| t | $150^\circ$ | $165^\circ$ | $180^\circ$ | ... |
|---|---|---|---|---|
| $\dfrac{x}{r}$ | -2,96 | -4,30 | -5,00 | ... |
| $\dfrac{y}{r}$ | 2,87 | 1,90 | 0 | ... |

**273.** Verhalten sich die Radien von festem und abrollendem Kreis der vorherigen Aufgabe wie $R : r = 3 : 2$ und befindet sich der Punkt P im Abstand $2r$ vom Mittelpunkt M des bewegten Kreises, so wird der Bewegungsablauf von P in Abhängigkeit von der Zeit t durch

$$x = \dfrac{5r}{2}\cos(\omega t) - 2r\cos\left(\dfrac{5\omega}{2}t\right), \quad y = \dfrac{5r}{2}\sin(\omega t) - 2r\sin\left(\dfrac{5\omega}{2}t\right)$$

mit $\omega$ als skalarem Wert der konstanten Winkelgeschwindigkeit des Drehstrahls $\overrightarrow{OM}$ beschrieben. Die Bahnkurve von P ist eine **verschlungene Epizykloide**.

Es sind die Zeiten zu bestimmen, in denen die Beträge der Geschwindigkeiten von P relative Extremwerte annehmen.

Mit

$$\dfrac{dx}{dt} = 5\omega r\left[-\dfrac{1}{2}\sin(\omega t) + \sin\left(\dfrac{5\omega}{2}t\right)\right],$$

$$\dfrac{dy}{dt} = 5\omega r\left[\dfrac{1}{2}\cos(\omega t) - \cos\left(\dfrac{5\omega}{2}t\right)\right]$$

folgt der Betrag der Geschwindigkeit des Punktes P zur Zeit t zu

$$|\vec{v}| = \sqrt{\left(\frac{dx}{dt}\right)^2 + \left(\frac{dy}{dt}\right)^2} = 5\omega r \sqrt{\frac{5}{4} - \cos\left(\frac{3\omega}{2} t\right)}.$$

$$\frac{d|\vec{v}|}{dt} = \frac{15 \cdot \omega^2 \cdot r \cdot \sin\left(\frac{3\omega}{2} t\right)}{4\sqrt{\frac{5}{4} - \cos\left(\frac{3\omega}{2} t\right)}} \text{ verschwindet für } \frac{3\omega}{2} t = k \cdot \pi \wedge k \in \mathbb{Z}_o^+, \text{ was}$$

auf $t_k = \frac{2\pi}{3\omega} \cdot k$ führt. Zu diesen Zeiten werden in $0 \leq \omega t < 4\pi$ die Kurvenpunkte $Q_0 \left(\frac{r}{2} ; 0\right)$,

$Q_1 \left(-\frac{9}{4} r; \frac{9}{4} \sqrt{3} r\right)$,

$Q_2 \left(-\frac{r}{4} ; -\frac{1}{4} \sqrt{3} r\right)$,

$Q_3 \left(\frac{9}{2} r; 0\right)$,

$Q_4 \left(-\frac{r}{4} ; \frac{1}{4} \sqrt{3} r\right)$,

$Q_5 \left(-\frac{9}{4} r; -\frac{9}{4} \sqrt{3} r\right)$

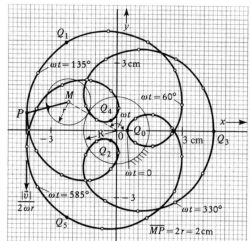

mit Geschwindigkeiten von den Beträgen

$$|\vec{v}_0| = |\vec{v}_2| = |\vec{v}_4| = \frac{5}{2} \cdot \omega \cdot r \quad \text{und} \quad |\vec{v}_1| = |\vec{v}_3| = |\vec{v}_5| = \frac{15}{2} \cdot \omega \cdot r$$

durchlaufen.

Da $\left(\frac{d^2 |\vec{v}|}{dt^2}\right)_{t=t_k} = \frac{45}{32} \cdot \omega^3 \cdot r \cdot \frac{5 \cdot \cos(k\pi) - 4}{\sqrt{\frac{5}{4} - \cos(k\pi)}^3} =$

$= \begin{cases} \frac{45}{4} \omega^3 \cdot r > 0 \text{ für } k = 0, 2, 4 \\ -\frac{15}{4} \omega^3 \cdot r < 0 \text{ für } k = 1, 3, 5, \end{cases}$

treten in $Q_0$, $Q_2$, $Q_4$ relative minimale und in $Q_1$, $Q_3$, $Q_5$ relative maximale Beträge der Geschwindigkeiten des Bahnpunktes P auf.

Für $\omega t = 150°$ sind die skalaren Geschwindigkeitskomponenten

$$v_x = 5\omega r\left[-\frac{1}{2}\sin 150° + \sin 375°\right] \approx 0{,}04\,\omega r,$$

$$v_y = 5\omega r\left[\frac{1}{2}\cos 150° - \cos 375°\right] \approx -6{,}99\,\omega r;$$

der Betrag der Geschwindigkeit ist $|\vec{v}| = \sqrt{v_x^2 + v_y^2} \approx 6{,}99\,\omega r$.

| $\omega t$ | 0° | 15° | 30° | 45° | 60° | 75° | 90° | 105° | 120° | 135° |
|---|---|---|---|---|---|---|---|---|---|---|
| $\dfrac{x}{r}$ | 0,50 | 0,83 | 1,65 | 2,53 | 2,98 | 2,63 | 1,41 | -0,39 | -2,25 | -3,62 |
| $\dfrac{y}{r}$ | 0 | -0,57 | -0,68 | -0,08 | 1,17 | 2,68 | 3,91 | 4,40 | 3,90 | 2,53 |

| $\omega t$ | 150° | 165° | 180° | 195° | 210° | 225° | 240° | 255° | 270° |
|---|---|---|---|---|---|---|---|---|---|
| $\dfrac{x}{r}$ | -4,10 | -3,63 | -2,50 | -1,20 | -0,23 | 0,08 | -0,25 | -0,91 | -1,41 |
| $\dfrac{y}{r}$ | 0,73 | -0,94 | -2,00 | -2,23 | -1,77 | -1,00 | -0,43 | -0,43 | -1,09 |

| $\omega t$ | 285° | 300° | 315° | 330° | 345° | 360° |
|---|---|---|---|---|---|---|
| $\dfrac{x}{r}$ | -1,34 | -0,48 | 1,00 | 2,68 | 4,00 | 4,50 |
| $\dfrac{y}{r}$ | -2,15 | -3,17 | -3,62 | -3,18 | -1,86 | 0 |

**274.** Rollt ein Kreis vom Radius r auf der Innenseite eines festen Kreises vom Radius 3r in der gleichen Ebene ab, so beschreibt der Punkt P innerhalb des bewegten Kreises im Abstand a von dessen Mittelpunkt bei Wahl des Koordinatensystems wie in der Abbildung eine **gestreckte Hypozykloide** mit der Gleichung $x = 2r\cdot\cos t + a\cdot\cos(2t)$, $y = 2r\cdot\sin t - a\cdot\sin(2t)$. Wie muß a gewählt werden, damit die Krümmung in dem sich für den Drehwinkel $t = 60°$ ergebenden Kurvenpunkt Q Null wird?

Aus $\dot{x} = -2r\cdot\sin t - 2a\cdot\sin(2t)$, $\dot{y} = 2r\cdot\cos t - 2a\cdot\cos(2t)$,

$\ddot{x} = -2r\cdot\cos t - 4a\cdot\cos(2t)$, $\ddot{y} = -2r\cdot\sin t + 4a\cdot\sin(2t)$

folgt für $t = 60°$

$\dot{x}_Q = -(r+a)\cdot\sqrt{3}$, $\dot{y}_Q = r + a$,

$\ddot{x}_Q = -r + 2a$, $\ddot{y}_Q = -(r-2a)\cdot\sqrt{3}$.

Damit ergibt sich die Krümmung zu

$$k = \frac{\dot{x}_Q \cdot \ddot{y}_Q - \ddot{x}_Q \cdot \dot{y}_Q}{(\dot{x}_Q^2 + \dot{y}_Q^2)^{\frac{3}{2}}} =$$

$$= \frac{r - 2a}{2 \cdot (r + a)^2} \; .$$

Diese wird 0 für $a = \frac{r}{2}$.

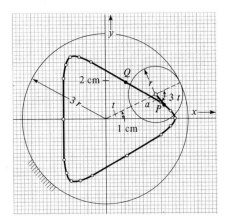

| t | 0 | 15° | 30° | 60° | 90° | 105° | 120° | 135° | 150° | 180°... |
|---|---|-----|-----|-----|-----|------|------|------|------|---------|
| $\frac{x}{r}$ | 2,5 | 2,36 | 1,98 | 0,75 | -0,5 | -0,95 | -1,25 | -1,41 | -1,48 | -1,5 ... |
| $\frac{y}{r}$ | 0 | 0,27 | 0,57 | 1,30 | 2 | 2,18 | 2,17 | 1,91 | 1,43 | 0 ... |

**275.** Man ermittle die Gleichung der Evolute für die Parabel mit der Gleichung $y^2 = 9x$ und zeige, daß sie die Enveloppe der Parabelnormalen ist.

$y = \pm 3\sqrt{x}$ für $x \geqslant 0$ liefert

$$\frac{dy}{dx} = \pm \frac{3}{2\sqrt{x}} \quad \text{und} \quad \frac{d^2y}{dx^2} = \mp \frac{3}{4x\sqrt{x}} \text{ für } x > 0.$$ Hiermit können die Koordinaten $x_M$ und $y_M$ des Krümmungskreismittelpunktes bezüglich eines Parabelpunktes $P(x_0; y_0)$ außer des Scheitels $S(0; 0)$ aus

$$x_M = x_0 - \frac{(1 + y_P'^2) \cdot y_P'}{y_P''} = x_0 \mp \frac{\left(1 + \frac{9}{4x_0}\right) \frac{3}{2\sqrt{x_0}}}{\mp \frac{3}{4x_0\sqrt{x_0}}} = \frac{3}{2}(2x_0 + 3)$$

und

$$y_M = y_0 + \frac{1 + y_P'^2}{y_P''} = y_0 + \frac{1 + \frac{9}{4x_0}}{\mp \frac{3}{4x_0\sqrt{x_0}}} = y_0 \mp \frac{4x_0 + 9}{3} \sqrt{x_0} =$$

$$= y_o - \frac{(4x_o + 9)y_o}{9} = -\frac{4}{81} y_o^3$$

berechnet werden. Hierbei gilt das obere der beiden Vorzeichen für $y_o > 0$, das untere für $y_o < 0$.

Durch Elimination von

$$x_o = \frac{2x_M - 9}{6} \text{ und}$$

$$y_o^3 = -\frac{81}{4} \cdot y_M \text{ in}$$

Verbindung mit $y_o^2 = 9x_o$ wird die Gleichung der Evolute zu

$$y_M^2 = \frac{2}{243} (2x_M - 9)^3$$

oder

$$y_M = \mp \frac{\sqrt{6}}{27} (2x_M - 9)^{\frac{3}{2}}$$

für $x_M > \frac{9}{2}$, $y_M \neq 0$ erhalten

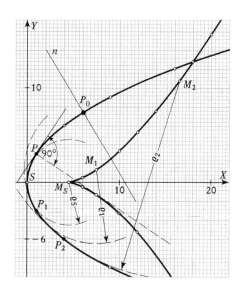

(NEILsche Parabel).

Der Krümmungsmittelpunkt $M_S$ für den Scheitel S liegt auf der X-Achse. Die Abszisse des Schnittpunktes der Parabelnormalen $n \equiv \frac{9}{2}(y - y_o) +$
$+ y_o(x - x_o) = 0$ in einem Kurvenpunkt $P_o(x_o; y_o)$ mit der X-Achse ergibt sich für $y = 0$ aus $-\frac{9}{2} y_o + y_o(x - x_o) = y_o \left(-\frac{9}{2} + x - x_o\right) = 0$
solange $y_o \neq 0$ zu $x = \frac{9}{2} + x_o$. Hieraus folgt für $x_o \to 0$ der Grenzwert $x = x_{M_S} = \frac{9}{2}$.

Die gefundene Gleichung der Evolute gilt somit auch für $x_M = \frac{9}{2}$, $y_M = 0$.

Der Mittelpunkt $M_1$ des Krümmungskreises an die gegebene Parabel im Kurvenpunkt $P_1(1; -3)$ hat die Koordinaten

$$x_{M_1} = \frac{15}{2}, \quad y_{M_1} = +\frac{4}{3} ;$$

die Maßzahl des zugehörigen Krümmungsradius ist

$$\rho_1 = \sqrt{\left(1 - \frac{15}{2}\right)^2 + \left(-3 - \frac{4}{3}\right)^2} = \frac{13}{6}\sqrt{13}.$$

Für $P_2(4; -6)$ sind $x_{M_2} = \frac{33}{2}$, $y_{M_2} = \frac{32}{3}$, $\rho_2 = \frac{125}{6}$.

Zur Ermittlung der Gleichung der Enveloppe der Parabelnormalen kann die Normalengleichung $\frac{9}{2}(y - y_0) + y_0\left(x - \frac{1}{9} \cdot y_0^2\right) = 0$ mit $y_0$ als Ordinate des Parabelpunktes $P_0$ verwendet werden.

Durch Elimination von $y_0$ aus

$$F(x; y; y_0) \equiv 81(y - y_0) + 2y_0(9x - y_0^2) = 0$$

und

$$\frac{\partial F(x; y; y_0)}{\partial y_0} \equiv -81 + 18x - 6y_0^2 = 0$$

erhält man wiederum $y = \mp \frac{\sqrt{6}}{27}(2x - 9)^{\frac{3}{2}}$.

| $x_0$ | 0 | 1 | 4 | 9 | 16 | ... | |
|---|---|---|---|---|---|---|---|
| $y_0$ | 0 | ±3 | ±6 | ±9 | ±12 | ... | ; |
| $x_M$ | 4,5 | 7,50 | 16,50 | 31,50 | ... | | |
| $y_M$ | 0 | ∓1,33 | ∓10,67 | ∓36 | ... | | |

| $x_M$ | 4,5 | 6 | 10 | 12 | 14 | 18 | 20 | ... |
|---|---|---|---|---|---|---|---|---|
| $y_M$ | 0 | ∓0,47 | ∓3,31 | ∓5,27 | ∓7,51 | ∓12,73 | ∓15,66 | ... |

---

**276.** Gegeben ist eine Ellipse durch $x = a \cos t$, $y = b \cdot \sin t$ mit $a > b$ und $t \in \mathbb{R}$. Durch welche Gleichung $F(x; y) = 0$ wird ihre Evolute beschrieben?

Unter Verwendung von

$$x_M = x_P - \frac{\dot{x}_P^2 + \dot{y}_P^2}{\dot{x}_P \cdot \ddot{y}_P - \ddot{x}_P \cdot \dot{y}_P} \cdot \dot{y}_P, \quad y_M = y_P + \frac{\dot{x}_P^2 + \dot{y}_P^2}{\dot{x}_P \cdot \ddot{y}_P - \ddot{x}_P \cdot \dot{y}_P} \cdot \dot{x}_P$$

für die Koordinaten $x_M$ und $y_M$ des einem Kurvenpunkt $P(x_P; y_P)$ entsprechenden Krümmungsmittelpunktes M berechnen sich für die gegebene Ellipse über

$\dot{x} = -a \cdot \sin t$, $\ddot{x} = -a \cdot \cos t$

$\dot{y} = b \cdot \cos t$, $\ddot{y} = -b \cdot \sin t$

und $\dfrac{\dot{x}_P^2 + \dot{y}_P^2}{\dot{x}_P \ddot{y}_P - \ddot{x}_P \dot{y}_P} =$

$= \dfrac{1}{ab} \cdot (a^2 \cdot \sin^2 t + b^2 \cdot \cos^2 t)$

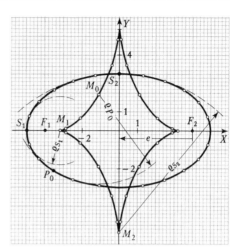

$x_M = a \cdot \cos t - \dfrac{1}{a} \cdot (a^2 \cdot \sin^2 t + b^2 \cdot \cos^2 t) \cdot \cos t =$

$= \dfrac{1}{a} \cdot (a^2 - b^2) \cdot \cos^3 t = \dfrac{e^2}{a} \cdot \cos^3 t,$

$y_M = b \cdot \sin t - \dfrac{1}{b} \cdot (a^2 \cdot \sin^2 t + b^2 \cdot \cos^2 t) \cdot \sin t =$

$= \dfrac{1}{b} \cdot (b^2 - a^2) \cdot \sin^3 t = -\dfrac{e^2}{b} \cdot \sin^3 t$

mit $e = \sqrt{a^2 + b^2}$ als linearer Exzentrizität der Ellipse.

Elimination von t führt auf

$F(x; y) \equiv (a \cdot |x_M|)^{\frac{2}{3}} + (b \cdot |y_M|)^{\frac{2}{3}} - e^{\frac{4}{3}} = 0.$

Der den hierdurch implizit definierten Funktionen zugeordnete Graph wird als **Astroide** bezeichnet.

Für die Scheitel $S_1$ und $S_2$ der Ellipse sind $M_1\left(-\dfrac{e^2}{a}; 0\right)$ und $M_2\left(0; -\dfrac{e^2}{b}\right)$

mit den Maßzahlen $\rho_{S_1} = \dfrac{b^2}{a}$ und $\rho_{S_2} = \dfrac{a^2}{b}$ ihrer Krümmungshalbmesser.

Mit den Zahlenwerten a = 5, b = 3 wird für den durch t = 225° bestimmten Punkt $P_0\left(-\dfrac{5}{2} \cdot \sqrt{2}; -\dfrac{3}{2} \cdot \sqrt{2}\right)$ der Krümmungsmittelpunkt $M_0\left(-\dfrac{4}{5}\sqrt{2}; \dfrac{4}{3} \cdot \sqrt{2}\right)$ und die Maßzahl des Krümmungsradius zu $\rho_{P_0} = \dfrac{17}{15}\sqrt{17} \approx 4{,}673$ erhalten.

| t | 0° | 15° | 30° | 45° | 60° | 75° | 90° |
|---|---|---|---|---|---|---|---|
| x | 5 | 4,83 | 4,33 | 3,54 | 2,50 | 1,29 | 0 |
| y | 0 | 0,78 | 1,50 | 2,12 | 2,60 | 2,90 | 3,00 |
| $x_M$ | 3,20 | 2,88 | 2,08 | 1,13 | 0,40 | 0,06 | 0 |
| $y_M$ | 0 | -0,09 | -0,67 | -1,89 | -3,46 | -4,81 | -5,33 |

**277.** Wird ein gespannter Faden vom Umfang eines Kreises mit dem Radius r abgerollt, so beschreibt der Endpunkt P des Fadens in bezug auf das gewählte Koordinatensystem eine Kurve, die mit $t \in \mathbb{R}_o^+$ als Drehwinkel der Parameterdarstellung $x = r \cdot (\cos t + t \cdot \sin t)$, $y = r \cdot (\sin t - t \cdot \cos t)$ genügt. Man zeige, daß die Evolute dieser Abwicklungskurve identisch mit dem ursprünglichen Kreis ist.

Einsetzen von

$\dot{x} = r \cdot t \cdot \cos t$,

$\ddot{x} = r \cdot (\cos t - t \cdot \sin t)$,

$\dot{y} = r \cdot t \cdot \sin t$,

$\ddot{y} = r \cdot (\sin t + t \cdot \cos t)$

in die in der vorherigen Aufgabe verwendeten Formeln für die Koordinaten $x_M$ und $y_M$ des Krümmungsmittelpunktes M führt auf

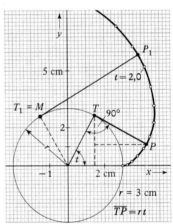

$$x_M = r \cdot (\cos t_P + t_P \cdot \sin t_P) - \frac{r^2 \cdot t_P^2}{r^2 \cdot t_P^2} \cdot r \cdot t_P \cdot \sin t_P = r \cdot \cos t_P,$$

$$y_M = r \cdot (\sin t_P - t_P \cdot \cos t_P) + r \cdot t_P \cdot \cos t_P = r \cdot \sin t_P,$$

woraus unmittelbar

$x_M^2 + y_M^2 = r^2$ als die Gleichung des ursprünglichen Kreises gefunden wird.

Verläßt der Faden den Kreisumfang in $T_1 \left( -\frac{r}{2}; \frac{r}{2} \sqrt{3} \right)$ für $t = 120°$, so hat der Endpunkt $P_1$ die Koordinaten

$$x_1 = r \cdot \left( -\frac{1}{2} + \frac{\pi}{3} \cdot \sqrt{3} \right) \approx 1{,}314 \ r, \quad y_1 = r \cdot \left( \frac{1}{2} \cdot \sqrt{3} + \frac{\pi}{3} \right) \approx 1{,}913 \cdot r.$$

| t | 0 | 0,4 | 0,6 | 0,8 | 1,0 | 1,2 | 1,4 | 1,6 | 1,8 |
|---|---|---|---|---|---|---|---|---|---|
| $\dfrac{x}{r}$ | 1 | 1,077 | 1,164 | 1,271 | 1,382 | 1,481 | 1,550 | 1,570 | 1,526 |
| $\dfrac{y}{r}$ | 0 | 0,021 | 0,069 | 0,160 | 0,301 | 0,497 | 0,747 | 1,046 | 1,383 |

| t | 2,0 | 2,2 | 2,4 | ... |
|---|---|---|---|---|
| $\dfrac{x}{r}$ | 1,402 | 1,190 | 0,884 | ... |
| $\dfrac{y}{r}$ | 1,742 | 2,103 | 2,445 | ... |

**278.** Gegeben sind zwei Schwingungen durch die Gleichungen $x = 3 \sin(2t)$ und $y = 4 \sin(3t + 30^\circ)$.

Welchen Kurvenverlauf (LISSAJOUSsche Figur) erhält man, wenn x und y als Koordinaten eines rechtwinkligen XY-Systems aufgefaßt werden?

Da $\sin(2t)$ und $\sin(3t + 30^\circ)$ die gemeinsame kleinste Periode $360^\circ$ besitzen, schließt sich die Kurve z.B. nach Ablauf des Intervalls $0^\circ \leqslant t \leqslant 360^\circ$.

$$\frac{dx}{dt} = 6 \cdot \cos(2t),$$

$$\frac{d^2x}{dt^2} = -12 \cdot \sin(2t),$$

$$\frac{dy}{dt} = 12 \cdot \cos(3t + 30^\circ),$$

$$\frac{d^2y}{dt^2} = -36 \cdot \sin(3t + 30^\circ).$$

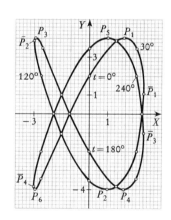

Zur X-Achse parallele Tangenten, $\dfrac{dy}{dx} = 0$:

$\cos(3t + 30^\circ) = 0$ wird erfüllt für $3t_k + 30^\circ = (2k - 1) \cdot 90^\circ$ oder $t_k = -40^\circ + k \cdot 60^\circ \wedge k \in \mathbb{Z}$. Damit ergeben sich die Koordinaten $x_k = 3 \cdot \sin(-80^\circ + 120^\circ \cdot k)$, $y_k = 4 \cdot (-1)^{k+1}$. Da $\left(\dfrac{dx}{dt}\right)_{t=t_k} \neq 0$ und

$$\operatorname{sgn}\left(\frac{d^2y}{dx^2}\right)_{t=t_k} = \operatorname{sgn}\left(\frac{d^2y}{dt^2}\right)_{t=t_k} \quad \text{mit}$$

$$\left(\frac{d^2y}{dt^2}\right)_{t=t_k} = -36 \cdot (-1)^{k+1} \begin{matrix} <0 \text{ für } k = \pm 1, \pm 3, \ldots \\ >0 \text{ für } k = 0, \pm 2, \pm 4, \ldots \end{matrix},$$

sind bei Beschränkung auf $0 \leqslant t < 360$ die zugehörigen Kurvenpunkte $P_{1;4}(1{,}93; \pm 4)$, $P_{2;5}(1{,}03; \mp 4)$, $P_{3;6}(-2{,}95; \pm 4)$ für positive Ordinaten relative Maxima und für negative Ordinaten relative Minima bezüglich der Y-Richtung.

Zur Y-Achse parallele Tangenten, $\dfrac{dx}{dy} = 0$:

$\cos(2t) = 0$ wird erfüllt für $\bar{t}_{k_1} = (2k - 1) \cdot 45° \wedge k \in \mathbb{Z}$, womit die Koordinaten $\bar{x}_k = 3 \cdot (-1)^{k+1}$, $\bar{y}_k = 4 \cdot \sin(-105° + 270° \cdot k)$ folgen. Wegen $\left(\dfrac{dy}{dt}\right)_{t=\bar{t}_k} \neq 0$ und

$$\left(\frac{d^2x}{dt^2}\right)_{t=\bar{t}_k} = -12 \cdot (-1)^{k+1} \begin{matrix} <0 \text{ für } k = \pm 1, \pm 3, \ldots \\ >0 \text{ für } k = 0, \pm 2, \pm 4, \ldots \end{matrix}$$

sind in $0 \leqslant t < 360°$ die Punkte $\bar{P}_{1;3}(3; \pm 1{,}04)$ relative Maxima und die Punkte $\bar{P}_{2;4}(-3; \pm 3{,}86)$ relative Minima bezüglich der X-Richtung.

| t | 0° | 15° | 30° | 45° | 60° | 75° | 90° | 105° | 120° | 135° |
|---|---|---|---|---|---|---|---|---|---|---|
| x | 0 | 1,50 | 2,60 | 3,00 | 2,60 | 1,50 | 0 | -1,50 | -2,60 | -3,00 |
| y | 2 | 3,86 | 3,46 | 1,04 | -2,00 | -3,86 | -3,46 | -1,04 | 2,00 | 3,86 |

| t | 150° | 165° | 180° | 195° | 210° | 225° | 240° | 255° | 270° |
|---|---|---|---|---|---|---|---|---|---|
| x | -2,60 | -1,50 | 0 | 1,50 | 2,60 | 3,00 | 2,60 | 1,50 | 0 |
| y | 3,46 | 1,04 | -2,00 | -3,86 | -3,46 | -1,04 | 2,00 | 3,86 | 3,46 |

| t | 285° | 300° | 315° | 330° | 345° |
|---|---|---|---|---|---|
| x | -1,50 | -2,60 | -3,00 | -2,60 | -1,50 |
| y | 1,04 | -2,00 | -3,86 | -3,46 | -1,04 |

---

**279.** Das Rad eines Wagens bewegt sich längs einer Geraden mit der konstanten Winkelgeschwindigkeit $\vec{\omega}$ im Uhrzeigersinn. Welche Geschwindigkeit $\vec{v}$ hat ein Punkt P auf dem Umfang des Rades vom Durchmesser d = 60 cm beim Drehwinkel $\varphi = 120°$ gemäß der Zeichnung, wenn $|\vec{\omega}| = 2 \text{ s}^{-1}$ ist?

Der Punkt P beschreibt eine gewöhnliche Zykloide, deren Gleichung durch $x = \dfrac{d}{2}[\omega t - \sin(\omega t)]$ und $y = \dfrac{d}{2}[1 - \cos(\omega t)]$ mit $\omega$ als skalarem Wert der Winkelgeschwindigkeit angegeben werden kann.

Durch Differentiation nach der Zeit t ergeben sich die skalaren Komponenten der Geschwindigkeit zu

$$\dot{x} = \frac{\omega d}{2}[1 - \cos(\omega t)] \quad \text{und}$$

$$\dot{y} = \frac{\omega d}{2}\sin(\omega t).$$

Hieraus folgt der Betrag der Geschwindigkeit des Punktes P mit

$$|\vec{v}| = \sqrt{\dot{x}^2 + \dot{y}^2} =$$

$$= \frac{\omega d}{2}\sqrt{2 - 2\cos(\omega t)} =$$

$$= \omega d \cdot \left|\sin\left(\frac{\omega t}{2}\right)\right|.$$

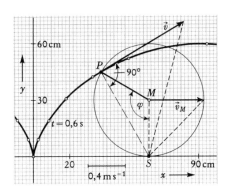

Da die momentane Bewegung des Rades um den Drehpol S erfolgt, kann für $\overline{PS} \neq 0$ dieses Ergebnis unmittelbar aus der Proportion

$$\frac{|\vec{v}_M|}{\frac{d}{2}} = \frac{|\vec{v}|}{\overline{PS}} \quad \text{mit} \quad |\vec{v}_M| = \frac{|\vec{\omega}|d}{2}$$

als Betrag der Geschwindigkeit des Radmittelpunktes M gefunden werden.

Man erhält aus

$$\frac{|\vec{\omega}|\frac{d}{2}}{\frac{d}{2}} = \frac{|\vec{v}|}{d\left|\sin\left(\frac{\varphi}{2}\right)\right|} = \frac{|\vec{v}|}{d\left|\sin\left(\frac{\omega t}{2}\right)\right|}$$

wiederum

$|\vec{v}| = |\vec{\omega}| \cdot d \cdot \left|\sin\left(\frac{\omega t}{2}\right)\right|$. In der Zeichnung ist hierbei der Geschwindigkeitsmaßstab so gewählt, daß die Bildgrößen von Kreisradius und $|\vec{v}_M|$ übereinstimmen.

Für die gegebenen Zahlenwerte werden wegen $\varphi = 120° = \frac{2\pi}{3} \mathrel{\hat=} |\vec{\omega}|t =$

$= 2 t \cdot s^{-1}$, also $t = \frac{\pi}{3} \cdot s$, $|\vec{v}| = \begin{pmatrix} 0{,}9 \\ 0{,}3 \cdot \sqrt{3} \end{pmatrix} ms^{-1}$ mit $|\vec{v}| = 0{,}6 \cdot \sqrt{3}\ ms^{-1} \approx$

$\approx 1{,}04\ ms^{-1}$ und $|\vec{v}_M| = 0{,}6\ ms^{-1}$.

| $\dfrac{t}{s}$ | 0 | 0,4 | 0,6 | 0,8 | 1,0 | 1,2 | 1,57 ... |
|---|---|---|---|---|---|---|---|
| $\dfrac{x}{cm}$ | 0 | 2,48 | 8,04 | 18,01 | 32,72 | 51,74 | 94,15 ... |
| $\dfrac{y}{cm}$ | 0 | 9,10 | 19,13 | 30,88 | 42,48 | 52,12 | 60,00 ... |

**280.** Welche Geschwindigkeit $\vec{v}_P$ hat der Punkt P der dargestellten schwingenden Kurbelschleife mit $\overline{AB} = d$ als Gestell, wenn die Kurbel $\overline{AC} = a < d$ mit der konstanten Winkelgeschwindigkeit $\vec{\omega}$ umläuft?

Beträgt der Abstand des Punktes P vom Drehpunkt B der Kulisse $\overline{BP} = l$, so kann die Lage von P in Abhängigkeit von der Zeit t durch den Ortsvektor

$$\vec{r}_P = |\overrightarrow{BP}| \cdot \overrightarrow{BC}^0 = \frac{1}{\sqrt{a^2 + d^2 + 2ad \cdot \sin(\omega t)}} \begin{pmatrix} a \cdot \cos(\omega t) \\ d + a \cdot \sin(\omega t) \end{pmatrix}$$

angegeben werden.

Differentiation nach der Zeit t ergibt

$$\vec{r} = \begin{pmatrix} \dot{x} \\ \dot{y} \end{pmatrix} = \begin{pmatrix} v_{P_x} \\ v_{P_y} \end{pmatrix} \text{ mit den skalaren}$$

Komponenten der Geschwindigkeiten

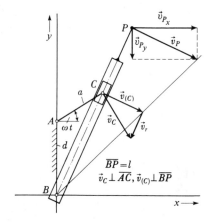

$$v_{P_x} = -al\omega \cdot \frac{[a + d\sin(\omega t)] \cdot [d + a\sin(\omega t)]}{\sqrt{a^2 + d^2 + 2ad\sin(\omega t)}^3} \quad ;$$

$$v_{P_y} = al\omega \cdot \frac{[a + d\sin(\omega t)] \cdot a\cos(\omega t)}{\sqrt{a^2 + d^2 + 2ad\sin(\omega t)}^3} \quad .$$

Der Betrag der Geschwindigkeit berechnet sich hieraus zu

$$|\vec{v}_P| = \sqrt{\dot{x}_P^2 + \dot{y}_P^2} = al\omega \cdot \left| \frac{a + d\sin(\omega t)}{a^2 + d^2 + 2ad\sin(\omega t)} \right| .$$

Wird, wie in der Abbildung, $\omega < 0$ (bei zugrunde gelegtem positivem mathematischen Drehsinn) angenommen, so weist der Vektor $\vec{v}_r$ der Relativgeschwindigkeit des Gelenkpunktes C gegenüber der Kulisse in Richtung des Lagers B. Zwischen der skalaren Geschwindigkeit $v_{(C)}$ des Punktes (C) der Kulisse, der momentan mit C zusammenfällt und der skalaren Geschwindigkeit $v_P$ besteht der Zusammenhang

$$\frac{v_{(C)}}{\overline{BC}} = \frac{v_P}{\overline{BC}} \quad \text{oder} \quad v_{(C)} = \frac{\overline{BC}}{l} \cdot v_P.$$

---

**281.** Auf den im Aufriß abgebildeten zylindrischen Spiegel mit Radius r fallen parallele Lichtstrahlen, die in einer zur Zylinderachse senkrechten Ebene liegen. Welche Kurve hüllen die reflektierten Strahlen ein?

Bei Übereinstimmung des positiven Richtungssinnes der X-Achse mit dem der einfallenden Strahlen und Ursprung in der Achse des Kreiszylinders lautet die Gleichung der Geraden, die längs des in $P_0(x_0; y_0)$ reflektierten Strahls verläuft

$$\vec{n} \cdot \left[ \begin{pmatrix} x \\ y \end{pmatrix} - \begin{pmatrix} r \cdot \cos\alpha \\ r \cdot \sin\alpha \end{pmatrix} \right] = 0 \quad \text{mit}$$

$$\vec{n} = \begin{pmatrix} \sin(2\alpha) \\ -\cos(2\alpha) \end{pmatrix}$$

als Normalenvektor.

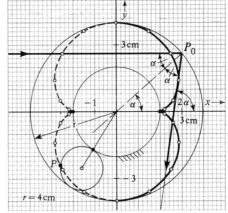

Hierfür kann

$(x - r \cdot \cos\alpha) \cdot \sin(2\alpha) - (y - r \cdot \sin\alpha) \cdot \cos(2\alpha) = 0 \quad \text{oder}$

$F(x; y; \alpha) \equiv x \cdot \sin(2\alpha) - y \cdot \cos(2\alpha) - r \cdot \sin\alpha = 0$

geschrieben werden.

Die Auflösung des in x und y linearen Gleichungssystems $F(x; y; \alpha) = 0$ und

$$\frac{\partial F(x; y; \alpha)}{\partial \alpha} \equiv 2x \cdot \cos(2\alpha) + 2y \cdot \sin(2\alpha) - r \cos\alpha = 0$$

nach x und y erbringt mit den Zwischenergebnissen

$2x - r[2 \cdot \sin\alpha \cdot \sin(2\alpha) + \cos\alpha \cdot \cos(2\alpha)] = 0 \quad \text{und}$

$2y - r[\cos\alpha \, \sin(2\alpha) - 2\sin\alpha \cdot \cos(2\alpha)] = 0$

die von der Aufgabenstellung her für $|\alpha| < 90°$ gültige Parameterdarstellung

$$x = \frac{r}{4}[3\cos\alpha - \cos(3\alpha)]$$

$$y = \frac{r}{4}[3\sin\alpha - \sin(3\alpha)] \quad \text{der Einhüllenden.}$$

Es handelt sich um ein Stück einer **gewöhnlichen Epizykloide**, die man sich für $\alpha \in \mathbb{R}$ als Bahnkurve eines Punktes P auf dem Umfang eines Kreises vom Radius $\frac{r}{4}$ entstanden denken kann, der auf dem zum Grundkreis des Spiegels konzentrischen Kreis vom Radius $\frac{r}{2}$ ohne zu gleiten abrollt.

| $\alpha$ | 0 | 15° | 30° | 45° | 60° | 75° | 90° | ... |
|---|---|---|---|---|---|---|---|---|
| $4\cdot\frac{x}{r}$ | 2 | 2,19 | 2,60 | 2,83 | 2,50 | 1,48 | 0 | ... |
| $4\cdot\frac{y}{r}$ | 0 | 0,07 | 0,5 | 1,41 | 2,60 | 3,60 | 4,00 | ... |

---

**282.** Gegeben ist eine Halbkugel mit der Gleichung $x^2 + y^2 + z^2 = r^2 \wedge z \geq 0$. Es ist die Gleichung derjenigen Kurve auf dieser Halbkugel durch eine Parameterdarstellung anzugeben, die im Punkt $P_1(r; 0; 0)$ beginnend mit linearem Anstieg nach einer Umdrehung im Sinne einer Rechtsschraube den Punkt $P_2(0; 0; r)$ erreicht. Wie lautet die Gleichung der Tangente an die Kurve im Punkt $P_0$, der für den Azimutalwinkel $\varphi = \varphi_0 = \frac{7}{4}\pi$ durchlaufen wird?

Die gesuchte Parameterdarstellung der Kurve kann von der Form

$$x = f(\varphi)\cdot\cos\varphi, \quad y = f(\varphi)\cdot\sin\varphi, \quad z = \frac{r}{2\pi}\cdot\varphi \quad \text{mit dem Drehwinkel}$$

$0 \leq \varphi \leq 2\pi$ als Parameter sein. Da die Kurve auf der Halbkugel verlaufen soll, muß $x^2 + y^2 + z^2 = f^2(\varphi)\cdot\cos^2\varphi + f^2(\varphi)\cdot\sin^2\varphi + \left(\frac{r}{2\pi}\right)^2\cdot\varphi^2 = r^2$

erfüllt sein, woraus $f(\varphi) = (\overset{+}{-})\sqrt{r^2 - \left(\frac{r}{2\pi}\right)^2\cdot\varphi^2}$ folgt.

Die Parameterdarstellung der räumlichen Kurve ist somit

$$x = \frac{r}{2\pi}\sqrt{4\pi^2 - \varphi^2}\cdot\cos\varphi, \quad y = \frac{r}{2\pi}\sqrt{4\pi^2 - \varphi^2}\cdot\sin\varphi,$$

$$z = \frac{r}{2\pi}\varphi \wedge 0 \leq \varphi \leq 2\pi.$$

Die Gleichung der Tangente in $P_0$ für $\varphi = \frac{7}{4}\pi$ kann durch die Parameterdarstellung

$x = x_0 + t \left(\dfrac{dx}{d\varphi}\right)_{\varphi = \varphi_0}$,

$y = y_0 + t \cdot \left(\dfrac{dy}{d\varphi}\right)_{\varphi = \varphi_0}$,

$z = z_0 + t \cdot \left(\dfrac{dz}{d\varphi}\right)_{\varphi = \varphi_0}$

mit $t \in \mathbb{R}$ und $x_0$, $y_0$, $z_0$ als Koordinaten von $P_0$ angegeben werden.

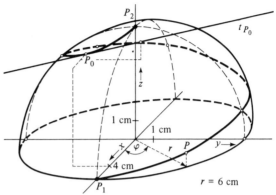

$r = 6$ cm

Aus

$\dfrac{dx}{d\varphi} = -\dfrac{r}{2\pi}\left(\dfrac{\varphi \cdot \cos\varphi}{\sqrt{4\pi^2 - \varphi^2}} + \sin\varphi\sqrt{4\pi^2 - \varphi^2}\right)$,

$\dfrac{dy}{d\varphi} = \dfrac{r}{2\pi}\left(\dfrac{-\varphi \cdot \sin\varphi}{\sqrt{4\pi^2 - \varphi^2}} + \cos\varphi\sqrt{4\pi^2 - \varphi^2}\right)$,

$\dfrac{dz}{d\varphi} = \dfrac{r}{2\pi}$

findet man

$\left(\dfrac{dx}{d\varphi}\right)_{\varphi = \varphi_0} = -\dfrac{28 - 15\pi}{240\pi} \cdot \sqrt{30} \cdot r \approx 0{,}139 \cdot r$,

$\left(\dfrac{dy}{d\varphi}\right)_{\varphi = \varphi_0} = \dfrac{28 + 15\pi}{240\pi} \cdot \sqrt{30} \cdot r \approx 0{,}546 \cdot r$,

$\left(\dfrac{dz}{d\varphi}\right)_{\varphi = \varphi_0} = \dfrac{r}{2\pi} \approx 0{,}159 \cdot r$.

Mit $P_0(0{,}342;\ -0{,}342;\ 0{,}875)$ ergibt sich die Gleichung der Tangente zu

$x \approx 0{,}342 \cdot r + 0{,}139 \cdot r \cdot t$,

$y \approx -0{,}342 \cdot r + 0{,}546 \cdot r \cdot t$,

$z \approx 0{,}875 \cdot r + 0{,}159 \cdot r \cdot t$.

| $\varphi$ | 0° | 45° | 90° | 135° | 180° | 225° | 270° | 315° | 360° |
|---|---|---|---|---|---|---|---|---|---|
| $\dfrac{x}{r}$ | 1 | 0,702 | 0 | -0,656 | -0,866 | -0,552 | 0 | 0,342 | 0 |
| $\dfrac{y}{r}$ | 0 | 0,702 | 0,968 | 0,656 | 0 | -0,552 | -0,661 | -0,342 | 0 |
| $\dfrac{z}{r}$ | 0 | 0,125 | 0,250 | 0,375 | 0,500 | 0,625 | 0,750 | 0,875 | 1 |

**283.** Ein gerader Halbkreiszylinder mit dem Radius R wird von einem geraden Kreiskegel mit der Höhe 2R und dem Radius R gemäß der Abbildung durchdrungen. Es sind eine Parameterdarstellung der entstehenden räumlichen Schnittkurve und der Mittelpunkt M des Krümmungskreises dieser Kurve für den Punkt P anzugeben.

In bezug auf das gewählte Koordinatensystem lauten die Gleichungen des Halbzylinders $Z(x; y; z) \equiv y^2 + z^2 - R^2 = 0 \wedge z \geq 0$ und die des Kegels $K(x; y; z) \equiv x^2 + y^2 - \dfrac{1}{4}(R + z)^2 = 0$. Für die gesuchte Parameterdarstellung können Zylinderkoordinaten $x = f(t)$, $y = g(t) = R \cdot \cos t$, $z = h(t) = R \cdot \sin t$ mit $0 \leq t \leq 180°$ als Parameter eingeführt werden. Da der Graph anderseits auch auf dem Kegel verlaufen soll, muß außerdem

$$f^2(t) + R^2 \cdot \cos^2 t - \dfrac{1}{4}(R + R \cdot \sin t)^2 = 0 \quad \text{erfüllt sein, woraus}$$

$$f_{1;2}(t) = \pm \dfrac{R \cdot \sqrt{5}}{10} \cdot \sqrt{(1 + 5 \cdot \sin t)^2 - 16} \quad \text{für } x \gtreqless 0 \text{ mit } |1 + 5 \cdot \sin t| \geq 4$$

oder $\arcsin 0{,}6 \leq t \leq \pi - \arcsin 0{,}6$ und $\arcsin 0{,}6 \approx 0{,}6435 \;\hat{\approx}\; 36{,}87°$ folgt.

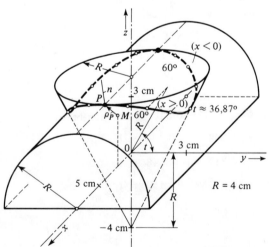

Die Schnittkurve läßt sich somit durch

$$x = \pm \frac{R \cdot \sqrt{5}}{10} \sqrt{(1 + 5 \cdot \sin t)^2 - 16} \quad \text{für } x \gtreqless 0$$

$y = R \cdot \cos t$

$z = R \cdot \sin t \quad$ mit $\arcsin 0{,}6 \leq t \leq \pi - \arcsin 0{,}6$ angeben.

Der Krümmungsmittelpunkt M für den Kurvenpunkt P(R; 0; R) liegt auf der Hauptnormalen

$$n \equiv \vec{r} - \vec{r}_P - \dot{\vec{r}}_P \times (\dot{\vec{r}}_P \times \ddot{\vec{r}}_P) \cdot s = 0 \wedge s \in \mathbb{R} \quad \text{der Kurve im Abstand}$$

$$\overline{MP} = \rho_P = \frac{|\dot{\vec{r}}_P|^3}{\sqrt{(\dot{\vec{r}}_P)^2 \cdot (\ddot{\vec{r}}_P)^2 - (\dot{\vec{r}}_P \cdot \ddot{\vec{r}}_P)^2}} \quad \text{innerhalb des Zylinders und}$$

des Kegels.

Aus

$$\dot{x} = \pm \frac{R \cdot \sqrt{5}}{2} \cdot \frac{(1 + 5 \cdot \sin t) \cos t}{\sqrt{(1 + 5 \cdot \sin t)^2 - 16}},$$

$$\ddot{x} = \pm \frac{R \cdot \sqrt{5}}{2} \cdot \left[ \frac{5 \cdot \cos^2 t - (1 + 5 \cdot \sin t) \cdot \sin t}{\sqrt{(1 + 5 \cdot \sin t)^2 - 16}} - \frac{5 \cdot (1 + 5 \cdot \sin t)^2 \cdot \cos^2 t}{\sqrt{(1 + 5 \cdot \sin t)^2 - 16}^3} \right],$$

$\dot{y} = -R \cdot \sin t, \quad \ddot{y} = -R \cdot \cos t,$

$\dot{z} = R \cdot \cos t, \quad \ddot{z} = -R \cdot \sin t$

mit $\arcsin 0{,}6 < t < \pi - \arcsin 0{,}6$

folgen für den, dem Punkt P zugeordneten Parameterwert $t = 90°$

$\dot{x}_P = 0, \quad \dot{y}_P = -R, \quad \dot{z}_P = 0,$

$\ddot{x}_P = -\frac{3}{2}R, \quad \ddot{y}_P = 0, \quad \ddot{z}_P = -r.$

Damit wird

$$n \equiv \vec{r} - \begin{pmatrix} R \\ 0 \\ R \end{pmatrix} - \begin{pmatrix} 0 \\ -R \\ 0 \end{pmatrix} \times \left[ \begin{pmatrix} 0 \\ -R \\ 0 \end{pmatrix} \times \begin{pmatrix} -\frac{3}{2}R \\ 0 \\ -R \end{pmatrix} \right] \cdot s \equiv$$

$$\equiv \vec{r} - \begin{pmatrix} R \\ 0 \\ R \end{pmatrix} - \left[ \begin{pmatrix} 0 \\ -R \\ 0 \end{pmatrix} \cdot \begin{pmatrix} -\frac{3}{2}R \\ 0 \\ -R \end{pmatrix} \right] \begin{pmatrix} 0 \\ -R \\ 0 \end{pmatrix} s + \begin{pmatrix} 0 \\ -R \\ 0 \end{pmatrix}^2 \cdot \begin{pmatrix} -\frac{3}{2}R \\ 0 \\ -R \end{pmatrix} \cdot s \equiv$$

$$\equiv \vec{r} - \begin{pmatrix} R \\ 0 \\ R \end{pmatrix} + R^2 \cdot \begin{pmatrix} -\frac{3}{2}R \\ 0 \\ -R \end{pmatrix} \cdot s = 0 \wedge s \in \mathbb{R}$$

und $\rho_P = \dfrac{R^3}{\sqrt{R^2 \cdot \frac{13}{4} R^2}} = \dfrac{2R}{\sqrt{13}}$.

Unter Verwendung des Einheitsvektors $\vec{n}^0 = \dfrac{2}{\sqrt{13}} \cdot \begin{pmatrix} -\frac{3}{2} \\ 0 \\ -1 \end{pmatrix}$ der Hauptnormalen erhält man schließlich

$$\vec{r}_M = \vec{r}_P \overset{(+)}{(-)} \vec{n}^0 \rho_P = \begin{pmatrix} R \\ 0 \\ R \end{pmatrix} + \dfrac{2}{\sqrt{13}} \cdot \begin{pmatrix} -\frac{3}{2} \\ 0 \\ -1 \end{pmatrix} \cdot \dfrac{2R}{\sqrt{13}} = \dfrac{R}{13} \begin{pmatrix} 7 \\ 0 \\ 9 \end{pmatrix} \text{ oder}$$

$M\left(\dfrac{7R}{13}; 0; \dfrac{9R}{13}\right)$.

| t | 36,87° | 45° | 60° | 75° | 90° |
|---|---|---|---|---|---|
| $\dfrac{x}{R}$ | 0 | 0,478 | 0,788 | 0,948 | 1 ... |
| $\dfrac{y}{R}$ | 0,800 | 0,707 | 0,500 | 0,259 | 0 ... |
| $\dfrac{z}{R}$ | 0,600 | 0,707 | 0,866 | 0,966 | 1 ... |

---

**284.** Das abgebildete viergliedrige räumliche Getriebe mit den Drehgelenken A, B, C, D längs der Achsen 14, 21, 32, 43 ist nur beweglich, wenn zwischen den Kreuzungswinkeln $\lambda_i$ und den kürzesten Abständen $l_i$ mit i = 1, 2, 3, 4 benachbarter Achsen die Bedingungen $\lambda_1 = \lambda_3$, $\lambda_2 = \lambda_4$, $l_1 = l_3$ und $l_2 = l_4 = \dfrac{\sin \lambda_2}{\sin \lambda_1} \cdot l_1$ erfüllt sind (BENNETT-Getriebe). Dann beschreibt der Punkt P auf der Koppel $\overline{BC}$ im gerichteten Abstand $\overrightarrow{BP} = \dfrac{2}{3} \overrightarrow{BC}$ eine Kurve, die in bezug auf das gewählte kartesische Koordinatensystem für $\lambda_1 = 30°$, $\lambda_2 = 90°$ und $l_1 = a$ durch

$$x_P = \frac{2a}{\sqrt{3}} \cdot \frac{\sin\varphi}{2 + \cos\varphi} \quad , \quad y_P = -\frac{a}{3} \cdot \sin\varphi \quad , \quad z_P = \frac{a}{3}\left(\cos\varphi - \frac{6}{2 + \cos\varphi}\right)$$

in Abhängigkeit vom Antriebswinkel $\varphi$ dargestellt werden kann.

Man gebe den Betrag $|\vec{v}_P|$ der Geschwindigkeit $\vec{v}_P$ des Koppelpunktes P in Abhängigkeit von der Zeit t unter Annahme der konstanten Winkelgeschwindigkeit $\vec{\omega}$ im Antrieb an und ermittle die auftretenden Extremwerte von $|\vec{v}_P|$.

Durch Differentiation von $x_P$, $y_P$, $z_P$ nach der Zeit t ergibt sich mit $\varphi = \omega \cdot t$ und $\omega$ als skalarem Wert von $\vec{\omega}$

$$\dot{x}_P = \frac{dx_P}{d\varphi} \cdot \frac{d\varphi}{dt} = \frac{2a\omega}{\sqrt{3}} \cdot \frac{1 + 2 \cdot \cos\varphi}{(2 + \cos\varphi)^2} \quad ,$$

$$\dot{y}_P = \frac{dy_P}{d\varphi} \cdot \frac{d\varphi}{dt} = -\frac{a \cdot \omega}{3} \cdot \cos\varphi \quad ,$$

$$\dot{z}_P = \frac{dz_P}{d\varphi} \cdot \frac{d\varphi}{dt} =$$

$$= -\frac{a \cdot \omega}{3} \cdot \sin\varphi \left[1 + \frac{6}{(2 + \cos\varphi)^2}\right].$$

Damit folgt nach Umformungen über

$$|\vec{v}_P|^2 = \dot{x}_P^2 + \dot{y}_P^2 + \dot{z}_P^2 = \frac{a^2 \cdot \omega^2}{9} \cdot \left[1 + 12 \cdot \frac{1 + \sin^2\varphi}{(2 + \cos\varphi)^2}\right]$$

$$|\vec{v}_P| = \frac{a|\vec{\omega}|}{3} \cdot \frac{\sqrt{28 + 4 \cdot \cos\varphi - 11 \cdot \cos^2\varphi}}{2 + \cos\varphi} =$$

$$= \frac{a|\vec{\omega}|}{3} \cdot \frac{\sqrt{28 + 4 \cdot \cos(\omega t) - 11 \cdot \cos^2(\omega t)}}{2 + \cos(\omega t)}.$$

Extremwerte von $|\vec{v}_P|$ treten in solchen Stellungen $\varphi$ des Antriebswinkels auf, in denen $\dfrac{d|\vec{v}_P|}{d\varphi} = 0$ wird. Aus

$$\frac{d|\vec{v}_P|}{d\varphi} = 8\,a|\vec{\omega}| \cdot \frac{\sin\varphi}{(2+\cos\varphi)^2} \cdot \frac{1+\cos\varphi}{\sqrt{28+4\cos\varphi-11\cos^2\varphi}}$$

ersieht man, daß dies in $0 \leq \varphi < 360°$ für $\varphi_1 = 0°$ und $\varphi_2 = 180°$ der Fall ist.

Da $\dfrac{d|\vec{v}_P|}{d\varphi}$ bei zunehmendem $\varphi$ in $\varphi_1$ einen Vorzeichenwechsel von − nach + und in $\varphi_2$ einen Vorzeichenwechsel von + nach − erfährt, sind die Beträge der Geschwindigkeiten des Koppelpunktes in $P_1\left(0;\,0;\,-\dfrac{a}{3}\right)$ ein relatives Minimum und in $P_2\left(0;\,0;\,-\dfrac{7a}{3}\right)$ ein relatives Maximum. Sie berechnen sich noch zu

$$|\vec{v}_{P_1}| = \frac{a\cdot|\vec{\omega}|}{3}\cdot\sqrt{\frac{7}{3}} \approx 0{,}509\,a\cdot|\vec{\omega}| \quad \text{und} \quad |\vec{v}_{P_2}| = \frac{a\cdot|\vec{\omega}|}{3}\cdot\sqrt{13} \approx 1{,}202\,a\cdot|\vec{\omega}|\,.$$

| $\varphi$ | 0° | 30° | 60° | 90° | 120° | 150° | 180° ... |
|---|---|---|---|---|---|---|---|
| $\dfrac{x_P}{a}$ | 0 | 0,20 | 0,40 | 0,58 | 0,67 | 0,51 | 0 ... |
| $\dfrac{y_P}{a}$ | 0 | −0,17 | −0,29 | −0,33 | −0,29 | −0,17 | 0 ... |
| $\dfrac{z_P}{a}$ | −0,33 | −0,41 | −0,63 | −1 | −1,50 | −2,05 | −2,33 ... ; |

| $\omega\cdot t$ | 0° | 30° | 60° | 90° | 120° | 150° | 180° ... |
|---|---|---|---|---|---|---|---|
| $\dfrac{|\vec{v}_P|}{a|\vec{\omega}|}$ | 0,51 | 0,56 | 0,70 | 0,88 | 1,07 | 1,19 | 1,20 ... . |

## 2.5 Unendliche Reihen

**285.** Man bestimme die maximalen Definitionsmengen der durch unendliche Reihen definierten Funktionen

$$y = f(x) = 3x + \frac{6}{5}x^2 + \frac{12}{25}x^3 + \ldots = \sum_{\nu=0}^{\infty} 3x\cdot\left(\frac{2}{5}x\right)^\nu,$$

$$y = g(x) = (x-3) + \frac{(x-3)^2}{4} + \frac{(x-3)^3}{16} + \ldots = \sum_{\nu=0}^{\infty} \frac{(x-3)^{\nu+1}}{4^\nu}$$

und zeige, daß es sich um gebrochene rationale Funktionen handelt.

Beide Reihen besitzen die Form $a_1 \cdot \sum_{\nu=0}^{\infty} q^{\nu}$, sind also **geometrische Reihen**.

Bei $y = f(x)$ ist das Anfangsglied $a_1 = 3x$ und der Quotient $q = \frac{2}{5}x$. Die **Konvergenzmenge**[*)] und damit zugleich maximale Definitionsmenge $\mathbb{D}_y$ von $y = f(x)$ ist daher $\mathbb{K} = \mathbb{D}_y = \{x \mid |q| < 1 \wedge q = \frac{2}{5}x\} = \{x \mid |x| < 2{,}5\}$.

Es ist also $y = f(x) = \dfrac{a_1}{1-q} = \dfrac{3x}{1 - \frac{2}{5}x} = \dfrac{15x}{5 - 2x}$ für $x \in \mathbb{D}_y$.

Entsprechend ergibt sich für $y = g(x)$ mit $a_1 = x - 3$ und $q = \dfrac{x-3}{4}$ der Konvergenzmenge und die maximale Definitionsmenge zu

$\overline{\mathbb{K}} = \overline{\mathbb{D}}_y = \left\{x \mid \left|\dfrac{x-3}{4}\right| < 1\right\} = \{x \mid |x-3| < 4\}$ und die Darstellung

$y = g(x) = \dfrac{x-3}{1 - \frac{x-3}{4}} = \dfrac{4(x-3)}{7-x}$ für $x \in \overline{\mathbb{D}}_y$.

---

**286.** Die Funktion $y = f(x) = \dfrac{x}{x-1}$ soll durch eine für $|x| < 1$ bzw. $|x| > 1$ konvergente geometrische Reihe dargestellt werden.
Hierzu kann folgendermaßen verfahren werden:

$y = f(x) = -x \cdot \dfrac{1}{1-x} = -x(1 + x + x^2 + x^3 + \ldots)$.

Die in der Klammer vorliegende **geometrische Reihe** konvergiert in $\mathbb{K} = \{x \mid |x| < 1\}$, weshalb z.B. für $x = -\dfrac{1}{3}$

$f\left(-\dfrac{1}{3}\right) = \dfrac{1}{3} \dfrac{1}{1 + \frac{1}{3}} = \dfrac{1}{4} = \dfrac{1}{3}\left(1 - \dfrac{1}{3} + \dfrac{1}{9} - \dfrac{1}{27} + - \ldots\right)$ gilt.

Andererseits ist $y = f(x) = \dfrac{1}{1 - \frac{1}{x}} = 1 + \dfrac{1}{x} + \dfrac{1}{x^2} + \dfrac{1}{x^3} + \ldots$

eine in $\overline{\mathbb{K}} = \{x \mid |x| > 1\}$ bestehende Darstellung durch eine geometrische Reihe.

---

[*)] Hierunter soll stets die maximale Konvergenzmenge verstanden werden.

Für x = 2 erhält man beispielsweise

$$f(2) = \frac{2}{2-1} = 1 + \frac{1}{2} + \frac{1}{4} + \frac{1}{8} + \ldots .$$

---

**287.** Eine rationale Zahl x mit den Binärziffern O und L = 1 ist durch die Binärdarstellung

$$x = O, LO\ LLOL\ \underline{LLOL} \ldots = O + \frac{LO}{(LO)^2} + \frac{LLOL}{(LO)^6} + \frac{LLOL}{(LO)^{10}} +$$

$$+ \frac{LLOL}{(LO)^{14}} + \ldots$$ gegeben, wobei die Periode durch Unterstreichen gekennzeichnet ist. Man stelle x als gemeinen Bruch im dezimalen Zahlensystem dar.

In dezimaler Schreibweise ist

$$x = 0 + \frac{2}{2^2} + \frac{13}{2^6} + \frac{13}{2^{10}} + \frac{13}{2^{14}} + \ldots =$$

$$= \frac{2}{2^2} + \frac{13}{2^6} \left[ 1 + \frac{1}{2^4} + \left(\frac{1}{2^4}\right)^2 + \ldots \right] = \frac{1}{2} + \frac{13}{64} \cdot \sum_{\nu=0}^{\infty} \left(\frac{1}{16}\right)^{\nu}.$$

Die auftretende geometrische Reihe besitzt das Anfangsglied $a_1 = \frac{13}{64}$ und den Quotienten $q = \frac{1}{16}$, so daß

$$x = \frac{1}{2} + \frac{\frac{13}{64}}{1 - \frac{1}{16}} = \frac{1}{2} + \frac{13}{60} = \frac{43}{60} \text{ ist.}$$

---

**288.** Ähnlich wie bei der Dezimalbruchentwicklung gemeiner Brüche läßt sich zeigen, daß jeder echte gemeine Bruch $x = \frac{p}{q}$ mit teilerfremden p, q∈ℕ und ungeradem q die **rein-periodische Binärdarstellung** $x = \frac{p}{q} = 0, a_1 a_2 \ldots a_n \underline{a_1 a_2 \ldots a_n} \ldots = a \cdot 2^{-n} + a \cdot (2^{-n})^2 +$

$+ \ldots = a \cdot \sum_{\nu=1}^{\infty} (2^{-n})^{\nu}$ mit der Periode $a = a_1 a_2 \ldots a_n =$

$= a_1 \cdot 2^{n-1} + a_2 \cdot 2^{n-2} + \ldots a_n = \sum_{\mu=1}^{n} a_\mu \cdot 2^{n-\mu}$ für $a_1, a_2, \ldots a_n \in \{0; L\}$
und $n, a \in \mathbb{N}$ besitzt.

Auf Grund dieser Tatsache gebe man periodische Binärdarstellungen von $x_1 = \frac{3}{5}$ und $x_2 = \frac{3}{20}$ an.

Wegen der Umformung $x_1 = \frac{p}{q} = \frac{3}{5} = a \cdot \sum_{\nu=1}^{\infty} (2^{-n})^\nu = \frac{a \cdot 2^{-n}}{1 - 2^{-n}} = \frac{a}{2^n - 1}$

muß sich n so bestimmen lassen, daß $2^n - 1$ durch $q = 5$ teilbar ist.

Der Tabelle 

| n | 1 | 2 | 3 | 4 | ... |
|---|---|---|---|---|---|
| $2^n - 1$ | 1 | 3 | 7 | 15 | ... |

entnimmt man, daß $n = 4$ der kleinste Wert dieser Art ist. Aus $\frac{3}{5} = \frac{a}{15}$ folgt $a = 9 =$ LOOL, also $x_1 = \frac{3}{5} = $ O, LOOL $\underline{\text{LOOL}}$ ... .

$x_2 = \frac{3}{20}$ erfüllt nicht die o. a. Voraussetzungen, weil der Nenner 20 eine gerade Zahl ist. Durch Absondern der Potenzen von 2 in der Primärfaktorzerlegung des Nenners kommt man aber über $x_2 = \frac{3}{20} = \frac{3}{5 \cdot 2^2} =$

$= \frac{3}{5} : 2^2$ und Verschieben des Kommas in der bereits ermittelten Binärdarstellung von $x_1 = \frac{3}{5}$ um 2 Stellen nach links auf die **unrein-periodische Binärdarstellung** $x_2 = \frac{3}{20} = $ O, OO LOOL $\underline{\text{LOOL}}$ ... .

---

**289.** Man zeige, daß die **harmonische Reihe**
$$\sum_{\nu=1}^{\infty} \frac{1}{\nu} = 1 + \frac{1}{2} + \frac{1}{3} + \frac{1}{4} + \frac{1}{5} + \ldots$$

nach $+\infty$ divergiert.

Wird mit $s_n$ die **Teilsumme** der ersten n Glieder bezeichnet und zunächst speziell

$n = 2 + 2 + 4 + 8 + \ldots + 2^{m-1} = 2 + 2(1 + 2 + 4 + \ldots 2^{m-2}) =$

$= 2 + 2 \cdot \frac{2^{m-1} - 1}{2 - 1} = 2^m$

für $m > 2 \land m \in \mathbb{N}$ gewählt, so ist

$$s_n = s_{2^m} = 1 + \frac{1}{2} + \left(\frac{1}{3} + \frac{1}{4}\right) + \left(\frac{1}{5} + \frac{1}{6} + \frac{1}{7} + \frac{1}{8}\right) + \left(\frac{1}{9} + \ldots + \frac{1}{16}\right) +$$

$$+ \ldots + \left(\frac{1}{2^{m-1}+1} + \ldots + \frac{1}{2^m}\right) > 1 + \frac{1}{2} + \left(\frac{1}{4} + \frac{1}{4}\right) + \left(\frac{1}{8} +$$

$$+ \frac{1}{8} + \frac{1}{8} + \frac{1}{8}\right) + \left(\frac{1}{16} + \ldots + \frac{1}{16}\right) + \ldots + \left(\frac{1}{2^m} + \ldots + \frac{1}{2^m}\right) =$$

$$= 1 + \frac{1}{2} + \frac{1}{2} + \frac{1}{2} + \ldots + \frac{1}{2} = 1 + m \cdot \frac{1}{2}.$$

Weil $s_1$, $s_2$, $s_3$, ... offensichtlich eine streng monoton zunehmende unendliche Zahlenfolge darstellt, folgt für jetzt beliebiges natürliches $n \geq 2^m$ die Abschätzung $s_n \geq s_{2^m} = 1 + m \cdot \frac{1}{2}$. Für hinreichend groß gewähltes $n > 2^m$ überschreitet daher $s_n$ jede noch so groß vorgegebene positive Zahl. Die Reihe divergiert also nach $+\infty$.

---

**290.** Es ist die Konvergenz der unendlichen Reihe

$$\sum_{\nu=1}^{\infty} \frac{(-1)^{\nu+1}}{\nu} = 1 - \frac{1}{2} + \frac{1}{3} - \frac{1}{4} + \frac{1}{5} - \frac{1}{6} + - \ldots$$

nachzuweisen.

Diese **alternierende Reihe** konvergiert, da das **Kriterium von LEIBNIZ** erfüllt ist, nach welchem - mit einem bestimmten Glied beginnend - die Beträge der nachfolgenden Glieder eine monotone Nullfolge bilden müssen.

---

**291.** Die unendliche Reihe

$$\sum_{\nu=0}^{\infty} \frac{3^{\nu+1}}{(\nu+1)^2} = \frac{3^1}{1^2} + \frac{3^2}{2^2} + \frac{3^3}{3^2} + \frac{3^4}{4^2} + \frac{3^5}{5^2} + \frac{3^6}{6^2} + \ldots =$$

$$= 3 + \frac{9}{4} + 3 + \frac{81}{16} + \frac{243}{25} + \frac{81}{4} + \ldots$$

ist auf Konvergenz zu untersuchen.

Nach dem **Quotientenkriterium (Kriterium von D'ALEMBERT)** für eine Reihe $\sum_{\nu=0}^{\infty} u_\nu = u_0 + u_1 + u_2 + \ldots$ mit lauter positiven

Gliedern $u_\nu$ liegt **Konvergenz** vor, wenn von einer bestimmten Stelle $m \in \mathbb{N}$ ab, etwa für $\nu \geq m$ mit $k \in \mathbb{R}$ stets $\dfrac{u_\nu}{u_{\nu-1}} \leq k < 1$ ist.

Die Reihe ist **divergent**, falls für $\nu \geq m$ stets $\dfrac{u_\nu}{u_{\nu-1}} \geq 1$.

Im vorliegenden Beispiel wird

$$\frac{u_\nu}{u_{\nu-1}} = \frac{3^{\nu+1}}{(\nu+1)^2} \cdot \frac{\nu^2}{3^\nu} = \frac{3}{\left(1 + \dfrac{1}{\nu}\right)^2} \;,$$

was für $\nu \geq 2$ immer größer als 1 ist. Die Reihe divergiert daher nach $+\infty$.

---

**292.** Man zeige die Konvergenz der Reihe

$$\sum_{\nu=1}^{\infty} \frac{\nu}{2^\nu} = \frac{1}{2} + \frac{2}{2^2} + \frac{3}{2^3} + \frac{4}{2^4} + \frac{5}{2^5} + \ldots$$

Nach dem Quotientenkriterium gilt

$$\frac{u_\nu}{u_{\nu-1}} = \frac{\nu}{2^\nu} \cdot \frac{2^{\nu-1}}{\nu-1} = \frac{1}{2} \cdot \frac{\nu}{\nu-1} = \frac{1}{2} \cdot \frac{1}{1 - \dfrac{1}{\nu}} \leq \frac{3}{4} < 1$$

für $\nu \geq 3 \wedge \nu \in \mathbb{N}$.

Mit Hilfe des Grenzwertes $\lim\limits_{\nu \to \infty} \dfrac{u_\nu}{u_{\nu-1}} = \lim\limits_{\nu \to \infty} \dfrac{1}{2} \cdot \dfrac{\nu}{\nu-1} = \dfrac{1}{2}$ kann die Konvergenz auch aus $\lim\limits_{\nu \to \infty} \dfrac{u_\nu}{u_{\nu-1}} < 1$ geschlossen werden.

---

**293.** Ist die unendliche Reihe

$$\sum_{\nu=0}^{\infty} (-1)^\nu \frac{2^{2\nu+1}}{(2\nu+1)!} = 2 - \frac{2^3}{3!} + \frac{2^5}{5!} - \frac{2^7}{7!} + - \ldots$$

konvergent oder divergent?

Diese Reihe konvergiert sicher dann, wenn die Reihe aus den Beträgen der einzelnen Glieder konvergent ist. Darüber kann mit Hilfe des Quotientenkriteriums entschieden werden:

$$\left|\frac{u_\nu}{u_{\nu-1}}\right| = \frac{2^{2\nu+1}}{(2\nu+1)!} \cdot \frac{(2\nu-1)!}{2^{2\nu-1}} = \frac{4}{2\nu(2\nu+1)} \leqslant \frac{2}{3} < 1 \quad \text{für} \quad \nu \in \mathbb{N}.$$

Die Reihe ist also **absolut konvergent**.

---

**294.** Es ist die Konvergenz der unendlichen Reihe

$$\sum_{\nu=0}^{\infty} \frac{1}{(2\nu+1)^2} = 1 + \frac{1}{3^2} + \frac{1}{5^2} + \frac{1}{7^2} + \ldots \quad \text{nachzuweisen.}$$

Hier versagt das Quotientenkriterium, weil wegen $\dfrac{u_\nu}{u_{\nu-1}} = \dfrac{(2\nu-1)^2}{(2\nu+1)^2} =$

$= \left(1 - \dfrac{2}{2\nu+1}\right)^2$ in diesem Beispiel $\lim\limits_{\nu \to \infty} \dfrac{u_\nu}{u_{\nu-1}} = 1$ ist und deshalb

die Ungleichung $\dfrac{u_\nu}{u_{\nu-1}} \leqslant k < 1$ mit $k \in \mathbb{R}$ für hinreichen große $\nu$ nicht bestehen kann.

Eine Entscheidung erbringt das **Kriterium von RAABE**, nach welchem eine Reihe $\sum\limits_{\nu=0}^{\infty} u_\nu = u_0 + u_1 + u_2 + \ldots$ mit lauter positiven Gliedern dann **konvergiert**, bzw. **divergiert**, wenn von einer bestimmten Stelle $m \in \mathbb{N}$ ab, also für $\nu \geqslant m$ stets

$$\nu\left(1 - \frac{u_\nu}{u_{\nu-1}}\right) \geqslant k > 1 \quad \text{bzw.} \quad \nu\left(1 - \frac{u_\nu}{u_{\nu-1}}\right) \leqslant 1 \quad \text{ist.}$$

Für die vorgelegte Reihe wird

$$\left[1 - \left(\frac{2\nu-1}{2\nu+1}\right)^2\right] = \frac{8\nu^2}{(2\nu+1)^2} = 8\frac{1}{\left(2+\frac{1}{\nu}\right)^2} \geqslant \frac{32}{25} > 1$$

für $\nu \geqslant 2$.

Der Konvergenzbeweis kann auch durch die folgende Abschätzung der Teilsummen $s_n$ für $n = 0, 1, 2, \ldots$ erbracht werden:

$$s_n = \sum_{\nu=0}^{n} \frac{1}{(2\nu+1)^2} = 1 + \frac{1}{3^2} + \frac{1}{5^2} + \frac{1}{7^2} + \ldots + \frac{1}{(2n+1)^2} \leqslant$$

$$\leqslant 1 + \frac{1}{1 \cdot 3} + \frac{1}{3 \cdot 5} + \frac{1}{5 \cdot 7} + \ldots + \frac{1}{(2n-1) \cdot (2n+1)} =$$

$$= 1 + \sum_{\nu=1}^{n} \frac{1}{(2\nu-1)(2\nu+1)} = 1 + \frac{1}{2} \cdot \sum_{\nu=1}^{n} \left( \frac{1}{2\nu-1} - \frac{1}{2\nu+1} \right) =$$

$$= 1 + \frac{1}{2} \left[ \left( \frac{1}{1} - \frac{1}{3} \right) + \left( \frac{1}{3} - \frac{1}{5} \right) + \left( \frac{1}{5} - \frac{1}{7} \right) + \ldots + \left( \frac{1}{2n-1} - \frac{1}{2n+1} \right) \right] =$$

$$= 1 + \frac{1}{2} \left[ \frac{1}{1} - \frac{1}{2n+1} \right] = \frac{3}{2} - \frac{1}{2(2n+1)} < \frac{3}{2}.$$

Demnach ist $0 < s_n < \frac{3}{2}$ und die offensichtlich streng monoton zunehmende Zahlenfolge $s_1$, $s_2$, $s_3$, ... daher beschränkt, also konvergent.

---

**295.** Für welche Werte von $\alpha \in \mathbb{R}$ konvergiert die unendliche Reihe

$$\sum_{\nu=1}^{\infty} \frac{\cos(\nu \alpha)}{\nu^2} = \frac{\cos \alpha}{1^2} + \frac{\cos(2\alpha)}{2^2} + \frac{\cos(3\alpha)}{3^2} + \ldots \, ?$$

Weil diese Reihe auch negative Glieder enthalten kann, wird aus den Beträgen ihrer Glieder die Reihe

$$\sum_{\nu=1}^{\infty} \left| \frac{\cos(\nu \alpha)}{\nu^2} \right| = \left| \frac{\cos \alpha}{1^2} \right| + \left| \frac{\cos(2\alpha)}{2^2} \right| + \left| \frac{\cos(3\alpha)}{3^2} \right| + \ldots$$

gebildet. Die gleichen Werten von $\nu$ zugeordneten Glieder der **Vergleichsreihe**

$$\sum_{\nu=1}^{\infty} \frac{1}{\nu^2} = \frac{1}{1^2} + \frac{1}{2^2} + \frac{1}{3^2} + \ldots \quad \text{sind wegen } |\cos(\nu \alpha)| \leq 1 \text{ für}$$

beliebiges $\alpha \in \mathbb{R}$ höchstens so groß wie die Glieder der Reihe aus den Beträgen. Da aber die Vergleichsreihe nach dem **Kriterium von RAABE** wegen $\nu \left( 1 - \frac{u_\nu}{u_{\nu-1}} \right) = \nu \left[ 1 - \frac{(\nu-1)^2}{\nu^2} \right] = \frac{2\nu-1}{\nu} = 2 -$

$- \frac{1}{\nu} \geq \frac{3}{2} > 1$ für $\nu \geq 2$, konvergiert, konvergiert auch die Reihe aus den Beträgen und mit dieser die vorgelegte Reihe für beliebiges $\alpha \in \mathbb{R}$ und zwar **absolut**.

Ähnlich wie bei der vorigen Aufgabe läßt sich die Konvergenz der Vergleichsreihe auch aus dem offenbar monotonem Wachsen der Folge $s_1$, $s_2$, $s_3$, ..., $s_n$ ihrer Teilsummen und ihrer durch die Abschätzung

$$s_n = \sum_{\nu=1}^{n} \frac{1}{\nu^2} = 1 + \frac{1}{2^2} + \frac{1}{3^2} + \ldots + \frac{1}{n^2} \leqslant 1 + \frac{1}{1\cdot 2} + \frac{1}{2\cdot 3} + \ldots +$$

$$+ \frac{1}{(n-1)n} = 1 + \sum_{\nu=2}^{n} \frac{1}{(\nu-1)\nu} = 1 + \sum_{\nu=2}^{n} \left(\frac{1}{\nu-1} - \frac{1}{\nu}\right) =$$

$$= 1 + \left[\left(\frac{1}{1} - \frac{1}{2}\right) + \left(\frac{1}{2} - \frac{1}{3}\right) + \left(\frac{1}{3} - \frac{1}{4}\right) + \ldots + \left(\frac{1}{n-1} - \frac{1}{n}\right)\right] =$$

$$= 1 + \left(\frac{1}{1} - \frac{1}{n}\right) < 2$$

erwiesenen Beschränktheit zeigen.

---

**296.** Gegeben ist die Funktion $y = f(x) = \frac{1}{x}$. Man stelle $f(x+h) = \frac{1}{x+h}$ durch die TAYLORsche Reihe $f(x+h) = \sum_{\nu=0}^{\infty} \frac{f^{(\nu)}(x) \cdot h^{\nu}}{\nu!}$ dar.

Einsetzen von

$$f(x) = \frac{1}{x}, \quad f'(x) = -\frac{1}{x^2}, \quad f''(x) = \frac{1\cdot 2}{x^3}, \quad f'''(x) = -\frac{1\cdot 2\cdot 3}{x^4},$$

$$f^{(4)}(x) = \frac{4!}{x^5}, \quad \ldots, f^{(\nu)}(x) = (-1)^{\nu} \frac{\nu!}{x^{\nu+1}}$$

in die TAYLORsche Formel

$$f(x+h) = \sum_{\nu=0}^{n} \frac{f^{(\nu)}(x) \cdot h^{\nu}}{\nu!} + R_n$$

mit $R_n = f^{(n+1)}(x + \Theta h) \cdot \frac{h^{n+1}}{(n+1)!}$

und $0 < \Theta < 1$ als Restglied in der Form von LAGRANGE liefert

$$\frac{1}{x+h} = \frac{1}{x} - \frac{h}{x^2} + \frac{h^2}{x^3} - \frac{h^3}{x^4} + - \ldots + (-1)^n \frac{h^n}{x^{n+1}} + R_n =$$

$$= \sum_{\nu=0}^{n} (-1)^{\nu} \frac{h^{\nu}}{x^{\nu+1}} + R_n \quad \text{und} \quad R_n = (-1)^{n+1} \cdot \frac{h^{n+1}}{(x+\Theta h)^{n+2}}.$$

$\mathbb{K} = \left\{h \mid \lim_{n\to\infty} R_n = 0\right\}$ ist die Konvergenzmenge der unendlichen Reihe

$$f(x+h) = \frac{1}{x+h} = \frac{1}{x} - \frac{h}{x^2} + \frac{h^2}{x^3} - + \ldots = \sum_{\nu=0}^{\infty} (-1)^{\nu} \frac{h^{\nu}}{x^{\nu+1}}.$$

Die Bestimmung von $\mathbb{K}$ vereinfacht sich, wenn man statt des angegebenen Ausdrucks für $R_n$ die hier mit Hilfe der Summenformel für geometrische Reihen mögliche Umformung

$$R_n = \frac{1}{x+h} - \sum_{\nu=0}^{n} (-1)^\nu \frac{h^\nu}{x^{\nu+1}} = \frac{1}{x+h} - \frac{1}{x}\left[1 - \frac{h}{x} + \left(\frac{h}{x}\right)^2 - \left(\frac{h}{x}\right)^3 +\right.$$

$$\left.+ - \ldots + (-1)^n \left(\frac{h}{x}\right)^n\right] = \frac{1}{x+h} - \frac{1}{x} \cdot \frac{1 - \left(-\frac{h}{x}\right)^{n+1}}{1 + \frac{h}{x}} = \frac{\left(-\frac{h}{x}\right)^{n+1}}{x+h}$$

verwendet. Diese zeigt, daß genau dann $\lim_{n\to\infty} R_n = 0$ ist, wenn $\left|\frac{h}{x}\right| < 1$ ist, was $\mathbb{K} = \{h\,|\,|h| < |x|\}$ liefert.

Setzt man z. B. $\frac{1}{x+h} = \frac{1}{x} - \frac{h}{x^2} + \frac{h^2}{x^3} - + \ldots + \frac{h^{10}}{x^{11}} + R_{10}$, so ist

$R_{10} = -\frac{\left(\frac{h}{x}\right)^{11}}{x+h}$. Damit erhält man etwa für $x = 3$, $h = 1$ das Restglied $R_{10}^{*} = -\frac{1}{4}\cdot\left(\frac{1}{3}\right)^{11} \approx -0{,}0000014$, während $x = 3$, $h = 4$ auf

$R_{10}^{**} = -\frac{1}{7}\cdot\left(\frac{4}{3}\right)^{11} \approx -3{,}382$ führt. Vergleichsweise kommt man durch Abschätzung des Restglieds in der Form von LAGRANGE auf

$$|R_{10}^{*}| = \frac{1}{(3+\Theta)^{12}} < \frac{1}{3^{12}} \approx 0{,}0000019 \text{ und } |R_{10}^{**}| = \frac{4^{11}}{(3+4\Theta)^{12}} <$$

$$< \frac{1}{3}\cdot\left(\frac{4}{3}\right)^{11} \approx 7{,}9.$$

---

**297.** Es ist die TAYLORsche Reihe der Funktion $y = f(x) = \sqrt{1-x}$ mit dem Mittelpunkt $x = a = 0$ zu bilden.

Über

$f(x) = (1-x)^{\frac{1}{2}}$, $f'(x) = -\frac{1}{2}(1-x)^{-\frac{1}{2}}$, $f''(x) = -\frac{1}{2}\cdot\frac{1}{2}(1-x)^{-\frac{3}{2}}$,

$f'''(x) = -\frac{1}{2}\cdot\frac{1}{2}\cdot\frac{3}{2}(1-x)^{-\frac{5}{2}}$, $f^{(4)}(x) = -\frac{1}{2}\cdot\frac{1}{2}\cdot\frac{3}{2}\cdot\frac{5}{2}(1-x)^{-\frac{7}{2}}$, ...

$$f^{(\nu)}(x) = (-1)^\nu \cdot \frac{1}{2} \left( \frac{1}{2} - 1 \right) \cdot \left( \frac{1}{2} - 2 \right) \cdot \left( \frac{1}{2} - 3 \right) \cdot \ldots \cdot \left( \frac{1}{2} - \nu + 1 \right) \cdot (1 - x)^{\frac{1}{2} - \nu}$$

mit $\nu \in \mathbb{N}$ erhält man an der Stelle 0 die Werte

$$f(0) = 1, \quad f'(0) = -\frac{1}{2}, \quad f''(0) = -\frac{1}{2} \cdot \frac{1}{2}, \quad f'''(0) = -\frac{1}{2} \cdot \frac{1}{2} \cdot \frac{3}{2},$$

$$f^{(4)}(0) = -\frac{1}{2} \cdot \frac{1}{2} \cdot \frac{3}{2} \cdot \frac{5}{2}, \ldots, f^{(\nu)}(0) = (-1)^\nu \cdot \frac{1}{2} \left( \frac{1}{2} - 1 \right) \left( \frac{1}{2} - 2 \right) \cdot$$

$$\cdot \left( \frac{1}{2} - 3 \right) \cdot \ldots \cdot \left( \frac{1}{2} - \nu + 1 \right).$$

Einsetzen in $f(x) = \sum_{\nu=0}^{n} \frac{f^{(\nu)}(0) \cdot x^\nu}{\nu!} + R_n$ liefert die Darstellung

$$\sqrt{1-x} = \sum_{\nu=0}^{n} (-1)^\nu \cdot \frac{1 \cdot \frac{1}{2} \left( \frac{1}{2} - 1 \right) \cdot \left( \frac{1}{2} - 2 \right) \left( \frac{1}{2} - 3 \right) \cdot \ldots \cdot \left( \frac{1}{2} - \nu + 1 \right)}{\nu!} \cdot x^\nu + R_n =$$

$$= \sum_{\nu=0}^{n} (-1)^\nu \cdot \binom{\frac{1}{2}}{\nu} \cdot x^\nu + R_n.$$

Wie bekannt, ist $\lim_{n \to \infty} R_n = 0$ für $|x| \leq 1$. Damit ergibt sich als Spezialfall einer TAYLORschen Reihe für $a = 0$ die als MAC LAURINsche Reihe bezeichnete, für $|x| \leq 1$ gültige Entwicklung

$$\sqrt{1-x} = 1 - \frac{1}{2} \cdot x - \frac{1}{2} \cdot \frac{1}{4} \cdot x^2 - \frac{1}{2} \cdot \frac{1}{4} \cdot \frac{3}{6} \cdot x^3 - \ldots = \sum_{\nu=0}^{\infty} (-1)^\nu \binom{\frac{1}{2}}{\nu} \cdot x^\nu.$$

---

**298.** Man ermittle die MAC LAURIN-Entwicklung der Funktion
$$y = f(x) = \sqrt[4]{16 - x^2}.$$

Mit der Umformung $y = f(x) = 2 \sqrt[4]{1 - \frac{x^2}{16}}$ ergibt sich unter Verwendung der für $m \in \mathbb{R}^+$ und $|z| \leq 1$ gültigen binomischen Reihenentwicklung $(1 + z)^m = \sum_{\nu=0}^{\infty} \binom{m}{\nu} z^\nu$ mit $z = -\frac{x^2}{16}$ die für $|x| \leq 4$ bestehende Darstellung

$$y = f(x) = \sqrt[4]{16 - x^2} = 2 \sum_{\nu=0}^{\infty} \binom{\frac{1}{4}}{\nu} \cdot \left( \frac{-x^2}{16} \right)^\nu = \sum_{\nu=0}^{\infty} (-1)^\nu \cdot \binom{\frac{1}{4}}{\nu} \cdot 2^{1-4\nu} \cdot x^{2\nu}.$$

**299.** Man bilde die MAC LAURINsche Reihe der Funktion $y = f(x) = \cos(2x + \alpha)$ mit $\alpha \in \mathbb{R}$.

$f'(x) = -2\sin(2x + \alpha)$, $f''(x) = -2^2\cos(2x + \alpha)$,

$f'''(x) = 2^3\sin(2x + \alpha)$, $f^{(4)}(x) = 2^4\cos(2x + \alpha)$, ...

$f^{(\nu)}(x) = 2^\nu \cos\left(2x + \alpha + \dfrac{\nu\pi}{2}\right)$ für $\nu \in \mathbb{N}$;

$f(0) = \cos\alpha$, $f'(0) = -2\sin\alpha$, $f''(0) = -2^2\cos(\alpha)$,

$f'''(0) = 2^3\sin\alpha$, $f^{(4)}(0) = 2^4\cos\alpha$, $f^{(\nu)}(0) = 2^\nu\cos\left(\alpha + \dfrac{\nu\pi}{2}\right)$;

$\cos(2x + \alpha) = \sum\limits_{\nu=0}^{n} \dfrac{f^{(\nu)}(0)\cdot x^\nu}{\nu!} + R_n$.

Für den Betrag des Restgliedes gilt

$|R_n| = \left|f^{(n+1)}(\Theta x)\cdot \dfrac{x^{n+1}}{(n+1)!}\right| =$

$= \left|2^{n+1}\cdot \cos\left(2\Theta x + \alpha + \dfrac{n+1}{2}\pi\right)\cdot \dfrac{x^{n+1}}{(n+1)!}\right| < \dfrac{|2x|^{n+1}}{(n+1)!}$

mit $0 < \Theta < 1$.

Ist $k \in \mathbb{N} \wedge k - 1 < |2x| \leq k$, so folgt für $n + 1 > k$ aber

$\dfrac{|2x|^{n+1}}{(n+1)!} = \dfrac{|2x|^k}{k!}\cdot \dfrac{|2x|}{k+1}\cdot \dfrac{|2x|}{k+2}\cdot \ldots \cdot \dfrac{|2x|}{n+1} \leq \dfrac{|2x|^k}{k!}\cdot \left(\dfrac{|2x|}{k+1}\right)^{n-k+1}$.

Wegen $0 < \dfrac{|2x|}{k+1} < 1$ ist daher $\lim\limits_{n \to \infty} R_n = 0$, so daß die Reihenentwicklung

$\cos(2x + \alpha) = \sum\limits_{\nu=0}^{\infty} \dfrac{f^{(\nu)}(0)\cdot x^\nu}{\nu!} = \cos\alpha - 2\cdot\sin\alpha\cdot\dfrac{x^1}{1!} - 2^2\cdot\cos\alpha\cdot\dfrac{x^2}{2!} +$

$+ 2^3\cdot\sin\alpha\cdot\dfrac{x^3}{3!} + 2^4\cdot\cos\alpha\cdot\dfrac{x^4}{4!} - + \ldots =$

$= \cos\alpha\cdot\sum\limits_{\nu=0}^{\infty}(-1)^\nu\cdot 2^{2\nu}\cdot\dfrac{x^{2\nu}}{(2\nu)!} - 2\sin\alpha\cdot\sum\limits_{\nu=0}^{\infty}(-1)^\nu\cdot 2^{2\nu}\cdot\dfrac{x^{2\nu+1}}{(2\nu+1)!}$

für $x \in \mathbb{R}$ besteht.

In den Sonderfällen $\alpha = 0$ bzw. $\alpha = -\dfrac{\pi}{2}$ ergeben sich

$\cos(2x) = \sum\limits_{\nu=0}^{\infty}(-1)^\nu\cdot 2^{2\nu}\cdot\dfrac{x^{2\nu}}{(2\nu)!}$ bzw.

$$\cos\left(2x - \frac{\pi}{2}\right) = \sin(2x) = 2 \cdot \sum_{\nu=0}^{\infty} (-1)^\nu \cdot 2^{2\nu} \cdot \frac{x^{2\nu+1}}{(2\nu+1)!}.$$

**300.** Mit Hilfe der ersten 5 Glieder der MAC LAURINschen Reihe der Funktion $y = f(x) = \ln(1+x)$ berechne man unter Abschätzung des Fehlers Näherungswerte von $\ln 1{,}5$ und $\ln 0{,}6$.

$$f'(x) = \frac{1}{1+x} = (1+x)^{-1}, \quad f''(x) = -1 \cdot (1+x)^{-2},$$

$$f'''(x) = 1 \cdot 2 \cdot (1+x)^{-3}, \quad f^{(4)}(x) = -1 \cdot 2 \cdot 3 \cdot (1+x)^{-4}, \ldots$$

$$f^{(\nu)}(x) = (-1)^{\nu-1} \cdot (\nu-1)! \cdot (1+x)^{-\nu};$$

$f(0) = 0, \quad f'(0) = 1, \quad f''(0) = -1, \quad f'''(0) = 1 \cdot 2, \quad f^{(4)}(0) = -1 \cdot 2 \cdot 3, \ldots$

$f^{(\nu)}(0) = (-1)^{\nu-1} \cdot (\nu-1)!$ für $\nu \in \mathbb{N}$.

$$\ln(1+x) = \sum_{\nu=1}^{n} \frac{(-1)^{\nu-1} \cdot (\nu-1)!}{\nu!} \cdot x^\nu + R_n = \sum_{\nu=1}^{n} (-1)^{\nu-1} \cdot \frac{x^\nu}{\nu} + R_n$$

mit

$$|R_n| = \left| \frac{n!(1+\Theta x)^{-n-1}}{(n+1)!} \cdot x^{n+1} \right| = \left| \frac{x^{n+1}}{(n+1)(1+\Theta x)^{n+1}} \right|.$$

Da, wie gezeigt werden kann, $\lim_{n \to \infty} R_n = 0$ für $-1 < x \leq 1$, gilt in diesem Intervall

$$\ln(1+x) = \sum_{\nu=1}^{\infty} (-1)^{\nu-1} \cdot \frac{x^\nu}{\nu} = \frac{x}{1} - \frac{x^2}{2} + \frac{x^3}{3} - \frac{x^4}{4} + - \ldots$$

Wenn $0 < x \leq 1$ liegt eine **alternierende Reihe** vor, deren Glieder ihren Beträgen nach streng monoton abnehmen. Bricht man derartige Reihen nach einem bestimmten Glied ab, so trägt der begangene Fehler das Vorzeichen des folgenden Gliedes und es ist der Betrag des Fehlers kleiner als der Betrag dieses Gliedes.

Somit gilt etwa für $x = \frac{1}{2}$

$$\ln 1{,}5 = \frac{1}{2} - \frac{1}{8} + \frac{1}{24} - \frac{1}{64} + \frac{1}{160} + R_5 =$$

$$= \frac{480 - 120 + 40 - 15 + 6}{960} + R_5 =$$

$$= \frac{391}{960} + R_5 \approx 0{,}407 + R_5 \quad \text{und} \quad R_5 < 0$$

mit $0 < |R_5| < \frac{1}{6} \cdot \frac{1}{2^6} = \frac{1}{384} < 0{,}003$.

Für $-1 < x < 0$ kann zur Abschätzung das Restglied herangezogen werden. Damit erhält man beispielsweise für $x = -0,4$

$$\ln(0,6) = -\left(\frac{2}{5} + \frac{2}{5^2} + \frac{8}{3 \cdot 5^3} + \frac{4}{5^4} + \frac{32}{5^6}\right) + R_5 \approx -0,510 + R_5$$

mit $0 < |R_5| < \dfrac{0,4^6}{6(1-0,4)^6} = \dfrac{1}{6}\left(\dfrac{2}{3}\right)^6 = \dfrac{32}{2187} < 0,015$.

---

**301.** Die Funktion $y = \arctan \dfrac{x}{2}$ soll in ihre MAC LAURINsche Reihe entwickelt werden.

Da die Bildung der höheren Ableitungen von $f(x) = \arctan \dfrac{x}{2}$ umständlich wird, verwendet man zweckmäßig die **Methode der unbestimmten Koeffizienten**.

Bei diesem Verfahren sind im Ansatz

$$f(x) = \arctan \frac{x}{2} = A_0 + A_1 x + A_2 x^2 + A_3 x^3 + A_4 x^4 + \ldots$$

die Koeffizienten $A_1, A_2, A_3, \ldots$ durch Vergleich der Faktoren entsprechender Potenzen von

$$f'(x) = \frac{1}{2} \cdot \frac{1}{1 + \left(\dfrac{x}{2}\right)^2} = A_1 + 2A_2 x + 3A_3 x^2 + 4A_4 x^3 + \ldots$$

und der für $x < 2$ richtigen **geometrischen Reihenentwicklung**

$$\frac{1}{2} \cdot \frac{1}{1 + \left(\dfrac{x}{2}\right)^2} = \frac{1}{2}\left[1 - \left(\frac{x}{2}\right)^2 + \left(\frac{x}{2}\right)^4 - \left(\frac{x}{2}\right)^6 + - \ldots\right]$$

zu bestimmen.

Man erkennt unmittelbar $A_{2\nu} = 0$ für $\nu \in \mathbb{N}$.

Die Koeffizienten mit ungeradem Index ersieht man der Reihe nach zu

$$A_1 = \frac{1}{2}, \quad 3A_3 = -\frac{1}{2} \cdot \frac{1}{2^2}, \quad 5A_5 = +\frac{1}{2} \cdot \frac{1}{2^4}, \quad \ldots$$

$$(2\nu + 1) \cdot A_{2\nu+1} = (-1)^\nu \cdot \frac{1}{2} \cdot \frac{1}{2^{2\nu}} \quad \text{für } \nu \in \mathbb{Z}_0^+.$$

$A_0$ kann nicht durch diesen Koeffizientenvergleich errechnet werden, sondern aus der Tatsache, daß die Gesamtheit aller Funktionen mit der Ableitung $f'(x) = \dfrac{1}{2} \cdot \dfrac{1}{1 + \left(\dfrac{x}{2}\right)^2}$ durch $\arctan \dfrac{x}{2} + C$ mit $C \in \mathbb{R}$ festgelegt ist. Die spezielle Funktion $f(x) = \arctan \dfrac{x}{2}$ wird mit der zusätzlichen Forderung $f(0) = 0$ erfaßt, welche auf $A_0 = 0$ führt.

Nun sind die Konvergenzradien einer Potenzreihe und der hieraus durch gliedweises Differenzieren entstehenden Reihe gleich; diese Reihen definieren jedenfalls im Innern des Konvergenzintervalls eine Funktion und deren Ableitung. Demnach gilt die erhaltene Reihenentwicklung

$$\arctan \frac{x}{2} = \sum_{\nu=0}^{\infty} A_{2\nu+1} x^{2\nu+1} = \sum_{\nu=0}^{\infty} (-1)^{\nu} \cdot \frac{x^{2\nu+1}}{(2\nu+1) \, 2^{2\nu+1}} \quad \text{für } |x| < 2.$$

Tatsächlich besteht diese Entwicklung auch noch für $x = \pm 2$, weil die sich so ergebenden alternierenden Reihen nach dem **Kriterium von LEIBNIZ** konvergieren und auf Grund des **Grenzwertsatzes von ABEL**

$f(x) = \arctan \dfrac{x}{2}$ darstellen.

---

**302.** Man entwickle $f(x) = e^x$ in eine TAYLORsche Reihe mit dem Mittelpunkt $a = 2$, indem man $f(x)$ mittels einer einfachen **Differentialgleichung** definiert und diese durch einen Potenzreihenansatz mit unbestimmten Koeffizienten löst.

Offensichtlich genügt $y = f(x) = e^x$ der Differentialgleichung $\dfrac{y'}{y} = 1$ für $x \in \mathbb{R}$. Ist nun $y = f_1(x)$ irgendeine weitere Lösungsfunktion, d. h. $\dfrac{f_1'(x)}{f_1(x)} = 1$, so folgt aus $\dfrac{f'(x)}{f(x)} = \dfrac{f_1'(x)}{f_1(x)} = 1$ sogleich $f_1(x) = C \cdot f(x)$ mit $C \in \mathbb{R} \wedge C \neq 0$. Die Menge aller Lösungen ist daher durch $y = C \, e^x$ festgelegt. $y = f(x) = e^x$ kann somit als jene Lösung gekennzeichnet werden, welche für $x = a = 2$ den Wert $e^a = e^2$ annimmt.

Weil die Ableitungen einer durch eine Potenzreihe dargestellten Funktion im Innern des Konvergenzintervalls durch gliedweises Differenzieren gebildet werden können, macht man den Ansatz

$$y = f(x) = a_0 + a_1(x - a) + a_2(x - a)^2 + \ldots = \sum_{\nu=0}^{\infty} a_{\nu}(x - a)^{\nu},$$

der zusammen mit

$$y' = f'(x) = a_1 + 2a_2(x - a) + \ldots = \sum_{\nu=1}^{\infty} \nu a_\nu \cdot (x - a) \text{ in } \frac{y'}{y} = 1,$$

also $y' = y$ eingesetzt wird. Unter Verwendung des **Eindeutigkeitssatzes** für Potenzreihen führt Koeffizientenvergleich auf

$a_0 = a_1$; $a_1 = 2a_2$; $a_2 = 3a_3$; ...; $a_\nu = (\nu + 1)a_{\nu+1}$ mit $\nu \in \mathbb{Z}_0^+$.

Wegen $f(a) = f(2) = e^2$ muß $a_0 = e^2$ und daraus folgend $a_1 = e^2$,

$a_2 = \dfrac{e^2}{2}$, $a_3 = \dfrac{e^2}{2 \cdot 3}$, ..., $a_\nu = \dfrac{e^2}{\nu!}$ gewählt werden, was innerhalb der Konvergenzmenge auf $e^x = e^2 \cdot \left[ 1 + \dfrac{(x-2)}{1!} + \dfrac{(x-2)^2}{2!} + \ldots \right] =$

$= e^2 \cdot \sum_{\nu=0}^{\infty} \dfrac{(x-2)^\nu}{\nu!}$ führt. Wegen $\lim_{\nu \to \infty} \left| \dfrac{a_{\nu-1}}{a_\nu} \right| = \lim_{\nu \to \infty} \nu = \infty$ umfaßt die Konvergenzmenge alle $x \in \mathbb{R}$.

Wählt man etwa $x = 3$ und bricht nach dem Glied mit $(x - 2)^4$ ab, so ergibt sich $e^3 = e^2 \left( 1 + \dfrac{1}{1!} + \dfrac{1}{2!} + \dfrac{1}{3!} + \dfrac{1}{4!} \right) + e^2 \cdot R$ und

$R = \dfrac{1}{5!} + \dfrac{1}{6!} + \ldots = \dfrac{1}{5!}\left( 1 + \dfrac{1}{6} + \dfrac{1}{6 \cdot 7} + \dfrac{1}{6 \cdot 7 \cdot 8} + \ldots \right) <$

$< \dfrac{1}{5!}\left( 1 + \dfrac{1}{6} + \dfrac{1}{6^2} + \dfrac{1}{6^3} + \ldots \right) = \dfrac{\frac{1}{5!}}{1 - \frac{1}{6}} = 0{,}01.$

Mit $1 + \dfrac{1}{1!} + \dfrac{1}{2!} + \dfrac{1}{3!} + \dfrac{1}{4!} = 2{,}7083 \ldots$ kommt man so auf

$e = 2{,}7083 \ldots + R$, also $2{,}7083 \ldots < e < 2{,}7183 \ldots$.

---

**303.** In welchem Kurvenpunkt $P_0(x_0; y_0)$ ist die Tangente an die Parabel mit der Gleichung $y = \dfrac{1}{4}x^2$ parallel der Sekante durch die Kurvenpunkte $A(2; 1)$ und $B(4; 4)$?

Die Existenz wenigstens eines derartigen Punktes folgt aus dem **Mittelwertsatz der Differentialrechnung**, wonach mindestens eine Zahl $x_0 \in \mathbb{R}$ mit $a < x_0 < b$ vorhanden ist, für welche die in $a \leqslant x \leqslant b$ differenzierbare Funktion $y = f(x)$ der Beziehung $\dfrac{f(b) - f(a)}{b - a} = f'(x_0)$ genügt. Hierbei kann $x_0 = a + \Theta \cdot (b - a)$ mit $0 < \Theta < 1$ geschrieben werden.

Im vorliegenden speziellen Falle führt

$f(x) = \frac{1}{4} x^2$, also $f'(x) = \frac{1}{2} x$ mit

$x_0 = 2 + \Theta \cdot (4 - 2)$ auf

$\frac{4 - 1}{4 - 2} = \frac{1}{2} \cdot [2 + \Theta \cdot (4 - 2)]$ ,

woraus $\Theta = \frac{1}{2}$ entnommen werden kann.

Mit $x_0 = 3$ kommt man auf $P_0 \left(3; \frac{9}{4}\right)$.

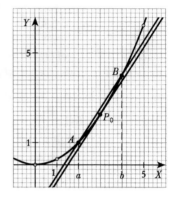

---

**304.** Man ermittle den Grenzwert $\lim\limits_{x \to 0} \left( \frac{1}{\sin x} - \frac{1}{x} \right)$.

Durch Entwicklung von sin x an der Stelle x = 0 wird

$$\lim_{x \to 0} \frac{x - \sin x}{x \cdot \sin x} = \lim_{x \to 0} \frac{x - \left( x - \frac{x^3}{3!} + \frac{x^5}{5!} - + \ldots \right)}{x \left( x - \frac{x^3}{3!} + \frac{x^5}{5!} - + \ldots \right)} =$$

$$= \lim_{x \to 0} \frac{\frac{x^3}{3!} - \frac{x^5}{5!} + - \ldots}{x^2 - \frac{x^4}{3!} + \frac{x^6}{5!} - + \ldots} = \lim_{x \to 0} \frac{\frac{x}{3!} - \frac{x^3}{5!} + - \ldots}{1 - \frac{x^2}{3!} + \frac{x^4}{5!} - + \ldots} = 0.$$

---

**305.** Man zeige, daß für kleine Werte von $|x|$ näherungsweise

$$\frac{e^{-x}}{\sqrt{1 + x}} \approx 1 - \frac{3}{2} x$$

gesetzt werden kann.

Mit Hilfe der **Reihendarstellungen**

$e^{-x} = 1 - \frac{x}{1!} + \frac{x^2}{2!} - \frac{x^3}{3!} + - \ldots$ und

$(1 + x)^{-\frac{1}{2}} = 1 - \frac{1}{2} x + \frac{1}{2} \cdot \frac{3}{4} x^2 - \frac{1}{2} \cdot \frac{3}{4} \cdot \frac{5}{6} x^3 + - \ldots$, wovon die erste für $|x| < \infty$, die zweite für $-1 < x \leq 1$ besteht, kann

$$\frac{e^{-x}}{\sqrt{1+x}} = \left(1 - x + \frac{1}{2}x^2 - \frac{1}{6}x^3 + \frac{1}{24}x^4 - + \ldots\right) \cdot \left(1 - \frac{1}{2}x + \frac{3}{8}x^2 - \frac{5}{16}x^3 + \frac{35}{128}x^4 - + \ldots\right)$$

geschrieben werden.

Die Durchführung der Multiplikation läßt sich übersichtlich mit Hilfe des folgenden Schemas quadratischer Felder gestalten, in welchem in der 1. Zeile die Glieder der ersten Reihe und in der 1. Spalte die Glieder der zweiten Reihe aufgeführt sind. In jedes der Felder, die als Kreuzung einer bestimmten Zeile und Spalte gekennzeichnet sind, wird das Produkt der am linken Ende der Zeile und am oberen Ende der Spalte vermerkten Reihenglieder eingetragen. Produkte, die x-Potenzen mit gleichen Exponenten enthalten, finden sich dann in den etwa von links unten nach rechts oben diagonal angeordneten Feldern.

|  | $1$ | $-x$ | $\frac{1}{2}x^2$ | $-\frac{1}{6}x^3$ | $\frac{1}{24}x^4$ |
|---|---|---|---|---|---|
| $1$ | $1$ | $-x$ | $\frac{1}{2}x^2$ | $-\frac{1}{6}x^3$ | $\frac{1}{24}x^4$ |
| $-\frac{1}{2}x$ | $-\frac{1}{2}x$ | $\frac{1}{2}x^2$ | $-\frac{1}{4}x^3$ | $\frac{1}{12}x^4$ | $\ldots$ |
| $\frac{3}{8}x^2$ | $\frac{3}{8}x^2$ | $-\frac{3}{8}x^3$ | $\frac{3}{16}x^4$ | $\ldots$ | $\ldots$ |
| $-\frac{5}{16}x^3$ | $-\frac{5}{16}x^3$ | $\frac{5}{16}x^4$ | $\ldots$ | $\ldots$ | $\ldots$ |
| $\frac{35}{128}x^4$ | $\frac{35}{128}x^4$ | $\ldots$ | $\ldots$ | $\ldots$ | $\ldots$ |

Damit wird $\dfrac{e^{-x}}{\sqrt{1+x}} = 1 - \dfrac{3}{2}x + \dfrac{11}{8}x^2 - \dfrac{53}{48}x^3 + \dfrac{115}{128}x^4 - + \ldots$.

Weil die Konvergenzintervalle $|x| < \infty$ und $-1 < x \leq 1$ der multiplizierten Reihen das offene Intervall $|x| < 1$ gemeinsam haben, konvergiert die

Produktreihe sicher in diesem Intervall und stellt dort die Produktfunktion dar.

Für $|x| \ll 1$ ergibt sich hieraus die Näherung $\dfrac{e^{-x}}{\sqrt{1+x}} \approx 1 - \dfrac{3}{2}x$.

---

**306.** Es ist die Funktion $y = \ln \cosh x$ durch eine für $|x| \leqslant 1$ konvergente Reihe darzustellen.

Mit der für $x \in \mathbb{R}$ gültigen Entwicklung

$$\cosh x = 1 + \frac{x^2}{2!} + \frac{x^4}{4!} + \frac{x^6}{6!} + \ldots$$

wird zunächst

$$y = \ln\left(1 + \frac{x^2}{2!} + \frac{x^4}{4!} + \frac{x^6}{6!} + \ldots\right)$$

erhalten. Setzt man hierin

$$\frac{x^2}{2!} + \frac{x^4}{4!} + \frac{x^6}{6!} + \ldots = \cosh x - 1 = z,$$

so folgt über die in $-1 < z \leqslant 1$ und damit auch für $|x| < \operatorname{arcosh} 2 \approx 1{,}317$ bestehende Darstellung

$$y = \ln(1+z) = z - \frac{z^2}{2} + \frac{z^3}{3} - \frac{z^4}{4} + - \ldots =$$

$$= \left(\frac{x^2}{2!} + \frac{x^4}{4!} + \frac{x^6}{6!} + \ldots\right) - \frac{1}{2}\left(\frac{x^2}{2!} + \frac{x^4}{4!} + \frac{x^6}{6!} + \ldots\right)^2 +$$

$$+ \frac{1}{3}\left(\frac{x^2}{2!} + \frac{x^4}{4!} + \frac{x^6}{6!} + \ldots\right)^3 - + \ldots$$

nach Ordnen in bezug auf steigende Potenzen von x

$$y = \frac{x^2}{2} - \frac{x^4}{12} + \frac{x^6}{45} - + \ldots \; .$$

Bei großen Werten $|x|$ kann näherungsweise

$$y = \ln \cosh x = \ln \frac{e^x + e^{-x}}{2} \approx \ln \frac{e^x}{2} = x - \ln 2$$

geschrieben werden.

**307.** Für welche $x \in \mathbb{R}_o^+$ gilt die Näherungsformel

$$\sqrt{1+x} \approx 1 + \frac{x}{2},$$

wenn der Fehler 5% nicht übersteigen soll?

Die zulässigen x-Werte ergeben sich als Lösungsmenge $\mathbb{L}$ der Ungleichung

$$1 + \frac{x}{2} - \sqrt{1+x} \leq \frac{1}{20}\sqrt{1+x}$$

in der Grundmenge $\mathbb{R}_o^+$. Die in $\mathbb{R}_o^+$ äquivalenten Umformungen

$$20 + 10x \leq 21 \cdot \sqrt{1+x}$$

$$(20 + 10x)^2 \leq 441(1+x)$$

$$100x^2 - 41x - 41 \leq 0$$

$$100 \cdot (x - x_1) \cdot (x - x_2) \leq 0$$

mit $x_{1;2} = \dfrac{41 \pm \sqrt{18081}}{200}$, also $x_1 = 0{,}8773\ldots$ und $x_2 = 0{,}4673\ldots$

führen auf $\mathbb{L} = \{x \mid 0 \leq x \leq 0{,}8773\ldots\}$.

---

**308.** Die Schwingungsdauer T eines mathematischen Pendels in Abhängigkeit vom maximalen Auslenkungswinkel $\alpha$ genügt der Formel

$$T = 2\pi \sqrt{\frac{l}{g}} \left[ 1 + \left(\frac{1}{2}\right)^2 \cdot \sin^2\left(\frac{\alpha}{2}\right) + \left(\frac{1 \cdot 3}{2 \cdot 4}\right)^2 \cdot \sin^4\left(\frac{\alpha}{2}\right) + \ldots \right],$$

wobei l die Pendellänge und g den skalaren Wert der Erdbeschleunigung bedeuten.

Wie groß ist höchstens der Fehler, wenn bei Berechnung der Schwingungsdauer für $\alpha = 60^\circ$ die Reihe nur bis zum Glied $\left(\dfrac{1 \cdot 3 \cdot 5}{2 \cdot 4 \cdot 6}\right)^2 \cdot \sin^6\dfrac{\alpha}{2}$ berücksichtigt wird?

Es gilt für den vorgeschriebenen Auslenkungswinkel

$$T = 2\pi \sqrt{\frac{l}{g}} \left[ 1 + \left(\frac{1}{2}\right)^2 \left(\frac{1}{2}\right)^2 + \left(\frac{1 \cdot 3}{2 \cdot 4}\right)^2 \cdot \left(\frac{1}{2}\right)^4 + \left(\frac{1 \cdot 3 \cdot 5}{2 \cdot 4 \cdot 6}\right)^2 \times \right.$$

$$\left. \times \left(\frac{1}{2}\right)^6 + R \right], \text{ wobei der Rest } R = \left(\frac{1 \cdot 3 \cdot 5 \cdot 7}{2 \cdot 4 \cdot 6 \cdot 8}\right)^2 \cdot \left(\frac{1}{2}\right)^8 \times$$

$$\times \left[ 1 + \left(\frac{9}{10}\right)^2 \cdot \left(\frac{1}{2}\right)^2 + \left(\frac{9 \cdot 11}{10 \cdot 12}\right)^2 \cdot \left(\frac{1}{2}\right)^4 + \left(\frac{9 \cdot 11 \cdot 13}{10 \cdot 12 \cdot 14}\right)^2 \cdot \left(\frac{1}{2}\right)^6 +$$

$$+ \ldots \Big] < 0{,}075 \cdot \left(\frac{1}{2}\right)^8 \cdot \left[1 + \frac{1}{4} + \left(\frac{1}{4}\right)^2 + \left(\frac{1}{4}\right)^3 + \ldots\right] =$$

$$= \frac{0{,}075}{2^8} \cdot \frac{1}{1 - \frac{1}{4}} = \frac{1}{10 \cdot 2^8} \approx 0{,}0004 \text{ ist.}$$

Der Fehler $F > 0$ ist somit $F < 0{,}0004 \cdot 2\pi \sqrt{\frac{l}{g}} < 0{,}003 \sqrt{\frac{l}{g}}$ und die Schwingungsdauer beträgt $T \approx 2\pi \sqrt{\frac{l}{g}} (1 + 0{,}0625 + 0{,}0088 + 0{,}0015) =$

$$= 2\pi \sqrt{\frac{l}{g}} \cdot 1{,}0728 \approx 6{,}741 \sqrt{\frac{l}{g}} .$$

---

**309.** Ein Seil mit der Länge $L = 10$ m ist in bezug auf das in der Abbildung gewählte kartesische Koordinatensystem mit seinen Endpunkten in $S_1(x_1; y_1)$ und $S_2(x_2; y_2)$ befestigt. Wirkt die Schwerkraft im negativen Sinne der Y-Achse, so ist die Gleichung der als **Kettenlinie** bezeichneten Durchhangkurve $y = a \cdot \cosh\left(\frac{x}{a}\right)$ mit $a \in \mathbb{R}$ und es besteht mit der Seillänge $L > \sqrt{h^2 + l^2}$ für $x_2 > x_1$ der Zusammenhang

$$L = a\left[\sinh\left(\frac{x_2}{a}\right) - \sinh\left(\frac{x_1}{a}\right)\right].$$

Man bestimme für die Höhendifferenz $h = y_2 - y_1 = 6$ m und die Spannweite $l = x_2 - x_1 = 5$ m näherungsweise die Konstante $a$ und die Koordinaten von $S_1$.

Aus $h = a\left[\cosh\left(\frac{x_1 + l}{a}\right) - \cosh\left(\frac{x_1}{a}\right)\right] = 2a \cdot \sinh\left(\frac{2x_1 + l}{2a}\right) \cdot \sinh\left(\frac{l}{2a}\right)$

und $L = 2a \cdot \cosh\left(\frac{2x_1 + l}{2a}\right) \cdot \sinh\left(\frac{l}{2a}\right)$

folgt über $\left(\frac{L}{2a}\right)^2 - \left(\frac{h}{2a}\right)^2 = \sinh^2\left(\frac{l}{2a}\right)$ mit $\frac{l}{2a} = z > 0$

die in z transzendente Gleichung

$$\left(\sinh z - \frac{z}{l} \cdot \sqrt{L^2 - h^2}\right) \cdot \left(\sinh z + \frac{z}{l} \cdot \sqrt{L^2 - h^2}\right) = 0.$$

In der durch die Aufgabenstellung festgelegten Grundmenge $G = \mathbb{R}^+$ werden deren Lösungen ausschließlich durch $\sinh z = \frac{z}{l} \cdot \sqrt{L^2 - h^2}$ geliefert. Sie können etwa mit Hilfe des NEWTONschen Näherungsverfahrens ermittelt werden.

Eine andere Möglichkeit besteht in der Verwendung der für $z \in \mathbb{R}$ konvergenten Reihe $\sinh z = z + \dfrac{z^3}{3!} + \dfrac{z^5}{5!} + \dfrac{z^7}{7!} + \ldots$ . In diesem Fall ergibt sich nach Kürzen mit z die Gleichung

$$1 + \frac{z^2}{3!} + \frac{z^4}{5!} + \frac{z^6}{7!} + \ldots = \frac{1}{l}\sqrt{L^2 - h^2} \ .$$

Bricht man die Reihe nach dem Glied $\dfrac{z^4}{5!}$ ab, so erhält man für z näherungsweise die biquadratische Gleichung

$$z^4 + 20 z^2 + 120\left(1 - \frac{1}{l} \cdot \sqrt{L^2 - h^2}\right) = 0$$

mit der einzigen Lösung

$$z = \sqrt{2\sqrt{5}\left(\sqrt{\frac{6}{l}\sqrt{L^2 - h^2} - 1} - \sqrt{5}\right)} \quad \text{in } G = \mathbb{R}^+.$$

Einsetzen der gegebenen Größen liefert $z = \sqrt{2(\sqrt{43} - 5)} \approx 1{,}765$, woraus $a \approx 1{,}416$ m folgt. Das NEWTONsche Näherungsverfahren erbringt $a \approx 1{,}423$ m.

Aus $\dfrac{h}{L} = \tanh \dfrac{2 x_1 + l}{2 a}$ oder

$\dfrac{2 x_1 + l}{2 a} = \operatorname{ar\,tan} \dfrac{h}{L}$ findet man nun

mit bekanntem a die Abszisse $x_1$ von $S_1$ zu

$$x_1 = -\frac{l}{2} + a \cdot \operatorname{ar\,tanh} \frac{h}{L}$$

oder

$$x_1 = -\frac{l}{2} + \frac{a}{2} \cdot \ln \frac{L + h}{L - h}$$

und die Ordinate zu $y_1 = a \cdot \cosh\left(\dfrac{x_1}{a}\right)$.

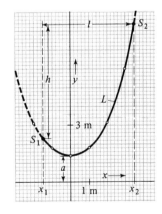

Für die gegebenen Größen wird mit $a \approx 1{,}416$ m $x_1 \approx -1{,}519$ m und $y_1 \approx 2{,}312$ m; der durch das NEWTONsche Näherungsverfahren gefundene Wert $a \approx 1{,}423$ m führt auf $x_1 \approx -1{,}514$ m und $y_1 \approx 2{,}307$ m.

| $\dfrac{x}{m}$ | ... | ±4 | ±3 | ±2 | ±1 | 0 |
|---|---|---|---|---|---|---|
| $\dfrac{y}{m}$ | ... | 11,87 | 5,94 | 3,08 | 1,79 | 1,42 |

**310.** Das Potential $\varphi$ einer positiven elektrischen Punktladung Q im Abstand d von dieser kann im Vakuum durch $\varphi = \dfrac{Q}{4\pi \varepsilon_0 d}$ mit $\varepsilon_0 = 8{,}86 \cdot 10^{-12} \dfrac{As}{Vm}$ als absoluter Dielektrizitätskonstante angegeben werden.

Welches Potential $\varphi_P$ erzeugt näherungsweise ein aus den Ladungen Q und -Q im Abstand $l = \overline{AB}$ bestehender Dipol in einem Punkt P, welcher gemäß der Abbildung durch seinen Abstand $r \geqslant l$ vom Dipolmittelpunkt 0 und den Winkel $\alpha$ festgelegt ist.

Zweimalige Verwendung des Kosinussatzes ergibt

$$\varphi_P = \frac{Q}{4\pi \varepsilon_0 r_1} - \frac{Q}{4\pi \varepsilon_0 r_2} = \frac{Q}{4\pi \varepsilon_0}\left(\frac{1}{\sqrt{\dfrac{l^2}{4} + r^2 - rl\cdot\cos\alpha}} - \frac{1}{\sqrt{\dfrac{l^2}{4} + r^2 + rl\cdot\cos\alpha}}\right) = \frac{Q}{4\pi \varepsilon_0 r}\left[\frac{1}{\sqrt{1 + \dfrac{1}{4}\cdot\left(\dfrac{l}{r}\right)^2 - \dfrac{l}{r}\cdot\cos\alpha}} - \frac{1}{\sqrt{1 + \dfrac{1}{4}\cdot\left(\dfrac{l}{r}\right)^2 + \dfrac{l}{r}\cdot\cos\alpha}}\right].$$

Unter Verwendung der sich aus der binomischen Reihe für $|x| \ll 1$ ergebenden Näherung $\dfrac{1}{\sqrt{1+x}} \approx 1 - \dfrac{x}{2}$ erhält man mit $x = \dfrac{1}{4}\cdot\left(\dfrac{l}{r}\right)^2 \pm \dfrac{1}{r}\cos\alpha$ und $l \ll r$

$$\varphi_P \approx \frac{Q}{4\pi\varepsilon_o r}\left\{\left[1 - \frac{1}{8}\cdot\left(\frac{1}{r}\right)^2 + \frac{1}{2}\cdot\frac{1}{r}\cos\alpha\right] - \left[1 - \frac{1}{8}\cdot\left(\frac{1}{r}\right)^2 - \frac{1}{2}\cdot\frac{1}{r}\cos\alpha\right]\right\} = \frac{Q}{4\pi\varepsilon_o r}\cdot\frac{1}{r}\cdot\cos\alpha = \frac{Q\cdot l\cdot\cos\alpha}{4\pi\varepsilon_o r^2} = \frac{M\cdot\cos\alpha}{4\pi\varepsilon_o r^2} \quad,$$

wenn noch $M = Q\cdot l$ als skalarer Wert des Dipolmoments $\vec{M} = Q\cdot\vec{AB}$ eingeführt wird.

# 3. ANHANG

## 3.1 Mathematische Zeichen

Die folgende Zusammenstellung enthält lediglich die wichtigsten verwendeten mathematischen Symbole in Anlehnung an DIN 1302, 1303 und 5486. Die Bedeutung von spezielleren Zeichen und Abkürzungen ist jeweils an der betreffenden Stelle erläutert.

| Zeichen | Bedeutung |
|---|---|
| $+$ | plus |
| $-$ | minus |
| $\cdot$ | multipliziert mit |
| $:$ oder $-$ | dividiert durch |
| $=$ | gleich |
| $\neq$ | ungleich |
| $\equiv$ | identisch |
| $\triangleq$ | entspricht |
| $\sim$ | proportional |
| $\approx$ | angenähert gleich |
| $\stackrel{\wedge}{\approx}$ | entspricht angenähert |
| $<$ | kleiner als |
| $\ll$ | viel kleiner als |
| $>$ | größer als |
| $\gg$ | viel größer als |
| $\leq$ | kleiner oder gleich |
| $\geq$ | größer oder gleich |
| $\overline{AB}$ | Strecke mit den Endpunkten A und B |
| $\overset{\frown}{AB}$ | Bogenstück mit den Endpunkten A und B |
| $\alpha^o$ | Winkel $\alpha$ in Altgrad gemessen |
| $\overset{\frown}{\alpha} = \mathrm{arc}\,\alpha$ | Winkel $\alpha$ im Bogenmaß gemessen |
| $\sqrt{\phantom{x}}$ | Quadratwurzel |

| Zeichen | Bedeutung |
|---|---|
| $\sqrt[n]{\phantom{x}}$ | n-te Wurzel |
| $\vert a \vert$ | Betrag von a |
| $\log_b x$ | Logarithmus von $x \in \mathbb{R}^+$ zur Basis b |
| $\lg x = \log_{10} x$ | gewöhnlicher oder BRIGGSscher Logarithmus von $x \in \mathbb{R}^+$ zur Basis 10 |
| $\ln x = \log_e x$ | natürlicher Logarithmus von $x \in \mathbb{R}^+$ zur Basis e |
| $\sum_{\nu=1}^{n}$ | Summe von $\nu = 1$ bis $\nu = n$ |
| $\vert a_{ik} \vert$ | Determinante der Elemente $a_{ik}$ |
| $\mathbf{A} = (a_{ik})$ | Matrix der Elemente $a_{ik}$ |
| det $\mathbf{A}$ | Determinante der Matrix $\mathbf{A}$ |
| $\mathbf{a}$ | einspaltige Matrix |
| $\mathbf{A}'$, $\mathbf{a}'$ | transponierte Matrix von $\mathbf{A}$, $\mathbf{a}$ |
| $\mathbf{A}^{-1}$ | inverse Matrix von $\mathbf{A}$ |
| $\vec{A}$, $\vec{BC}$ | Vektoren $\vec{A}$, $\vec{BC}$ |
| $\vec{A}^o$ | Einheitsvektor von $\vec{A}$ |
| $\vert \vec{A} \vert$ | Betrag von $\vec{A}$ |
| A | skalarer Wert von $\vec{A}$ |
| $\vec{A}_x$, $\vec{A}_y$, $\vec{A}_z$ | vektorielle Komponenten von $\vec{A}$ in Richtung von X, Y, Z-Achse eines kartesischen Koordinatensystems |
| $A_x$, $A_y$, $A_z$ | skalare Komponenten von $\vec{A}$ |
| $\vec{A} \cdot \vec{B} = \vec{A}\vec{B}$ | Skalarprodukt, inneres Produkt von $\vec{A}$ und $\vec{B}$ |
| $\vec{A} \times \vec{B}$ | Vektorprodukt, äußeres Produkt von $\vec{A}$ und $\vec{B}$ |
| $\vec{A}(\vec{B} \times \vec{C})$ | Spatprodukt von $\vec{A}$, $\vec{B}$, $\vec{C}$ |
| $\vec{i}$, $\vec{j}$, $\vec{k}$ | Einheitsvektoren im positiven Richtungssinne von X, Y, Z-Achsen eines kartesischen Koordinatensystems |
| $R_n$ | n-dimensionaler Raum |

| Zeichen | Bedeutung |
|---|---|
| sin, cos, tan, cot | trigonometrische Funktionen |
| arc sin, arc cos, arc tan, arc cot | Arcus-Funktionen |
| sinh, cosh, tanh, coth | hyperbolische Funktionen |
| ar sinh, ar cosh, ar tanh, ar coth | Area-Funktionen |
| sgn x | $\begin{cases} 1, & \text{wenn } x > 0 \\ 0, & \text{wenn } x = 0 \\ -1, & \text{wenn } x < 0 \end{cases}$ |
| n! | $1 \cdot 2 \cdot 3 \cdot \ldots \cdot (n-1) \cdot n$ für $n \in \mathbb{N}$ |
| $\binom{n}{m}$ | $\dfrac{n!}{m! \cdot (n-m)!}$ für $m, n \in \mathbb{N} \wedge n \geq m$ |
| $\binom{\alpha}{m}$ | $\dfrac{\alpha \cdot (\alpha - 1) \cdot \ldots \cdot (\alpha - m + 1)}{1 \cdot 2 \cdot 3 \cdot \ldots \cdot (m-1) \cdot m}$ für $\alpha \in \mathbb{R}$, $m \in \mathbb{N}$ |
| $\binom{\alpha}{0}$ | 1 |
| $y = f(x)$ | y als Funktion der reellen Veränderlichen x |
| $y = f(x_1; x_2; \ldots; x_n)$ | y als Funktion der n reellen Veränderlichen $x_1, x_2, \ldots, x_n$ |
| $f \circ g$ | Verkettung der Funktionen f und g |
| lim | Limes, Grenzwert |
| $\rightarrow$ | gegen |
| $\infty$ | unendlich |
| $y' = \dfrac{df(x)}{dx} = f'(x) = \dfrac{dy}{dx}$ | 1. Ableitung von $y = f(x)$ nach x |
| $y^{(n)} = \dfrac{d^n f(x)}{dx^n} = f^{(n)}(x) = \dfrac{d^n y}{dx^n}$ | n-te Ableitung von $y = f(x)$ nach x |
| $\dot{y} = \dfrac{df(t)}{dt} = \dot{f}(t) = \dfrac{dy}{dt}$ | 1. Ableitung von $y = f(t)$ nach t |

| Zeichen | Bedeutung |
|---|---|
| $\dfrac{\partial y_1}{\partial x_1} = f'_{x_1}(x_1; x_2; \ldots ; x_n) = \dfrac{\partial f(x_1; x_2; \ldots ; x_n)}{\partial x_1}$ | 1. partielle Ableitung von $y = f(x_1; x_2; \ldots ; x_n)$ nach $x_1$ |
| $\dfrac{\partial^2 y}{\partial x_1\, \partial x_3} = f''_{x_1 x_3}(x_1; x_2; \ldots ; x_n) = \dfrac{\partial f(x_1; x_2; \ldots ; x_n)}{\partial x_1\, \partial x_3}$ | 2. partielle Ableitung von $y = f(x_1; x_2; \ldots ; x_n)$ nach $x_1$ und $x_3$ |
| $dy = df(x)$ | Differential von $y = f(x)$ |
| $dy = df(x_1; x_2; \ldots ; x_n)$ | vollständiges Differential von $y = f(x_1; x_2; \ldots ; x_n)$ |
| $\vec{r}$ | Ortsvektor |
| $\dfrac{d\vec{r}}{dt} = \dot{\vec{r}}$ | 1. Ableitung des Ortsvektors r als Funktion von t nach t |
| grad U | Gradient eines Skalarfeldes U |
| $\mathbb{A}, \mathbb{B}$ | Mengen $\mathbb{A}, \mathbb{B}$ |
| $a \in \mathbb{R}$ | a ist Element von $\mathbb{R}$ |
| $\mathbb{N}$ | Menge aller natürlichen Zahlen |
| $\mathbb{Z}$ | Menge aller ganzen Zahlen |
| $\mathbb{Q}$ | Menge aller rationalen Zahlen |
| $\mathbb{R}$ | Menge aller reellen Zahlen |
| $\mathbb{C}$ | Menge aller komplexen Zahlen |
| $\mathbb{Z}^+, \mathbb{Z}^-$ | Menge aller positiven, negativen ganzen Zahlen |
| $\mathbb{Z}_0^+ = \mathbb{N}_0$ | Menge aller nicht negativen ganzen Zahlen |
| $\mathbb{Z}_0^-$ | Menge aller nicht positiven ganzen Zahlen |
| G | Grundmenge |
| $\mathbb{D}_y$ | Definitionsmenge der Funktion $y = f(x)$ bzw. $y = f(x_1; x_2; \ldots ; x_n)$ |

| Zeichen | Bedeutung |
|---|---|
| $\mathbb{W}_y$ | Wertemenge der Funktion $y = f(x)$ bzw. $y = f(x_1; x_2; \ldots ; x_n)$ |
| $\mathbb{L}$ | Lösungsmenge |
| $\{x \mid \ldots\}$ | Menge aller x, für die ... gilt |
| $\{\,\} = \emptyset$ | Leere Menge |
| $\mathbb{A} \cap \mathbb{B}$ | Durchschnitt von $\mathbb{A}$ und $\mathbb{B}$ |
| $\mathbb{A} \cup \mathbb{B}$ | Vereinigungsmenge von $\mathbb{A}$ und $\mathbb{B}$ |
| $\mathbb{A} \setminus \mathbb{B}$ | Differenzmenge von $\mathbb{A}$ und $\mathbb{B}$ |
| $\mathbb{A} \subseteq \mathbb{B}$ | $\mathbb{A}$ ist Teilmenge von $\mathbb{B}$ |
| $\mathbb{A} \subset \mathbb{B}$ | $\mathbb{A}$ ist echte Teilmenge von $\mathbb{B}$ |
| $\mathbb{A} \times \mathbb{B}$ | Produktmenge von $\mathbb{A}$ und $\mathbb{B}$ |
| $\mathbb{A} \times \mathbb{A}$ | Produktmenge von $\mathbb{A}$ und $\mathbb{A}$ |
| $\mathbb{A}^n$ | Produktmenge von n Mengen $\mathbb{A}$ |
| $A \wedge B$ | Die Aussagen A und B gelten zugleich |
| $A \vee B$ | Von den Aussagen A und B gilt mindestens eine |
| $A \Rightarrow B$ | Aus Aussage A folgt Aussage B |
| $A \Leftrightarrow B$ | Die Aussagen A und B sind gleichwertig |

# 3.2 Sachverzeichnis

Die rechts der registrierten Wörter angegebenen Zahlen verweisen auf die Seiten. Das Zeichen ~ bezieht sich auf sprachliche Endungen.

Abbildungsmaßstäbe 112, 204, 231
ABEL, Grenzwertsatz von 280
Ableitung, gewöhnliche 104 ff.
—, partielle 108 ff.
Abprallgeschwindigkeit 76
Abstand eines Punktes von einer Ebene 27
— — — — — Geraden 17, 18, 30
—, kürzester von Gerade und Kreis 37
—, minimaler 149
— zweier Punkte 7, 9
— — windschiefer Geraden 31
Abwicklungskurve 254
Achsenfläche 149
— symmetrie 17, 114
Algebraische, explizite Funktionen 104 ff.
Allgemeine Kegelschnittgleichung im $R_2$ 88 ff., 99
Alternierende Reihe 270, 278
Amplituden einer Membran 201
Analytische Geometrie 7 ff.
Antiparallelkurbelgetriebe 226
Aperiodische gedämpfte Schwingung 170
— — — —, Grenzfall einer 169
Archimedische Spirale 125
Astroide 253
Asymptoten einer Kurve 59 ff., 113 ff., 142, 169 ff., 213 ff.
Asymptotische Ebene 133
— ~ Punkt 126, 176
Aufschlagpunkt 77
Auslenkung eines Freiträgers 187
Austrittswinkel 40, 76

Beleuchtungsstärke 191
BENNETT-Getriebe 264
Berührung zweier Kreise 38, 45
Beschleunigung eines bewegten Punktes 183 ff.
Besonderer Kurvenpunkt 216, 219, 246
Bildweite 143
Binärbruch, Verwandlung in Dezimalbruch 268
Binomische Reihe 276, 288
Brechung eines Lichtstrahls 190
Brennstrahlen, orthogonale einer Hyperbel 79
Brennweite einer Linse 143
Büschel, Geraden- 20
—, Kegelschnitt- 47 ff., 96 ff.

CARDANO, Fall von 141
Chordale 44 ff.

D'ALEMBERT, Kriterium von 270 ff.
DANDELINsche Kugel 87

DESCARTESsches Blatt 218
Dezimalbruch, Verwandlung in Binärbruch 268
Differential 198
—, vollständiges (totales) 108 ff., 145, 199
—, — logarithmisches 200
Differentialrechnung 104 ff.
—, Mittelwertsatz der 281
Differentiation, graphische 203
—, Kettenregel der 105 ff., 206
—, logarithmische 157
—, Produktregel der 106 ff.
—, Quotientenregel der 106 ff., 207
Dipol 151, 288
Direktrix 61, 63
Diskussion von Flächen 127 ff., 179 ff., 222, 229, 260 ff.
— — Kurven 111 ff., 161 ff., 205 ff., 234 ff.
Divergenz 271 ff.
Doppelpunkt 215 ff., 223, 228, 238, 241
Drehmoment, Umsetzung in Längskraft 189
Drehung eines kartesischen Koordinatensystems im $R_2$ 88 ff.
Dreieck ~ , Flächeninhalt eines 7, 8, 199
— ~ , Schwerpunkt eines 11, 12, 23, 51
— ~ , Umfang eines 7, 8
— ~ , Umkreis eines 9, 34
Dreifacher Kurvenpunkt 221
Durchdringung von Kegel und Zylinder 262
Durchhangkurve eines Seiles 286
Durchmesser, konjugierter 77 ff., 102

Ebene 25 ff.
—, Abstand eines Punktes von einer 27
— ~ , parallele 28
—, Normalenvektor einer 27
—, Schnitt mit einer Geraden 26, 28
— ~ , — zweier 29
—, Spuren einer 26, 28
Eigentlicher Kegelschnitt 88
Einfallslot 39
— winkel 76
Einheitsvektor 9
Einschaltvorgang, elektrischer 194
Elastischer Stoß 76
Ellipse 57 ff., 178
— als geometrischer Ort 74, 86
—, Evolute einer 252
—, gemeinsame Tangenten an — und Hyperbel 84
— in beliebiger Lage im $R_2$ 88, 102, 212
— — Parallellage im $R_2$ 57 ff., 179
— — — durch vier Punkte 61

—, konfokale — und Hyperbel 82
—, konjugierte Durchmesser einer 78, 102
—, Krümmungskreise in den Scheiteln einer 58, 71, 103
—, Schnitt mit Gerade 69, 94
—, — — Kegelschnitt 81 ff.
Ellipsenpolare 69
— sehne 78
— tangente 65, 67 ff.
Ellipsoid, Trägheits- 229
Elliptisches Kreisbüschel 48
— Paraboloid 128
Entfernung zweier Punkte 7, 9
Enveloppe 223 ff., 232, 250, 259
Epizykloide 245 ff., 260
Erwartungswert 198
Evolute 245 ff., 250, 252, 254
Evolvente, Kreis- 254
Explizite algebraische Funktionen 104 ff.
— transzendente Funktionen 154 ff., 160 ff.
Extremwert, absoluter 120, 127, 131, 135, 139, 149 ff., 173, 179, 189 198, 203
—, relativer 111 ff., 128, 131, 132, 161 ff., 189 ff., 214 ff., 239 ff.
Exzentrizität, lineare 58, 63, 82
—, numerische 58, 64, 72

Fadenkurve 254
Fallstrecke 186
Fehlerabschätzung 144 ff., 197, 278 ff.,
Feld, elektrostatisches 100, 151
— stärke, magnetische 152
Flächendiskussionen 127 ff., 179 ff., 222, 229, 260 ff.
Flächeninhalt eines Dreiecks 7, 8, 199
— maximaler 135, 182, 200
Formen, unbestimmte 157 ff., 173 ff., 187 ff., 282
Freier gedämpfter Fall 186
Freiträger 187
Funktionen einer unabhängigen Veränderlichen, explizite algebraische 104 ff.
— — — —, — transzendente 154 ff., 161 ff.
— — — —, gerade 113, 161 ff.
— — — —, implizit definierte 205 ff.
— — — —, Sprungstellen 172, 239
— — — — in Parameterdarstellung 231, 234 ff.
— — — —, ungerade 115, 168
— von mehreren unabhängigen Veränderlichen, explizite 108 ff., 127, 144, 160, 179, 199 ff., 231 ff.
— — — — —, implizite 229

GAUSSsches Fehlerfortpflanzungsgesetz 146
— ~ , Normalverteilung 198
Gegenstandsweite 143
Geometrie, analytische 7 ff.

Geometrische Reihe 267 ff., 279
— ~ Ort 22 ff., 50 ff., 73 ff., 85 ff.
Gerade 12 ff., 177
—, Abstand von Kreis 37
— als geometrischer Ort 22 ff.
— ~ , Abstand eines Punktes von einer 17, 18, 30
— ~ , — zweier windschiefer 31
— Funktion 113, 161 ff.
—, drei durch einen Punkt 20
— durch Schnittpunkt zweier anderer Geraden 20, 21
—, orthogonale 13
—, parallele 13, 19, 23
— ~ , Richtungsvektor einer 14, 17 ff.
— ~ , Risse einer 24
—, Schnitt mit Ebene 26, 28
—, — — Kegelschnitt 34 ff., 42, 64, 69, 70, 76, 94, 95
—, — — Kugel 55
— ~ , — zweier 14, 20
— ~ , — — veränderlicher 73
— ~ , Steigung einer 13
— ~ , Symmetrie bezüglich einer 17, 114
— ~ , windschiefe 31
— ~ , Winkelhalbierende zweier 19
Geradenbüschel 20
— paar 92, 99
Geschwindigkeit eines bewegten Punktes 21, 183 ff., 204, 247, 256, 258, 264
Gestreckte Hypozykloide 249
— Zykloide 244
Gewöhnliche Epizykloide 245, 260
— Zykloide 231, 256
Gradient 151
Graph, siehe Diskussion von Flächen und Kurven
Graphische Differentiation 203
Grenzkurve 119
Grenzwertsatz von ABEL 280
Grundpunkte eines Kreisbüschels 48

Halbachsen 58, 59
Halbparameter 58 ff.
Harmonische Reihe 269
— Teilung 11
HESSEsche Normalform 17, 18, 37, 49, 177
HOSPITALsche Regel 157 ff., 173 ff., 187 ff.
Hubtotlage 183
Hüllkurve 223 ff., 231, 250, 259
Hyperbel 59 ff., 71, 73, 178
— als geometrischer Ort 73, 85 ff.
—, Asymptoten einer 59, 60
—, gemeinsame Tangenten an — und Ellipse 84
— in beliebiger Lage im $R_2$ 90
— — Parallellage im $R_2$ 59 ff., 178
—, gleichseitige 65, 86, 93, 100
—, konfokale — und Ellipse 82
—, konjugierte Durchmesser einer 77

## 3.2 Sachverzeichnis

–, Krümmungskreise in den Scheiteln einer 60
–, orthogonale Brennstrahlen 79
– ~ , Schar von 101
–, Schnitt mit Gerade 64
–, – – Kegelschnitt 80 ff., 93
Hyperbeltangente 64
Hyperbolisches Kreisbüschel 48
– Paraboloid 129
– ~ Spirale 126
Hypozykloide, gestreckte 249

Implizit definierte Funktionen 205 ff.
Isolierter Kurvenpunkt 124, 240

Kardioide 233
Kartesisches Koordinatensystem 7
Karton ~ , Zuschnitt eines 135
Kaustik 232
Kegelschnitt durch fünf Punkte 99
–, eigentlicher 88 ff.
– in beliebiger Lage im $R_2$ 88 ff.
– – Parallellage im $R_2$ 57 ff., 177 ff.
– – – durch vier Punkte 61
– ~, konfokale 82 ff.
–, Schnitt mit Gerade 34 ff., 42, 64, 69, 70, 76, 94, 95
– ~ , – zweier 44 ff., 80 ff., 93, 96 ff.
– polare 40, 43, 69, 85, 95
– tangente 35 ff., 41, 64 ff., 94 ff.
– transformation 88 ff.
Kettenlinie 286
Kettenregel 105 ff., 206
Knotenlinie einer Membran 201
Konfokale Kegelschnitte 82 ff.
Konjugierte Durchmesser eines Kegelschnitts 77 ff., 102
Konvergenz von Reihen 266 ff.
– – –, absolute 271 ff.
Koordinatensystem ~ , Drehung eines kartesischen im $R_2$ 88 ff.
–, kartesisches 7
–, polares 72, 125 ff., 176 ff.
– transformation 125, 131, 176, 219, 221, 228
–, zylindrisches 131, 260, 262
Koppelkurve, Gleichung einer 225
Kreis 33 ff., 177
–, Abstand von Gerade 37
– als geometrischer Ort 50 ff., 86
– ~ , Berührung zweier 38 ff., 45
– durch drei Punkte 9, 34
– ~ , gemeinsame Tangenten an zwei 49
– ~ , konzentrische 37
–, Null- 48, 221, 233
– ~ , orthogonale 46, 48
–, Schnitt mit Gerade 34 ff., 42
– ~ , – zweier 44 ff.

Kreisbüschel 47 ff.
– evolvente 254
– polare 40, 43
– ringfläche 222
– tangente 35 ff., 41
Kreuzschleifengetriebe, rechtwinkliges 42
Kriterium von D'ALEMBERT 270 ff.
– – LEIBNIZ 270, 280
– – RAABE 272 ff.
Kritischer Punkt 142
Krümmungskreis einer ebenen Kurve 58, 60, 71, 103, 113, 173, 217, 222, 245 ff.
– – räumlichen Kurve 263
– im Scheitel eines Kegelschnitts 58 ff., 71, 103
Krümmungsmittelpunktskurve 245 ff.
Kugel 53 ff.
– durch vier Punkte 54
– ~ , konzentrische 56
–, Schnitt mit Gerade 55
–, Tangentialebene einer 56, 88
Kurbelschleife, schwingende 42, 258
Kurve auf Halbkugel 260
Kurvendiskussionen 111 ff., 161 ff., 205 ff., 234 ff.
Kurvenpunkt, besonderer 216, 219, 246
–, isolierter 124, 240
Kurvenscheibe 185, 203

LAGRANGE, Restglied von 274 ff.
LAMBERTsches Gesetz 192
LEIBNIZ, Kriterium von 270, 280
Leistung einer Turbine 140
Leiter, elektrischer, unendlich langer 152
Leitlinie 61, 63
Lemniskate 216
Lichtstrahl ~ , Brechung eines 190
– ~ , Reflexion eines 22, 39, 75, 232, 259
Lineare Exzentrizität 58 ff., 82
Linsengleichung 143
LISSAJOUSsche Figur 101, 255
Logarithmische Spirale 176
– ~ , vollständiges Differential 200

MAC LAURINsche Reihe 276 ff.
Maßstäbe, Abbildungs- 112, 204, 231
Maximaler Fehler 144, 197, 199
– Flächeninhalt 135, 182, 200
– Rauminhalt 135 ff.
– Winkel 182
Membran 201
Meßbereich, günstigster 197
Methode der unbestimmten Koeffizienten 279 ff.
Minimale Oberfläche 136 ff.
– ~ Abstand 149
Mittelwertsatz der Differentialrechnung 281
Mittlerer Fehler 145
Multiplikation von Potenzreihen 283

Näherungsformeln durch Potenzreihen 282, 285
— verfahren, NEWTONsches 150, 196, 201, 287
NEILsche Parabel 251
NEWTONsches Näherungsverfahren 150, 196, 201, 287
Normale einer Kurve 66, 70, 115, 245
— — ~ Kegelschnitts 66, 70
Normalenabschnitt 115
Normalenvektor 27
Normalverteilung 198
Nullkreis 48, 221, 233
Numerische Exzentrizität 58 ff., 64, 72

Oberfläche, minimale 136 ff.
Ort, geometrischer 22 ff., 50 ff., 73 ff., 85 ff.
Orthogonale Kegelschnittsbüschel 47 ff., 101
— Kreise 46
Orthogonalität zweier Geraden 13
Ortsvektor 8

Parabel 60 ff, 178
— als geometrischer Ort 77, 86
— in beliebiger Lage im $R_2$ 91
— — — — — $R_3$ 242
— — Parallellage im $R_2$ 60 ff.
— — — — durch drei Punkte 62
—, Krümmungskreis im Scheitel einer 60
—, konjugierter Durchmesser einer 79
—, NEILsche 251
—, Schnitt mit Gerade 70, 76, 95
—, — — Kegelschnitt 80, 83, 93
—, Wurf- 76
Parabelnormale 66, 70
— polare 85, 95
— tangente 65, 95, 96
Paraboloid, elliptisches 128
—, hyperbolisches 129
Parallelität zweier Ebenen 28
— — Geraden 13, 19, 23
Parallelkurbelgetriebe 226
Parallellage, Kegelschnitte in 57 ff.
Parameterdarstellung einer Ebene 25
— — Ellipse 101, 102
— — Geraden 15, 21
— — Parabel 149, 241
—, Funktionen in 231, 234 ff.
Pendel ~ , Schwingungsdauer eines 285
Periodische gedämpfte Schwingung 170, 192
POINSOT-Konstruktion 229
Polare 40, 43, 69, 85, 95
Polarkoordinaten 72
Potential 288
— fläche 151
— linie 100
Potenzlinie (Chordale) 44 ff.
Potenzreihe 276 ff., 280
— ~ , Eindeutigkeitssatz für 281

— ~ , Einsetzen von — ineinander 284
— ~ , Multiplikation von 283
— ~ , Näherungsformeln durch 282, 285
Produktregel 106 ff.
Punkt, Abstand eines — ~ von einer Geraden 17, 18, 30
— ~ , — zweier 7, 9
—, asymptotischer 126, 176
— ~ , Beschleunigung eines bewegten 183 ff.
—, besonderer 216, 219, 246
—, drei Gerade durch einen 20
— ~ , Geschwindigkeit eines bewegten 21, 183 ff., 204, 247, 256, 258, 264
—, isolierter 124, 240

Quotientenkriterium 270 ff.
Quotientenregel 106 ff.

RAABE, Kriterium von 272 ff.
Randextremum 120, 139
Rauminhalt, maximaler 135 ff.
Raumkurve 260, 262
Reaktionsturbine, SEGNERsche 140
Rechtwinkliges Koordinatensystem 7
— Kreuzschleifengetriebe 42
Reflexion eines Lichtstrahls 22, 39, 75, 232, 259
Regelfläche 130 ff.
Regel von DE L'HOSPITAL 157 ff., 173 ff., 187 ff.
— — SARRUS 7
Reihe, alternierende 270, 278
—, binomische 276, 288
—, geometrische 267 ff., 279
—, harmonische 269
—, MAC LAURINsche 276 ff.
—, Potenz- 276 ff., 280
—, TAYLORsche 274 ff.
—, unendliche 266 ff.
Relation 205 ff.
Relativgeschwindigkeit 258
Restglied von LAGRANGE 274 ff.
Richtungsvektor 14, 17 ff.
Ringsphärometer 145
Riß einer Geraden 24
Rollkurven 231, 244 ff., 256
RYTZsche Konstruktion 103

Sammellinse 143, 145
SARRUS, Regel von 7
Sattelpunkt einer Fläche 129
Schar von Hyperbeln 101
Schnittgerade zweier Ebenen 29
Schnittkurve zweier Flächen 262
Schnittpunkt, Gerade durch den — zweier anderer Geraden 20, 21
— von Gerade und Ebene 26, 28

– ~ , – – – Kegelschnitt 34 ff., 42, 64, 69, 70, 76, 94, 95
– ~ , – – – Kugel 55
– zweier Geraden 14, 20
– ~ – Kegelschnitte 44 ff., 80 ff., 93, 96 ff.
– ~ – veränderlicher Geraden 73
Schnittwinkel von Gerade und Ebene 28
– – – – Kegelschnitt 34 ff., 64, 94
– zweier Ebenen 29
– – Geraden 14
– – Kegelschnitte 44 ff., 80 ff., 93
Schubkurbelgetriebe 183
Schwerpunkt eines Dreiecks 11, 12, 23, 51
Schwingende Kurbelschleife 42, 258
Schwingung, gedämpfte aperiodische 170
–, – ~ – ~ , Grenzfall einer 169
–, – periodische 170, 192
–, ungedämpfte 192
Schwingungsdauer eines Pendels 285
Schwingwinkel 43
SEGNERsche~ Reaktionsturbine, Leistung einer 140
SNELLIUSsches Brechungsgesetz 190
Sphärisches Viergelenkgetriebe 147
Spiegel, zylindrischer 232, 259
Spiegelgerade 17
Spirale, Archimedische 125
–, hyperbolische 126
–, logarithmische 176
Spitze einer Kurve 122, 173, 220
Sprungstelle einer Funktion 172, 239
Spuren einer Ebene 26, 28
Spurpunkte 24
Standardabweichung 146, 198
Stoß, elastischer 76
Strahlen, parallele Licht- 75
Strecke, Länge einer 7, 9
–, Mittelsenkrechte einer 9
–, Teilung einer 10
Strophoide 215
Subnormalenabschnitt 115, 244
Subtangenten- 120
Symmetrie bezüglich einer Ebene 129, 132
– – – Geraden 17, 114
–, zentrische 115

Tangente an ebene Kurve 35 ff., 41, 64 ff., 94 ff., 111, 114, 173 ff., 176, 242
– – Kegelschnitt 35 ff., 41, 64 ff., 94 ff.
– – an räumliche Kurve 260
Tangentenabschnitt 120
Tangentialebene einer Fläche 56, 127, 129 ff., 179, 229
– – Kugel 56

TAYLORsche Reihe 274 ff.
– Formel 274
Teilung, harmonische 11
– ~ verhältnis 10
THALESkreis 52, 79
Torus 222
Totales Differential, siehe vollständiges Differential
Totlagen 183
Trägheitsellipsoid 229
– moment 144, 147, 229
Transformator ~ , Wirkungsgrad eines 144
Transzendente, explizite Funktionen 154 ff., 160 ff.

Umfang eines Dreiecks 7, 8
Umkehrfunktion 209, 235 ff.
Umkreis eines Dreiecks 9, 34
Unbestimmte Formen 157 ff., 173 ff., 187 ff., 282
Uneigentlicher (zerfallender) Kegelschnitt 88, 92, 98 ff.
Unendliche Reihen 266 ff.
Ungerade Funktion 115, 168

VAN DER WAALSsche Zustandsgleichung 142
Vergleichsreihe 273
Verschlungene Epizykloide 247
Viergelenkgetriebe, ebenes 183, 225
–, räumliches 264
–, sphärisches 147
Vollständiges Differential 108 ff., 145, 199
Volumen, maximales 135 ff.

Wechselstromschwingung, gedämpfte 192
Wendepunkt einer Kurve 111 ff., 161 ff., 241
– tangente 114, 118, 241
Windschiefe Geraden 31
Winkel, maximaler 182
– halbierende zweier Geraden 19
Wirkungsgrad bei Schrauben 189
– eines Transformators 144
Wurfparabel 77

Zahlenfolge 273 ff.
Zentrische Symmetrie 115
Zerfallender (uneigentlicher) Kegelschnitt 88 ff., 92
Zuschnitt eines Kartons 135
Zustandsgleichung, VAN DER WAALSsche 142
Zweipunktführung, ebene 74
Zykloide, gestreckte 244
–, gewöhnliche 231, 256
Zylindrisches Koordinatensystem 131, 260, 262
– ~ Spiegel 232, 259

# Ingenieur-Mathematik in Beispielen

von Helmut Wörle und Hans-Joachim Rumpf

**Band I**
**Lineare Algebra — Nichtlineare Algebra — Spezielle transzendente Funktionen — Komplexe Zahlen**
2. verbesserte Auflage 1981. 205 Seiten, 200 vollständig durchgerechnete Beispiele, 145 Abbildungen

**Band II**
**Analytische Geometrie — Differentialrechnung**
1977. 299 Seiten, 310 vollständig durchgerechnete Beispiele, 252 Abbildungen

**Band III**
**Integralrechnung — Gewöhnliche Differentialgleichungen**
1980. 415 Seiten, 348 vollständig durchgerechnete Beispiele, 252 Abbildungen

Aus dem Inhalt:
Rationale Funktionen — Irrationale Funktionen — Transzendente Funktionen — Fouriersche Reihen — Differentialgleichungen 1. Ordnung — 2. Ordnung — höherer Ordnung — Systeme von Differentialgleichungen

# Oldenbourg